식물이라는 우주

씨앗에서 씨앗까지, 식물학자가 들려주는
푸릇한 생명체의 여정

식물이라는 우주

안희경 지음

시공사

일러두기

1 종 표기는 한국어 명칭이 있는지 국가생물종목록 등을 살펴 우리말을 우선적으로 사용했으며, 없는 경우 종명을 음차했다.

2 생명과학 관련 용어는《생명과학대사전》(강영희 지음, 도서출판 여초, 2014)을 참고했다.

3 애기장대 유전자 표기는 1997년에 발표된 "Community standards for Arabidopsis genetics"(Meinke, D., Koornneef, M., *The Plant Journal 12*, 247-253)에 나온 안내를 바탕으로 했으며, 다음과 같다.

○ **돌연변이** 이탤릭 소문자 ▹ *abc*
○ **야생형 유전자** 이탤릭 대문자 ▹ *ABC*
○ **유전자가 단백질로 번역된 경우** 대문자 ▹ ABC

단, 가독성을 위해 유전자와 단백질은 대문자를 사용하되, 단백질의 경우는 따로 명시했다.

•

스스로 서 있지 못하는데 키만 크고, 먹을 수도 없고,
향도 나지 않는 애기장대. 말 그대로 길가의 잡초다.
하지만 2만여 개의 유전자로 이루어진
이 조그마한 애기장대를 연구하며 이룬 발견들은
식물에 관한 우리의 앎을 근본적으로 바꿔놓았다.

책머리에

○ ● ○

식물이 하루하루를 살아가는 법

주변을 둘러보자. 봄이면 싱그러운 연둣빛을 자랑하던 은행나무가 가을이면 노랗게 물든다. 겨울이면 잎이 다 떨어지고, 잎이 없어 더더욱 도드라져 보이는 나뭇가지에는 다음 봄을 준비하는 잎눈이 돋아 있다. 콘크리트로 가득한 도시 서울에서 내가 계절을 깨닫는 방식은 은행나무와 그 주변의 식물들이었다. 영춘화로 시작해 개나리, 진달래, 철쭉, 라일락, 수국, 장미 등으로 이어지는 봄꽃의 향연은 봄과 여름을 이어주는 큰 즐거움이었다. 가을마다 색색으로 물드는 잎사귀들은 떠나며 추위를 몰고 왔지만, 그 추위 속에도 가지 위에 돋아난 잎눈과 꽃눈은 늘 희망찼다.

주변을 조금 더 자세히 둘러보면, 우리 생활에 식물이 관련되어 있지 않은 것이 없다. 매일 먹는 밥과 반찬, 종이와 책들, 매일 입는 옷과 침구류까지, 모두 식물에서 나왔다. 심지어 우리는 수백만 년 전에 묻힌 식물의 잔재인 석유와 석탄까지 끌어내어 공장을 돌리고, 플라스틱 제품들을 만들고, 도로를 만드는 데 쓴다. 사실상 우리의 삶은 식물에 전부 의존하고 있다고 해도 과언이 아니다. 그렇지만 우리는 식물에 대해 얼마나 알고 있을까?《식물이라는 우주》는 식물이 어떻게 자라고, 어떻게 번식하며, 끊임없이 침입을 시도하는 병원균을 어떻게 물리치고, 너무 춥거나 너무 더운 곳에서는 어떻게 살아가는지 살펴보는 책이다.

과학자들이 생명현상을 유전자로 설명하는 세상이 되었다. 과학자들은 식물이 빛을 받을 때 필요한 유전자, 뿌리를 키울 때 필요한 유전자, 잎의 모양을 바꾸는 유전자를 찾았다. 실제로 많은 현상은 유전자의 차이로 설명할 수 있다. 하지만 늘 그렇진 않았다. 그 이름에서 알 수 있듯 유전자遺傳子라는 개념이 처음 생겼을 때 유전자는 부모가 가진 특징을 물려주는 매개체로, 분리될 수 없는 하나의 입자로 여겨졌다. 하지만 그 입자가 세포 안 어디에 있는지, 어떻게 생겼는지를 아는 사람은 없었다.

완두콩을 연구하던 멘델Gregor Mendel은 부모에서 자식으로 표현형이 전달되는 현상을 관찰했다. 바로 생물학 교과서에 단골로 등장하는 노란 완두콩과 초록 완두콩 실험이다. 노란색 콩이 열리는 완두와 초록색 콩이 열리는 완두를 교배하면 그 자손은 언제나 노란색을 띤다. 하지만 이 자손 완두콩을 심어 서로 교배하면 그다음 자손(첫 노란 완두와 초록 완두의 손자)은 정확히 3 대 1의 비율로 각각 노란색과 초록색을 띠게 된다. 이는 노란 완두콩과 초록 완두콩 유전자가 서로 섞이지 않고 독립된 인자로 존재함을 증명하는 실험이었다. 그는 1865년에 실험 결과를 논문으로 발표했다.[1] 19세기 후반은 다윈의 진화론뿐만 아니라 다양한 유전heredity 이론이 등장하던 시기였지만, 그 가운데 멘델의 논문이 참고된 것은 없었다.[2]

1900년, 휘호 더프리스Hugo de Vries와 카를 코렌스Carl Correns, 그리고 에리히 폰 체르마크Erich von Tschermak가 멘델의 실험 결과를 재현한 논문을 몇 달 간격으로 연달아 출간했다.[3] 이들은 모두 육종가였고, 멘델과 마찬가지로 식물을 이용해서 유전물질이 섞이지 않고 독립된 인자로서 부모에서 자손으로 전달된다는 것을 재발견했다. 하지만 이들이 멘델의 연구를 참조하지 않고 독립적으로 멘델의 유전법칙을 재발견했다는 주장은 옳지 않다. 코렌스는 이미 1896년 멘델의 논문을 읽었고, 더프리스와 체르마크의 논문에도 실험 이전에 멘델의 논문을 읽은 흔적이 보인다.[4]

더프리스는 다양한 식물의 잡종 실험을 진행하고 있었다. 그중 붉은 양귀비와 흰 양귀비를 교배하면 두 번째 세대에서 22.5퍼센트의 확률로 흰 양귀비가 나오는 현상을 관찰했다.[5] 멘델의 결과와 동일했다. 그가 처음 논문을 냈을 때는 멘델의 논문을 언급하지 않았다. 그로부터 몇 주 뒤 카를 코렌스가 완두콩과 옥수수에서 같은 현상이 일어남을 발표한 논문을 낸다. 그는 1900년 더프리스의 논문에 멘델이 언급되어 있지 않은 것을 보고, 본인이 재현한 실험 결과를 포함해 3

대 1의 법칙을 '멘델의 법칙'이라고 칭하며 논문을 발표했다.[6]

그 뒤, 20세기 이후에는 세포 내 어떤 물질을 통해 유전이 이루어지는지에 관한 발견이 이어졌다. 처음에는 세포유전학을 통해 세포가 분열하면, 세포핵에 있는 염색체가 멘델의 대립인자와 똑같은 규칙을 통해 두 세포로 나뉘어 이동한다는 것이 밝혀졌다.[7] 이어 토머스 모건의 팀이 초파리를 모델생물로 이용해 유전자가 염색체에 있음을 증명했다.[8]

염색체는 단백질과 DNA의 혼합물이다. 이 가운데 단백질이 아니라 DNA가 유전을 매개한다. 그리고 1953년에는 DNA의 구조가 밝혀지면서,[9] DNA가 유전정보를 함유하고 있고 어떻게 정확히 똑같이 2개의 복제본을 만들 수 있는지 알게 되었다. 1970년대에 들어서는 DNA의 정보가 어떻게 생명현상으로 전환되는지에 대한 연구가 심도 있게 진행되었다. 이를 바탕으로 DNA에 저장되어 있는 정보에는 세포 내에서 실질적으로 일을 하는 단백질을 합성하는 정보가 있으며, 이 정보의 흐름은 DNA에서 단백질로, 한 가지 방향으로 흐른다는 이론이 등장했다.[10] 이 가설은 중심이론Central Dogma이라고 불린다.

옥수수를 연구하던 바바라 매클린톡Barbara McClintock은 현미경을 이용해 세포분열 하는 옥수수 염색체의 변화를 관찰하고 그 변화가 옥수수의 표현형에 미치는 영향을 지켜보았다.[11] 옥수수는 낟알마다 다른 대립인자 조합을 가져서 한 번에 많은 표현형을 관찰할 수 있다. 매클린톡은 옥수수 낟알 색깔을 관찰하면서 각각의 세포 내 염색체에 일어난 변화와 색깔의 변화를 대응시켜나갔다. 그러던 그녀는 염

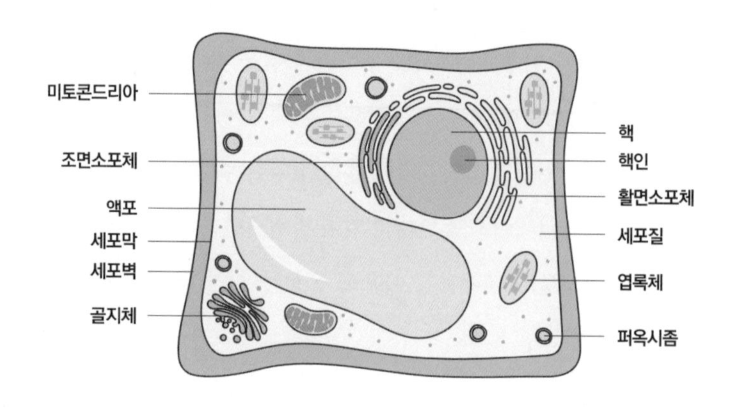

식물세포의 내부 모습. 식물세포는 세포벽을 갖추고 있고, 세포막 안에는 다양한 세포소기관이 있다.

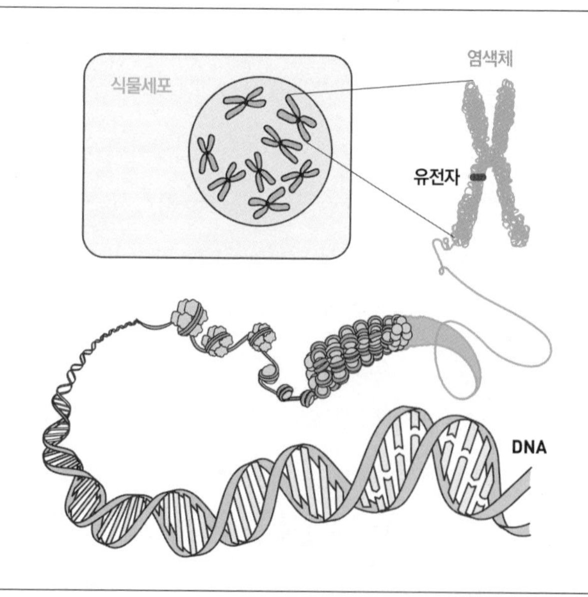

염색체, 유전자 그리고 DNA. 핵 안에서는 체세포분열이 일어날 때의 염색체를 관찰할 수 있다. 염색체는 DNA가 뉴클레오솜이라는 단위로 감겨 있는 구조로, 유전자는 염색체 안의 DNA 염기서열을 뜻한다.

색체의 한 부분에서 다른 부분으로, 혹은 다른 염색체로 '점프하는' 유전자를 발견한다. 매클린톡은 이를 전위transposition 현상이라고 불렀다.[12] DNA가 DNA의 위치를 바꿀 수 있다는 트랜스포존의 발견은 중심이론을 반박하는 증거였다.

이렇게 유전의 매개체로서 유전자가 염색체에 있고, 그 실체가 DNA라는 것이 알려지면서 유전자의 정의가 많이 달라졌을 뿐 아니라, 현대 생물학의 흐름 또한 크게 바뀌었다. 유전자가 DNA에 포함된 정보라는 것이 알려지면서 DNA를 바꿔 돌연변이를 만드는 실험이 여러 생물을 대상으로 진행되었고, 이런 실험을 통해 유전자의 정의가 점점 세분화되어왔다. 그 결과 유전자는 '생명에 필요한 고분자에 관한 정보가 담긴 DNA 사슬의 서열'이라는, 물리적 실체가 있는 정의를 갖게 되었다. 하지만 그 이후로 지금까지도 '유전자'의 정의는 계속 진화 중이다.[13]

돌연변이를 기반으로 생명현상을 역추적하여 연구하던 시대를 거쳐, 최근에는 그렇게 발굴된 유전자들 간의 네트워크를 찾아가는 시스템생물학 연구로 발전하고 있다. 생물은 여러 개의 유전자가 동시에 조화를 이루면서 살아 있기 때문에, 하나의 유전자가 아니라 여러 개의 유전자를 동시에 관찰할 필요가 있다. 생물의 DNA에 포함된 모든 정보를 읽어내는 유전체학의 발달은 작디작은 박테리아 대장균 유전체부터 인간의 유전체까지 수많은 생물의 유전체 분석을 가능하게 했다.

식물학 또한 분자생물학의 발전과 궤적을 함께하며 발전해왔다. 식물분자생물학은 전 세계 수만 명의 과학자들이 몰두하는 식물학의 대표적인 분야다. 1965년 서너 편에 지나지 않았던 애기장대 관련 논문은 2015년에 이르러 해마다 수천 편이 출간되었고, 1980년대 얼마 되지 않던 연구실 개수는 오늘날 셀 수 없이 많아졌다.[14] 하지만 식물도 유전자의 상호작용으로 하루하루를 살아간다는 이야기는 잘 알려져 있지 않다. 유전자가 하나의 물리적인 단위일 수도 있다는 근거가 된 그레고르 멘델의 연구, 유전자가 움직일 수 있다는 바버라 매클린톡의 연구 등 생물학의 흐름을 완전히 바꾼 여러 발견이 식물에서 이루어졌지만, 식물은 연구보다는 심미적인 대상으로만 여겨질 때가 많다.

동물과는 달리 움직이지 않으니까 평화로워 보일지도 모르겠다. 하지만 식물은 동물과 달리 환경의 악조건을 피해 도망갈 수 없어 동물과는 전혀 다른 방식으로 살아야 한다. 똑같은 햇빛을 쬐어도, 강한 햇빛은 피해야 하지만 약한 햇빛은 최대한 받아들여야 한다. 햇빛을 가리는 그늘이 생겼을 때, 이 그늘이 바로 옆에 자라는 식물 때문인지, 구름이 낀 것인지를 가늠하여 생장 방식을 바꿀지 구름이 걷힐 때까지 기다릴지 등의 결정을 내려야 한다. 햇빛이라는 하나의 환경조건에도 상황에 따라 다르게 반응해야 하는 것이다.

그뿐만이 아니다. 배아가 발달할 때부터 팔이 될 세포, 다리가 될 세포 등의 운명이 결정되는 동물과 달리, 식물은 모든 부분이 모든 부분으로 자라날 수 있다. 모든 세포가 될 가능성이 있는 줄기세포가 뿌리 끝과 줄기 끝에 있고, 줄기 끝에 있는 세포는 어떤 신호를 받느냐에 따라 잎이 될 수도, 줄기가 될 수도, 또 꽃이 될 수도 있다. 게다가 잎이나 뿌리를 잘라 영양배지에 키우면 그 잎이나 뿌리 또한 온전한 식물체로 자라날 수 있다. 어떤 신호가 잎으로 자랄 세포의 운명을 되돌릴 수 있는지, 그리고 어떤 신호가 줄기 끝 세포를 잎으로 자라게 하거나 꽃으로 자라게 하는지, 그 세세한 내용이 식물학자들에 의해 연구되어왔다.

식물은 어렸을 때부터 내게 주변에 늘 함께 있는 재미난 존재였다. 때로는 피리가 되고, 때로는 소꿉놀이 도구가 되기도 했다. 동시에 끊임없이 호기심을 불러 일으키는 존재이기도 했다. 목련의 꽃눈은 어떻게 그렇게 보송보송 따뜻하게 생겼는지, 왜 노란 분꽃과 빨간 분꽃을 같이 심으면 주황색이 아니라 알록달록한 분꽃이 피는지 궁금했다. 시간이 흘러 음식 속에 든 식물을 유심히 살펴보면서 제사 때면 만드는 식혜, 김장철 절인 배추, 반찬에 들어가는 채소까지도 내게는 궁금한 대상이 되었다. 그래서 음식을 먹다가도, 나무 아래 누워 멍하니 이파리 사이로 하늘을 보다가도 문득문득 호기심이 생겼다. 식물이 궁금해서, 나는 식물학자가 되기 위해 대학원을 목표로 대학교에 진학했다.

생명과학부 대학생이 된 첫해부터 바로 실험실에 들어가고 싶었지만 2학년 여름에야 실험실 학부연구생으로 일하게 되었다. 학부연구생의 역할은 다양했지만, 식물 실험실이니만큼 가장 중요한 건 씨 심기였다. 실험실에서 처음 접한 식물은 담배속인 니코시아나 벤사미아나(*Nicotiana benthamiana*)였다. 이 종은 사람들이 흔히 아는 담배만큼 크게 자라지는 않아 조그만 실험실에서 키우기 적합하다.[15] 뿐만 아니라, 잎이 넓적해서 단백질을 추출하기에 유리하다. 실제로 다양한 단백질 합성에 이용되었다. 최근에는 에볼라 바이러스 치료제인 지맵 ZMapp이 벤사미아나에서 합성되었다.[16]

한 달에 한 번 모판에 심는 벤사미아나가 어느 정도 자라면 더 큰 화분으로 옮겨준다. 종묘 회사에서 파는 흙은 건조된 상태로 배달되기 때문에 화분에 담기 직전에 물에 적신다. 그리고 모종 수에 맞춰 화분에 나누어 담고 모종을 하나하나 옮겨 심는다. 선배들은 오랫동안의 경험을 바탕으로 흙에 물이 얼마나 들어가야 하는지를 알려주었다. 준비해야 할 화분의 양이 그때마다 달랐기 때문에 직접 만져보고 느끼는 것으로만 얼마만큼의 흙에 얼마만큼의 물이 들어가야 하는지 배울 수 있었다. 그렇게 하나하나 눈으로 보고 손으로 만져보면서 익혔다.

매달 담배를 심고 키웠지만, 식물 배양실 한편에는 애기장대(*Arabidopsis thaliana*)도 자라고 있었다. 입학할 때만 해도 많이 키우지 않았지만, 학위논문은 거의 모두 애기장대를 이용한 실험으로 채워졌을 정도로 비중이 커졌다. 내가 생각한 애기장대의 장점은 전 세계를 아우르는 커뮤니티를 통해 구축된 데이터베이스다. 세계 곳곳에 있는 종자은행에는 각종 돌연변이가 보관되어 있고, 배달료 정도의 금액을 지불하면 신청한 종자가 배송된다.

애기장대는 북반구, 주로 유럽의 길가에 자라는 작은 잡초다. 우리

나라에서도 간혹 자생하는 것을 발견할 수 있다. 씨가 너무 작아서 흙에 심고 나면 찾을 수 없다. 그저 심었겠거니 믿는 수밖에 없다. 민들레처럼 땅에 붙어서 자라다가 꽃대가 올라오면서 꽃이 핀다. 꽃이 피면, 지지대를 해줘야 한다. 그러지 않으면 픽픽 쓰러져버리기 일쑤다. 그래서 이름이 애기'장대'인 것 같다. 하지만 작기 때문에 좁은 공간에서도 많이 키울 수 있다. 그리고 잡초답게 꽃도 많이 피고, 씨도 많이 맺힌다.

잡초 애기장대는 1980년대에 과학자들의 관심을 얻기 시작했다. 이전에도 연구자는 있었지만, 함께 연구를 공유하는 커뮤니티가 생길 만큼 커지지는 않았다. 하지만 1980년대 이후부터 미국과 유럽에서 애기장대를 연구하는 이들이 늘었고, 애기장대의 장점을 알아본 많은 사람들이 애기장대를 연구하기 시작했다. 그리고 2000년, 식물 중에서는 처음으로 유전체 분석이 완료되었다. 유전체 분석 결과는 즉각 공유되었고, 그 정보 덕분에 애기장대 연구는 더욱 깊어져갔다.[17] 우리가 오늘날 알고 있는 식물에 관한 연구 결과 대부분이 애기장대를 통해 얻은 것이다.

《식물이라는 우주》는 식물이 하루하루를 살아가는 방법에 대한 분자생물학적 연구, 그리고 이를 가능하게 한 애기장대 연구에 관한 책이다. 물론 애기장대 이전에도, 이후에도 다양한 식물 종에 관한 연구는 계속되었다. 하지만 2만여 개의 유전자로 이루어진 애기장대를 탐구하며 밝혀낸 발견들은 식물에 관한 연구를 근본적으로 바꿔놓았다.

Arabidopsis thaliana

십자화과 | 애기장대속 | 애기장대

이 책은 그런 면에서 애기장대를 위한 것이다. 물론 애기장대가 아닌 다른 식물 이야기도 곳곳에서 발견할 수 있을 것이다.

첫 부에서는 씨가 싹을 틔우고 자라는 과정에 대해 다루었다. 씨앗이 발아하고 싹을 틔울 때 씨앗 안에서 일어나는 일, 그 후 빛을 감지하며 빛의 유무에 따라 생장 형태를 바꾸는 과정을 담았다. 뿐만 아니라 뿌리는 어떻게 발달하는지, 잎은 어떻게 위아래를 구분할 수 있게 자라는지 등 전반적인 식물의 발달 과정을 다루고자 했다. 여기에 더해 애기장대 연구가 시작된 계기, 이를 가능케 한 몇몇 과학자들의 이야기도 포함했다. 어떤 과학이든 마찬가지지만 연구는 사람이 하는 일이므로, 어떤 사람이 어떠한 계기로 연구를 하게 되었나를 살피고자 했다.

2부에서는 꽃을 피우는 과정, 그리고 이후 씨를 맺고 노화하는 과정을 담았다. 어떤 환경 신호가 혹은 식물체 내의 신호가 꽃을 피우게 만드는지를 중점적으로 다루었다. 애기장대는 일년생식물이기 때문에 씨를 맺은 후에는 노화되어 죽는다. 하지만 다년생식물도 겨울을 준비하며 잎을 떨군다. 잎을 떨어뜨릴 때 식물세포에서 일어나는 과정, 즉 탈리abscission도 2부에서 같이 논했다.

3부와 4부는 식물이 환경과 상호작용 하는 방법에 대해 이야기했다. 특히 3부는 식물과 병원균과의 상호작용, 4부는 식물과 더위, 추위, 가뭄 등 환경과의 상호작용을 다루었다. 2부와 4부의 차이라면 4부의 '환경'은 보다 극단적이라는 점이다. 기후변화로 여름이 날로 더워지고, 겨울은 날이 갈수록 추워지는 요즘, 에어컨이나 난방 없이 그 기후를 온전히 감내하는 식물이 어떻게 상황에 맞서는지 생각해볼 수 있으면 좋겠다.

10여 년 전 대학원에 입학했을 때부터 지금까지 주로 애기장대를 연구했지만, 애기장대를 바탕으로 이루어지는 수많은 연구에 비추어 보면 내가 참여한 연구 분야는 극히 좁다. 내가 속해 있는 분야라 하더라도 최신 결과까지 모두 아우르는 건 어려운 일이었다. 그렇기에 애기장대로 연구가 이루어졌던 다양한 분야에 대해 내가 책을 남긴다는 것에 과한 부담을 느낀다. 하지만 애기장대라는 작은 식물이 일구어낸 놀라운 결과를 모두가 함께 공유하고 즐기면 좋겠다는 바람을 담아 이 책을 쓴다. 혹여 놓쳤거나 잘못 쓰인 결과들은 온전히 나의 모자람으로 인한 것이다. 나아가 시간이 갈수록 시대에 뒤진 부분이 나올 것이고, 반박되는 내용도 생겨날 것이다. 시간이 지난 후 이를 되돌아보고 고칠 수 있는 기회가 오길 바란다.

소소하게 블로그에 식물학 연구 최신 동향과 식물의 경이로움을 쓰던 나의 글을 편집자 김예지님께서 책으로 가다듬자고 제안해주셨다. 블로그에 쓰는 글과 한 권의 책은 매우 달라서, 《식물이라는 우주》가 탄생하기까지 편집자님을 많이 번거롭게 해드렸다. 이렇게 책이 될 수 있었던 데는 편집자님의 공이 크다. 장마다 등장하는 식물을 세밀하게 그려주신 이수연 작가님께도 감사의 말을 전하고 싶다. 흔히 접하는 예쁜 꽃만이 아니라 애기장대처럼 실생활에서는 보기 드물고 그다지 예쁘지 않은 식물도 섬세하게 표현해주셨다. 또한 책 디자인을 맡아주신 양혜민 디자이너님 덕분에 시각적으로 더욱 풍부한 책이 탄생할 수 있었다. 이분들이 아니었다면 《식물이라는 우주》는 나오지 못했을 것이다. 김우재 선생님께서는 블로그에 글을 쓸 때부터 적극적으로 응원해주셨을 뿐 아니라, 애정 어린 추천사도 보내주셨다. 그 외에도 늘 나의 글을 응원해주던 여러 분들 덕분에 이 책이 빛을 볼 수 있게 되었다고 생각한다. 모든 분들께 진심으로 감사의 말을 전하고 싶다.

머나먼 영국 땅으로 와서 일을 하고 아이를 키우고, 글을 쓰는 삶은 이 모든 것을 함께하며 나를 전폭적으로 지원해주는 남편 이선일이 없었다면 불가능했을 것이다. 그리고 먼 훗날 언젠가 딸아이도 이 책을 읽으며 식물의 경이로움을 함께 경험할 수 있으면 좋겠다는 바람을 담아본다.

2021년 3월
안희경

차례

THE UNIVERSE OF PLANTS

《식물이라는 우주》와 함께하는 식물들

애기장대

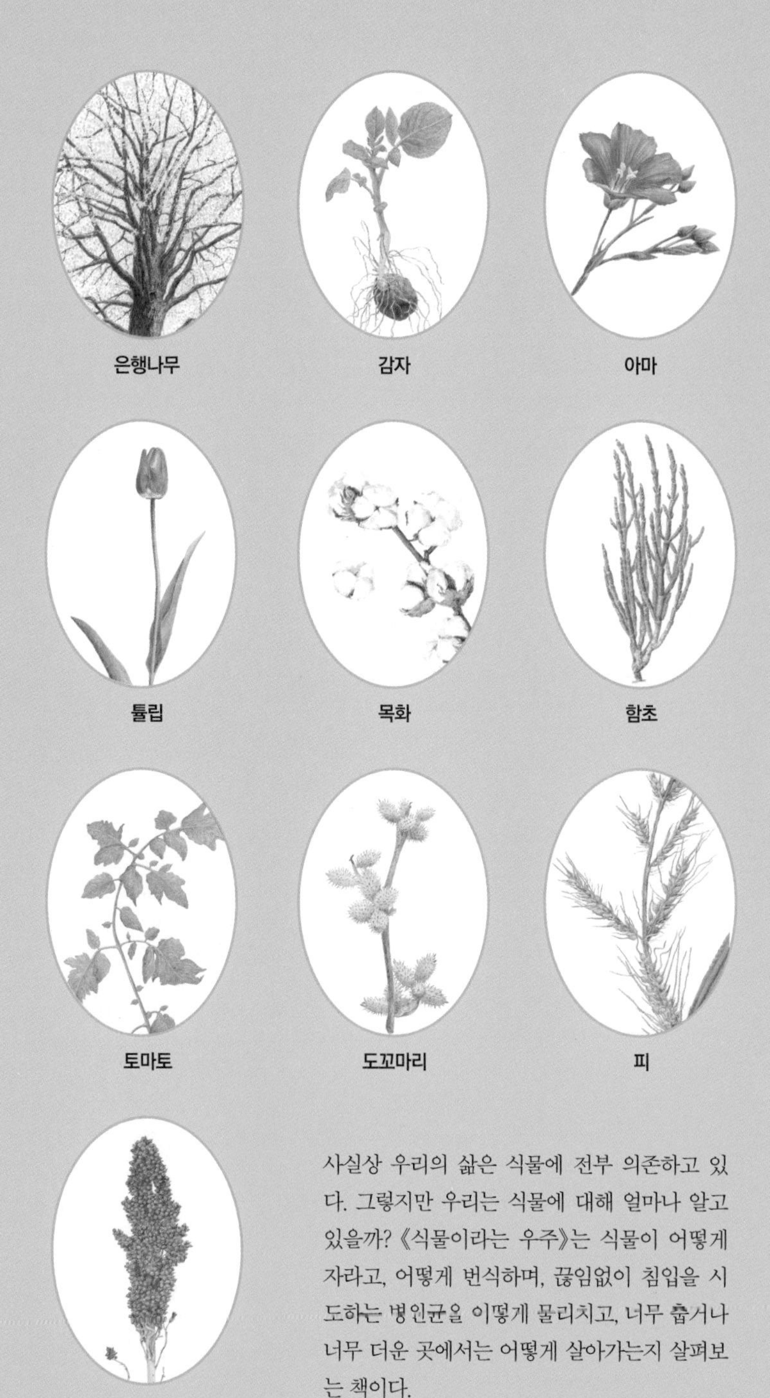

사실상 우리의 삶은 식물에 전부 의존하고 있다. 그렇지만 우리는 식물에 대해 얼마나 알고 있을까? 《식물이라는 우주》는 식물이 어떻게 자라고, 어떻게 번식하며, 끊임없이 침입을 시도하는 병원균을 어떻게 물리치고, 너무 춥거나 너무 더운 곳에서는 어떻게 살아가는지 살펴보는 책이다.

PART 01
식물의 발달

싹을 틔우다

제삿날이 되면 큰집인 우리 집은 음식 준비로 늘 분주했다. 아침부터 할머니와 엄마, 작은엄마는 차례상에 올릴 많고 많은 음식들을 차근차근 만들어내셨다. 그중에 가장 먼저 준비하던 것은 식혜였다. 시장에서 사온 엿기름을 체에 밭여 열심히 문질러 하얀 즙을 내고, 맑은 윗물만 따라내어 잘 지은 흰쌀밥에 섞었다. 그러고는 압력 밥솥을 보온으로 해두고 한참 기다렸다. 그렇게 몇 시간이 지나 밥솥을 열면 밥알이 몇 개씩 동동 떠 있었다. 할머니는 그 식혜를 큰 통에 붓고 팔팔 끓였다. 온 집 안에 냄새가 퍼질 즈음, 할머니는 들통을 밖에 내다 놓으셨다. 식혜는 식자마자 냉장고로 직행했다. 시원해진 식혜를 제사상에 올리기 위해서였다.

어렸던 나는 식혜 만드는 법이 너무 궁금했다. 도대체 왜 하얀 엿기름물이랑 밥이 밥솥에 들어갔다 나오면 밥알이 흐물흐물해질까? 식혜에서만 맛볼 수 있는 은은한 단맛은 왜 날까? 엿기름은 왜 그렇게 박박 씻어서 맑은 물만 넣을까? 모든 과정이 알쏭달쏭했다.

발아하기 시작한 밀이나 보리를 말린 것이 엿기름이다. 막 발아한 씨앗에는 녹말을 분해하는 효소가 많다. 그래서 엿기름에서 즙을 내면, 녹말분해효소가 가득 배어 나온다. 식혜는 이 효소를 이용해 만드는 음식이다. 보리, 밀 녹말분해효소의 분해 속도는 뜨뜻한 아랫목과 같은 온도에서 가장 빠르다. 압력 밥솥의 보온 온도와 비슷하다.

녹말이 대부분인 쌀밥을 엿기름 즙과 같이 섞으면, 녹말분해효소로 인해 쌀밥의 녹말이 분해된다. 밥에 들어 있는 다당류 녹말은 녹말분해효소로 인해 쪼개져 이당류나 단당류가 된다. 식혜가 달큼해지는 이유다. 한편 녹말이 분해되면서 밥알은 점점 가벼워지고, 동동 뜬다. 하지만 이 상태로 계속 두면 밥알이 다 분해되어서 식혜가 아니라 단물이 되어버리고 말 것이다. 그래서 녹말분해효소가 더 이상 녹말을 분해할 수 없도록 보글보글 끓인다.

그런데 발아하는 씨앗에는 왜 녹말분해효소가 많을까? 발아를 시작한 씨앗에는 녹말분해효소가 많이 있지만, 발아하지 않은 씨앗은 이와 달리 녹말이 많이 저장되어 있다. 씨앗은 발아하면서 보관되어 있는 녹말을 분해해서 에너지원으로 사용하기 위해 녹말분해효소의 양을 급격하게 늘린다. 동시에 씨앗에 저장되어 있던 녹말의 양도 줄어든다.

그렇다면 녹말분해효소가 씨앗에 많아지게 하는 신호는 무엇일까?

발아는 물 분자가 씨앗 안으로 침투imbibition하면서 시작된다. 그리고 씨앗 안에 있는 유근radicle이 씨껍질 밖으로 뚫고 나오면서 끝난다. 이후에는 본격적으로 식물의 생장이 시작된다. 물리적으로는 유근이 나올 때까지를 발아라고 하지만 유근이 나오기 전, 아무런 변화가 없어 보이는 씨앗에서도 생화학적으로 수많은 일들이 일어난다. 발아는 두 단계로 나뉜다. 물을 흡수하는 1단계가 지나고 나면 씨앗에 저장되어 있던 영양분이 분해되고, 미토콘드리아에서 세포호흡을 통해 에너지가 만들어지는 2단계가 시작된다. 이런 생화학적인 변화가 일어나는 발아 제2단계는 물의 침투만으로는 설명하기 어렵다.

우리가 먹는 곡물을 포함해, 씨앗에는 녹말이 가득 차 있다. 발아가 되고 나면 녹말분해효소가 합성되어 씨앗의 녹말을 분해한다. 녹말분해효소는 단백질이다. 단백질은 모든 세포 내에서 실질적인 역할을 하는 분자들이다. 세포의 모양을 잡는 세포골격계는 액틴과 튜불린이

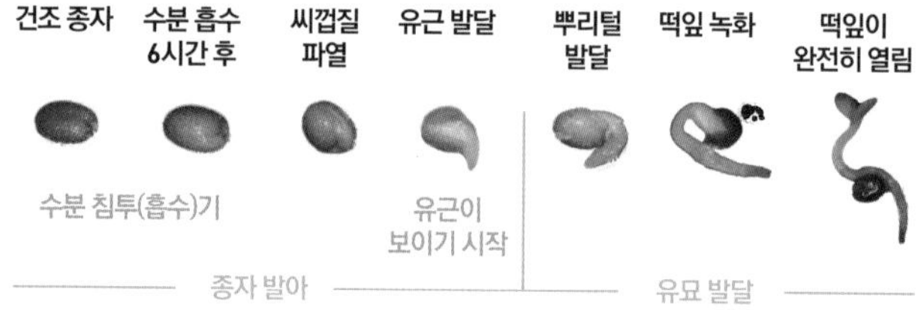

건조 종자
수분 흡수 6시간 후
씨껍질 파열
유근 발달
뿌리털 발달
떡잎 녹화
떡잎이 완전히 열림
수분 침투(흡수)기
유근이 보이기 시작
종자 발아
유묘 발달

그림 1-1 애기장대 씨앗의 발아 과정. 물이 침투한 후 6시간이면 유근이 돌출하기 시작하고 이내 씨껍질이 파열된다. 이어 유근이 나오고, 떡잎이 나오고 초록색을 띠면서 벌어진다. 유근이 나오는 과정까지를 발아라고 한다.

라는 단백질로 이루어져 있고, 녹말분해효소를 비롯해 소화관에서 발견할 수 있는 여러 효소(리파아제, 펩신 등)도 단백질이다. 심지어 사람들의 머리카락과 피부도 케라틴과 콜라겐이라는 단백질로 이루어져 있다. 단단한 뼈마저도 콜라겐으로 되어 있으니, 우리 몸 중 단백질이 아닌 부분을 찾는 게 더 어려울 정도다. 식물도 마찬가지로 많은 부분 단백질로 구성된다.

단백질은 20가지 서로 다른 아미노산이 연결된 고분자 중합체다. 녹말분해효소나 콜라겐 등 각각 다른 단백질은 그 종류마다 독특한 순서로 배열되어 있다. 배열 순서에 의해 모양이 달라지고 그에 따라 기능이 달라진다. 똑같은 20개의 아미노산으로 이루어졌지만 어떤 순서로 연결되느냐에 따라 녹말분해효소와 콜라겐이 구분된다. 이는 20가지 아미노산이 각각 독특한 성질을 가지고 있기 때문이다. 아미노산들이 특정 순서로 연결되면, 인근에 자리 잡은 아미노산끼리 서로 끌어당기거나 밀어낸다. 하지만 이런 결합은 힘이 매우 약하고 거리가 멀어지면 급격히 결합력이 작아진다. 이렇게 약한 결합으로 이루어져 있기 때문에 단백질은 그 형태가 쉽게 무너진다. 주변 온도가 올라가면 단백질 주변을 둘러싼 물 분자의 움직임이 활발해지고, 그것만으로도 단백질의 형태가 바뀔 수 있다.

이렇듯 단백질은 환경 변화에 따라 변성되기 쉬워 오래 유지될 수 없다. 그래서 생명체는 생명 활동을 유지하기 위해 똑같은 단백질을 끊임없이 만들어낸다. 무엇보다 세포에 담긴 모든 단백질 정보가 동시에 필요하지 않다. 발아를 하는 동안, 개화에 필요한 단백질은 필요

없을 가능성이 높으니까 말이다. 발아할 때는 발아에 필요한 단백질만 만들면 충분하다. 그래서 생물은 그때그때 필요한 단백질을 합성한다. 그것이 생명 활동을 이어가기에 더 적합한 방식이다. 씨앗이 발아가 된 이후 녹말분해효소가 합성되는 것도 비슷하다.

이렇게 필요할 때마다 단백질을 합성하려면, 단백질 합성에 관한 정보가 세포 안 어딘가에 있어야 한다. 녹말분해효소라는 단백질에 관한 정보를 비롯해 세포에서 합성되는 단백질의 정보는 세포 내 DNA(deoxyribonucleic acid, 데옥시리보핵산)에 담겨 있다. 식물이나 동물과 같은 진핵생물eukaryote은 핵 안에 DNA가 있다. DNA는 단백질과 비슷하게 서로 다른 염기를 가진 4가지 뉴클레오티드로 이루어진 긴 중합체다. 단백질을 비롯해 거의 모든 세포의 정보는 배열된 염기서열에 들어 있다. 과학자들은 DNA가 아닌 단백질에 생명의 정보가 담겨 있을 것이라고 생각했다. 아미노산 20개가 서로 다른 방식으로 배열되었으니 당연히 더 많은 정보를 저장할 것이라고 예상한 것이다. 하지만 DNA는 4가지 뉴클레오티드만으로도 생명의 정보를 표현한다.

세포 안에서 DNA의 서로 다른 4개의 염기는 알파벳 역할을 한다. 3개의 DNA 염기가 연달아 이어진 것을 코돈codon이라고 하고, 하나의 코돈이 하나의 아미노산을 암호화한다. DNA의 염기가 4개이므로 64개(4×4×4)의 경우가 생기고, 이는 20개 아미노산을 암호화하기에 충분하다.

대부분의 아미노산이 여러 개의 코돈을 가진다. DNA는 긴 사슬이기 때문에 어느 지점에서 단백질이 시작되는지가 표시되어야 하는데,

아미노산인 메티오닌과 그 유일한 코돈(ATG)은 거의 모든 경우 단백질의 첫 아미노산이 된다. 그래서 메티오닌의 유일한 코돈을 시작 코돈이라고 부른다. 그리고 아미노산을 암호화하는 코돈 말고도 한 단백질 서열의 끝을 뜻하는 정지 코돈도 있다. 정지 코돈에 해당하는 아미노산은 없기 때문에 단백질 합성이 끝나고, 완성된 단백질은 세포 내에서 제 기능을 수행하게 된다.

세포핵에 갇혀 있는 DNA의 정보는 매우 방대하다. 한 생명에 필요한 모든 정보가 담겨 있기 때문이다. 그러므로 녹말분해효소 하나를 합성하는 데 DNA 전체에 담긴 정보가 필요하지 않다. 그래서 DNA의 정보는 그와는 아주 조금 다른 RNA로 전사transcription되어 핵에 갇힌 DNA의 정보를 세포질로 전달한다.[1] 세포질로 전달된 RNA의 내용은 리보솜ribosome이라는 세포 내 복합체를 통해 폴리펩티드polypeptide라고도 불리는 아미노산 중합체, 즉 단백질로 번역translation된다. 리보솜에서 번역된 아미노산 중합체는 서로 다른 성질을 가진 아미노산이 그 성질에 따라 위치를 바꾸면서 단백질 접힘protein folding 과정을 거친다. 많은 단백질이 이 과정을 통해 스스로 접히지만, 일부는 샤페론chaperone이라 불리는 다른 단백질의 도움을 받아야 한다. 단백질이 완전히 접힌 후에야 비로소 제 기능을 할 수 있는 활성을 갖게 된다. 이렇게 DNA부터 RNA, 단백질로의 정보 흐름을 중심이론Central Dogma이라 부른다.

DNA와 RNA 그리고 단백질은 생명의 구성물이다. DNA 염기서열이 조금 달라지면, 그로부터 전사되는 RNA가 바뀌고, 또 RNA로

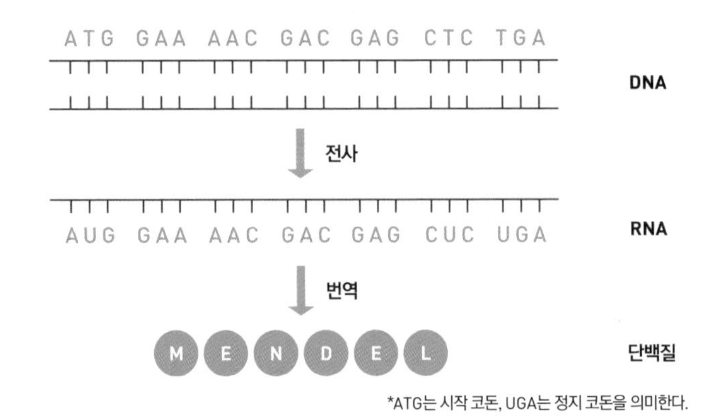

그림 1-2 중심이론. DNA에 저장된 정보는 RNA로 전사되고, RNA의 정보는 리보솜을 통해 단백질로 번역된다. 단백질 번역의 시작 신호는 항상 아미노산 메티오닌(M)으로 시작된다. 단백질을 암호화한 염기서열은 더 이상 아미노산이 결합할 수 없는 정지 코돈(UGA, UAG, UAA)으로 끝난다.

부터 번역되는 단백질이 달라진다. 그러므로 DNA 염기서열을 달리하는 방식만으로도 사람과 민들레가 나뉠 수 있다. 하지만 민들레 잎과 민들레 뿌리의 차이는 DNA 염기서열로 구분될 수 없다. 오히려 DNA의 정보가 실질적인 기능을 하는 단백질로 전환되는 과정이 선택적으로 일어나면서 민들레 잎 세포가 되기도 하고, 민들레 뿌리 세포가 되기도 한다. 그러므로 씨앗에는 존재하지 않던 녹말분해효소가 발아와 함께 많아지는 이유는 녹말분해효소를 암호화하는 DNA 지역이 선택적으로 RNA로 전사되고, 또 그것이 번역되면서 녹말분해효소가 급격하게 늘어나기 때문이다.

결국 어떤 세포에서, 어느 시기에 DNA의 어떤 부분을 RNA로 전사할지 결정하는 것이 차이를 만들어낸다. 그런데 DNA는 단순히 단백질이 될 정보만을 담고 있지 않다. 진핵생물에서 DNA는 기나긴 사슬로 이루어져 있다. 그중 단백질이 될 부위는 일부일 뿐이다. 전통적으로는 단백질 서열을 암호화하는 DNA 부위를 유전자라고 불렀다. 하지만 단백질로 번역되지 않아도 특정 기능을 하는 RNA 분자들이 발견되면서 '유전자'의 정의는 점차 모호해지고 있다.

유전자 부위가 아닌 다른 부위는 유전자 간 서열intergenic sequence이라 불리며, 오랫동안 아무런 기능을 하지 않는 쓸모없는 부분으로 여겨져왔다. 단백질이 되지 않기 때문에 기능이 없을 거라고 생각한 것이다. 하지만 유전자 간 서열 중에는 해당 유전자를 언제 어느 세포에서 만들지를 결정하는 서열들이 있다. 이 부분을 프로모터promoter라고 부른다. 프로모터 지역에 전사인자transcription factor라고 하는 단백질들이 결합하여 해당 유전자의 전사를 유도할 수 있다.

보리와 밀은 인류와 아주 오랫동안 함께해온 작물이다. 지금으로부

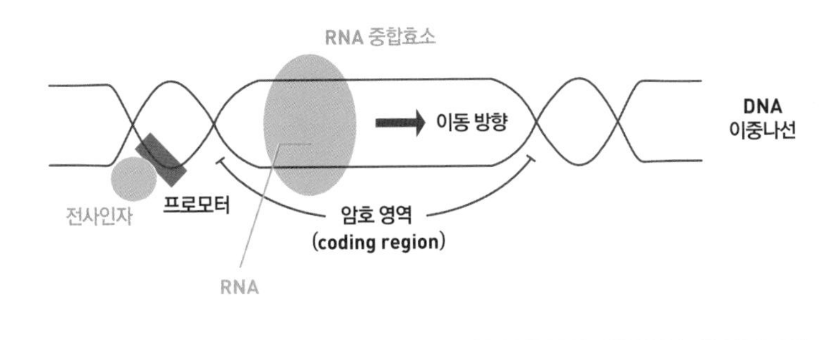

그림 1-3 아미노산 서열을 암호화하는 지역의 전사는 전사인자가 결합하는 프로모터에 의해 결정된다. 프로모터에 전사인자가 결합하면 RNA 중합효소가 RNA 전사를 시작한다.

터 1만 년 전에 생긴 유프라테스 강가의 유적에서 보리와 밀의 흔적이 발견되었다.[2] 오래 재배한 만큼, 인류는 보리를 다양한 용도로 사용한다. 보리는 인간이 먹는 곡물로서도 중요하지만, 가축 사료로 쓰이기도 했다. 무엇보다 중요한 사용처는 맥주 만들기였다. 맥주를 제조하기 위해서는 발아한 보리 싹을 말려서 쓰는데, 식혜를 만들 때 사용하는 엿기름과 꼭 같다. 하지만 이렇게 보리를 다양하게 활용하려면, 용도에 맞게 특화된 보리가 필요하다. 가축 사료나 빵으로 만들어 먹기 위해서는 발아를 억제해야 하지만, 반대로 맥주를 만들려면 발아가 빨리 되어야 한다. 그만큼 전 세계에는 용도가 다른 다양한 보리 품종이 있다. 아주 오랜 옛날부터 발아하기 전의 씨앗에는 녹말이 많고, 발아를 한 후에는 발효에 쓰일 녹말분해효소가 많다는 사실이 알려져 있던 것이다. 그렇기 때문에 보리 혹은 밀에서 발아가 어떻게 조절되는지는 매우 중요한 연구 주제였다.

발아한 새싹은 발아 후 4일 뒤부터 중량이 빠르게 감소하고, 이때 녹말도 비슷한 속도로 양이 줄어든다. 동시에 녹말분해효소의 양은 급격하게 늘어난다.[3] 녹말분해효소는 발아하는 씨앗에서 합성되는 단백질의 30퍼센트 정도를 차지한다.[4] 곡류에 있는 녹말분해효소를 분리하고 정제해서 특성을 분석하는 연구는 19세기로 거슬러 올라간다. 보리 싹에서 추출할 수 있는 녹말분해효소의 반응 속도 등 효소의 기능과 직접 관련된 실험들이 활발히 진행되었다. 하지만 왜 발아가 된 보리 싹에서 많은 양의 녹말분해효소가 추출되는지에 대한 연구는 더디게 이루어졌다.

일본에서는 벼키다릿병에 관한 연구가 19세기 말부터 활발히 진행 중이었다. 이 병에 걸린 벼는 키만 크고 이삭은 맺지 못해 농가에 막대한 피해를 입혔다. 그래서 일본의 농부들은 이를 '바보 벼bakanae'라고 부르기도 했다. 19세기 말, 이 병이 벼키다리병균(*Gibberella fujikuroi*, 현재 명칭 *Fusarium fujikuroi*)이라는 균류, 정확히는 이 균류가 세포 밖으로 분비하는 화학물질에 의해 일어난다는 것이 밝혀졌다. 1935년, 데이지로 야부타Teijiro Yabuta는 처음으로 벼의 생장을 지나치게 촉진하는 물질 2가지를 정제하고 이를 각각 지베렐린 A와 지베렐린 B라 명명했다. 그리고 1950년대 그가 발견한 지베렐린 A가 사실은 3가지라는 것이 밝혀졌다. 후에 추가 발견된 지베렐린 A 물질까지 포함해 발견 순서에 따라 GA1부터 GA4라고 이름 지어졌고, 그 이후로 발견된 지베렐린은 순서대로 GA(n)으로 부른다.[5] 지베렐린은 사실 124종의 물질을 통칭하는 말이다.

1940년, 일본에서 발표된 논문 한 편이 발아 후 녹말분해효소가 증가하는 원인으로 지베렐린을 지목했다. 식물학자 하야시 다케시Hayashi Takeshi는 씨앗의 발아와 발아 후 녹말분해효소가 합성되는 것이 지베렐린에 의해 촉발된다고 밝혔다.[6] 하지만 이때까지만 해도 지베렐린은 균류에서만 발견되었고, 식물이 지베렐린을 직접 만든다는 증거는 없었다. 지베렐린이 아무리 발아를 촉진한들, 식물이 스스로 만들 수 없다면 실제 현상을 반영하는 것이 아니었다. 드디어 1958년, 영국의 과학자들은 붉은강낭콩runner bean(*Phaseolus coccineus*, 당시에는 *Phaseolus multiflorus*)에서 지베렐린 A1(GA1)을 추출했다.[7] 이는 벼키다리병균에서도 발견된 지베렐린이었다. 따라서 지베렐린이 식물의 생장을 촉진하고, 식물에서 직접 합성된다는 것이 밝혀졌다.

식물호르몬은 매우 적은 농도로 식물의 생장, 발달, 환경 적응 등에 큰 영향을 미치는 물질이다. 예를 들면 지베렐린은 키다릿병에 걸린 벼처럼 식물의 길이 생장을 촉진한다. 현재까지 알려진 식물호르몬은 지베렐린을 비롯해 옥신, 사이토키닌, 앱시스산, 에틸렌, 브라시노스테로이드, 살리실산, 자스몬산 등이다.

1960년, 호주의 과학자 팔레그Leslie Paleg와 일본의 과학자 요모H. Yomo는 지베렐린이 발아 현상을 촉진하며 발아한 보리 씨앗 안에 녹말분해효소의 양을 늘린다고 발표했다.[8] 하야시의 결과와 일치하는 내용이었다. 이 결과는 이후 학자들이 수차례 실험을 통해 여러 식물 종에서 재현했다. 지베렐린이 씨앗 속 녹말분해효소의 양을 늘린다는 상관관계가 밝혀진 것이다.

그렇다면 지베렐린은 어떻게 씨앗 속 녹말분해효소의 양을 늘릴까? 조세프 바너Joseph Varner의 연구팀은 지베렐린과 녹말분해효소의 관계를 상세히 연구했다.[9] 새로운 전령RNA 합성을 억제하는 액티노마이신D라는 화학물질과 지베렐린이 담긴 용액에 씨앗을 담그면 녹말분해효소 전령RNA가 생성되지 않았다. 지베렐린만 들어 있는 용액에서는 녹말분해효소 전령RNA가 활발히 합성되는 것과 상반된 결과였다. 이는 발아가 일어나고, 지베렐린에 의해 녹말분해효소 전령RNA가 만들어져야 함을 의미했다.

지베렐린에 의해 전령RNA가 증가한다는 것은 어떤 전사인자가 녹말분해효소 프로모터 부위에 결합해야 가능한 일이었다. 녹말분해효소뿐 아니라 지베렐린에 의해 전사가 증가하는 여러 유전자의 프로모터 부위에서 공통되는 염기서열이 있다면, 그 염기서열이 전사인자가 결합할 자리일 가능성이 높았다. 호주의 존 제이콥슨John Jacobsen 팀과 덴마크 양조회사 칼스버그 연구소의 존 먼디John Mundy 팀은 각각 연구를 진행했다. 이들은 녹말분해효소가 아닌 전혀 다른 효소가 녹말분해효소 프로모터에 의해 전사되는 세포를 제작했다. 이때 사용되는 것은 그 활성을 측정할 수 있는 효소로, 활성 측정을 통해 양을 유추할 수 있었다. 녹말분해효소 프로모터가 활성화된다면, 그 세포의 효소 활성이 증가하고, 이로써 녹말분해효소 프로모터가 활성화되는 조건을 알 수 있는 실험이었다. 이들은 지베렐린을 처리했을 때, 활성이 증가함을 우선 밝혔다. 그 후, 녹말분해효소 프로모터에 해당되는 염기서열 중에서도 지베렐린에 반응하는 데 꼭 필요한 최소 염기서열을 같은 실험을 통해 밝혔다.[10]

이어서 1995년 제이콥슨 연구팀은 이 프로모터 지역에 결합하는 전사인자를 발견했다. 이 전사인자는 지베렐린에 의해 증가하고, 녹말분해효소의 프로모터에 직접 결합했다.[11] 지베렐린이 녹말분해효소의 전사를 활성화하여 전령RNA와 그 단백질의 양을 늘린다는 연구 결과가 밝혀진 것은 1964년의 일이었다. 그로부터 30년이 흐른 후에야 그 전사인자가 밝혀졌다.

위의 연구는 발아라는 식물 고유의 생명현상에 대한 기초적인 지식을 제공할 뿐만 아니라 응용의 측면에서도 식혜를 만들거나 맥주를

그림 1-4 옥수수와 밀에서 관찰한 수확 전 발아.

만들 때, 보리 싹을 얼마나 오랫동안 키울지에 대한 힌트 등을 제시할 수 있다. 그런데 식물의 입장에서 발아를 촉진하는 것이 언제나 좋은 일일까?

씨는 모든 조건이 알맞은 때 발아가 되어야 한다. 조건이 하나라도 맞지 않을 때 발아가 이루어지면, 그 식물체는 살아남을 수 없다. 그렇기 때문에 지베렐린에 의해 발아가 촉진되는 것만큼, 발아 이후에 살아남을 수 있을 정도로 완벽한 조건이 갖추어질 때까지 발아를 억제하는 것도 중요하다. 하지만 앞서 발아의 첫 단계에서 살펴보았듯이, 물을 흡수하는 것만으로도 발아가 시작될 수 있다. 수확을 하기 전에 비가 내려 낟알이 발아되어버리는 수확 전 발아Pre-harvest sprouting, PHS, vivipary 현상은 실제로 밀 생산량에 큰 피해를 입힌다.

그렇기 때문에 발아를 지연시키는 휴면dormancy도 발아만큼 중요하다. 발아를 지연시키는 물질은 앱시스산abscicic acid이라는 식물호르몬이다(4부 1장 참조). 앱시스산은 노화가 일어나는 식물 부위에 많이 분포하며 씨앗에도 축적되어 있다 발아가 시작되면 분해된다.[12] 반대로, 발아를 촉진하는 지베렐린은 이 시기에 지베렐린 합성효소의 양이 증가하면서 그 양 또한 증가한다. 즉 지베렐린과 앱시스산 두 호르몬은 서로 역의 균형을 갖추면서, 어떤 호르몬이 우위를 차지하느냐에 따라 씨앗은 휴면 상태를 유지하기도 하고 발아되기도 한다.

식혜를 만드는 엿기름, 그리고 맥주를 만드는 맥아는 씨앗을 며칠간 키워 녹말분해효소를 최대로 합성한 상태에서 이용된다. 녹말분해효소의 양이 최대가 되는 때는, 새싹이 세상을 향해 뻗어 나가기 위해 필요한 에너지원을 모두 쏟아낸 순간이다. 인간은 그 원리를 이용해 맛있는 음식을 만들지만, 식물의 입장에서는 다음 단계로 도약하기 위한 준비다.

자연 상태에서 씨앗은 발아 직후에도 땅속에 머물러 있다. 땅을 뚫고 햇빛을 향해 나아가기 위해 남은 에너지를 아낌없이 쓰는 것이다. 하지만 이렇게 얻은 에너지는 무한하지 않다. 빨리 햇빛을 보지 못하면, 살아남지 못할 수도 있다.

고개를 든 콩나물

광화문에서 버스를 타고 북서쪽으로 20여 분을 달리면 인적이 드문 동네에 도착한다. 정류장에서 내려 다시 20분 정도 걸어가면 내가 살던 작은 마을에 도착한다. 북한산 비탈에 자리 잡은 이곳에는 자그마한 시내가 있다. 여름이면 새끼 오리들이 부지런히 엄마 오리를 쫓아다니고, 아이들이 징검다리를 오가며 노는 정겨운 마을이다. 번잡한 광화문이 고개 너머에 있는데도 조용하고 여유로웠다.

이 마을에는 자그마한 시장이 하나 있다. 콩국이랑 손두부 파는 두붓집도, 고춧가루 빻고 기름 짜는 방앗간도, 새벽마다 분주히 떡을 찌는 떡집도 있는 전통 시장이다. 채소 가게에서 1,000원을 주고 콩나물을 사면 까만 비닐봉지가 가득 찬다. 콩나물을 산 날 밤이면 텔레비전 소리를 들으며 내내 다듬곤 했다. 콩나물은 검은 봉지에서 끝도 없이 계속 나왔다. 언제 다 먹지, 무슨 요리를 하지, 결혼한 지 얼마 안 된 새댁에게 끝없이 나오는 콩나물은 기뿜보다는 근심이었다.

그런데 까만 봉지에서 끊임없이 나오는 콩나물을 멍하니 다듬다가도 식물학자의 호기심이 발동하는 순간이 있었다. 고개를 푹 숙인 콩나물 사이로 한 번씩 머리를 바짝 든 콩나물이 나올 때였다. 반으로 접혀 있어야 할 줄기와 콩 부분이 한 바퀴 돌면서 고개를 빳빳이 하늘로 뻗은 모양이다. 그런 콩나물은 왠지 줄기도 더 짤막하고 통통했다.

어느 숲속에 내려앉은 씨가 봄비를 맞으며 발아를 시작한다. 뿌리는 터져 나왔지만, 아직 씨는 흙에 덮여 어둠 속에 머물러 있다. 이 어둠에서 벗어나려면, 흙을 뚫고 나올 만한 단단한 무언가가 필요하다. 흙을 뚫고 나오는 동안 생장이 이루어지는 생장점도 보호해야 한다. 이 구조물 역할이자 생장점 보호도 하는 곳이 콩나물의 자엽과 줄기 사이 경첩 부분이다. 이를 갈고리apical hook라고 부른다. 콩나물 시루는 흙 속 깊은 어둠 상태와 똑같다. 흙을 뚫고 빛에 도달하기 위해 진화한 특이한 생장 형태가 바로 우리가 먹는 콩나물이다.

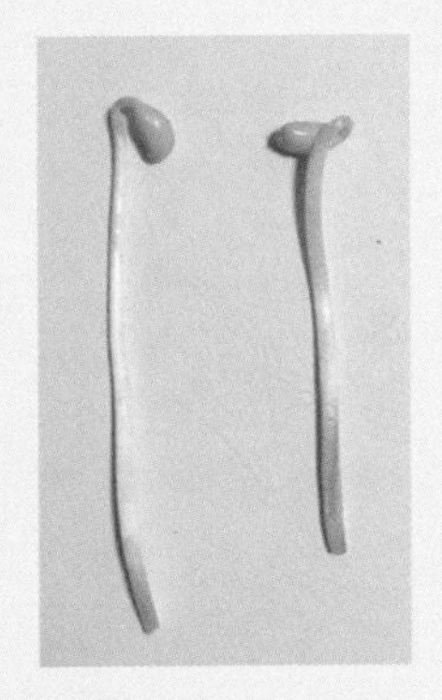

그림 2-1 삼중반응을 보이는 콩나물.

고개를 하늘로 든 생김새는 흙을 뚫고 올라갈 구조물이 사라질 뿐 아니라 생장점이 포함된 자엽 부분이 그대로 단단한 흙에 노출되는 모양이다. 한시라도 빨리 빛에 도달해 스스로 영양분을 합성해야 하는 식물에 이보다 불리한 표현형은 없다. 게다가 줄기도 길게 뻗지 못하고 짤막하다. 숲속에서는 살아남을 수 없는 모양새다.

왜 이렇게 생겼을까? 왜 전부가 아니라 몇몇 콩나물만 이런 모양일까?

○ ○ ●

식물학자들은 내가 봤던 고개를 든 콩나물처럼, 어둠 속에서 발아한 식물들이 고개를 들고 있는 현상을 이미 오래전에 발견했다. 콩나물의 줄기와 떡잎이 될 부분을 연결하는 곳을 갈고리라고 하는데, 반으로 접혀야 할 갈고리가 더 많이 접히면서 떡잎이 될 부분이 하늘을 향해버린 것이다. 1901년, 상트페테르부르크의 식물학 연구소 소속 드미트리 넬류보프Dmitry Neljubow는 캄캄한 실험실에서 완두콩을 키우면 갈고리가 휘며 줄기가 짧고 통통해지는 현상을 발견했다. 그는 이 세 가지 반응을 통틀어 '삼중반응triple response'이라고 불렀다. 하지만 실험실 밖에서 키운 완두콩은 어둠 속에서 고개를 숙인 채로 자랐다. 넬류보프는 비교 실험 끝에 실험실 안의 공기에 있는 어떤 물질이 이 반응을 일으킨다는 사실을 찾아냈다. 당시는 가스등이 흔하게 사용되던 때였다. 시내 곳곳에 매립된 석탄가스 파이프에서는 늘 가스가 샜다. 넬류보프가 있던 상트페테르부르크의 실험실도 예외는 아니었다. 넬류보프는 파이프에서 새어 나오는 기체 에틸렌ethylene이 삼중반응을 일으킨다는 사실을 발견해냈다.

하지만 지베렐린과 마찬가지로 에틸렌이 직접 식물에서 합성된다는 증거가 있어야 에틸렌에 의한 생장 효과가 식물에서 일어나는 일이라고 증명할 수 있었다. 식물이 스스로 기체인 에틸렌을 합성할 수 있다는 것은 1930년대에 밝혀졌다. 1931년에는 싹 난 감자를 사과 옆에 두면 싹이 제대로 자라지 않는다는 사실이 알려졌다.[1] 사과에서 나온 기체가 감자의 생장에 영향을 준다는 연구였다. 여기에서 힌트를 얻은 사람은 영국 케임브리지 저온 연구소Low Temperature Research Station, LTRS에서 과일의 냉장법을 연구하던 리처드 게인Richard Gane이었다. 사과에서 나온 기체가 내는 효과가 에틸렌이 내는 효과와 유사했던 것이다. 그는 사과 13.6킬로그램에서 나오는 기체를 모았고 그 기체의 성질은 에틸렌과 똑같았다.[2]

에틸렌은 과일의 후숙을 촉진하는 역할도 한다. 가을이 되면 새로 산 감 상자 속에 사과를 군데군데 넣어두곤 했다. 사과에서 나오는 에틸렌이 감을 빠르게 익혀 홍시를 만들기 때문이다. 비슷한 원리로, 사과와 바나나를 같이 두면 바나나가 더 빨리 익으면서 무르고 만다.

에틸렌이 식물에 미치는 영향은 기체 화학물질이 생명현상을 조절하는 호르몬 역할을 한다는 최초의 보고였다. 하지만 게인이 에틸렌을 발견한 이후에도 기체가 생명현상을 조절한다고 믿는 학자들은 많지 않았다. 연구는 꾸준히 이루어졌고, 1980년대에 들어서는 에틸렌 기체가 식물 어디에서 어떤 경로를 통해 합성되는지 그 생합성 경로가 밝혀졌다.[3] 그렇지만 '세계 최초로 발견된 기체 호르몬'이라는 타이틀은 동물에서 발견된 산화질소(NO)라는 오해가 한동안 있었다. 1998년 노벨 생리의학상은 '산화질소가 심혈관계에서 호르몬으로 작용하는 기작'을 발견한 공로로 3명의 약리학자가 받았다. 수상 이유를 설명하는 글에는 '기체가 호르몬 작용을 할 수 있다는 최초의 발견'이라고 쓰여 있었다.[4] 이에 에틸렌을 연구하던 한스 켄데Hans Kende는 기고를 통해 식물학에서 선구적인 연구가 이루어져도 생물학 연구를 개척한다는 평가를 받지 못하는 세태를 꼬집었다.[5]

1980년대까지만 해도 에틸렌 연구는 에틸렌을 가장 많이 합성하는 사과에서 주로 이루어졌다. 에틸렌 정제, 에틸렌의 생합성 경로 연구 등이 활발히 되었지만, 사과로 할 수 있는 연구에는 한계가 있었다. 당시 새로 주목받기 시작한 분자생물학 연구를 하기 어렵다는 점이었다. 또 생물학자들이 흔히 하는 돌연변이를 이용한 유전학 연구도 사과로 하기는 어려웠다. 돌연변이를 만들어서 키우기에 사과나무는 너무 컸고, 또 키우는 데 오래 걸렸다. 실험 대상으로 쓸 새로운 모델식물이 필요했다.

지구상에는 수없이 많은 생물이 살고 있다. 이 모든 생물 종을 연구하기란 사실 불가능하다. 그렇기 때문에 대표가 될 만한, 그리고 연구에 적합한 종을 골라 실험에 사용하는데, 이를 모델생물이라 부른다.[6] 멘델이 연구한 완두콩, 매클린톡이 연구한 옥수수 등이 그 당시에 사용되던 모델생물이었다. 하지만 대장균, 박테리오파지 등이 실험에 이용되면서 '모델생물'의 기준이 크게 바뀌었다. 그때까지만 해도 식물의 모델생물이라 하면, 인간이 먹을 수 있는 작물이 대부분이었다. 작물을 연구하면 바로 적용이 가능하다는 장점이 있었지만, 단점도 많았다. 일모작이나 이모작만 할 수 있으니, 한 세대가 너무 길었고, 크기도 작지 않아서 넓은 경작지가 필요했으며, 번식이 그리 빠르지도 않았다. 모델생물로 이용하려면 실험을 신속하게 하기 위해 빨리 자라고, 좁은 실험실에서 키울 정도로 작으며, 씨를 많이 맺는 식물이 필요했다.

애기장대Arabidopsis는 유럽과 아시아 등 북반구에서 흔히 볼 수 있는 잡초다. 애기장대의 학명(*Arabidopsis thaliana*)은 1842년에 정해졌다. 1577년에 하르츠 산맥에서 발견되었고, 처음 발견한 요하네스 탈Johannes Thal의 이름을 기려 '*thaliana*'라는 이름을 얻었다. 1777년, 영국의 식물학자이자 곤충학자 윌리엄 커티스William Eleroy Curtis는 그가 쓴 책《런던의 식물Flora Londinensis》에서 애기장대를 이렇게 표현했다. "마을 건물 벽에 붙어 자라거나 마른 땅에서 자라는 것을 자주 볼 수 있다. 특히 그리니치 공원 남쪽 담벼락에서 많이 보인다. (…) 특별한 쓸모나 가치는 없다."[7]

실제로 애기장대는 영국 어디에서나 담벼락에 붙어 자라는 흔한 잡초다. 비슷하게 생긴 냉이(*Capsella bursa-pastoris*)와 혼동을 일으키고는

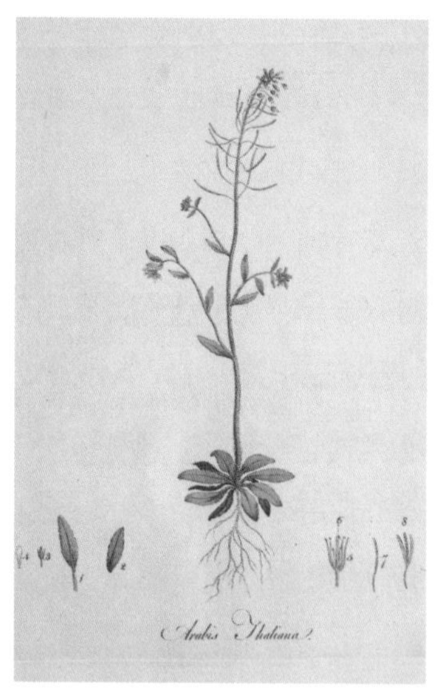

그림 2-2 《런던의 식물》에 삽입된 애기장대.

그림 2-3 《런던의 식물》에 삽입된 냉이.

하지만, 씨가 맺히는 장각과silique의 모양으로 구분할 수 있다. 애기장대의 장각과가 길쭉한 것과 달리, 냉이의 장각과는 하트 모양이다. 생애 주기는 6주 정도로 짧고, 다 자라도 손바닥 안에 들어올 정도로 매우 작다. 하지만 엄청나게 씨가 많이 맺힌다. 이 모든 특징들은 모델식물로 사용하기에 적합한 조건이다.

독일의 식물학자 프리드리히 라이바흐Friedrich Laibach는 대학원생이었던 1905년, 고향인 림부르흐(프랑크푸르트와 쾰른 사이의 소도시)에서 애기장대를 수집한다.[8] 그 이후로 그는 평생에 걸쳐 애기장대 연구를 계속 해나갔으며, 1943년에는 애기장대가 모델생물로서 적합한 9가지 이유에 관한 논문을 발표하기도 했다.[9] 한편, 지역마다 애기장대의 생김새가 다름을 깨닫고 1937년부터 유럽 도처에 퍼져 있는 애기장대 종자를 모았다.[8] 그는 애기장대를 수집한 지역에 따라 이름을 짓는 명명법을 만들었고, 이 방식은 아직까지도 쓰인다.[10] 그가 수집한 종자는 이후 애기장대 종자 은행의 출발점이 되었다.

라이바흐의 컬렉션은 지금까지 애기장대 연구에 귀한 재료가 되고 있다. 라이바흐는 그가 모은 애기장대 종자를 독일의 연구자뿐 아니라 원하는 이들에게 아낌없이 나눠주었다. 애기장대 연구자들은 더 나아가 종자와 연구 방법, 그리고 발견을 해마다 공유하는 자료집을 만들기로 한다. 괴팅겐 대학의 게르하르트 뢰블렌Gerhard Röbbelen은 애기장대 종자와 애기장대에 관한 최신 연구를 안내하는 애기장대정보서비스Arabidopsis Information Service, AIS를 1964년 발간했다.[11] 하지만 애기장대 연구자 수는 쉬이 늘지 않았다. 국가 연구비의 대다수가 동물 실험에 들어가던 시기였고, 그나마 연구비를 받는 식물 연구는 농작물에 집중되던 때였다.

1980년대에 이르러 상황이 서서히 바뀌었다. 박테리오파지로 시작해 대장균 그리고 초파리로 대표되는, 모델생물을 중심으로 하는 실험동물을 이용한 분자생물학이 포화 상태에 이르고 있었다. 식물 분야는 여전히 분자생물학의 불모지였다. 유전학 연구는 오래도록 진행되어왔지만, 작물이라는 식물의 특성상 너무 느리게 자라서 분자생물학 연구를 하기는 어려웠다. 대장균을 이용한 분자생물학으로 박사학위를 받은 크리스 서머빌Chris Somerville과 식물육종학으로 석사학위를 받은 쇼나 서머빌Shauna Somerville 부부는 '식물' 분자생물학이 흥하려면 좋은 모델식물이 필요하다고 생각하던 중이었다.[12]

미주리 대학의 헝가리 출신 식물학자 조지 레디George Rédei의 논문을 읽고 애기장대에 매료된 쇼나는 애기장대를 이용한 분자생물학을 해보자고 남편 크리스를 설득한다. 하지만 애기장대를 모델식물로 만들려는 생각은 서머빌 부부만 한 것은 아니었다. 미국에서는 캘리포니아 공과대학에서 초파리를 연구하던 엘리엇 마이어로위츠Elliot Meyerowitz와 예일 대학교의 데이비드 마인케가 애기장대에 관심을 보이고 있었다. 특히 네덜란드에는 마르틴 쿠어니프Marteen Koornneef를 비롯해 애기장대 연구를 하는 이들이 여럿 있었는데, 이들은 레디로부터 직접 애기장대 씨앗을 받아 실험을 진행하고 있었다. 1985년, 콜로라도에서 열린 식물유전학회는 이들이 모두 모여 새로운 애기장대 커뮤니티를 꾸리는 계기가 되었다. 이후, 애기장대는 빠르게 '식물계의 초파리'라는 명성을 얻게 되었다.

애기장대의 가장 큰 장점은 하루아침에 수만 개의 씨앗에 돌연변이를 유도할 수 있으며, 그로부터 돌연변이를 빠르게 찾아낼 수 있다는 점이다. 넬류보프가 관찰했던 삼중반응은 독특한 돌연변이 표현형을 보여 빠른 돌연변이 선별을 가능케 했다. 1988년, 한스 켄데 팀은 크리스 서머빌 팀과 협업을 통해 에틸렌이 있어도 길쭉하게 콩나물처럼 자라는 돌연변이(*etr, ethylene response*)를 찾았다.[13] 같은 해, 펜실베이니아 대학에 갓 임용된 조셉 에커Joseph Ecker도 이 방식을 이용해 에틸렌 인지가 망가진 애기장대 돌연변이를 찾고자 했다.

플리니오 구즈만Plinio Guzman과 에커는 애기장대 씨앗에 돌연변이를 유발하는 화학물질 EMS(Ethyl methanesulfonate)를 처리했다. EMS는 DNA 염기서열에 무작위하게 변화를 일으키는 화학물질이어서 많은 수의 씨앗에 EMS를 처리하면 DNA 염기서열이 바뀐 돌연변이들이 일정 확률로 발생한다.[14] 이렇게 생긴 돌연변이들은 애기장대의 다양한 생명현상에 영향을 미친다. 구즈만과 에커는 이 돌연변이들 중에서 에틸렌에 관련된 것만을 찾고 싶었기 때문에 어둠 속에서 애기

그림 2-4 에틸렌이 있을 때 삼중반응을 보이지 않는 돌연변이.

장대를 키웠다. 에틸렌에 의한 삼중반응은 캄캄한 곳에서 일어나기 때문에, 삼중반응의 여부에 따라 육안으로 쉽게 돌연변이를 찾아낼 수 있었다.

구즈만과 에커는 이 에틸렌 반응성을 기준으로 3가지 종류의 돌연변이를 찾아냈다.[15] 첫 번째로 발견된 종류는 에틸렌 없이도 삼중반응을 보이는 돌연변이, *eto*(*ethylene overproducer*)였다. 1993년에는 에틸렌 없이 삼중반응을 보이는 또 다른 돌연변이 *ctr1*(*constitutive triple response 1*)도 발견했다.[16] 돌연변이 내에서 에틸렌을 과다하게 합성하거나, 극소량의 에틸렌에도 반응하는 돌연변이였다. 이들은 에틸렌이 없는 상태에서도 삼중반응을 보이는 표현형을 지닌 애기장대였다.

두 번째로 발견된 돌연변이는 에틸렌에 반응하지 않는 *ein*(*ethylene insensitive*)이었다. 이 계열의 돌연변이는 에틸렌이 포함된 환경에서 키워도 삼중반응을 보이지 않았다. 마지막 종류는 에틸렌 반응 중 갈고리만 생기지 않는 *hls*(*hookless*) 돌연변이였다. 과학자들은 다루기 쉬운 모델식물 애기장대를 이용해서 위와 같은 매우 단순한 방법으로 에틸렌과 관련된 돌연변이를 대부분 발견했다.

애기장대를 이용한 분자생물학 실험들은 대상을 최대한 단순화시키고 그 대상에만 집중하는 방식으로 크나큰 발견들을 빠른 시간에 가능하게 했다. 하지만 돌연변이를 찾는 걸로 끝나지 않았다. 애기장대는 자가수정을 하는 식물로 유전적으로 동일한 개체를 유지하기에 적합했다. 유전학 실험을 하는 데 유전적으로 동일한 개체는 꼭 필요하다. 모든 유전자가 동일한 조건하에서 한 가지 유전자가 바뀌어야 어떤 돌연변이 표현형을 그 유전자에 기인한 것으로 판단할 수 있기 때문이다.

멘델의 완두콩도 자가수정 하는 종이었다. 멘델은 유전법칙이 알려지게 된 그 유명한 실험을 하기 전, 아주 오랜 기간 동안 형질이 세대를 거치며 바뀌지 않는 완두콩을 키워내는 데 심혈을 기울였다. 그는 수십 세대에 걸쳐 완두콩을 자가수정 하는 과정을 통해 유전적으로 동일한 완두콩 개체를 만들어냈다. 이 단계를 거쳤기 때문에 멘델이 연구했던 7가지 표현형의 차이가 뚜렷이 구분될 수 있었다.

자가수정의 장점은 또 있다. 멘델이 연구했던 노란 완두콩은 우성, 초록 완두콩은 열성이라 부른다.[17] 유성생식을 하는 대부분의 생물은 염색체를 한 벌씩 부모에게 물려받아 두 벌의 염색체를 갖는다. 노란 완두콩의 형질을 내는 대립인자는 두 벌 중 한 벌에만 있어도 표현형이 발현된다. 이렇게 각각의 염색체에 있는 대립인자가 다른 개체를 이형접합자heterozygous라고 하고, 이형접합자일 때 나타나는 표현형을 우성이라고 한다. 하지만 초록 완두콩의 경우에는 염색체 두 벌 모두에 초록 완두콩 대립인자가 있어야 초록 완두콩을 볼 수 있다. 이렇게 2개의 대립인자가 일치하는 개체를 동형접합자homozygous라고 하고, 열성 표현형은 동형접합자일 때만 표현형을 보인다.

무작위하게 발생하는 돌연변이는 대개 한 쌍 중 한 벌에만 생기는 이형접합자이고, 그 표현형은 대개 열성이어서 동형접합자가 되어야만 표현형을 관찰할 수 있는 경우가 많다. 자가수정을 하는 종에서는 스스로의 난자와 정자가 수정을 이루어서 일정 확률(4분의 1)로 돌연변이 유전자의 동형접합자를 찾을 수 있다. 타가수정 되는 종이었다면 꽃마다 일일이 수정을 해줘야 하지만, 자가수정을 하기 때문에 그런 수고를 덜게 된 것이다.

역설적으로 타가수정이 불가능하지 않다는 점도 애기장대가 모델 식물로 자리 잡는 데 중요한 역할을 했다. 자가수정이 이루어지기 전에 꽃가루가 생기는 수술을 떼어 내고, 다른 돌연변이의 수술에서 생기는 꽃가루를 암술에 묻히면 타가수정이 이루어진다. 이는 여러 가지 돌연변이를 한 번에 갖는 다중 돌연변이 제작이 가능하다는 뜻이다.

에커 팀은 찾아낸 돌연변이들을 가지고 타가수정을 통해 이중 돌연변이를 제작하기 시작했다.[18] 에커 팀 연구원들은 돌연변이의 암술과 수술을 분리해서 타가수정을 하여 두 돌연변이 형질을 모두 갖는 애기장대 개체를 키웠다. 공기 중에서도 삼중반응을 보이는 *ctr1-5*와 에틸렌이 있어도 삼중반응을 보이지 않는 *etr1-3* 돌연변이를 모두 가진 이중 돌연변이[19]는 어떤 표현형을 보일까? 이 이중 돌연변이는 *ctr1*처럼 공기 중에서도 삼중반응을 보였다. 이는 ETR1 유전자가 CTR1 유전자보다 먼저 에틸렌 신호를 받음을 뜻한다. 서로 다른 표현형을 가진 두 돌연변이를 교배한 후 한 표현형만 나타날 때, 표현형이 나타난 유전자를 상위성epistasis이 있다고 한다. 상위성 실험은 유전자 간의 상호작용을 파악하는 데 용이하며 이를 통해 여러 유전자가 어떻게 서로 영향을 주고받는지를 파악할 수 있다. 실제로 ETR1 단백질은 세포막에서 에틸렌을 인식하는 수용체, 그리고 CTR1 단백질은 에틸렌을 인식한 ETR1 단백질의 신호를 세포 안에서 전달하는 역할을 한다.

식물에서 생합성된 에틸렌은 사과에서 발견되었지만, 사과에서 에틸렌이 어떻게 식물의 숙성 반응을 일으키는지, 혹은 어떻게 생장을 억제하는지 그 기작을 연구하기는 어려웠다. 하지만 1980년대 분자생물학이 생명현상을 설명할 수 있는 새로운 분야로 각광 받기 시작했다. 사람들은 빠르고 쉽게 분자생물학 연구가 가능한 식물 종을 찾아 나섰다. 빨리 자라고 씨를 많이 맺고, 자가수정이 가능한, 애기장대의 잡초로서의 특성과 이전부터 여러 지역에서 수집하여 보관된 아종 등 실험 재료의 다양성 덕분에 애기장대가 선택되었다. 수집한 애기장대 종자를 흔쾌히 나누고, 결과를 미리 보여주는 연구자들의 공유 정신도 한몫했을 것이다.

다시 콩나물을 다듬던 그날 밤. 머리가 하늘을 향하는 콩나물은 아마도 소량의 에틸렌에도 과민하게 반응하거나 에틸렌을 과다하게 합성하는 개체였을 것이다. 하지만 에틸렌을 많이 만들어내는 콩나물이었다면, 기체인 에틸렌이 확산될 것이므로 주변의 콩나물도 합성된 에틸렌의 영향을 받았을 것이다. 하지만 그런 콩나물은 소수였다. 그러니, 내가 보았던 그 콩나물은 아마 에틸렌에 과민 반응하는 돌연변이일지도 모른다. 유전적으로 동일해야 하는 실험실 애기장대와는 다르게 시장에서 구한 콩나물은 비교적 다양한 유전적 조성을 가진다. 자연에서는 적은 확률이지만 돌연변이가 계속해서 생기고, 그렇게 생기는 것이 자연스러운 일이다.

새싹과 빛

종이에 펜으로 점을 하나 콕 찍어보자. 그 작은 점 크기가 애기장대 씨 크기와 비슷하다. 너무 작아서 이쑤시개로 하나하나 찍어 흙에 살포시 얹어놓아야 한다. 며칠이 지나면 어디에다 심었는지 잘 보이지도 않는 작은 씨에서 떡잎 2장이 돋아난다. 물기가 많은 흙에서 발아가 이루어지고, 흙 위에서 빛을 받은 애기장대 씨앗이 새싹이 된다. 두 떡잎이 딱 벌어진 모습이 앙증맞다. 하지만 보이지도 않는 그 작은 씨에서 돋은 새싹은 더 많은 잎이 나고 꽃이 피고 씨를 맺는 여정을 시작한다. 작고 귀여운 새싹은 기나긴 여정을 품고 있다.

대학원에 입학하며 애기장대 씨를 심고 키우는 것이 일상이 되었다. 늘 보는 새싹이었지만 나는 시간 가는 줄 모르고 들여다보곤 했다. 엄마가 아이 사진을 찍느라 핸드폰 용량이 가득 차버리듯이 나도 새싹 사진을 찍어두었다. 논문에 실는 사진들은 기괴하게 변한 애기장대 돌연변이 성체에 초점을 두었고, 돌연변이 표현형을 잘 보이게 하려고 정성스레 찍었다. 하지만 내가 진정 사랑했던 건 실험을 하기 위해 심어둔 새싹들이었다.

대학원 생활은 느리게 가는가 싶으면서도 빠르게 흘러갔다. 대학원 5년 차, 실험이 막 손에 익고, 식물의 미묘한 변화를 찾아낼 정도의 경험을 갖추게 되었다. 봄이 찾아왔다. 우리 부부에게도 새 생명이 찾아와주었다. 길가 흙에서 싹이 돋고, 나무에 잎이 나 생명이 반짝이던 때였다. 나는 그 연둣빛을 사랑하지 않을 수 없었다. 자연스럽게 아이의 태명은 '새싹'이 되었다.

○ ○ ● 씨에서 나온 갈고리가 빼꼼히 흙 밖으로 고개를 내민다. 환한 햇빛이 기다리고 있다. 그 빛을 신호로 싹을 틔울 때가 되었다. 빛을 인지한 새싹은 곧바로 줄기 생장을 억제하고, 갈고리 아래 접혀 있는 싹을 열면서 빠르게 엽록체를 만들어내며 새싹의 형태를 갖춘다. 파란빛은 1분 이내에, 빨간빛은 수분 이내에 줄기의 생장을 억제한다.[1] 빛을 받은 후 4시간 정도 지나면 갈고리가 펼쳐지고 자엽이 열려 새싹이 된다. DNA가 전사되고, 전사된 RNA가 번역되어 단백질이 되기까지 약 4시간이 걸리는데, 어떻게 새싹은 이렇게 빨리 틔는 것일까?

애기장대는 작고, 씨도 많이 맺히고, 돌연변이를 만드는 일도 쉬워서 모델식물로 선택되었다. 생물학자들은 특정 기능이 사라진 돌연변이를 이용해서 연구를 한다. 한두 개의 유전자에 일어난 돌연변이만으로도 식물 전체의 모습이 달라지는 것을 관찰하고 나면, 왜 생물학자들이 그토록 오랜 시간 동안 돌연변이를 연구해왔는지 알 수 있게 된다. 하지만 실제로 돌연변이를 찾는 일은 매우 어렵다. 잘 일어나지 않기도 하지만, 에틸렌 반응처럼 특별한 조건하에서만 달라진 표현형을 관찰할 수 있는 경우가 많기 때문이다. 그렇기 때문에 돌연변이를 만드는 것보다, 찾는 방법을 고안하는 것이 더 중요하다. 그리고 돌연변이를 만드는 방법보다, 돌연변이를 통해 관찰하고자 하는 질문을 깊이 생각해봐야 한다.

하버드 대학교 프레드 아우수벨Fred Ausubel 실험실에서 박사후연구원으로 일하던 조앤 코리Joanne Chory는 식물이 빛에 반응하는 원리에 관심이 많았다. 그는 빛에 대한 반응이 어긋난 돌연변이를 이용해 그 원리를 연구하고자 했다. 어떻게 하면 최대한 쉽고 빠르게 돌연변이를 찾아낼 수 있을까? 앞 장의 구즈만과 에커가 이용했으며, 지금까지도 애용되는 기본적인 돌연변이 선별(스크리닝screening) 방식은 EMS 처리를 하는 것이다.

EMS를 이용한 돌연변이 유도는 레디도 사용했던 방법으로, EMS 용액에 담긴 애기장대 씨앗에서는 DNA 염기서열에 변화가 무작위로 일어난다.[2] 조앤 코리의 논문을 통해 상세한 실험 방법을 엿볼 수 있다.[3] 우선 5만여 개의 애기장대 씨앗을 0.3퍼센트 EMS에 16시간 담가둔다. 이후 두세 시간 물로 씻어 EMS를 제거한다. 이렇게 EMS가 처리되어 돌연변이일 가능성이 있는 씨를 M1세대라 부르고, 이들을 촘촘히 흙에 심는다. 이어 M1세대는 자가수정을 하고 씨가 맺힌다. 5만 개나 되는 M1세대의 씨를 일일이 받을 수는 없기 때문에 6,250여 개 개체의 씨를 한데 모아 받는다. 별다른 기준 없이 한 번에 다룰 수 있을 정도로 나누는 것이다. 다만 한 개체에서 나온 씨는 여러 곳에 섞이지 않게 주의한다. 이렇게 받아낸 씨주머니 속 씨앗이 M2세대다.

본격적인 돌연변이 선별 기법은 M2세대에서 이루어진다. M1세대 씨앗도 많지만, M2세대의 씨앗은 훨씬 많다. 코리는 엄청나게 많아진 M2세대 씨앗 중에 빛에 대한 반응과 관련된 돌연변이 씨앗만 선별하는 기법을 생각해냈다. 바로 어둠 속에서 애기장대를 키우는 것이다. 그는 수십만 개의 애기장대 M2세대 중, 어둠 속에서 기다란 줄기 끝에 갈고리가 달린 콩나물 모양이 아니라 빛에서 자라는 것처럼 싹을 틔우는 돌연변이를 발견했다. 이를 *det1*(*de-etiolated 1*)이라 이름 지었다.

한편, 캘리포니아에는 애기장대가 아닌 다른 식물(귀리, 토마토, 옥수수 등)에서 빛 반응을 연구하던 피터 퀘일Peter H. Quail의 실험실이 있었다. 이곳에서 박사후연구원으로 일하던 덩 싱왕Deng Xing Wang도 유사한 실험을 진행하고 있었다. 10만여 개 애기장대 씨를 EMS에 담근 후, 그로부터 나온 35만 개 M2 씨앗에서 어둠에 반응하지 않고 싹을 틔우는 돌연변이 *cop1*(*constitutive photomorphogenic 1*)을 찾아냈다. 덩이 찾아낸 *cop1*은 코리가 찾은 *det1*과 비슷하게 어둠 속에서 콩나물 모양으로 자라지 않고 새싹으로 자랐다. 돌연변이 표현형이 똑같기 때문에, *cop1* 돌연변이에 변화가 생긴 유전자와 *det1* 돌연변이에 변화가 생긴 유전자가 일치할 것이라고 예상되었지만, 두 돌연변이는 서로 다

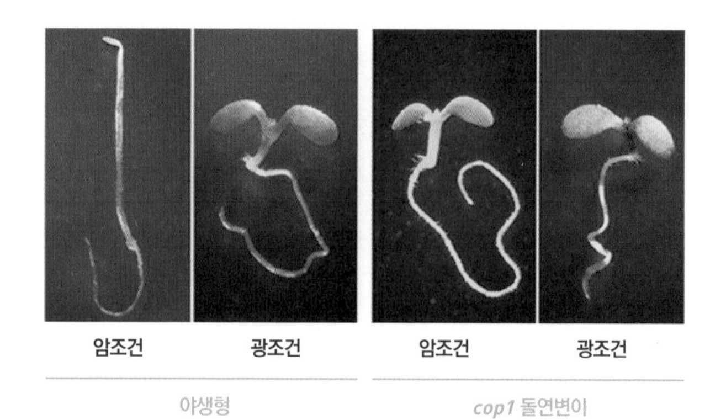

그림 3-1 빛이 없어도 새싹을 틔우는 *cop1* 돌연변이.

른 유전자에 돌연변이가 일어났다. 초기의 애기장대 연구는 돌연변이를 발견하고, 그 돌연변이에 생긴 유전자를 찾는 것이 주된 내용이었다. 그만큼 돌연변이와 유전자 간에는 직접적인 연관 관계가 있기 때문에, 돌연변이 이름이 유전자 이름이 되는 경우가 자주 있다. 돌연변이와 그 유전자의 경우, 모두 이탤릭 소문자를 사용한다. 구분을 위해 야생형 유전자는 이탤릭 대문자를 사용한다.

사실 두 유전자의 돌연변이는 이미 발견된 적이 있었다. 1963년, 애기장대 씨앗에 X선을 조사하여 돌연변이를 얻은 안드레아스 뮐러 Andreas J. Müller는 진한 보랏빛을 띠는 씨앗을 분리해냈고 이를 *fusca* 돌연변이라 불렀다.[4] '*fusca*'는 라틴어로 진한 보랏빛이라는 의미다. *fusca* 돌연변이들은 발아는 되지만, 온전한 식물로 발달하지 못했다. 또한 뮐러의 X선 조사법이 아니라 돌연변이를 유도할 수 있는 다양한 방법을 통해서도 수차례 *fusca* 돌연변이가 발견되었다. 어떤 유전자에 돌연변이가 일어난 것인지는 알 수 없어도 중요한 유전자임이 분명했다. 뮐러의 연구 이후 30여 년 만에 FUS1은 COP1이고, FUS2는 DET1이라는 것이 밝혀졌다. 그리고 실제로 *cop1* 돌연변이를 빛에서 키우면 보라색 떡잎이 자라났다.

fusca 돌연변이에 관한 후속 연구가 더디었던 이유는 씨앗이 보랏빛이 되는 현상 자체는 명확했지만, 왜 일어나는지는 확실하지 않았기 때문이었다. 반면에 코리와 덩이 사용한 돌연변이 선별 방식은 목표가 분명했기 때문에 이 돌연변이 유전자가 어떤 기능을 할지 명확했다. 이제 무슨 기능을 하는 유전자인지만 알면 식물이 어떻게 빛에

반응하는지 그 비밀이 바로 풀릴 것만 같았다.

하지만 기대했던 만큼 쉬운 연구가 아니었다. 식물과 같은 진핵생물의 단백질은 여러 가지 작은 단백질 부위가 모여 하나의 단백질이 된다. 이런 작은 부위를 도메인domain이라고 부른다. 코리가 발견한 DET1 유전자는 세포핵에서 기능한다는 것만이 알려졌을 뿐, 그 외의 기능은 알 수 없었다. DET1 단백질에는 기능을 추정할 만한 부위가 전혀 없었다. COP1 단백질은 아연(Zn) 이온이 결합할 수 있는 부위가 있고, 단백질 간 결합을 매개하는 WD40 도메인이 있었다. 하지만 둘 다 이전에는 보지 못했던 새로운 구조의 단백질로, 어떤 기능을 가졌는지 유추가 불가능했다. 유전자는 찾았지만, 그 유전자가 어떤 기능을 하는지는 모르는 상태, 다시 출발점으로 되돌아왔다.

1991년, 아연 이온이 결합할 수 있는 독특한 단백질 서열이 과학자들의 관심을 끌었다. 모두가 처음 보는 서열이었다. 이 단백질 서열이 처음으로 파악된 유전자는 RING1(Really Interesting New Gene 1)이라는 이름을 얻었다.[5] 뭘 하는지는 모르지만 '매우 흥미로운' 이 단백질 서열은 대부분의 생물 유전체에 존재하는 것으로 밝혀졌고, RING 도메인이라는 이름을 얻게 되었다. COP1 단백질에도 아연 이온이 결합할 수 있는 RING 도메인이 있었다. 덩 실험실의 연구원들은 COP1 단백질의 RING 도메인이 COP1 단백질의 기능에 꼭 필요한 것임을 밝혔다. 어떤 유전자에 돌연변이가 일어났는지 확인하는 실험으로는 검정 시험complementation test이 있다. *cop1* 돌연변이에 COP1 유전자를 삽입하면 이것이 *cop1* 돌연변이에서 사라진 COP1 유전자를 대체해서 돌연변이 표현형이 사라지게 된다. 돌연변이 유전자가 잃어버린 기능을 삽입된 COP1 유전자가 회복하는 것이다. RING 도메인이 제거된 COP1 유전자가 삽입된 경우에는 *cop1* 돌연변이 표현형이 여전히 관찰되었다.[6] 그러나 RING 도메인의 실제 기능을 알지 못했기 때문에, 여전히 오리무중이었다.

그 사이, 덩 실험실의 다른 한편에서는 COP1 단백질과 함께 기능하는 유전자를 찾는 실험이 진행되고 있었다. 식물을 비롯한 생물에서는 여러 개의 유전자가 밀접하게 상호작용 한다. 세포는 특히 어떤 신호에 대한 반응을 여러 유전자를 통해 전달하는데, 이를 신호전달 경로라고 한다. 덩 실험실의 레이홍 앙Lay-Hong Ang은 빛에 반응하는 것으로 알려진 단백질 중에서도 HY5(elongated hypocotyl 5)와 COP1의 관련성에 주목했다. *hy5*는 *cop1*이나 *det1*과는 반대로 빛이 있는 상태에서도 상대적으로 줄기 생장이 늘어나 길쭉한 표현형을 보였다. 앙은 *hy5*와 *cop1* 돌연변이를 교배하면 그 후손 세대는 어둠 속에서도 빛이 있는 것처럼 새싹 형태가 되는 *cop1* 표현형을 따르는 것을 관찰했다.[7] COP1 유전자는 HY5보다 상위에 있는 것이다. 하지만 유전자는 단백질로 번역된 후에 기능하는 경우가 대부분이다. 그러므로 두 단백질이 직접 결합을 하고 있어야 두 유전자가 직접적으로 연관이 있다는 것을 증명할 수 있다. 실제로 COP1 단백질과 HY5 단백질은 직접 결합했다.

돌연변이를 이용하면, 늘 그런 것은 아니지만 유전자의 기능이 사라졌을 때의 현상으로 유전자 이름이 정해진다. 결국, 유전자 본연의 기능과 정반대되는 이름을 갖는 것이다. 그리하여 어둠 속에서도 빛 반응을 보여 싹을 틔우는 표현형을 나타내는 *cop1*은 실제로 빛 반응을 억제하는 COP1 유전자에 이상이 생긴 것이다. 반면 빛이 있어도 어두울 때처럼 줄기를 늘이는 *hy5*는 빛 반응을 촉진하는 HY5 유전자에 이상이 생긴 것이다. 그런데 빛 반응을 억제하는 COP1 단백질과 빛 반응을 촉진하는 HY5 단백질이 직접적으로 결합한다면, 무슨 일이 일어나고 있는 것일까?

유비퀴틴은 매우 작은 단백질이다. 어떤 단백질에 여러 개 유비퀴틴이 결합하여 폴리유비퀴틴화polyubiquitination가 되면 그 단백질을 분해하는 신호로 작용한다. 유비퀴틴은 이렇게 능동적으로 없어져야 할 단백질을 표지하는 역할을 한다. 폴리유비퀴틴으로 표지된 단백질은 세포 내 단백질분해효소복합체proteasome로 전달되어, 유비퀴틴은 떨어져 나가고 단백질은 분해된다. 이렇게 어떤 현상을 억제하는 단백질이 있고, 그 단백질을 분해함으로써 그 현상을 가능하게 하는 것을 탈억제de-repression 기작이라고 한다. 단백질 분해는 전사 및 번역보다 빨리 일어나서 어떤 신호에 민첩하게 반응할 수 있게 된다.

예를 들어, 생장을 촉진하는 지베렐린의 억제 단백질에는 DELLA가 있다. DELLA 단백질은 생장을 억제하는 기능을 갖는다. 하지만 세포 내 지베렐린이 늘어나면, DELLA 단백질에 폴리유비퀴틴이 결합하고, 단백질분해효소복합체로 전달되어 분해된다. 그 결과, DELLA 단백질이 억제하고 있던 생장 관련 유전자의 전사가 활성화되어 결과적으로 촉진된다. 식물은 이런 탈억제 기작을 다양한 현상에 적용한다. 여러 가지의 식물호르몬들이 모두 이런 탈억제 기작을 이용한다.

단백질에 유비퀴틴이 결합하는 과정은 총 3개의 효소를 통해 이루어진다. 각각 E1 활성화효소E1 activating enzyme, E2 결합효소E2 conjugating enzyme, E3 연결효소E3 ligase라 부른다. E1에 의해 활성화된 유비퀴틴은 E2에 전달되고, E2에 전달된 유비퀴틴은 E3를 통해 분해될 단백질에 결합한다. 결국 E3 연결효소가 분해될 단백질을 결정하기 때문에 유비퀴틴에 의한 단백질 분해 경로에 중요한 역할을 한다.

1999년, RING 도메인이 유비퀴틴을 붙이는 E3 연결효소로 기능할 수 있다는 논문 두 편이 발표되었다.[8] 즉, RING 도메인을 가진 단

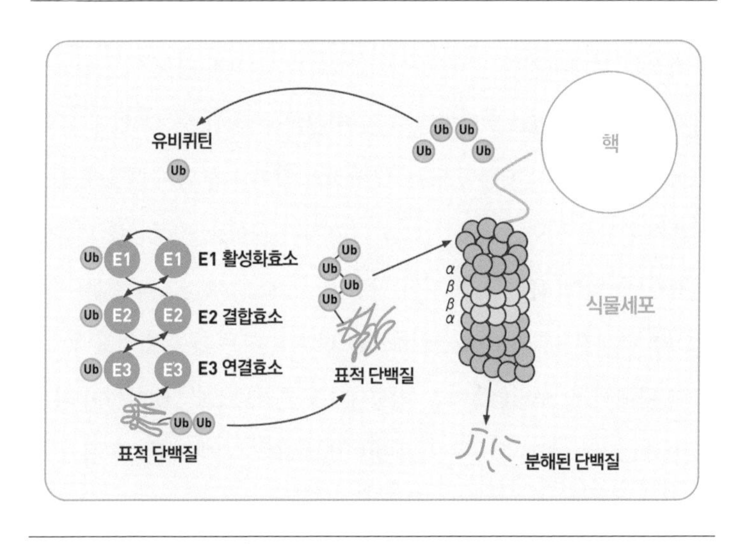

그림 3-2 유비퀴틴을 결합하는 E1, E2, E3 효소의 작용 방식과 단백질분해효소복합체로의 전달.

백질이 E3 연결효소로 작용할 수 있다는 내용은 놀라움을 자아냈다. RING 도메인을 가진 단백질을 암호화하는 유전자는 수백 개에 달했고, 이 모두가 E3 연결효소로 작용할 가능성이 부여되면서 유전체 내 E3 연결효소의 개수가 엄청나게 많아진 것이다. 이는 곧 세포 내에 있는 많은 단백질이 유비퀴틴에 의한 분해 시스템의 영향을 받고, 유비퀴틴에 의한 단백질 분해가 생명현상을 조절하는 중요한 기작임을 의미했다.

2000년, 덩 실험실도 HY5 단백질의 안정성이 빛과 유비퀴틴 시스템에 의해 제어되며, 유비퀴틴 시스템에 의한 제어가 *cop1* 돌연변이에서 망가져 있다는 내용을 발표했다.[9] COP1의 RING 도메인이 유비퀴틴 E3 연결효소로 작용하여 HY5 단백질의 양을 조절한다는 주장이었다. 즉, 빛이 없는 상태에서는 COP1 단백질이 끊임없이 HY5 단백질을 제거하지만 빛이 들어오는 순간, COP1 단백질의 기능이 억제되어 역으로 HY5 단백질의 양이 많아져 싹이 틀 수 있게 된다. COP1 단백질을 억제하면 HY5 단백질의 양이 복구되기 때문에 중심이론의 DNA-RNA-단백질 흐름을 거치지 않아도 순식간에 반응이 시작될 수 있다. HY5 단백질의 발견 이후, 다른 여러 단백질들 역시 COP1 단백질 E3 연결효소의 억제를 받고 있다는 것이 밝혀졌다.

덩 팀에서 발견한 COP1은 이렇게 E3 연결효소로 그 기능이 알려지면서 COP1이 분해하는 기질 등이 많이 알려졌다. 비슷한 시기 코리가 발견한 DET1에 관한 연구도 조금은 느리지만 꾸준히 진행되고 있었다. DET1은 세포 내 핵에 위치하는 단백질이지만, 그 기능이 뚜렷하지 않았다. DET1 단백질이 처음 발견된 후 10년이 지난 2004년에 DET1의 기능이 밝혀졌다. DET1 단백질은 COP1이 E3 연결효소를 이루기 위해 결합하는 여러 단백질과 결합한다.[10] 이를 통해 DET1 단백질의 E3 연결효소 기능을 유추해볼 수 있지만, DET1 단백질에는 RING 도메인이 없고, 그 외에도 COP1 단백질처럼 기질에 유비퀴틴을 연결할 수 있을 만한 기능을 갖는 도메인이 보이지 않는다. DET1 단백질이 어떻게 E3 효소 역할을 하는지에 대해서는 아직 많은 것이 밝혀지지 않았다.

식물세포 안에는 HY5 단백질과 같이 새싹이 되는 데 필요한 유전자가 항상 단백질 형태로 번역되고 있다. 다만, 빛이 없는 상태에서는 HY5와 같은 '새싹 단백질'이 남아 있지 않도록 COP1 단백질과 DET1 단백질이 포함된 E3 연결효소가 HY5 단백질에 계속 유비퀴틴을 달아 분해한다. 그리고 빛이 닿는 순간, COP1 단백질과 같은 E3 연결효소에 의한 분해 작용이 억제되고 HY5 단백질이 세포에서 본격적인 일을 시작한다. 이게 몇 시간 만에 갈고리 모양의 싹이 활짝 열릴 수 있는 비법이다. 이렇게 억제인자가 있고 신호와 함께 억제인자가 없어져서 또 다른 신호가 켜지는 '탈억제' 기작이 일어난다.

빛 반응뿐 아니라 식물에서 일어나는 신호전달경로 대부분은 탈억제 기작에 의해 일어난다. 현재까지 발견된 식물호르몬의 대다수가 이렇게 유비퀴틴이 표지된 단백질이 단백질분해효소복합체에 의해 분해되는 시스템Ubiquitin-proteasome system에 따라 호르몬 신호를 전달한다. 뿐만 아니라 애기장대 유전체에는 유전체 크기에 비해 굉장히 많은 수의 E3 연결효소 유전자가 분포해 있다. 이들에 의해 분해될 단백질만 수천 가지에 이를 것으로 예상된다. 특히 다년생식물에 비해 애기장대와 같은 일년생식물이 유비퀴틴에 의한 단백질 분해 시스템 관련 유전자를 많이 갖고 있다. 이를 통해 환경의 변화에 빠르게 대응하고 생장 주기가 짧은 식물 종에서, 단백질을 새로 합성하는 느린 반응보다 변화에 대처하는 반응을 미리 준비하고 억제해두었다가, 그 억제 작용을 소거하는 빠른 반응을 선택해 진화했을 것이라고 추측할 수 있다.

자, 이제 새싹이 나왔다. 이제부터는 자랄 일만 남았다. 식물은 어떻게 지상부에서는 줄기와 잎을 끊임없이 만들고, 지하부에서는 뿌리를 끝없이 내릴까?

생장이 시작되는 곳

대학원 때 내가 연구하던 유전자는 대단히 '중요한essential' 유전자였다. 이 필수 유전자는 생명이 살아가는 데 꼭 필요한 것으로 그 유전자가 없거나, 양이 매우 적은 식물체는 제대로 살지 못한다. 이는 식물만이 아니라 동물에도 있는 샤페론 유전자로, 번역된 단백질이 제대로 접히도록 돕는다. 이 유전자가 줄어들면, 식물은 서서히 죽어갔다. 그런데 죽어가는 양상이 독특했다. 새로운 잎이 나고 꽃이 나는 생장점이 죽어버렸다. 그래서 꽃은커녕 더 이상 새로운 잎도 나지 않았다. 정말로 처참한 표현형이었다. 유전자 하나의 변화가 이렇게 큰 영향을 미칠 수 있다는 사실이 놀라울 뿐이었다.

하지만 생장점이 없어지면서 죽는 그 표현형은 실험이 잘되었다는 징표였다. 캄캄한 밤바다를 비추는 등대 같다고 생각했다. 같은 조건으로 실험을 하면 늘 똑같은 결과를 얻을 수 있다는 것은, 처음 실험해서는 아무것도 확신할 수 없는 과학의 과정에서 크나큰 위안이었다. 그게 비록 식물의 생명이 끝난다는 불행을 뜻한다 해도 말이다. 과학을 한다는 것은 그런 등대를 여러 군데 세워나가는 지난한 과정임을 깨닫던 날들이었다.

내가 연구하는 유전자가 왜 그렇게 중요한지는 금방 알게 되었다. 미국에 있는 어느 실험실에서 이 유전자에 관한 논문을 낸 것이다.[1] 샤페론 유전자가 생장점에 필요한 유전자의 접힘을 돕는다는 내용이었다. 특히 내가 관찰했던 생장점이 죽는 표현형의 원인을 설명했다. 좌절했다. 공들여 한 실험이었고 정말 독특한 표현형이었는데, 다른 누군가가 이미 몇 년 전에 연구를 끝내고 이유를 밝혀낸 것이다. 세상 어느 누군가는 나와 같은 실험을 하고 있다는 이야기가 실감 나는 순간이었다.

생장점, 특히 식물의 지상부에 있는 생장점, 혹은 정단분열조직은 줄기, 잎, 꽃 등 지상부의 모든 기관을 만드는 곳이다. 그만큼 식물에는 매우 중요한 부분이다. 그래서 아주 오랫동안 연구되어온 주제이기도 하다. 덕분에 우리는 옥수수부터 애기장대까지, 이 생장점이 사라지지 않도록, 또 필요한 세포가 자라도록 하는 역할을 하는 유전자를 알게 되었다.

Zea mays
벼과 | 옥수수속 | 옥수수

○ ○ ●

식물은 두 방향으로 자라난다. 새싹의 뿌리는 중력 방향으로, 아래로 자라고 흙 위로 올라온 새싹은 하늘을 향해 위로 자란다. 이렇게 두 가지 방향으로 자랄 수 있는 이유는 뿌리 끝과 줄기의 끝눈에 생장점이 있기 때문이다. 생장점은 정단분열조직apical meristem 이라고도 하며 위치에 따라 뿌리 정단분열조직Root apical meristem, RAM 과 슈트 정단분열조직Shoot apical meristem, SAM, 혹은 지상부 정단분열조직이라 불린다.

끝눈에서 끊임없이 분열하면서 새로운 식물기관을 만들어내는 정단분열조직에 대한 연구는 18세기부터 시작되었다. 처음으로 식물이 자라는 지점을 찾아낸 사람은 카스파르 볼프Caspar Wolff 다. 하지만 이 지점을 분열조직meristem 으로 부르기 시작한 것은 카를 빌헬름 폰 내겔리Carl Wilhelm von Nägeli 였다. 그는 1858년에 처음으로 그리스어로 '분할하다'라는 뜻을 갖는 'merizein'에서 파생된 'meristem'이란 단어를 사용했다. 그러므로 이미 내겔리 시대부터 생장점이 '세포가 분열하는 곳'이라는 관찰이 이루어졌음을 알 수 있다. 그리고 이후 수많은 학자들이 생장점 연구를 시작했다.

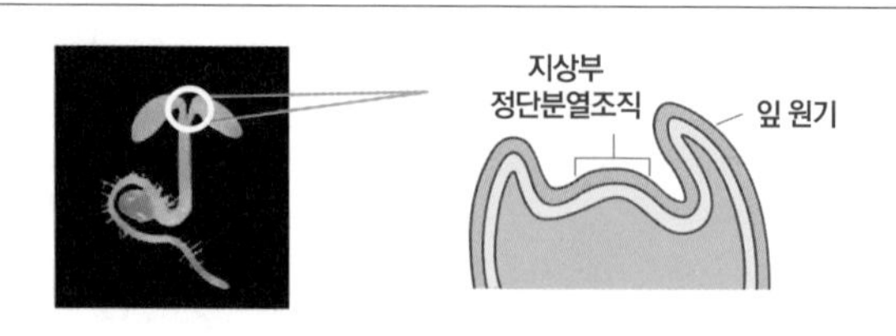

그림 4-1 식물 줄기 정단부에 있는 생장점.

크기가 비교적 큰 콩과 식물이나 감자의 싹을 들여다보면 줄기 끝에 봉긋 솟아오른 부분을 관찰할 수 있다. 이 부분이 줄기 정단분열조직이다. 1930년대 이루어진 실험은 정단분열조직을 둘로 나누거나, 일부를 떼어낸 후 회복되는 양상을 지켜보는 것이었다. 영국 옥스퍼드에서 연구했던 메리 필킹턴Mary Pilkington (결혼 후 메리 스노)은 정단분열조직을 절개하고 초반 며칠과 한 달여 후 식물 상태를 관찰했다. 그리고 생장점이 절개가 되어도 식물은 생장을 회복할 수 있고, 이 부위가 생장이 시작되는 부분이라는 것을 밝혔다.[2]

메리 필킹턴[3]은 당시에는 여학생만 받던 옥스퍼드 대학의 세인트 휴스 대학에서 식물학을 전공했다. 그리고 1926년부터 옥스퍼드 마그달렌 대학에서 식물학 석사과정을 시작했다. 그는 1929년 석사 졸업과 동시에 서머빌 대학의 자연과학 상주강사 연구 기금에 선정된다. 하지만 로버트 "로빈" 사빈 스노Robert "Robin" Sabine Snow와의 결혼 때문에 상주 조건을 충족하지 못해 자리를 얻지 못한다. 대신 그는 영국 왕립학회 정회원이었던 남편과 함께 집에 온실을 꾸려 연구를 계속했다. 특히 둘은 메리 스노가 석사과정 동안 개발한 생장점 절개법으로 새로운 잎이 나는 순서, 즉 잎차례phyllotaxis에 관한 기념비적인 연구를 공동으로 수행하기도 했다.

한편, 1941년에는 옥수수에서 독특한 돌연변이가 발견되었다. *kn1* (*knotted 1*) 돌연변이는 매듭이 맺힌 것처럼 잎이 울퉁불퉁했다.[4] 이 돌연변이 유전자를 1989년에 처음으로 동정한 사라 헤이크Sarah Hake는 논문에 "기괴하게 변형된 표현형grotesquely distorted"이라고 표현했다.

KN1 유전자는 식물에서 최초로 발견된 호메오homeodomain 유전자였다. 호메오 유전자는 초파리에서 처음 발견되었고, 초파리 배아의 머리, 가슴, 배 등의 체절 결정을 유도한다. 이후 이 호메오 유전자군이 초파리 이외에 무척추동물뿐 아니라 척추동물에도 있는 것이 밝혀져 있었다. 그러나 1990년대까지 식물에도 호메오 유전자가 있다는 연구는 없었다. 하지만 헤이크 실험실에서 KN1의 정체가 밝혀진 이후, 다른 식물 종에서도 호메오 유전자가 속속들이 발견되었다. 그중 애기장대의 KN1 상동유전자는 STM(Shoot-meristemless) 유전자다.

stm 돌연변이 식물은 지상부 정단분열조직이 사라져서, 새로운 잎이 생기지 않아 떡잎만 나고 발달이 멎었다. 지상부 정단분열조직에서는 세포분열이 끊임없이 일어나고, 새로 분열한 세포는 줄기, 잎, 꽃 등으로 자라날 수 있다. 만일 정단분열조직에서 분열된 모든 세포가 어떤 세포가 될지 그 운명이 정해져버린다면, 정단분열조직에 남아서 새롭게 분열할 세포가 사라지게 된다. 그러므로 정단분열조직에서는 끊임없이 세포가 분열하면서도 다른 한편으로는 분열하지 않고 전형성능을 갖추는 '원본' 세포를 남겨두어야 한다. 이렇게 세포의 기준

그림 4-2 *kn1* 돌연변이에 의해 잎이 잔뜩 울어버린 옥수수.

으로 생각해본다면, KN1과 같은 호메오 유전자는 전형성능을 가진 세포가 특정 조직으로 분화하는 것을 막는 역할을 한다고 예상해볼 수 있다.

마코토 마쓰오카Makoto Matsuoka 팀은 1993년에 벼에서 OSH1(Oryza sativa homeobox 1)이라는 유전자를 동정했다.[5] 옥수수의 KN1 유전자 DNA 염기서열을 이용해 찾은 OSH1 유전자는 KN1의 상동유전자이며 OSH1을 과다하게 발현하는 벼 형질전환체는 옥수수 *kn1* 돌연변이와 마찬가지로 잎에 매듭이 맺혔다. 볏잎이 울퉁불퉁하게 자라났다. 이후 마쓰오카 팀은 쓰쿠바의 유리코 가노-무라카미Yuriko Kano-Murakami 팀과의 협업을 통해 OSH1을 과다하게 발현하는 담배 형질전환체를 제작했다. OSH1 과다 발현 벼 형질전환체와 마찬가지로 잎이 우그러지는 표현형, 그리고 나아가 하나의 정단분열조직이 유지되지 못해 여러 곳에서 동시다발적으로 정단분열조직이 생기는 표현형을 관찰할 수 있었다. 우연히도 가노-무라카미 팀의 결과가 나오기 한 해 전, 유사한 표현형을 가진 담배 형질전환체에 대한 연구가 발표되었다.[6] 하지만 이들의 연구 대상은 호메오 유전자와는 전혀 상관없는 사이토키닌cytokinin이라는 식물호르몬이었다.

폴케 스쿠그Folke Skoog는 식물학자들 사이에서 '배지 이름'으로 유명하다.[7] 폴케 스쿠그가 대학원생 도시오 무라시게Toshio Murashige와 함께 쓴 〈담배 조직배양 세포의 촉진된 생장과 생리 검정을 위해 개정된 배양액 조성A Revised Medium for Rapid Growth and Bio Assays with Tobacco Tissue Cultures〉에 나오는 배지 성분은 오늘날에도 식물 영양배지에 쓰인다.

이제는 만국에서 공통으로 사용할 뿐 아니라, 쉽게 사서 이용하는 식물학자들의 기본 재료가 되었다. 이 조성을 찾기까지 스쿠그와 무라시게는 최적화를 위한 지난한 실험 과정을 거쳤다. 하지만 스쿠그가 영양배지로만 유명한 것은 아니다. 폴케 스쿠그의 주요 업적은 바로 사이토키닌 발견이다.

스웨덴에서 태어난 폴케 스쿠그는 17세가 되던 해 도미했다. 캘리포니아 공과대학에 다니던 그는 식물호르몬 연구에 관심이 많았다. 스쿠그는 귀리 새싹에서 식물호르몬 옥신을 연구하던 헤르만 돌크 Hermann Dolk의 실험실에서 대학원 생활을 시작했다. 하지만 돌크의 교통사고로 프로젝트는 진행되지 못했고, 케네스 티만Kenneth Thimann 실험실로 옮겨 박사과정을 밟았다. 하지만 티만이 하버드 대학교 교수직으로 옮긴 후, 홀로 남아 프리츠 벤트Fritz Went의 지도하에 1936년, 박사과정을 졸업했다. 무려 3명의 지도교수 아래서 가르침을 받은 셈이다.

이후 1년간 역시 식물 배양액 이름으로 유명한 호글랜드의 실험실에서 기금을 받아 연구하던 그는 1937년 케네스 티만의 제안을 받아 강사 겸 연구원으로 티만의 실험실에서 연구를 하게 된다. 그리고 1941년 존스홉킨스 대학에 교수로 임용되지만, 곧바로 제2차 세계대전에 참전한다. 그는 1944년부터 1946년까지 독일에서 이루어지던 효모 생산 및 식자재로의 사용에 관한 연구를 보고하는 일을 했다. 전쟁이 끝난 후 1946년 말에 미국으로 돌아간 그는 1947년부터 1979년까지 위스콘신-매디슨 대학 교수로 재직했다.

위스콘신 대학에 자리를 잡으며 스쿠그가 연구한 분야는 식물 조직 배양이었다. 담배 줄기를 잘라 옥신이 든 배양액에 담그면 캘러스 세포가 유도되었다. 식물은 기본적으로 뿌리, 줄기, 잎 등의 조직을 이루고, 각 기관에 해당하는 세포는 그에 관한 특징을 갖는다. 이렇게 어떤 세포가 속하는 기관에 해당하는 특징을 갖게 되는 과정을 분화differentiation라고 한다. 하지만 캘러스 세포는 어느 기관에 해당한다고 볼 만한 특징을 갖지 않는 미분화된 세포 덩어리다. 그런데 이 캘러스 세포는 옥신 배양액에서 지속적으로 키우면 결국 죽어버렸고, 줄기 안쪽의 수pith 부분만 배양액에 닿아야 캘러스가 생기는 등의 문제가 있었다. 1940년대부터 코코넛밀크를 배양액에 넣으면 캘러스 세포가 지속적으로 분열하게 된다는 사실이 알려져 있었다. 그러나 코코넛밀크의 어떤 성분이 어떻게 세포분열을 유도하는지는 아직 미스터리였다.

스쿠그 실험실에 있던 대학원생 존 자블론스키John Jablonski와 잭 모니Jack Mauney는 코코넛에서 세포분열을 유도하는 물질에 관한 기초적인 연구를 수행했다. 하지만 이 물질을 실제로 분리해낸 것은 그 뒤를 이은 박사후연구원 칼로스 밀러Carlos Miller였다. 그는 우연히 효모 추출물을 사용하면 담배 줄기에서 캘러스가 유도되고 세포분열이 왕성해지는 것을 발견했고, 같은 효모 추출물이 코코넛밀크에 있는 미지의 성분에 버금가는 활성을 보인다는 것도 밝혔다.

하지만 밀러는 효모 추출물에서 캘러스 유도 물질을 완전히 정제해내지 못했다. 새로 구입한 효모 추출물은 그런 활성을 보이지 않았기 때문이다. 그가 실험을 통해 얻은 유일한 결론은 그 물질이 DNA의 구성 성분인 퓨린과 유사하다는 점이었다. 퓨린을 많이 함유한 여러 가지 혼합 물질을 이용해 캘러스 유도 실험을 하던 밀러는 어느 날, 유통기한이 지난 청어의 정자 DNA가 담배 줄기에서 캘러스를 유도하는 데에 탁월하다는 것을 발견했다. 하지만 마찬가지로, 새로 산 청어의 정자 DNA는 그런 효과를 보이지 않았다.

밀러는 남아 있는 효모 추출물과 청어 정자 DNA에서 그 물질을 분리해내고자 했다. 그렇게 몇 달이 지나자, 그동안 상온에 보관해두었던 새로 산 효모 추출물과 청어 정자 DNA도 서서히 활성을 나타내기 시작했다. 하지만 냉장을 하거나, 건조된 분말 상태로 보관한 경우에는 활성이 전혀 보이지 않았다. 밀러는 상온에 용액 상태로 보관되어 있는 DNA에서 일어나는 분해 과정을 촉진하기 위해 약산 용액에 담긴 DNA를 고압증기멸균기에서 가열하는 방식을 시도했다. 그리고 1954년, 캘러스를 유도하는 물질 키네틴kinetin을 성공적으로 분리했다.[8]

1960년대, 밀러와 데이비드 레담David Letham은 각각 식물이 직접 합성하는 키네틴 유사 물질derivative을 옥수수에서 분리했고 이는 제아틴zeatin이라 불리게 되었다.[9] 이후, 키네틴과 유사하게 캘러스를 유도하는 물질이 다수 발견되었다. 이들을 아우르는 이름을 붙이기 위해 초반에는 키닌kinin이라는 명칭이 제안되었지만 동물생리학에서 사용되는 용어와의 혼선을 피하기 위해 사이토키닌이 되었다.[10]

사이토키닌이 발견된 후 비로소 식물 조직배양 기법이 자리 잡기 시작했다. 지금도 사용되는 식물 조직배양법은 우선 캘러스를 유도한 뒤, 사이토키닌의 비율을 늘려 식물의 지상부 분화를 유도하고, 그 후 반대로 옥신의 비율을 늘려 식물의 뿌리 분화를 유도하는 방식이다. 이때부터 사이토키닌은 지상부 정단분열조직의 활성을 촉진하는 대표 호르몬이 되었다. 그렇기 때문에 호메오 유전자의 과다 발현이 사이토키닌이 과잉일 때와 유사한 표현형을 보인다는 사실은 이 둘의 연결 고리를 짐작하게 했다.

실제로 벼의 OSH1이나 담배의 호메오 유전자 NTH15이 과다 발현된 식물체에는 사이토키닌의 양이 많았다. 1999년, 사라 헤이크 팀에서 나오미 오리Naomi Ori의 주도로 발표한 논문에서는 늙어가는 식물에 사이토키닌을 처리하면 노화 속도가 현저히 늦춰진다는 것이 보고되었다.[11] 이를 이용해 연구팀은 늙어가는 식물에서 발현되는 노화 관련 유전자 SAG12(Senescence-associated gene 12)의 프로모터를 이용해 KN1 유전자 발현을 담배에서 유도했다. 늙은 잎에서만 발현되는 SAG12의 프로모터는 KN1 유전자를 잎이 늙었을 때만 발현되게 했다. 그 결과, 잎이 노랗게 시드는 노화가 대폭 늦춰졌다. 식물 내 사이토키닌의 함량도 많아졌다.

무엇보다 SAG12 프로모터로 사이토키닌 생합성 유전자 발현을 촉진하면 표현형, 사이토키닌 함량 등 모든 면이 KN1의 발현을 유도했을 때와 비슷했다. SAG12 프로모터는 어린 잎에서 활성을 띠지 않았고, 이때는 사이토키닌의 합성도 늘어나지 않았다. 오직 SAG12 프로모터가 활성을 띠는 늙은 잎에서만 KN1 단백질이 발현되어 사이토키닌의 양이 늘어났다. KN1 단백질이 직접적으로 사이토키닌 합성에 관여함을 암시하는 결과였다.

모두가 예상했던 바는 2005년 논문으로 증명되었다. 실험을 동시에 진행했던 두 팀이 결과를 나란히 한 학술지, 같은 호에 연달아 게재했다.[12] 앞서 SAG12 프로모터를 이용한 실험을 했던 나오미 오리의 연구팀, 그리고 당시 옥스퍼드 대학에 있던 밀토스 찬티스Miltos Tsiantis 연구실이었다. 이들은 논문 출간 전에 실험 결과를 공유했고, 서로에 대한 감사한 마음을 논문 사사에 담았다. 경쟁이 심하고 누구에게 발견의 공이 돌아가는지가 초미의 관심사인 생명과학계에서, 논문 출간 전에 결과를 공유하는 경우는 흔치 않다. 하지만 본래 애기장대 연구를 시작한 이들은 결과만이 아니라 연구 재료까지 모두 나누는 공유 정신을 널리 퍼뜨리고자 했다. 그리고 이러한 모습을 애기장대 연구 현장에서 종종 확인할 수 있다.

찬티스와 오리의 팀이 공히 발견한 현상은 생장점에 필요한 유전자 STM에 의해 사이토키닌 생합성 유전자의 발현량이 증가한다는 내용이었다. STM 유전자를 매개로 사이토키닌에 의해 생장점이 생긴다. 2019년, 가장 최근에는 이끼에서도 STM의 상동유전자와 사이토키닌에 의해 생장점이 유지된다는 것이 발견되면서 진화적으로 오래되었다는 주장이 힘을 얻고 있다.

KN1 단백질과 STM 단백질은 그 자체로도 매우 독특하다. 식물세포는 세포벽이 세포막을 감싸고 있어 물질의 세포 간 이동이 어렵다. 원형질연락사plasmodesmata는 세포벽에 둘러싸인 식물세포들을 연결시켜주는 작은 구멍이다. 1995년, KN1은 세포 간 이동을 하는 것으로 알려진 최초의 식물단백질이 되었다.[13] 세포 간 농도 구배 형성이 동물에서 호메오 유전자들의 작용 기작이기 때문에, 식물의 호메오 유전자인 KN1 단백질이 세포 사이를 이동할 수 있다는 발표는 매우 중요했다.

영국 랭커스터 출신의 과학자 데이비드 잭슨David Jackson은 뉴욕주 콜드스프링하버 연구소로 옮겨 본인의 연구실을 꾸렸다. KN1 단백질이 원형질연락사를 통해 이동한다는 사실에 관심이 많았던 잭슨은 본격적으로 KN1 단백질의 원형질연락사 이동을 연구했다. 잭슨의 연구팀은 새로운 실험 기법을 통해 KN1 단백질과 마찬가지로 STM 단백질도 세포 간 이동을 한다고 밝혔다. 당시 잭슨의 연구팀에 있던 김재연 박사후연구원(현 경상대 교수)은 잎의 특정 위치에 있는 세포에만 발현하는 프로모터에 STM 단백질과 형광단백질을 연결하여 세포 안 어디에 STM 단백질이 있는지를 관찰하는 방식을 이용했다.[14] 이 방법은 STM 단백질이 합성된 세포에서 다른 세포로 이동하는 것을 보기 쉽게 했다.

원형질연락사는 지름이 50나노미터 정도로 매우 좁다. 그래서 아주 작은 단백질들만 통과할 수 있는 것으로 알려져 있다. 30킬로달톤인 형광단백질은 이동할 수 있지만, 그보다 분자량이 큰 KN1 단백질이 어떻게 원형질연락사를 통과할지는 풀리지 않던 수수께끼였다.

2011년, 잭슨의 연구팀은 EMS를 이용해 원형질연락사를 통한 단백질의 이동이 봉쇄된 돌연변이를 찾았다. 그중 하나가 *cct8* 돌연변이였으며, CCT1부터 CCT8까지 총 8가지 CCT 단백질이 샤페론 복합체를 만든다. 연구팀은 STM 단백질이 원형질연락사를 통해 이동할 때 단백질이 풀린 채로 이동하며, 이동한 후에는 샤페론 복합체에 의해 다시 접힌다는 것을 밝혔다. 이 CCT 유전자가 바로 내가 연구했던 유전자로, 잭슨 팀의 연구는 내가 관찰한 돌연변이 표현형을 설명해주었다. STM이 이동한 후 제대로 접히지 못하면서 기능을 상실하게 되어 *stm* 돌연변이처럼 생장점이 사라지는 표현형을 보인 것이다.

2010년대 들어서며 지상부 정단분열조직의 물리적인 특성에 대한 관심도 늘고 있다. 식물세포는 사실 세포벽에 둘러싸인 거대한 물주머니로, 세포 안팎으로 물리적인 힘의 영향을 받는다. 물리학과 생물학을 접목하는 이 새로운 분야의 선두에는 애기장대 식물학의 시작을 주도했던 엘리엇 마이어로위츠뿐만 아니라, 올리비에 아망Olivier Hamant과 같은 젊은 과학자들도 있다. 이들은 지상부 정단분열조직의 물리적 특성이 유전자 발현에 변화를 가져오고, 그 변화가 다시 지상부 정단분열조직의 물리적 특성을 바꾼다고 주장한다.

식물세포는 세포벽 때문에 한 번 이웃한 세포는 죽을 때까지 붙어 있어야 한다. 이웃한 세포들은 서로 세포벽을 공유하기 때문에 한 세포가 팽창하면 그 압력을 고스란히 이웃 세포가 느끼게 된다. 그래서 새로운 세포가 계속 분열하는 지상부 정단분열조직 세포들은 커다란 압력을 받을 수밖에 없다. 올리비에 아망 팀은 줄기 정단분열조직에 물리적인 힘을 가했을 때, 그 지점에 STM 프로모터의 활성이 증가하는 현상을 관찰했다.[15] STM 프로모터의 활성은 둥그런 지상부 정단분열조직의 정상 부분에서 가장 크기 때문에, 아망의 팀은 STM 단백질 전사인자가 지상부 정단분열조직의 물리적 변화에 의해 발현이 조절된다고 주장했다. 이 주장에 반대하는 학자들이 있고, 이에 관한 논란은 진행 중이다.[16]

생장점은 어떻게 유지될까? 이 질문을 가지고 사람들은 먼저 유전자를 찾기 시작했다. 관련 유전자가 점점 많이 발견되었고, 어느 순간 식물 전체를 조절하는 호르몬이 핵심에 있다는 것이 알려졌다. 하지만 사람들은 거기에서 멈추지 않았다. 여전히 궁금한 내용들이 있었다. 정단분열조직에서는 새로운 세포가 계속 밀고 올라온다. 터지기 일보 직전의 물풍선 같은 정단분열조직은 어떻게 압력을 완화할까? 그 물리적인 해법을 찾는 데에 다시 돌연변이가 이용되었다. 얼핏 보면 돌고 돌아 다시 유전자와 돌연변이로 온 것 같지만, 이 과정에서 점진적으로 우리는 생장점에 관해 더 많은 내용을 알게 되었다.

넓적한 꽃이 피다

제사 말고 차례 때가 다가오면 할머니는 식혜 말고 술떡도 만드셨다. 쌀가루에 막걸리를 붓고 전기장판 위에 두어 부풀기를 기다린다. 그러고는 둥그런 쟁반에 반죽을 붓고 고명을 얹어 한 장 한 장 쪄냈다. 고명 얹는 건 늘 내 몫이었다. 얇게 자른 밤을 먼저 얹고, 씨를 빼고 동글동글 말아 썬 대추도 얹었다. 그리고 마지막으로 말린 맨드라미를 얹었다. 맛이나 향이 있는 건 아니었지만, 술떡이 붉게 물드는 게 제법 예뻤다.

맨드라미는 시장에서 살 수가 없었다. 그래서 할머니는 어딜 가든 맨드라미를 보면 조금씩 따 오셨다. 할머니 어깨너머로만 살아 있는 맨드라미를 봤던 나는 맨드라미가 열매라고 굳게 믿었다. 먹기 때문이기도 했지만 다른 이유도 있었다. 아무리 봐도 꽃처럼 생기지 않아서다. 사다리꼴 꽃이 세상에 어디 있단 말인가!

하지만 맨드라미는 꽃이 맞다. 닭볏을 닮아 계관화라고

불리기도 한다. 꽃이 발달하는 과정에서 생장점이 돔형이 아니라 길쭉하고 평평해지면서 넓적한 모양이 된다. 이 현상을 대화fasciation라 하는데, 맨드라미 말고도 다육식물, 심지어는 딸기에서도 볼 수 있다. 대화가 일어난 딸기는 끝이 뾰족하지 않고 납작하다. 대화를 일으키는 원인은 다양한데, 맨드라미의 경우는 원예용으로 대화가 일어나는 품종만을 계속 키워 개량한 것이다. 정원의 아름다움을 위해 선택된 표현형이지만, 대화 현상은 생장점을 연구하는 데에도 중요한 힌트가 되었다. 대화 현상이 나타나는 애기장대 돌연변이들은 결과적으로 생장점의 줄기세포를 유지하는 두 번째 방식을 발견하는 근거가 되었다.

Celosia cristata

비름과 | 맨드라미속 | 맨드라미

○ ○ ● 프리드리히 라이바흐 이후 애기장대를 이용한 연구의 명맥을 이어오던 과학자로는 미국에 있던 헝가리 출신 과학자 조지 레디가 있다. 그리고 레디로부터 애기장대 씨를 받아 연구를 시작한 네덜란드 과학자 윌렘 핀스트라Willem Feenstra도 있다. 핀스트라가 받은 애기장대 씨앗 랜즈버그 이렉타Landsberg erecta는 네덜란드 여기저기에 퍼져 나갔고, 적은 수지만 애기장대를 연구하는 사람들이 생겨났다.[1] 그중 한 명이 바헤닝언 대학의 얍 반더빈Jaap van der Veen이다. 서머빌, 마이어로위츠와 함께 분자생물학 실험에 애기장대를 도입하려 했던 마르틴 쿠어니프[2]는 반더빈의 실험실에서 박사과정을 했다. 애기장대를 이용하던 실험실이 극히 드물던 시기였다. 그는 인기가 없었던 애기장대를 뒤로하고 한동안 토마토 연구에 매달렸다. 하지만 남아 있던 애기장대 연구를 마무리하기 위해 미국의 얀 지바트Jan Zeevart와 협업을 하던 중, 당시 미국에서 애기장대 연구를 선도하던 크리스 서머빌을 만나게 된다. 이 만남을 계기로 그는 다시 애기장대 연구를 시작한다.

박사과정 당시, 쿠어니프는 다수의 애기장대 돌연변이를 찾았다. 빛에 대한 반응이나, 식물호르몬에 대한 반응, 개화 시기가 바뀐 돌연변이 등 종류도 많았다. 그중 애기장대 씨가 맺히는 장각과가 길쭉하지 않고 골프채처럼 끝이 뭉툭하게 자라는 *clv1*(*clavata 1*, 라틴어로 몽둥이를 뜻함) 돌연변이가 있었다.[3] 뾰족해야 할 기관이 뭉툭하게 자라는 현상인 대화는 지상부 정단분열조직이 원형이 아니라 납작해지면서 거기서부터 자라나는 꽃, 줄기, 잎 등의 모양이 변형된 것이다. 애기장대

그림 5-1 데이지에 일어난 대화 현상.

에서는 대화 현상의 효과가 장각과에서 가장 극대화되어 나타난다.

엘리엇 마이어로위츠 실험실에 있던 스티브 클라크Steve Clark는 EMS 처리로 더 많은 *clv1* 돌연변이를 얻었다. 이렇게 얻은 5가지 *clv1* 돌연변이는 모두 대화 현상을 보였다.[4] 뿐만 아니라, 꽃도 비정상적인 모양으로 자랐다. 클라크는 이 CLV1 유전자가 어떤 유전자인지 알아내기 위해 염색체 위 유전자의 정확한 위치를 찾았다. 그리고 CLV1 유전자가 LRR-RLK(Leucine-rich repeat receptor like kinase) 계열의 인산화효소임을 밝혔다. 이 계열의 인산화효소는 세포막에 존재하며 옆 세포에서 내는 신호나, 미생물이 내는 신호 등 대개 세포 외부의 신호를 받아 스스로 인산화되어 세포 내부의 변화를 일으킨다. CLV1 단백질은 무슨 신호를 받을까?

한편, 클라크는 *clv1*과 비슷하게 지상부 정단분열조직이 커지는 표현형을 가졌지만 *clv1*과는 다른 염색체 위치에 돌연변이가 일어나는 *clv3*(*clavata 3*) 돌연변이도 발견했다. 두 돌연변이의 이중 돌연변이는 *clv1*, *clv3* 각각의 가장 심각한 돌연변이와 표현형이 일치했다. 두 유전자가 같은 신호전달경로에 위치한다는 의미였다. 1999년, CLV3의 전사가 CLV1이 전사되는 세포의 바로 위 세포층에서 발현된다는 것이 밝혀졌다.[5] 뿐만 아니라 CLV3 단백질은 세포 밖으로 분비될 가능성이 높은 것으로 예측됐다. 세포 밖으로 분비되는 CLV3 단백질이 CLV1 단백질과 결합한다는 가정이 가장 그럴듯한 가설이 되었다.

바로 다음 해, CLV1과 CLV3 단백질이 직접적으로 세포 내에서 결합한다는 실험 내용이 발표되었다.[6] 미시간으로 옮겨 독립 연구를 시작한 클라크의 팀에서 낸 것이었다. 하지만 3년 뒤, 이 논문은 철회되었다.[7] 당시 논문의 제1저자가 남긴 실험 재료를 이용해서 다른 팀원들이 실험을 반복하고자 했지만 실패했기 때문이다. 연구의 재현성은 과학계의 가장 큰 문제다. 실험이 고도로 복잡해지면서, 미세한 환경조건이 실험실마다 달라 재현에 실패하는 경우도 있다. 하지만 낙타가 바늘구멍을 통과하듯 치열한 경쟁에 앞서려는 조급한 마음이 재현 불가능한 연구를 낳기도 한다.

그 후로 오랫동안 CLV1 단백질과 CLV3 단백질이 직접 결합한다는 것을 증명한 논문은 등장하지 않았다. 결정적인 문제는 CLV3 단백질이 세포 밖에서 어떤 형태를 띠는지 모른다는 점이었다. 세포 밖으로 분비되는 단백질은 대개 처음 번역된 길이보다 짧은 형태가 된다. 얼마나 짧아지는지, 어떤 부분이 세포 밖으로 분비되는지 모르는 상태에서 CLV3 단백질의 아무 부위나 가지고 CLV1 단백질과의 결합을 연구할 수는 없는 노릇이었다. 또 다른 문제는 CLV3 단백질을 식물에서 대량 생산할 수 없다는 점이었다. CLV3가 지상부 정단분열조직의 발달을 억제하는 단백질이었기 때문이다. 식물이 생장을 중단하는 상황에서 CLV3 단백질을 얻을 방법은 없어 보였다.

하지만 2006년, 드디어 세포 밖으로 분비되는 CLV3 단백질을 찾아낸 논문이 발표되었다.[8] 일본의 사카가미 유지Sakagami Youji는 아미노산으로 이루어진 것은 유사하지만 단백질보다 훨씬 작은 펩타이드를 연구하는 학자였다. 그의 팀에서는 CLV3 과다 발현 애기장대를 이용해 미분화된 세포인 캘러스를 유도했다. 캘러스는 분화되지 않기 때문에 CLV3 단백질의 양이 식물체 내에 많아도 생장 및 분열에는 이상이 없었다. 그래서 캘러스를 많이 키워 CLV3 단백질을 충분히 얻었다. 그리고 캘러스에서 추출한 단백질을 모두 분석해서 CLV3 단백질 펩타이드를 찾아냈다.

CLV3 단백질 펩타이드는 CLV3 단백질의 70번째 아미노산부터 81번째 아미노산까지 12개 아미노산으로만 이루어졌다. 무엇보다 이 펩타이드만으로도 식물의 지상부 정단분열조직의 크기가 줄어드는 효과를 보였다. 그리고 2008년에야 앞서 발견한 아미노산 12개 길이 CLV3 펩타이드와 CLV1 수용체, 두 단백질이 직접적으로 결합한다는 논문이 발표되었다.[9] 모두가 그러리라 예상하지만, 그것이 실제로 일어난다는 것을 증명하는 일은 어렵다.[10]

한편, CLV3 단백질을 과다 발현하여 생장점이 사라지는 것과 유사한 표현형을 가진 돌연변이도 알려져 있었다. CLV3 단백질이 지나치게 많을 때 생장점이 사라지는 것과는 달리, 이 유전자는 그 양이 줄거나 기능이 소실되면 생장점이 사라졌다. 그 유전자는 WUS(WUSCHEL)로, 독일의 게르트 위르겐스Gerd Jürgens 팀에서 토머스 로Thomas Laux의 주도로 발견되었다. 독일어로 '헝클어졌다'는 뜻을 가진 *wus* 돌연변이는 줄기 하나가 곧게 뻗은 야생형 애기장대와는 달리 덜 자란 잎과 줄기가 무수히 많이 자라났다.[11] 그야말로 애기장대가 산발이 되었다.

어린 *wus* 돌연변이 새싹은 한가운데 봉긋하게 솟아오른 형태의 지상부 정단분열조직이 보이지 않았다. 대신 그 자리가 평평했다. 정상적인 애기장대 새싹은 발아 후 4일이면 첫 잎이 나는데, *wus* 돌연변이 새싹은 14일이 지나서야 지상부 정단분열조직에서 새로운 잎이 났고, 그마저도 1개에서 4개를 만든 후 더 이상 나지 않았다. 다만 이 과정이 무수히 반복되었다. 꽃이 필 시점에 나는 줄기inflorescence도 마찬가지로 정상적인 애기장대 새싹에 비해 늦게 났고, 한 번 난 줄기의 생장이 종료되는 대신 줄기들이 수없이 많이 자꾸만 생겨났다.

EMS로 얻은 *wus* 돌연변이에서 돌연변이가 일어난 유전자를 동정하기 위해 위르겐스 팀은 지도 기반 유전자 동정 방법map-based cloning을 이용했다. EMS로 돌연변이를 얻은 후, 돌연변이가 된 유전자를 찾을 때 사용하는 실험 기법이다.

이들은 먼저 *wus* 돌연변이 중 하나인 *wus-1*과 라이바흐가 수집한

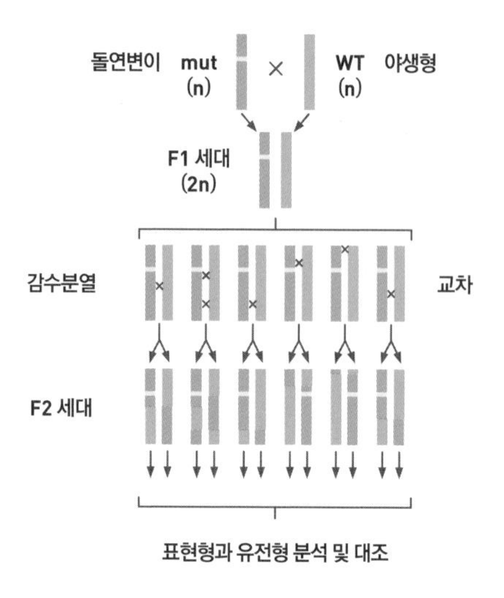

그림 5-2 지도 기반 유전자 동정법. 돌연변이와 야생형 식물을 교배한 F1 세대를 자가수정 하면, 감수분열 과정 동안 교차가 이루어져 다양한 염색체를 갖는 F2 세대가 발생한다. 이미 알고 있는 표현형의 염색체 위치가 담긴 '지도'와 대조하면서 돌연변이 유전자의 위치를 추적할 수 있는 방법이다.

애기장대 아종 니더젠츠Niederzenz (Nd-0)를 교배했다. *wus-1*은 본래 랜즈버그에서 얻은 돌연변이였다. 그러므로 *wus-1* 돌연변이에서 유래한 염색체와 야생형 애기장대 염색체를 구분하기 위해 니더젠츠 아종을 교배에 사용한 것이다. *wus-1*(Ler)과 니더젠츠를 교배한 세대(F1 세대)를 키워 씨를 받는다. 그리고 이 F1 세대가 자라면 자가수정을 하기 위해 감수분열을 하게 되고 이때 염색체들은 교차를 통해 재조합된다. 이 과정에서 *wus-1* 부분과 Nd 부분을 나눠 가지는 모자이크 염색체가 생긴다. 그렇기 때문에 다음 세대인 F2는 다양한 모자이크 염색체를 가지게 된다. 그러고 나서 *wus-1* 표현형을 갖는 F2 세대를 찾는 한편, 교차가 이루어질 때 *wus-1* 유전자와 함께 이동하는 연관link 된 유전자를 찾았다. 이들은 염색체상 *wus-1* 근처에 있는 유전자로, 교차가 이루어지더라도 같은 염색체에 포함된다. 이 유전자는 후에 염색체 위치를 파악하는 데 중요한 표지marker가 될 것이다.

교차가 일어나 Ler와 Nd의 염색체가 골고루 섞인 개체를 많이 얻고 나면, 이 재료를 바탕으로 돌연변이 유전자를 본격적으로 탐색할 수 있다. 우선 표지 유전자 주위의 DNA 염기서열을 조사하기 위해 애기장대 DNA를 큼지막하게 쪼개 인공 염색체를 만든다. 그리고 다시 이 DNA 조각을 더 잘게 쪼개 각 조각을 *wus-1* 돌연변이에 삽입하고 그 표현형을 관찰했다. 그 결과 *wus-1* 돌연변이 표현형을 완전히 정상으로 돌리는 DNA 조각 여러 개를 확보하고 이 부분의 염기서열을 분석해 공통되는 부분을 파악했다. 이 염기서열에는 하나의 유전자가 있었고, 그 유전자가 WUS였다. 하여 마지막으로 당시에 발견된 모든 *wus* 돌연변이에서 WUS의 DNA 지역에 돌연변이가 생겼는지 입증했다.

실험 가장 초기, 교차가 이루어진 씨를 구하는 과정에서 씨를 최대한 많이 받아야 원하는 교차가 이루어진 돌연변이를 얻을 수 있게 된다. 또한 유전자 위치를 파악한 후 그 염기서열을 분석하는 데도 많은 노동력을 요하는 실험이다. 당시만 해도 이 모든 과정을 거치려면 서너 명의 연구원이 수년 이상을 투자해야 했다. 지금으로서는 상상할 수 없지만, 유전자 동정 결과만으로도 논문이 출간될 수 있던 배경에는 당시의 기술적인 한계가 큰 역할을 했다.

이렇게 얻은 WUS 유전자 염기서열을 분석한 결과, WUS 단백질은 전사인자였다. 사람들은 당연히 WUS 단백질과 또 다른 전사인자인 STM 단백질의 관계를 궁금해하기 시작했다. 둘 다 전사인자일 뿐 아니라, *wus* 돌연변이와 *stm* 돌연변이 모두 생장점이 사라지는 표현형을 보였다. 하지만 WUS 단백질과 STM 단백질은 발현되는 위치도, 발현되는 시기도 서로 달랐다. 적어도 WUS 단백질과 STM 단백질은 상관관계 없이 제각각 독립적으로 지상부 정단분열조직 발달에 기여하는 듯 보였다. 오히려 서로 경쟁적으로 줄기 정단분열조직 발달에 관여했다.[12]

토머스 로 팀은 서로 반대의 표현형을 띠는 WUS와 CLV1 및 CLV3로 관심을 돌렸다. 놀랍게도 이들이 만든 *wus clv1* 이중 돌연변이는 *wus* 돌연변이와 똑같은 표현형을 띠었다. 지상부 정단분열조직이 유지되지 못하고 무너졌다.[13] 즉, CLV1 및 CLV3 유전자가 WUS의 상위에서 WUS를 억제하고 있음을 의미했다. 실제로 WUS의 발현은 *clv1 clv3* 돌연변이에서 극적으로 증가했다. 또한 WUS의 발현을 인공적으로 증가시키는 것만으로도 *clv1*과 *clv3*에서 볼 수 있는 비대해진 지상부 정단분열조직을 관찰할 수 있었다. 반대로 WUS의 발현은 CLV3의 발현을 늘렸다. CLV 유전자들은 WUS의 발현을 줄이고, WUS의 발현은 역으로 CLV 유전자 발현을 증가시키면서 줄기 정단분열조직의 미분화 세포 개수를 최소로 유지한다.

WUS와 CLV의 발현이 서로 조절된다는 내용이 발표된 건 2000년이었다. 문제는 WUS와 CLV3의 발현 부위가 서로 겹치지 않는다는 점이었다. 세포 내에서 결합할 수 없는 조건인데 서로 조절한다는 게 무슨 의미가 있을까? 실제로 시험관 내에서 실험을 할 때에는 직접적인 결합이 일어나지만 식물 조직 안에서, 혹은 세포 안에서 단백질이 발현되는 위치 등을 고려하면 단백질 간의 결합이 무의미해지는 경우가 종종 있다. 단백질 간 결합에 마냥 들떠서는 안 되는 이유다. 하지만 곧 WUS 단백질이 원형질연락사를 통해 이동한다는 것이 밝혀졌다.[14] WUS 단백질이 원형질연락사를 통해 이동하게 되면 지상부 정단분열조직을 이루는 세포층에는 WUS 단백질의 농도 구배가 만들어진다. 농도 구배에 의한 전사 조절은 동물의 호메오 유전자들이 전사를 조절하는 주요 기법이다. WUS 단백질도 STM 단백질과 마찬가지로 호메오 단백질이므로 세포 간 이동이 중요하다.

정단분열조직은 식물의 모든 생장이 시작되는 곳이기 때문에 유지하는 것이 매우 중요하다. 특히 지상부의 정단분열조직은 줄기, 잎, 꽃

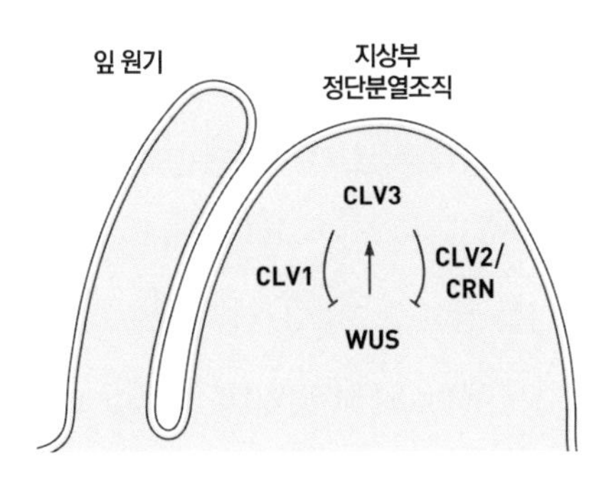

그림 5-3 생장점에서 일어나는 CLV와 WUS의 상호 조절.

등 지표면 위에 보이는 모든 기관의 발달을 담당한다. 생장점에서는 끊임없이 세포분열이 일어나고 분열된 세포는 줄기로, 잎으로 자라나게 된다. 그래서 자칫 잘못하면 분열이 계속 진행되어야 할 생장점 세포가 분열을 더 이상 하지 않고 줄기로 바뀔 수 있다.

앞 장에서 살펴본 STM 단백질/사이토키닌과 이번 장에서 살펴본 WUS 단백질/CLV 단백질은 지상부에 있는 정단분열조직이 사라지지 않고 끊임없이 새로운 세포를 만들 수 있게 하는 핵심 축이다. 하지만 생장점이 비대해지면 그 또한 문제다. 대화 현상을 일으키기 때문이다. 마름모꼴 계관화가 아니라 넓적한 맨드라미가 생긴 이유다. WUS는 생장점을 유지하는 데 필요한 단백질로 CLV3 단백질의 억제를 받는다. 이 상호작용이 생장점이 비대해지지 않게 막는다. 이렇게 지나치게 작아서 없어져서도 안 되고, 너무 커져서도 안 되는 생장점이 유지된다.

무엇보다 STM과 WUS 단백질 둘 다 호메오 유전자다. 이 유전자는 초파리 배아의 발달 과정에 머리, 가슴, 배 등의 체절을 결정하는 데 중요하다. 초파리뿐 아니라 다양한 척추동물에서도 발견된다. 호메오 유전자는 단백질 형태로 세포 간 이동을 하면서 세포마다 그 단백질 농도가 달라지며 기능을 하게 된다. 그러므로 세포에서 다음 세포로 이동할 수 있다는 점이 중요하다. 식물에서는 세포 간 이동이 어려울 것이라는 편견과 달리, STM과 WUS 단백질은 세포 간 이동을 한다. 나아가 이는 식물부터 무척추동물, 그리고 우리와 같은 척추동물까지도 발달 과정의 기작을 공유하고 있음을 뜻한다.

지하 세계 생장점

사람의 모습을 닮은 '인삼'은 동양의 귀한 약재로, 특히 한국에서 자생하는 고려인삼은 약효가 뛰어나다고 알려져 있다. 그 약효는 인삼에서만 추출할 수 있는 진세노사이드ginsenoside에서 기원한다. 인삼은 보통 6년 정도 키운 후 수확한다. 1~3년은 식물이 빠르게 자라는 시기로 뿌리가 커지고, 그 이후부터는 생장 속도는 느려지는 대신 진세노사이드를 합성하는 효소의 양이 늘어난다.[1] 즉 적어도 4년 이상 된 인삼에 진세노사이드가 축적되고, 이것이 6년근 인삼이 가장 좋다는 이야기가 나오는 이유다.

하지만 씨를 뿌린 후 몇 달이면 수확할 수 있는 다른 작물과는 달리 느리게 자라서 몇 년을 키워야 할 뿐 아니라 온도, 습도 등의 조건을 맞추기 까다로운 인삼은 수확량이 적을 수밖에 없다. 병에도 취약해서, 몇 해간 해온 농사가 하루아침에 초토화될 수도 있다.

충북 대학교 원예학과의 백기엽 교수 팀은 인삼을 키

우는 데 걸리는 시간을 단축하고자 인공 배양을 시도했다. 특히 이들이 주목한 것은 뿌리를 제외한 부분에서 자라나는 뿌리, 즉 부정근adventitious root이었다. 연구진은 살균한 인삼 뿌리를 얇게 절편으로 잘라 스쿠그와 무라시게가 1960년대 발견한 조성의 영양배지에 올려놓고 키운다. 여기에는 사이토키닌과 옥신이 추가되어 있다. 그러면 인삼 뿌리에서는 새로운 세포가 분열하기 시작하는데, 이 세포는 어떤 특정 기관의 세포라고 이야기할 수 없는 미분화 세포, 즉 캘러스로 자란다. 그리고 살균된 실험대(클린벤치)에서 새 영양배지에 캘러스를 옮겨주기를 반복하며 점점 키운다.

어느 정도 커지면, 그다음에는 캘러스를 사이토키닌이 빠지고 옥신의 양은 늘어난 다른 영양배지에 조심스레 옮겨 심는다. 이 호르몬 조합은 식물에 뿌리를 만들라는 신호로 여겨져서, 캘러스로부터 많은 수의 뿌리가 생긴다. 이렇게 식물에서 일부 세포를 취해 미분화된 세포를 키운 후에 위의 경우처럼 뿌리 세포로 분화시키는 과정을 조직배양tissue culture이라고 한다. 이 경우 뿌리 세포만을 키우기 위해 옥신의 양을 늘린 영양배지에 키웠다.

연구진은 배지에서 분화된 뿌리를 모아 거대한 배양기에 넣어 키웠다. 이렇게 배양된 부정근은 인삼의 유효 성분인 진세노사이드가 검출되었을 뿐 아니라 기존의 방식으로 키운 것과 비슷한 효능을 보였다.[2] 현재 시중에 판매 중인 배양근이 이런 원리로 생산된다.

Panax ginseng C. A. Mey.

두릅나무과 | 인삼속 | 인삼

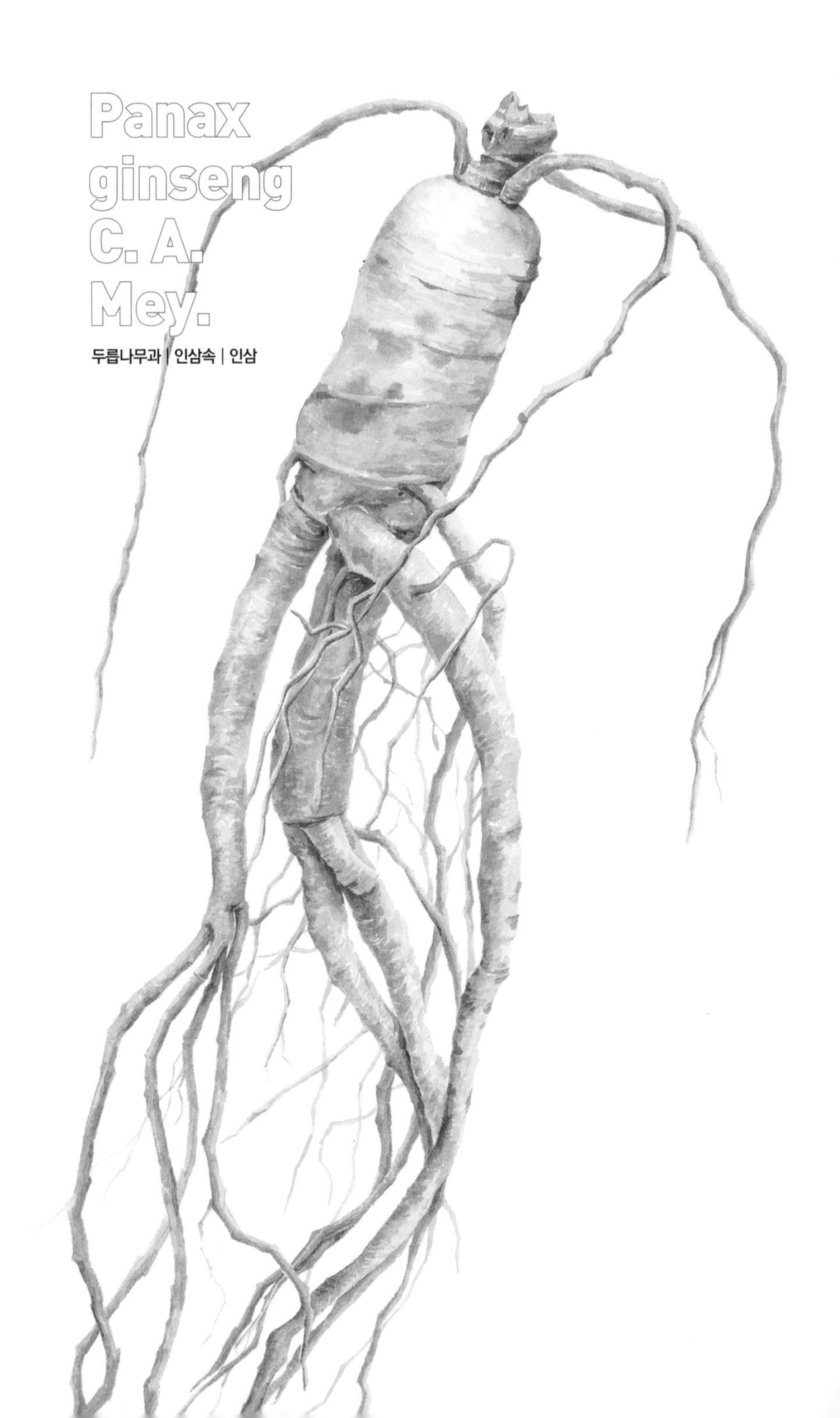

○ ○ ● 잠깐 지하 세계로 눈을 돌려보자. 식물은 지상 부뿐 아니라 지하부에도 정단분열조직이 있다. 바로 뿌리 정단분열조직이다. 그런데 이 지하부 생장점을 조절하는 기작은 지상부 정단분열조직이 만들어지는 방식과 비슷하면서도 많이 다르다.

대기 중으로 한없이 뻗어 나가는 지상부 정단분열조직과 달리, 뿌리 정단분열조직은 시작부터 난관에 봉착한다. 바로 아래 흙을 계속 뚫고 내려가야 하기 때문이다. 그래서 뿌리의 끝은 뿌리골무root cap로 중무장되어 있다. 뿌리 정단분열조직의 줄기세포 부분은 이 뿌리골무로 꽁꽁 싸여 있다. 가장 뿌리골무 근처에 있는 부분이 분열 구간meristematic zone이다. 줄기세포들이 모여 있는 곳으로 세포분열이 활발히 일어난다. 하지만 줄기세포는 어떤 기능을 하는 세포가 될지 정해져 있지 않다. 즉, 미분화 세포들이고, 그렇기 때문에 크기가 작다. 애기장대 뿌리에서는 가장 끝부분부터 250마이크로미터에 해당하는 구간이다.[3]

이 분열 구간에서 세포가 계속 새로 생기기 때문에 먼저 분열한 세포는 점점 밀려 올라간다. 분열 구간에서 밀려난 세포들은 급격히 길쭉해지기 시작하는데, 이 세포들이 있는 구간을 신장 구간이라 한다. 여기서 더 위로 밀려난 세포들은 각자의 기능에 맞춰 분화하기 시작하는 분화 구간에 진입한다. 세포 분화의 대표적인 예는 뿌리털 분화다. 세포가 분열만 할 때는 기능에 따른 특징적인 구조를 갖지 않지만, 세포가 분화하기 시작하면서 뿌리털처럼 그 기능에 알맞은 형태를 띠게 되는 것이다.

애기장대 뿌리를 종단면으로 자르면 원형으로 겹겹이 쌓인 뿌리 세포들을 볼 수 있다. 리엄 돌런Liam Dolan을 비롯한 유럽의 여러 과학자들은 애기장대 뿌리 끝에서부터 1밀리미터 정도를 종단으로 잘라 관찰했다. 그리고 뿌리의 종단면이 표피층epidermis, 피질층cortex, 내피층endodermis, 내초층pericycle, 그리고 관다발이 될 부분으로 이루어졌다는 사실을 확인했다.[3] 이러한 층을 만드는 줄기세포들은 모두 분열 구간에 있다.

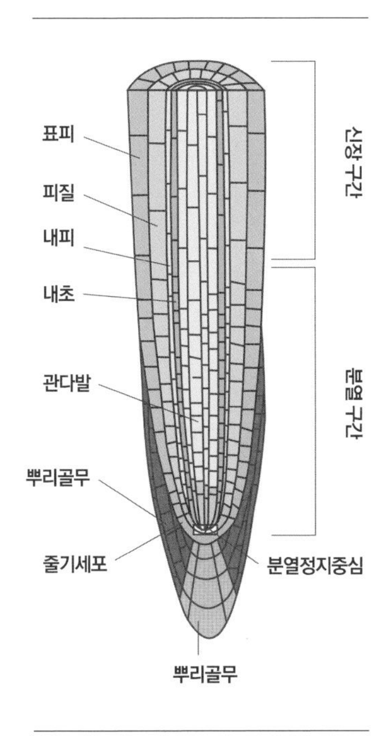

그림 6-1 뿌리 정단분열조직 모식도. 분열정지중심을 기준으로 위아래 세포는 줄기세포로 분열하는 특성을 가진다. 이 세포들이 분포하는 분열 구간에서는 세포가 끊임없이 발생하며, 이전에 생긴 세포를 위로 밀어낸다. 분열 구간을 벗어난 세포는 길이 생장을 시작하는 신장 구간과 표피, 피질, 관다발 등 기능을 갖춘 세포로 분화되는 분화 구간에 도달하게 된다.

뿌리 조직을 만들어내는 줄기세포 바로 아래에는 분열정지중심quiescent center, QC이 있다. 1993년 처음 애기장대 뿌리 구조가 현미경 아래에서 관찰되었을 때는 '중심세포central cell'라 불렀다.[4] 이 당시에도 연구자들은 중심세포가 분열하는 것을 관찰할 수가 없어서 분열이 일어나지 않는 휴지 상태quiescent라고 발표했다. 분열정지중심은 4개 정도의 세포로 이루어지고, 1990년대 관찰 결과처럼 세포분열이 되지 않는다. 이 분열정지중심을 둘러싼 다른 세포들은 모두 줄기세포다. 즉, 분열정지중심은 분열하지 않고 다른 줄기세포가 자리를 잡는 기준점이 되는 셈이다.

분열정지중심이 발견된 후, 레이저를 이용해 분열정지중심의 세포를 제거하는 실험이 이루어졌다.[5] 레이저로는 세밀하게 원하는 세포만 제거할 수 있다. 특히 뿌리의 줄기세포는 뿌리골무에 둘러싸여 있어서 레이저를 이용한 실험법이 유리했다. 분열정지중심은 주변 세포들이 분화되는 것을 억제하며, 세포분열은 촉진했다. 하지만 분열정지중심을 유지하는 핵심 유전자가 무엇인지는 오리무중이었다. EMS를 이용한 돌연변이를 통해서는 관련 유전자를 찾을 수 없었다.

모든 생명의 정보는 DNA에 들어 있다. 1953년 DNA의 구조가 처음 밝혀지고, DNA 염기서열에 생명 정보가 담겨 있다는 것이 알려진 직후부터, 과학자들은 생명의 암호 DNA 염기서열을 풀려고 노력했다. 유전체로 불리는 DNA의 총합에는 생명이 유지되는 데 필요한 거의 모든 정보가 들어 있다. 그래서 한 생명의 DNA 염기서열을 모두 분석하면, 생명의 비밀이 풀릴 것이라고 생각했다. 애기장대 연구자들도 마찬가지였다. 특히 애기장대는 염색체가 5개밖에 안 되고, 총 유전체 크기도 매우 작아서, 다른 식물 종에 비해 유전체 분석을 하기가 쉬웠다.

라이바흐가 처음 보고한 애기장대는 1980년대, 서머빌 부부, 마이어로위츠, 쿠어니프 등의 노력으로 새로운 공동체가 꾸려지면서 모델생물로서 인기를 끌기 시작했다. 그렇지만 당시에 식물학 연구는 토마토, 담배, 밀, 피튜니아 등 상품성이 큰 작물에 집중되어 있었다.

상품 가치가 없는 애기장대 연구의 필요성에 공감하는 이는 많지 않았다.

하지만 1980년대는 분자생물학 기법이 발전하던 시기였다. 한 세대에서 다음 세대로 넘어가는 빠른 박테리오파지, 대장균 등이 분자생물학 연구의 핵심 모델생물로 자리 잡던 때였다. 뿐만 아니라 최초의 생명공학 회사인 제넨테크에서 분자생물학 기법을 이용해 인슐린을 대량 생산하는 등, 생명공학의 가능성이 산업계에서도 높이 점쳐지던 시기였다.[6] 자라는 데 시간이 오래 걸리고, 너무 커서 한 번에 많은 개체를 키울 수 없는 옥수수나 토마토로는 분자생물학 연구를 하기 어려웠다. 크기가 작아서 많이 심을 수 있고, 빨리 자라서 1년에도 수차례 씨를 얻을 수 있는 애기장대의 장점이 부각되기 시작했다.

1990년, 미국과학재단National Science Foundation의 주도하에 다국적 공동 애기장대 유전체 연구 프로젝트Multinational Coordinated Arabidopsis thaliana Genome Research Project가 시작되었다.[7] 미국, 유럽연합, 일본의 여러 연구그룹을 포함한 이 프로젝트는 훗날 AGI(Arabidopsis Genome Initiative)가 되었다. 그리고 2000년 식물로는 처음으로 애기장대 유전체 염기서열의 해독 및 분석이 완성되었다.[8] 유전체가 분석된 애기장대는 이제 그 어떤 식물 종보다 분자생물학 연구에 우위를 점하게 되었다. 이 점이 1985년 이후 2015년까지 폭발적인 양의 연구가 애기장대에서 진행될 수 있었던 배경이었다.[9]

하지만 유전체 분석이 끝이 아니었다. 그 분석 결과를 모두가 사용할 수 있게끔 하는 게 더 중요했다. 크리스 서머빌 방에서 대학원 과정을 마친 이승연 박사 팀은 분석된 유전체 정보로부터 암호화된 단백질 예측, 각종 프로모터 염기서열 예측을 하고, 이를 공유할 수 있는 플랫폼을 만들어냈다. 이렇게 유전체와 같이 방대한 정보를 두고, 컴퓨터를 이용해 유전체에 포함된 정보를 추출하는 학문을 생명정보학bioinformatics이라고 한다. 생명정보학 연구를 통해 모두가 유전체 정보를 공유할 수 있는 플랫폼이 나왔다.[10] 그렇게 만들어진 데이터베이스가 TAIR(The Arabidopsis Information Resource, www.arabidopsis.org)다.

TAIR에는 AGI의 애기장대 유전체 분석을 그대로 업로드했을 뿐 아니라 그로부터 분석된 상세한 정보를 모두 담았다. 염색체 위의 유전자 위치에 고유 번호를 부여하고 그 번호에 유전자에 관한 모든 정보를 넣었다. 전사 시작 부위 예측부터 단백질 서열을 암호화하는 전령RNA 예측, 해당 단백질 서열이 다른 단백질의 어떤 도메인과 가장 유사한지, 유사도는 어느 정도인지가 모두 들어 있다.

이렇게 안정적이고 모두가 이용할 수 있는 TAIR가 마련된 2000년대 이후에는 이 데이터베이스를 기준으로 유전자를 검색하고 실험을 계획한 논문들이 부쩍 늘었다. 무엇보다 이 데이터베이스는 처음 공개된 1999년부터 2013년까지는 미국과학재단의 지원으로 모두에게 무상으로 공유되었다. 애기장대 연구자라면 누구나 들어가서 검색해 볼 수 있었다. 하지만 재단의 지원이 점차 줄어들면서 2014년부터 개별 기관, 혹은 개인의 구독 신청을 받기 시작했다. 정보 나눔을 가장 중요한 가치로 여겼던 애기장대 커뮤니티가 연구비 지원 중단으로 정보 공유가 어려워진 것은 매우 안타까운 일이다.

TAIR에서 제공하는 정보 중에서 가장 중요한 것은 따로 있다. 바로 해당 위치에 발생한 돌연변이에 관한 정보다. 미국과학재단의 연구 지원에는 유전체 분석뿐만 아니라, 종자보관소의 설립 및 종자의 증식도 포함되어 있었다. 여기에 영국과 일본에서도 지원을 통해 각각 종자보관소를 세웠다. 미국의 ABRC(Arabidopsis Biological Resource Center), 영국의 NASC(The Nottingham Arabidopsis Stock Centre), 일본의 SASSC(Sendai Arabidopsis Seed Stock Center)다. 돌연변이에 관한 모든 정보는 TAIR에서 찾을 수 있고, 그 정보를 바탕으로 돌연변이 씨앗을 위 세 종자은행 중 한 곳에 요청해 배송받을 수 있다.

애기장대 연구자들이 초반에 마주한 문제는 애기장대의 형질전환이 매우 어렵다는 점이었다. 애기장대 연구가 시작된 후, 실험실에서는 앞서 살펴본 배양근을 얻기 위한 조직배양 방식이 주로 쓰였다. 하지만 그 성공율이 너무 낮았다. 분자생물학 연구에 이용하려면 원하는 유전자를 자유롭게 유전체에 삽입해서 형질전환체를 만들 수 있어야 한다. 애기장대의 형질전환 성공률이 매우 낮다는 소식은 분명 희소식은 아니었다.

그러던 1987년, 듀퐁사에서 근무하던 펠드만Kenneth Feldman과 마크스David Marks는 애기장대를 형질전환 하는 간단한 방법을 발표한다. 식물에 침입하여 뿌리혹crown gall을 만들어내는 아그로박테리움(*Agrobacterium tumefaciens*)은 예전부터 농부들에게 지독한 골칫거리였다. 그런데 식물학자들은 아그로박테리움이 뿌리혹을 만드는 방식을 눈여겨보기 시작했다. 다양한 세균은 자신의 유전체 외에 독립적으로 복제되는 원형 DNA인 플라스미드를 갖고 있다. 아그로박테리움은 Ti 플라스미드를 가지고 있는데, 이 플라스미드의 일부인 T-DNA Transferred DNA는 식물 염색체에 삽입됨으로써 뿌리혹 증상이 나타나게 한다.

그렇다면 Ti 플라스미드에서 뿌리혹을 자라게 하는 유전자를 제거하고, 원하는 유전자가 삽입된 플라스미드를 만든다면 아그로박테리움을 매개로 형질전환이 가능하지 않을까? 펠드만과 마크스는 막 발아가 이루어진 애기장대 새싹을 항생제 저항성 유전자가 포함된 플라스미드를 가진 아그로박테리움과 함께 키웠다.[11] 그리고 이 개체에서 씨를 받아 항생제 저항성을 시험했다. 아그로박테리움의 플라스미드가 식물 유전체에 삽입된다면 식물은 항생제 저항성을 띠어야 했다. 실험 결과, 형질전환체가 만들어지는 확률은 0.3퍼센트로, 조직배양 방식보다 높았다.[12]

애기장대 연구자들은 여기서 멈추지 않고, 더 나은 형질전환 방법을 찾아 나섰다. 그리고 1998년, 클로Steven Clough와 벤트Andrew Bent는 펠드만과 마크스의 방식보다 훨씬 간편한 방법을 제안한다. 아그로박테리움을 계면활성제가 조금 든 설탕물에 풀어 애기장대의 꽃에 바르는 것이다. 플로럴딥Floral dip이라 불리는 이 방식은 애기장대 연구자들 모두가 애용하는 기법이 되었다. 엄청나게 쉬울 뿐 아니라, 1퍼센트 정도의 성공률로 형질전환체를 얻을 수 있었다.[13]

문제는 식물 염색체 어느 부위에 아그로박테리움의 DNA가 삽입될지 예측할 수 없다는 점이었다. 하지만 역으로 생각해보면, 이런 무

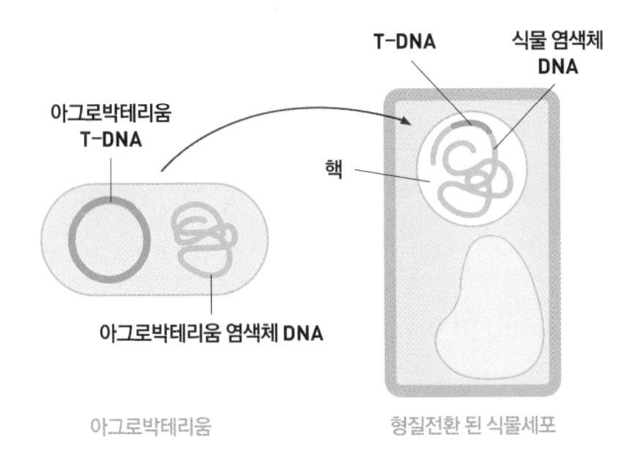

그림 6-2 아그로박테리움에 의한 형질전환. 아그로박테리움은 식물세포로 DNA 일부를 삽입할 수 있는 T-DNA를 갖고 있다. 아그로박테리움이 식물세포에 침투하면, 식물세포 핵에 T-DNA를 삽입하게 되고, 이를 통해 원하는 DNA를 식물의 염색체에 삽입시켜 형질전환체를 제작할 수 있다.

작위성은 기회이기도 했다. T-DNA는 무작위하게 식물 염색체에 삽입되기 때문에 염색체의 어떤 좌위에 삽입될 경우, 그 유전자의 기능이 망가질 가능성이 컸다. 게다가 형질전환을 충분히 많이 진행하면 대부분의 유전자에 하나씩 T-DNA가 들어간 돌연변이 세트를 만들 수 있을 것이었다. 그렇게 되면 해당 유전자의 돌연변이가 만들어진다. 하지만 무작정 형질전환을 많이 진행해서는 안 되는데, 만일 T-DNA가 2개 이상 애기장대 유전체에 끼어 들어간다면, 끼어 들어간 여러 개의 T-DNA 중 어떤 것이 돌연변이 표현형에 필요한지 판별할 수 없기 때문이다.

에틸렌 관련 돌연변이를 찾은 에커 팀은 이 논리를 바탕으로 22만 5,000여 개의 T-DNA 삽입 형질전환체를 찾았다.[14] 그중 8만 8,000

여 개의 T-DNA 위치가 정확하게 파악됐다. 애기장대 유전자 개수가 2만 5,000여 개인 것을 감안한다면, 유전자당 세 종류 이상의 T-DNA 삽입 돌연변이가 만들어진 셈이다. 에커 팀은 당시 소속이었던 소크 연구소의 이름을 따 SALK 돌연변이라 이름 지었다.[15] 이 돌연변이들은 모두 애기장대 종자은행으로 보내졌다. 이로써 애기장대 연구자라면 누구나 SALK 돌연변이를 이용할 수 있게 되었다. 그리고 T-DNA 삽입 위치가 파악된 돌연변이들 종자 정보가 유전자 고유번호에도 연동되어, 번호만 검색한 학자들이 돌연변이까지도 쉽게 구할 수 있게 만들었다. 현재는 32만 5,000개로 늘어난 T-DNA 형질전환체가 종자은행에서 주문 가능한 돌연변이들이다.

2003년 토머스 로(*wuschel* 돌연변이를 처음 찾은 과학자)의 팀은 당시에 나온 애기장대 데이터베이스에서 WUS 단백질과 유사한 서열을 가지는 예상 유전자들을 찾았다. 그리고 이들을 WOX(WUSCHEL HOMEOBOX)라 불렀다. WOX 유전자는 지상부 정단분열조직에서 역할을 하는 WUS, 그리고 초파리에서 결절 발달에 중요한 호메오 유전자들과 흡사했다. 이들을 통칭해 호메오 유전자라 부르는데, 앞서 살펴보았듯 이 유전자는 식물의 여러 부위의 발달과 분화에 관련되어 있다. WOX 유전자들도 호메오 유전자와 비슷하게 식물 여러 부위의 발달과 분화에 관련이 있다. 그중에서도 WOX5 유전자는 오로지 분열정지중심에서만 발현이 되었다.[16]

연구하고자 하는 유전자를 밝혀냈으니, 토머스 로 팀은 애기장대 데이터베이스를 활용해서 *wox5*의 돌연변이를 찾았다. 연구팀은

WOX5 유전자에 삽입된 T-DNA 돌연변이 2개, *wox5-1*과 *wox5-3*를 주문했다. 예상했던 대로 *wox5-1* 돌연변이는 분열정지중심이 있어야 할 자리의 세포들이 지나치게 비대했고 비정상적인 모양을 지녔다. 무엇보다 분열정지중심 세포 바로 아래 뿌리골무를 이루는 기둥세포columella cell들은 분열정지중심 세포들보다도 커졌다. 이는 분열을 계속하는 세포가 아니라 뿌리골무로 분화가 시작되었다는 증거였다. 반대로 일시적으로 WOX5의 발현을 증가시키는 경우, 기둥세포들이 뿌리골무로 덜 분화하고 대신 분열했다.

WOX5 단백질 또한 다른 호메오 유전자들과 마찬가지로 세포 간 이동을 한다. 앞서 살펴본 STM 단백질은 만들어진 세포에서 옆 세포로 이동하는데, 이 과정이 꼭 필요하다. WOX 단백질 또한 세포 간 이동을 하며 세포마다 다른 단백질과 결합해서 다른 효과를 낸다는 것이 오늘의 가설이다. 가령 분열정지중심에서는 세포분열에 필요한 단백질과 결합하여 세포분열을 억제한다. 그리고 그 바로 옆 기둥세포로 분화될 줄기세포에서는 기둥세포 분화를 조절하는 유전자 발현을 억제하여 분열은 하지만 분화는 하지 못하게 막는다는 것이다. 이 가설은 WOX5 단백질은 분열정지중심에서만 만들어지기 때문에 멀어질수록 WOX5 단백질의 농도가 낮아지면서 서서히 기둥세포 분화가 이루어진다는 점에서 현상에 부합하는 측면이 있다.[17]

WOX5 단백질은 생명정보학을 이용해 유전자를 찾고 돌연변이를 구하는 방식으로 발견되었다. 하지만 그 이전에, EMS 처리 방식을 통해 뿌리의 형태가 바뀌는 돌연변이를 찾은 경우도 있었다(WOX5처럼

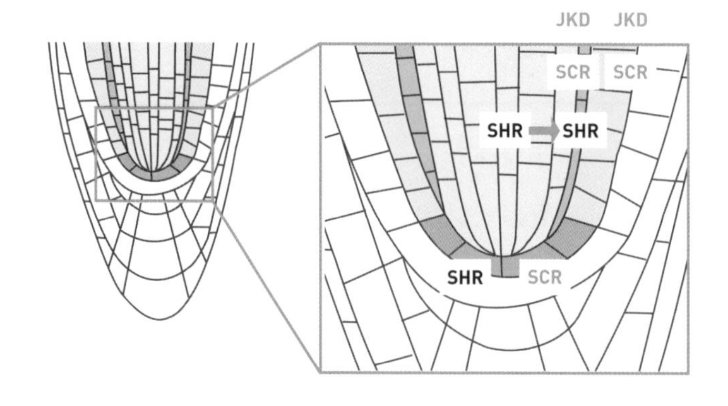

그림 6-3 뿌리의 내초층에서만 발현되는 SHR 단백질은 옆 세포로 이동하여, 내피층에서만 발현되는 SCR의 발현을 늘려 세포분열을 촉진한다. 반대로 JKD 단백질은 SHR의 이동을 억제하여 세포 분화를 촉진한다.

유전자를 정하고 돌연변이를 구하는 것을 역유전학reverse genetics, 돌연변이를 먼저 찾고 그와 관련된 유전자를 찾아가는 방식을 순유전학forward genetics이라고 부른다). 필립 벤피Philip N. Benfey가 발견한 *shr*(*shortroot*) 돌연변이였다. 발아 후 2주가 지나도록 *shr* 애기장대 돌연변이는 뿌리를 길게 내리지 못하고, 곁뿌리만 무수히 많이 났으며 식물도 작았다. WUS의 지하부 버전 같기도 했다. *shr* 돌연변이의 뿌리를 종단으로 잘라 살펴보면, 내피층이 있어야 할 자리에 내피층이 없었다. 한편, 피질층과 내피층이 모두 사라진 돌연변이도 있었다. 이 돌연변이는 *shr*와 마찬가지로 잘 자라지 못하고, 특히 뿌리가 짧았다. 이 돌연변이는 허수아비(*scarecrow*, *scr*)라는 이름을 얻었다. 뿌리가 자라지 않는 돌연변이에서 뿌리를 이루는 조직이 하나씩 없어지는 데서 감명을 받은 벤피는 완벽하지 않고 뭔가 하나씩 모자란 돌연변이들을 계속 찾아내며 《오즈의 마법사》에 나오는 주인공들을 떠올렸다. 허수아비 돌연변이 *scr*는 뇌가 없는 허수아비에서 따온 것이다.

벤피 팀은 비슷한 듯 다른 SHR와 SCR 연구를 계속하다가 *shr* 돌연변이에서 SCR 단백질이 사라지는 현상을 발견한다.[18] 즉, *shr* 돌연변이의 표현형인 뿌리가 잘 자라지 못하고 내피층이 사라지는 것은 SCR 단백질이 사라지기 때문이라는 가설을 세워볼 수 있다. 하지만 SHR의 전령RNA가 만들어지는 곳은 SCR가 발현되는 분열정지중심으로부터 멀리 떨어져 있다. 그러므로 단백질이 이동한다고 가정하지 않는 이상 서로 다른 두 세포에서 만들어지는 단백질이 만난다는 가설을 세울 수 없다. 하지만 SHR 단백질이 내초층에서 만들어진 후 바로 옆 세포로 이동해 분열정지중심에서의 SCR 발현을 촉진한다는 사실이 발견되었다.

한편 네덜란드의 벤 셰레스Ben Scheres 팀도 비슷한 주제로 연구를 진행하고 있었다. 이들은 *scr* 돌연변이와 정반대의 표현형을 갖는 돌연변이를 EMS 처리를 통해 찾았다.[19] 내피층이 없어지는 *scr* 돌연변이와는 반대로 내피층이 추가로 생기는 돌연변이였다. 연구팀은 이를 허수아비의 적, 갈까마귀(*jackdaw*, *jkd*)와 까치(*magpie*, *mgp*)라고 불렀다(훗날, 이 두 단백질이 포함된 전사인자군은 훗날 BIRD 전사인자라고 불리게 되었다. 이 전사인자들은 모두 새 이름을 갖는다). 이 전사인자들은 SCR 단백질과 함께 SHR 단백질의 세포 간 이동을 억제하고 SHR 단백질의 세포 내 위치를 핵으로 제한하는 방식으로 세포 분화를 조절한다. SHR 단백질에 의해 조절되는 유전자 중에는 WOX5도 포함되어 있다.

비슷한 특성을 가진 유전자의 조절을 받는 것 같아 보이지만, 줄기 정단분열조직과 뿌리 정단분열조직의 조절에는 크게 다른 점이 있다. 작은 펩타이드에 의해 줄기세포가 유지되는 지상부와 달리, 뿌리 정단분열조직의 세계는 전사인자의 세포 간 이동이 중요한 역할을 차지한다. 하지만 비슷한 부분도 있다. 줄기세포를 유지하기 위해서는 단백질이 세포 간 이동을 하고, 그 이동 결과 생기는 농도로 세포가 분열을 할지, 분화를 할지가 정해진다. 동물에서 호메오 유전자가 작동하는 원리가 그대로 식물에서도 적용된다.

식물은 움직이지 못하지만, 그 속에는 빠르게 세포 안을 들고 나는 움직임이 있다.

잎의 위아래

행운의 상징 네잎클로버. 어느 커피 전문점에서 네잎클로버를 얹은 음료를 팔았다는 소식을 들었다. 5,000개에서 1만여 개의 세잎클로버 중에 하나씩 발견된다는 네잎클로버인데, 어떻게 전국 매장에서 음료에 얹어 팔 정도로 많이 나올 수 있을까? 비법은 육종이다. 국내에는 키우는 잎의 90퍼센트 이상이 네잎클로버인 품종을 개발한 농장이 있다.

그런데 네잎클로버는 자연 상태에서는 어떻게 생길까? 원인은 몇 가지를 들 수 있다. 그중 하나는 유전적으로 네잎클로버가 생기는 경우다. 하지만 과학자들은 네잎클로버의 원인이 되는 유전자를 찾으려고 했지만 실패했다.

2019년 7월, 클로버의 유전체 분석 결과가 발표되었다.[1] 염색체를 한 벌이 아니라 두 벌 가진 클로버는 조상들보다 서식할 수 있는 지리적 반경이 훨씬 넓다. 염색체를 두 벌 갖고 있으면, 유전자도 더 다양하게 갖추어 다양한 환경조건에 살아남을 수 있기 때문이다. 유전체 분석 결과를 통해 우리는 더 많은 것을 알 수 있게 되었다. 어쩌면 이번에는 네잎클로버가 생기는 유전자를 찾게 될 수도 있다. 제주 대학의 우리나라 연구원들은 클로버에 방사선을 조사해서 네잎클로버가 생기는 빈도가 높아지는 것을 관찰한 바 있다.[2] 즉, 유전자 수준에서 네잎클로버 발달이 관여될지 모른다는 바를 의미한다. '네잎클로버' 유전자를 알게 되면, 행운은 보다 설명 가능한, 운이 아닌 무언가가 될까?

네잎클로버가 생길 수 있는 또 다른 가능성은 상처가 났을 경우다. 잎이 나는 생장점에 상처가 나면 잎이 3개 나기로 되어 있던 생장점에서 4개 이상의 잎이 돋을 수 있다. 사실 이 현상은 클로버가 아니라 다른 식물이더라도 일어난다. 생장점에 상처를 입히면 잎의 위치나 모양, 나는 잎의 개수 등이 달라질 수 있다.

잎이 나는 지상부 정단분열조직에 상처가 생기면 잎 모양이 완전히 바뀌기도 한다. 넓적한 잎이 정단분열조직의 상처 때문에 솔잎처럼 기다란 원형이 될 수도 있다. 그것도 위아래를 잃어버린 채, 한쪽의 성질만 띤 잎으로 변해버린다.

Trifolium repens

콩과 | 토끼풀속 | 클로버

○ ○ ●

이언 서섹스Ian Sussex는 뉴질랜드에서 태어나 영국 맨체스터 대학 대학원으로 유학을 갔다.[3] 그를 지도하던 클로드 워드로Claude Wardlaw는 생장점을 미세하게 절단하는 기법을 통해 양치식물을 연구했다. 워드로는 서섹스에게 현화식물에 본인의 실험 기법을 도입하면 좋겠다 했지만, 어떤 식물을 가지고 어떤 주제로 실험을 할지에 대해서는 스스로 결정하라고 했다. 워드로로부터 "(괴롭히지 말고) 가서 뭔가 좀 해"라는 이야기를 들은 후, 서섹스는 몇 달간 고민하느라 끙끙 앓았다. 그러다 동료 대학원생이 나눠준 싹 난 감자로 실험을 하기 시작했다.

서섹스는 메리 필킹턴(당시 메리 스노)이 했던 지상부 정단분열조직 절단 실험을 반복했다. 그리고 실험 도중, 어떤 경우에는 잎이 넓적하게 펴지며 위아래를 구분할 수 있는 형태로 자라지 않고 원형으로, 바늘처럼 자라는 기묘한 현상을 발견한다. 이를 더 자세히 분석한 결과, 잎이 되기 위해 분화를 시작한 세포들과 생장점 사이의 연결점을 끊으면 잎이 원형으로 바늘처럼 자라는 것을 관찰했다.[4]

서섹스는 이 현상에 대해 생장점으로부터 나오는 어떤 물질이 잎의 위아래가 구분되어 넓적하게 자라는 데 필요하다고 가정했다. 스노 부부는 이 실험 결과를 거세게 반박했다.[5] 스노 부부는 이 실험 결과를 반복하지 못했다고 한다. 하지만 50여 년이 흐른 2005년, 디디에르 라인하트Didier Reinhardt는 적외선 레이저 절단술을 이용해 토마토의 생장점을 절단했고, 서섹스의 실험 결과를 그대로 재현했다.[6] 이후, 생장점으로부터 나오는 이 미지의 신호는 '서섹스 신호Sussex signal'라

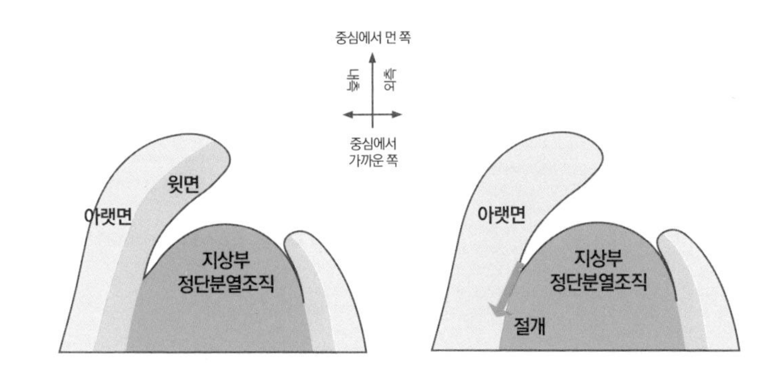

그림 7-1 서섹스 신호 가설은 잎의 윗면과 아랫면을 결정하는 신호가 지상부 정단분열조직으로부터 비롯된다고 가정한다. 그렇기 때문에 지상부 정단분열조직과 새로 생기는 잎의 연결 부위를 절개하면, 잎이 위아랫면을 갖추어 발달하지 못한다.

는 이름을 얻게 되었다. 서섹스 신호가 실제로 있는지, 있다면 어떤 물질인지는 아직까지 알려지지 않았다.

잎을 한 장 뜯어서 만져보면, 잎에 위아래가 있다는 사실을 금방 파악할 수 있다. 잎의 윗면은 매끈하거나 솜털이 촘촘히 박혀 있지만, 아랫면은 그렇지 않다. 세포의 구성도 다르다. 잎의 윗면은 왁스가 다량 분비되고, 솜털처럼 보이는 트리콤trichome이 많이 있다. 벌레가 기어다니지 못하게 하거나, 대사물을 분비하기 위해 있는 게 트리콤이다. 로즈메리와 같은 허브에서 나는 향뿐 아니라 대마의 환각 성분이 각각 잎과 꽃의 분비형 트리콤에서 만들어진다. 이와 달리 잎의 아랫면은 왁스가 분비되지 않고, 산소와 이산화탄소를 교환하는 기공이 많다. 또한 잎의 윗면에는 엽록소를 포함하는 세포들이 더 빽빽하게 모인 울타리조직이 있고, 잎의 아랫면, 기공이 있는 표피세포층 바로 위에는 세포들이 여유롭게 자리 잡은 해면조직이 있다. 생장점에서 떨어져 나와 분화되기 시작하는 잎 원기leaf primordia는 생장점을 향한 쪽이 항상 잎의 윗면, 그 반대편이 항상 아랫면으로 발달한다. 그렇기 때문에 서섹스 신호는 잎이 윗면의 특성을 갖도록 발달을 유도하는 물질이라고 예상해볼 수도 있다. 아니면 반대로, 잎 아랫면 특성을 발달시키는 것을 억제하는 신호일 수도 있겠다.

잎의 발달에 관한 연구도 돌연변이를 찾으면서 시작되었다. 그 대상은 애기장대가 아닌 금어초snapdragon였다. 금어초는 애기장대가 식물학계의 대표 모델이 되기 전부터 모델로 사용되던 식물이었다. 지중해 서쪽에서 자생하는 금어초는 크기도 작고, 유전체도 작고, 생식

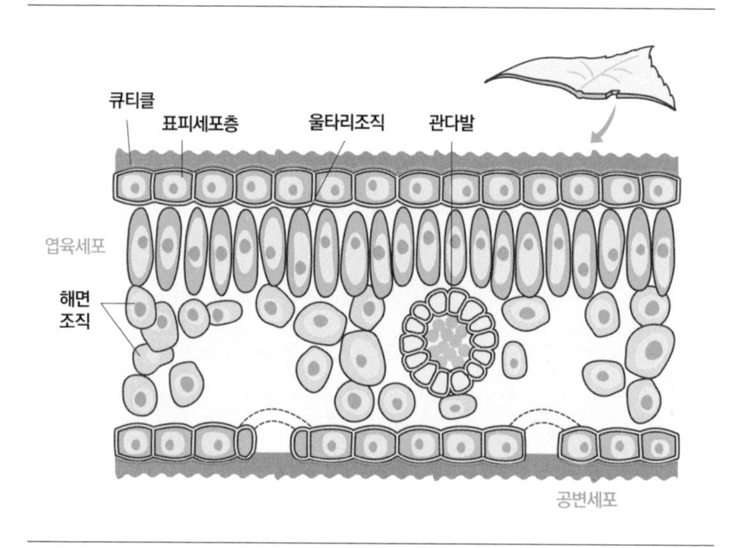

그림 7-2 잎 단면도.

기간도 짧아 여러모로 모델식물이 되기에 적합했다. 물론, 애기장대보다는 크기도 크고, 유전체도 크고, 생식 기간도 길었지만 말이다. 하여 유전체 분석이 완료되면서 애기장대 연구가 식물학계를 장악하기 전까지 금어초는 상당히 애용되었다.

금어초에서 찾은 *phan*(*phantastica*) 돌연변이는 잎 모양이 특이했다. 심각한 *phan* 돌연변이 잎은 솔잎처럼 바늘 모양으로 자랐다.[7] 그리고 바늘 모양으로 자란 잎 세포는 잎 아랫면 세포의 특성을 지녔다. 이를 통해 앤드루 허드슨Andrew Hudson 팀은 그들이 찾은 PHAN가 잎 윗면의 발달을 결정하는 데 필요한 유전자일 것이라고 가정했다. PHAN 유전자가 없으면 잎 아랫면으로만 발달하기 때문이었다. '*phan*'이라는 이름은 1926년 금어초 돌연변이를 수집하던 에르빈 바우어Erwin Baur가 붙인 것인데 연원은 알 수 없다.[8] 하지만 이 'PHAN'라는 명칭

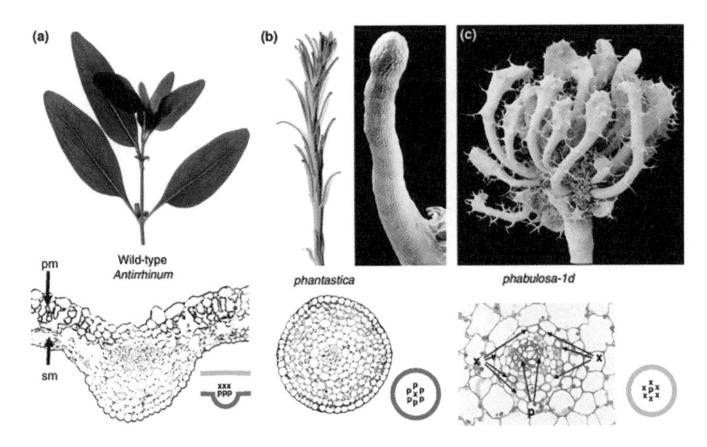

그림 7-3 *phantastica* 돌연변이는 바늘처럼 생긴 잎이 잎 아랫면의 형태만을 갖추어 자란다. 반대로 *phabulosa* 돌연변이는 잎 윗면의 형태만을 갖추어 자란다.

에서 파생되어, 잎의 위아랫면 발달에 관한 많은 유전자들이 유사한 이름을 갖는다.

PHAN의 반대 작용을 하는 유전자는 PHAB(PHABULOSA)라 지어졌다. 환상적인fantastic 돌연변이의 정반대가 엄청난fabulous 돌연변이라니, 연구를 하던 과학자들의 재치가 느껴진다. *phab* 돌연변이는 1998년 애기장대에서 발견되었다. *phab* 돌연변이는 *phan* 돌연변이의 정반대 표현형을 보였다. 잎이 바늘 형태로 자라는 것은 비슷했지만, *phab* 돌연변이는 잎이 전체적으로 왁스로 덮여 윤이 났고, 트리콤이 많이 발달했다.[9] 대부분의 돌연변이 표현형은 열성이라 부모로부터 돌연변이를 모두 물려받아야만 표현형이 나타나는데, *phab* 돌연변이 표현형은 우성을 띠었다.

실제로 PHAN의 반대 기능을 가진 유전자는 YABBY 유전자였다.[10] YABBY 유전자군은 호주에 서식하는 민물가재에서 이름을 얻었다. YABBY 유전자군 중 최초로 발견된 *crc*(*crabs claw*) 돌연변이는 꽃의 암술이 두 갈래로 갈라져 마치 집게처럼 보여서 CRC라는 이름을 얻었다. CRC 유전자를 처음 발견한 호주 모내시 대학의 데이비드 스미스David R. Smyth 연구팀은 이 유전자에 호주의 민물가재 애칭을 붙여주었다.

YABBY 유전자들과 비슷한 역할을 하는 유전자로는 KANADI도 있다.[11] 'KANADI'는 인도의 한 지방인 쿠르그 지역어로 '거울'을 뜻한다. *kanadi* 돌연변이는 *yabby*와 유사하게 암술이 2개로 갈라졌고 대칭을 이루었다. 그리고 잎 아랫면에 트리콤이 발달했다. 하지만

kan 돌연변이는 잎에 대해서는 심각한 표현형이 보이지 않았다. 이는 KANADI 유전자가 애기장대 유전체에 2개가 있기 때문이었다. 2개의 KANADI 유전자가 모두 망가진 돌연변이는 예상했던 것처럼 심각한 표현형을 보였다.

이렇게 해서 잎의 윗면에는 PHAN 단백질을 포함하는 전사인자들이, 그리고 잎의 아랫면에는 KANADI와 YABBY 단백질을 비롯한 전사인자들이 포진해 각 면의 발달을 담당한다는 것이 2000년대 초반 밝혀졌다. 하지만 중요한 문제가 한 가지 있었다. 이 전사인자들은 생장점을 조절하는 STM이나 WUS 단백질과 달리 원형질연락사를 통해 움직이는 단백질이 아니었다. 그래서 일단 제 위치에서 발현되기 시작하면 잎의 윗면, 혹은 아랫면으로 발달을 할 수 있게 된다. 하지만 일단 제 위치에서 발현되어야 하고, 그러기 위해서는 어디가 잎의 위이고 아래인지 알려주는 '신호'가 있어야 했다. 그 신호는 무엇일까? 이것이 '서섹스 신호'가 될지도 모를 일이다. 그 신호가 무엇인지는 아직도 논란에 싸여 있다.

애기장대의 잎 모양은 단순하다. 하지만 주변을 둘러보면 단풍잎부터 시작해, 잎의 모양이 복합적인 종은 무수히 많다. 애기장대는 복엽compound leaf을 만들지 않기 때문에 복엽 연구에 적합한 모델생물은 아니다. 하지만 연구자들은 애기장대의 STM이나 옥수수의 KN1과 유사한 토마토 상동유전자를 토마토에 과다 발현하면 여러 개의 작은 잎이 모여 이루어진 복엽 형태가 되는 것을 발견했다.[12] 이는 곧 지상부 정단분열조직을 유지하는 것이 복엽을 유지하는 데 필요하다는 의미다. 실제로 복엽은 잎이 될 부분인 원기가 결정된 이후에도 정단 분열조직의 성질을 일부 유지하는 것이 잎의 형태를 만들어내는 데 필요하다. 그렇기 때문에 KN1의 발현이 늘어남으로 해서 복엽이 만들어질 수 있는 것이다.

잎은 식물이 광합성을 하는 기관이다. 광합성을 위해 넓은 표면적을 갖추고 있고, 햇빛을 받는 윗면과 그렇지 못한 아랫면의 조직 구성도 확연히 다르다. 이런 위아래의 차이는 생장점에서 잎이 발달을 시작할 때부터 정해진다. 아직은 그 정체가 확실히 드러나지 않은 '서섹스 신호'가 생장점으로부터 위아래 위치를 잡아주면, 여러 전사인자가 각각 자리를 잡고 발현되면서 위아래 다른 특징을 갖는 잎이 생긴다. 모양이 독특한 단풍잎, 참나무 잎도, 생김새가 비교적 단순한 애기장대의 잎도 이름은 다르지만 비슷한 유전자들의 활동으로 생겨난다.

식물의 사춘기

씨를 심으면 떡잎이 나고 얼마 지나지 않아 본잎이 난다. 하지만 떡잎과 본잎의 모양은 같은 식물일까 궁금할 정도로 천지 차이다. 씨앗의 일부에 포함되어 있는 떡잎은 비교적 단순하고 매끈하게 생겼다. 반면에 본잎은 잎맥이 선명한 편이어서 보다 복잡하며, 트리콤이 발달해 보송보송해 보이는 효과가 있다.

그런데 본잎 간에도 극명한 모양 차이를 보이는 종들이 있다. 100년 전 식물학자였던 카를 리터 폰 괴벨Karl Ritter von Goebel은 이런 특징을 'heteroblasty'라고 표현했다.[1] 대표적으로 알려진 종은 콩과 식물 호주흑목Australian blackwood(*Acacia melanoxylon*)이다. 줄기 부분의 목본화가 이루어지기 전에는 잎이 미모사처럼 생겼다. 하지만 개체가 점점 커지면서 잎 모양이 단순해진다. 두 잎의 형태가 극명하게 다르다.

이 변화를 만드는 중요한 변수는 바로 식물의 연령이

다. 어린 호주흑목은 미모사 모양 잎만 갖고 있지만, 점점 나이가 들면서 미모사 모양 잎 위에 단순한 형태의 잎들이 자라나기 시작한다. 극명하게 보이는 건 아니지만 애기장대에서도 차이를 관찰할 수 있고, 이에 관한 연구가 제법 많이 되었다. 애기장대에서 이런 형태 전환을 연구한 학자들은 이를 유년기에서 청년기로 넘어가는 변화라고 표현했다. 식물의 사춘기인 셈이다. 이 변화를 거쳐야 그다음 단계, 꽃을 피울 준비를 할 수 있다.

Acacia melanoxylon

콩과 | 아까시나무속 | 호주흑목

○ ○ ● 유전체 분석은 염기서열을 읽어낸다고 끝나지 않는다. 읽어낸 염기서열은 뜻을 알 수 없는 긴 문자 덩어리에 지나지 않는다. 어디서부터 어디까지가 단백질로 암호화되는 유전자 부분인지를 짚어줄 필요가 있다. 그다음은, 다른 연구자들이 더 쉽게 알아볼 수 있도록 유전자가 있는 부분에 새로운 이름을 지어주는 과정이다. 그래서 나온 방식이 지금의 ATXGXXXXX 기호다. 애기장대 염색체 5개 중 2번과 4번 염색체 분석 결과가 처음으로 발표되기 직전, 연구자들이 모여 만든 것이다. 이 방식은 오늘날 다른 식물 유전체 기호로도 사용된다.

ATXGXXXXX에서 AT는 애기장대(*Arabidopsis thaliana*)를, 직후에 나오는 X는 1에서 5 중 하나의 숫자를 넣으며 이는 염색체 번호를 뜻한다. G는 유전자gene을 의미한다. 선형 DNA인 진핵생물 염색체는 분열 과정에 복제를 하고 서로 다른 딸세포로 들어갈 수 있도록 독특한 구조가 있다. 염색체의 양 끝에는 반복 서열인 텔로미어가 있다. DNA복제효소는 스스로 복제를 시작할 수 없고, 주형 DNA와 상보적으로 결합하는 프라이머가 있어야 한다. 이 프라이머가 결합하고 DNA가 복제된 이후에는 프라이머가 사라지게 되어, 복제된 염색체는 늘 주형 염색체보다 짧다. 텔로미어는 염색체의 양 끝에 있고, 별다른 유전자를 암호화하고 있지 않아, 복제하면서 점점 짧아지는 염색체를 보호하는 역할을 한다. 한편 염색체의 한 부분은 동원체로, 체세포분열 시기에 각 염색체를 딸세포로 끌고 가기 위해 방추사가 결합하는 지역이다. 텔로미어와 동원체 모두 반복 서열이 많고, 뭉쳐 있

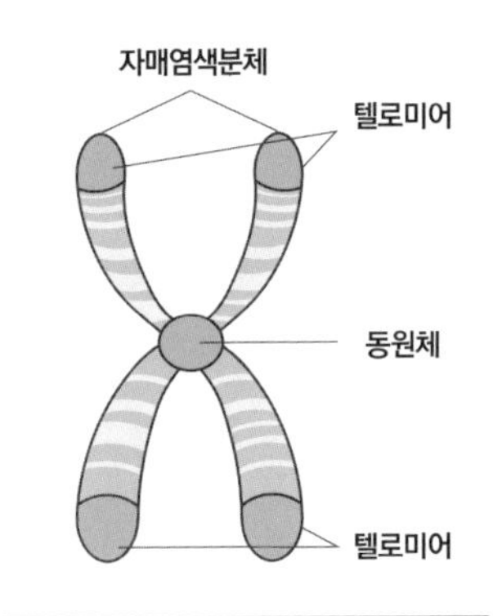

그림 8-1 염색체의 구조. 하나의 염색체는 2개 자매염색분체로 이루어져 있고 동원체를 통해 연결되어 있다. 감수분열 시 자매 염색분체는 각각의 딸세포로 나뉘어진다. 염색체의 양 끝은 텔로미어로 이루어져 있다. 텔로미어는 일정 DNA 염기서열이 수없이 여러 번 반복된 구조다. 진핵생물의 염색체는 계속되는 체세포분열 과정에서 염색체 끝을 소실하는데, 텔로미어는 유전자를 암호화하지 않고 반복서열로 이루어져 있어, 대신 소실되어 유전자의 소실을 막는 역할을 한다.

어 유전체 분석을 진행하기 어렵다.

유전체 분석이 어렵고 반복 서열이 많은 텔로미어 지역을 피하기 위해 유전자에 번호를 매길 때, 500개 정도 유전자 번호에 여유를 두고 명명을 시작했다. 그래서 가장 먼저 분석된 애기장대 2번 염색체의 첫 유전자는 AT2G00500이었다. 마찬가지로 반복 서열이 많아 유전체 분석이 어려운 동원체 지역도 유전자 번호에 100~200개 여유를 두었다. 단백질을 암호화할 것으로 예상되는 유전자들도 10단위로 배열됐다. 염기서열을 완벽하게 읽어내지 못하거나 새로운 방식이 개발돼 더 많은 유전자 후보가 발굴되었을 때 후대 연구자들이 이 유전자들을 명명하는 데 문제가 생기지 않게 하기 위함이었다. 그리고 애기장대 유전체 분석이 끝나고 2년 만에 이 선택이 옳았음이 밝혀졌다.

1990년대가 되어 중심이론이 확고히 자리 잡았던 시대가 지나고, 중심이론으로는 포괄할 수 없는 새로운 생명현상 조절 인자들이 등장하기 시작했다. DNA의 정보가 RNA로 전사되고, 그 전사된 정보가 다시 단백질로 번역된다는 중심이론은 정보가 한 가지 방향으로 흐름을 뜻하면서, RNA의 역할을 DNA와 단백질의 매개자로 제한하고 있다.

하지만 RNA에서 DNA로 '역전사'되는 현상이 밝혀졌다.[2] RNA 바이러스가 세포에 침투한 후에 이 역전사 효소를 이용해서 숙주의 유전체에 삽입되는 사실이 드러난 것이다. 뿐만 아니라 전령RNA를 단백질로 바꾸는 리보솜은 단백질과 RNA로 이루어져 있는데, 아미노산을 서로 결합시키는 데 핵심적인 기능을 담당하는 것이 RNA라는 바도 알려지게 되었다.[3] 그 외에도 단백질을 암호화하진 않았지만, 전사된 후 조절 기능을 갖는 여러 종류의 RNA 분자들이 속속 발표되기 시작했다(2부 7장 참조). 특히 20~24개 뉴클레오티드가 상보적으로 결합한 작은 이중 RNA 분자들이 눈에 띄었다. 1990년대 중후반 여러 모델생물을 이용한 실험에서 작은 이중 RNA들이 존재를 드러내기 시작했다. 그중 하나가 마이크로RNA[miRNA]다.

식물에는 100개가 넘는 MIR 좌위가 있다. 대개 기존에 발표된 유전자 좌위 사이에 있어 ATXGXXXX0으로 끝나는 경우는 드물다. 칸을 띄어둔 선배 과학자들의 기지가 빛나는 순간이다. 이 MIR 좌위의 염기서열은 대부분 프로모터를 가지고 있어 일반적인 RNA 중합효소에 의해 전사가 되지만, 단백질로 번역되지 않는다. 대신 이들은 염기서열이 상보적으로 반복되는 구간을 가졌다. 그래서 이중나선을 이루는 DNA처럼 이들 RNA도 전사되자마자 이중나선을 이루게 된다. 분해효소에 의해 이중 RNA 부분만 남고 잘리는데, 잘리고 나서 두 가닥 중 한 가닥만 사용된다. 이 사용되는 한 가닥의 RNA가 마이크로RNA다.

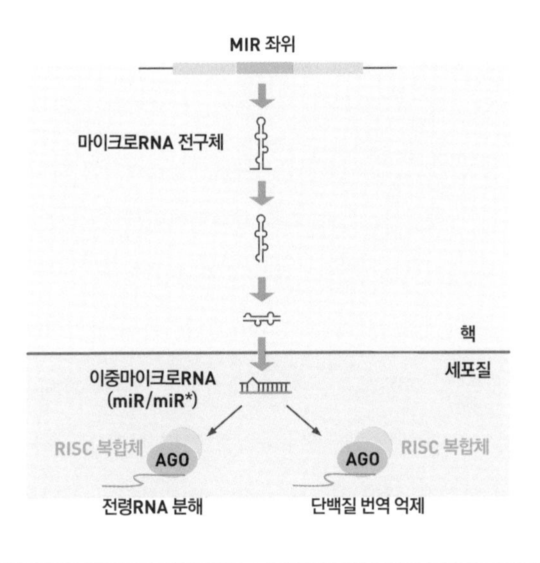

그림 8-2 마이크로RNA 신호전달경로. 식물세포 핵에 있는 MIR 좌위에서 전사가 일어나면, 상보적인 DNA 염기서열로 인해 이중나선 RNA가 생성된다. 이 이중나선 RNA는 추가 변형 과정 이후 세포질로 이동하며, 그중 한 가닥이 단백질과 복합체를 이루고, 그 복합체는 표적 전령RNA를 분해하거나 표적 단백질의 번역을 억제하는 역할을 한다.

마이크로RNA는 유전체상에 있는 다른 유전자의 단백질 서열을 암호화하는 전령RNA에 상보적으로 결합할 수 있다. 이렇게 결합하게 되면, 이 이중 RNA는 식물에 의해 비정상적인 물질로 감지된다. 작은 마이크로RNA들의 핵심 기능은 목표 유전자 발현 억제다. 식물 마이크로RNA는 목표 유전자의 전령RNA를 자르거나, 나아가 단백질로의 번역을 억제하기도 하고, 목표 유전자의 DNA 지역에 메틸기를 달아 전사를 억제하기도 한다. 한마디로, 해당 유전자 발현에 필요한 모든 과정에 관여하여 발현을 억제할 수 있다.

식물 마이크로RNA를 예측하고 발굴한 논문은 2002년에 발표되었다.[4] 애기장대 유전체 분석이 끝나고 2년 만이었다. 이 논문에서는 각 마이크로RNA의 목표 유전자도 예측했다. 그중에는 마이크로RNA miR156이 있었다. 그리고 miR156의 표적 유전자는 SPL(Squamosa-promoter Binding Protein-Like proteins) 유전자들이었다. 그 가운데 SPL3는 애기장대에서 처음으로 발견된 SPL 유전자로, 꽃이 필 때 전사량이 늘어나며, 특히 생장점 부근에서 전령RNA가 많이 발견된다.[5]

miR156의 양을 인공적으로 늘린 애기장대 형질전환체는 꽃이 늦게 핀다.[6] 꽃만 늦게 피는 게 아니라 잎도 어린 시기 모양과 유사하다. 애기장대 잎 모양은 어린 시기에는 동글동글하다가 시간이 지나 꽃을 피울 때가 가까워올수록 길쭉해진다. 즉, miR156을 과다 발현한 애기장대 형질전환체는 잎이 전반적으로 동글동글하고 꽃이 잘 안 피는 '유년기'의 모습이다. 이 현상은 SPL 단백질이 발현되지 않는 돌연변이 표현형과 유사하다. miR156의 양은 어린 새싹에서 가장 많고 꽃이 피는 시기에 가까워질수록 줄어든다. 그리고 역으로 SPL 단백질의 양은 새싹에서 적고 꽃이 피는 시기가 다가오면 점점 늘어난다. 이렇게 보면 miR156과 SPL 간에 반비례 관계가 있음이 보이지만, 이것이 직접적인 결과인지 알 수 없다. 직접 확인하는 방법은 miR156의 양이 줄어든 형질전환체를 제작해서 SPL의 양을 측정하는 것이다.

그런데 마이크로RNA의 발현이 바뀐 돌연변이는 어떻게 만들 수 있을까? MIR 좌위의 전체 길이는 100~200개 염기서열 정도로 짧아서 기존의 EMS 기법이나 T-DNA 삽입 방식으로는 해당 좌위에 돌연변이가 생길 확률이 너무 낮다. 일반적인 애기장대는 DNA 염기서열 약 2,000개로 이루어져 있다. 물론 돌연변이를 찾는 것이 아주 불가능하지는 않았다.[7] 하지만 식물의 MIR 유전자들은 대부분 하나가 아니라 여러 개여서 한 좌위에 돌연변이가 생긴다 해도 표현형의 변화를 보기는 어려웠다. 유전자 하나의 기능이 소실된다 해도, 다른 유전자들이 그 기능을 대체할 수 있기 때문이다. 이렇게 여러 개의 비슷한 유전자가 같은 기능을 하는 것을 유전적 중복genetic redundancy이라고 한다. 동시에 여러 개 유전자의 돌연변이가 생겨야만 그와 관련된 표현형을 관찰할 수 있기 때문에 연구가 어려웠다.

하지만 2007년, 전혀 다른 분야의 논문에서 새로운 방법이 제시됐다. 하비에르 파즈-아레스Javier Paz-Ares의 연구팀은 식물이 무기염류인 인(p)에 대해 보이는 반응을 연구했다. 이들은 IPS1이라는 유전자 연구 결과를 발표했다.[8] IPS1은 전사가 되지만, 단백질로 번역되지는 않는 독특한 유전자였다. 하지만 IPS1 전령RNA의 일부분은 miR399와 '거의' 완벽하게 상보적으로 결합했다. 그리고 묘하게도 mir399가 잘리는 위치의 뉴클레오티드 염기서열만 서로 상보적이지 않았다. 그 결과 IPS1 단백질과 결합한 mir399의 전구체는 온전한 mir399로 잘리지 못했다. IPS1 RNA는 mir399의 표적을 모방하면서도 표적과는 달리 잘리지 않음으로써 mir399의 기능까지 막아버린 것이다. 연구팀은 이 현상을 '표적 모방target mimicry'이라고 불렀다.

이 연구에 공저자로 참여했던 데트레프 바이겔Detlef Weigel과 그의 팀은 이 현상을 다른 유전자에도 응용하고 싶었다. 연구팀은 73개의 서로 다른 마이크로RNA의 표적을 모방하는 RNA 염기서열을 찾아서 이와 똑같은 DNA를 합성한 후 애기장대에 형질전환했다.[9] 그리고 이를 'MIM(표적 miRNA 번호)'이라고 불렀다. 이들 형질전환체는 대부분 표적 유전자가 복구된 표현형을 나타내었다. 마이크로RNA 기능이 망가져서 표적 유전자의 양이 억제되지 않은 것이다. 예를 들어, 예상했던 대로 MIM156(miR156의 표적을 모방)을 과다 발현하는 애기장대 형질전환체는 대부분 성체에서 볼 수 있는 길쭉한 잎이 났다. 이와 달리 miR156이 많이 발현되는 애기장대는 반대로 동글동글한 잎이 있고, 꽃이 늦게 피었다.

쉐메이 첸Xuemei Chen은 중국 하얼빈에서 태어나 1988년에 베이징 대학교 생물학과를 졸업했다.[10] 베이징 대학교는 문화대혁명 이후 1977년부터 대학생을 다시 받기 시작했던 차였다. 하지만 중국 내에서 대학원 이상의 교육은 어려웠다. 1979년 미국과 수교가 맺어

그림 8-3 유년기 애기장대(왼쪽)와 애기장대 성체(오른쪽) 비교.

진 후, 베이징 대학교 생물학과에서 운영하는 CUSBEA(China-United States Biochemistry Examination and Application)라는 학문 교류 프로그램이 시작됐다. CUSBEA가 시작된 1981년부터 종료된 1989년까지 총 425명의 중국 학생들이 박사과정을 밟기 위해 미국 유수의 대학으로 갔다.[11] 쉐메이 첸은 프로그램 마지막 해 1989년 장학생이었다. 코넬 대학교에서 녹조류 엽록체 연구로 박사학위를 받고, 칼텍의 엘리엇 마이어로위츠 방에 박사후연구원으로 재직했다. 그리고 이 시기에 꽃 발달에 중요한 전사인자 *hua*(중국어로 꽃을 뜻함)*1*과 *hua2* 돌연변이 연구를 한다.

1999년부터 쉐메이 첸은 뉴저지주의 러트거스 대학에서 조교수 생활을 시작한다. 이 실험실에서 그는 *hua* 돌연변이 표현형을 더 심하게 만드는 *hen1*(*hua enhancer 1*)을 찾는다. 지도 기반 유전자 동정 기법으로 HEN1 유전자 염기서열을 찾았지만 핵에 전달되는 신호nuclear-localized signal, NLS가 존재한다는 것 말고는 알 수 있는 정보가 없었다. *hen1* 돌연변이는 여러 면에서 독특했다. *hua* 돌연변이가 꽃에만 이상이 있는 것과는 달리, *hen1* 돌연변이는 꽃에 이상이 있는 것 외에 잎도 작고 모양도 달랐다. 무엇보다도 마이크로RNA로 잘라내는 효소 'Dicer'가 망가진 돌연변이 *caf1*(*carpel factory 1*)과 표현형이 놀랍도록 유사했다.[12] 쉐메이 첸 팀은 식물에서 최초로 마이크로RNA만을 추출해내는 기법을 개발했고, 이 기법으로 *hen1-1*과 *caf1-1* 돌연변이에는 마이크로RNA가 거의 없다는 사실을 보였다.[13] 여전히 HEN1 단백질 기능은 충분히 밝혀지지 않았지만, 마이크로RNA의 이중나선 형태를 안정화시키고 올바른 위치가 잘릴 수 있도록 조절하는 것으로 여겨진다.

쉐메이 첸은 이를 계기로 연구 주제를 마이크로RNA로 바꾼 듯하다. 그가 연구한 miR172는 SPL9 단백질 전사인자에 의해 전사되는 유전자다. 그러므로 SPL9 단백질이 점차 증가하는 성체 애기장대에서 miR172도 함께 증가했다. 한편, miR172의 표적 유전자는 AP2(Apetala 2)로 꽃 형성에 관련된 유전자다. miR172의 양이 늘어난 형질전환체에서는 AP2 단백질의 양이 감소한다. 그런데 miR172의 AP2 억제 양식은 mir156의 그것과 사뭇 다르다. AP2의 전령RNA의 양은 miR172의 양에 영향을 받지 않았지만 놀랍게도 *hen1* 돌연변이에서는 AP2 전령RNA의 양 변화가 없어도 AP2 단백질량이 늘어났다.[14] miR172는 기존에 알려진 전령RNA 분해가 아니라 직접적으로 단백질 번역을 억제하는 것처럼 보였다. 그래서 miR172의 합성이 줄어드는 *hen1* 돌연변이에서 AP2 단백질량이 늘어난 것이었다.

쉐메이 첸은 2013년, miR172와 AP2 단백질의 관계를 밝힌 2004년 논문 이후 10년 만에 마이크로RNA의 단백질 번역 억제 기작에 관한 가설을 발표한다. 이들이 EMS 처리로 찾은 돌연변이 *amp1*(*altered meristem program 1*)은 마이크로RNA 합성이 망가진 돌연변이와 유사한 표현형을 띠었다.[15] 하지만 *amp1* 돌연변이에서는 어떤 miRNA도 줄어들지 않았다. 뿐만 아니라 *amp1* 돌연변이는 마이크로RNA가 매개하는 표적 유전자 절단에도 아무런 영향을 미치지 않았다. *amp1* 돌연변이는 오로지 특정 마이크로RNA가 목표로 하는 표적 유전자의 단백질량을 감소시켰다. AMP1 단백질이 어떻게 선택적으로 마이크로RNA의 표적 유전자 번역만을 억제할 수 있는지는 아직 밝혀지지 않았다.

새싹의 단계를 지나 본잎이 나오기 시작하는 애기장대는 점차 성숙해간다. 애기장대 새싹에서 발현이 가장 많이 되는 miR156은 식물이 나이가 들수록 식물체 내에 발현량이 줄어든다. 이 miR156의 억제를 받는 SPL 단백질 전사인자들은 그 억제에서 벗어나 단백질량이 서서히 늘어난다. 그러면서 애기장대 잎은 점점 길쭉해진다. SPL 단백질은 miR172의 양을 늘려서, 식물이 나이가 들수록 miR172의 양도 증가한다. 이렇게 늘어난 miR172는 개화를 억제하는 AP2 단백질의 양을 줄인다. 이제 몇 가지 신호만 더 있으면, 꽃이 필 시간이 된다.

PART 02

후대를 준비하기

꽃을 피울 시간

박사학위를 받고 나면 장밋빛 미래가 펼쳐지리라는 환상은 대학원 입학 후 몇 년 만에 깨졌다. 박사를 받은 뒤부터 본격적인 고난이 시작됐다. 일단은 외국에 나가야 했다. 내가 마음속으로 떠올리던 '외국'은 늘 미국이었다. 졸업 전, 일자리를 구하기 위해 간 미국식물학회에서, 운명의 장난처럼 영국에 있는 자리를 소개받았다. 지원서를 보내고, 인터뷰를 하고, 정신없이 비자를 준비하고 나서야 내가 가게 될 곳이 미국이 아니라 영국이라는 게 실감 났다. 그 이듬해 4월, 아이는 친정에, 남편은 서울에 두고 홀로 유럽으로 향했다.

착륙 직전 비행기 차창 너머로 보이는 풍경은 그야말로 납작했다. 내가 살게 될 곳은 해발고도 19미터로 영국에서도 가장 평평한 지역이었다. 주변을 조망할 만한 변변한 언덕 하나 없는 동네 곳곳에는 잔디밭이 펼쳐졌다. 4월, 그 잔디밭에는 이름 모를 들꽃들이 지천이었다. 한국에 살 땐 계절별로 꽃 이름을 외고 다녔는데, 지구 반대편으로 건너오니 아는 꽃이 드물었다. 하지만 이름 모를 꽃들도 활짝 피니 좋았고, 지나가다 아는 꽃이라도 볼 때면 더욱더 좋았다.

영국에서 처음 알아본 꽃은 라일락이었다. 연구소로 출퇴근하는 길목에 있던 라일락은 자전거 통근을 향긋하게 만들어줬다. 버스를 타고 다녔더라면 그냥 지나쳤을 터다. 4월 말부터 피어난 라일락은 아침저녁으로 그리운 얼굴들을 떠오르게 했다.

여름이 되어 가족이 모두 함께하게 되었다. 아이와 같이 출근하는 정신없는 일상 속에서도 눈에 띈 건 여름에 피는 무궁화였다. 날마다 유모차에 아이를 태우고 버스 정류장으로 가던 길목에 핀 무궁화는 한국에서 보던 것과는 달리 푸른빛을 띠었다. 햇빛도 잘 들지 않는 누군가의 집 앞마당에 아무렇지 않게 심어졌지만, 꽃은 여름 내 그치지 않았다.

그리고 겨울이 찾아왔다. 여름이나 겨울이나 퇴근 시간은 변함이 없는데도, 칠흑 같은 어둠을 뚫고 아이를 데리러 갔다. 3시면 노을이 지기 시작했고, 저녁이면 늘 비가 내렸다. 춥진 않았지만, 가끔씩 영하로 떨어지면 푸른 잔디밭이 새하얗게 얼어붙었다. 겨울 초입 연구소 안 길가 덤불에 별 모양의 노란 꽃이 피어나기 시작했다. 잎도 하나 없이 꽃만 줄기에 다닥다닥 붙어 있었다. 영춘화였다. 한국에서라면 3월에야 볼 꽃인데, 여기서는 가장 어두운 때 12월에 피었다. 왜 같은 꽃인데 한곳에서는 겨울 초입에, 다른 한곳에서는 겨울 끝 무렵에 필까?

식물은 계절을 어떻게 알까? 식물도 시간을 알까?

Jasminum nudiflorum

물푸레나무과 | 영춘화속 | 영춘화

○ ○ ● 식물은 어느 정도 나이가 들어야 꽃이 피지만, 나이가 들었다 해서 무조건 꽃이 피지는 않는다. 꽃이 핀다는 것은 곧 씨가 맺힌다는 뜻이기에 씨가 좋은 환경에서 발아하려면 꽃도 정확한 때 피어야 한다. 이를 위해 식물은 '나이'라는 내적인 지표 외에 외적 지표를 살피며 언제가 개화하기 좋을지 기다린다. 그 외부 지표 중 하나가 바로 낮의 길이다.

해리 앨러드Harry A. Allard는 1880년 미국 매사추세츠주의 한 농장에서 태어났다.[1] 그는 만 19세가 되던 해 영국 가는 증기선에 올라탈 만큼 겁 없는 청년이었다. 앨러드의 원래 목적은 영국을 거쳐 남아프리카로 가는 것이었다. 당시 진행 중이었던 보어전쟁에 보어의 편에 서서 영국과 싸우기 위해서였다. 하지만 영국에 남아프리카 여행 금지령이 내려지면서 1899년 겨울을 런던에서 보내고 고향으로 돌아왔다. 그리고 이듬해 노스캐롤라이나 대학 채플힐 캠퍼스에 입학했다. 그 뒤 1905년 졸업과 함께 미국 농무성에 취직하여 40년간 재직했다. 초반 몇 년 동안 여러 부서에서 일하다 1946년 은퇴할 때까지 머무른 부서는 담배 연구팀이었다.

와이트먼 가너Wightman W. Garner는 당시 담배 연구팀장이었다.[2] 1875년 사우스캐롤라이나에서 태어난 그는 1900년 존스홉킨스 대학에서 박사학위를 받고 1904년부터 미국 농무성에서 일하기 시작했다. 1905년, 식물산업국에서 일을 시작한 그는 1908년에 담배 연구팀의 팀장이 되었다. 이때 담배 연구팀에서 함께 일하던 앨러드와 가너는 1920년, 기념비적인 논문을 한 편 출간한다.

1906년 미국 농무성이 있던 메릴랜드의 담배밭에서 독특한 형태의 담배가 관찰되었다.[3] 다른 담배에 비해 키가 월등히 크고, 잎의 개수도 많았다. 일반적으로 담배가 1.5미터 정도로 자란다면, 이 거대한 담배는 3~5미터까지도 자라났다. 농무성 사람들은 메릴랜드 매머드Maryland mammoth 담배라는 이름을 지었다. 여름에 꽃을 피우는 다른 메릴랜드 품종과 달리, 메릴랜드 매머드는 여름 내 잎만 키우고 꽃은 피우지 못했다. 그러다 겨울이 찾아오면 추위를 이기지 못하고 시들어 버렸다. 잎을 이용하는 담배의 특성상, 이런 형질은 상업화를 통해 이윤을 얻기에는 좋았지만, 씨가 맺히지 않는다면 소용이 없었다. 하지만 메릴랜드 매머드를 따뜻한 온실로 옮겨주면 겨우내 꽃을 피우고 씨도 맺었다. 메릴랜드의 연구원들은 온도도 바꿔보고, 흙의 영양분도 갈아보고 여러 가지 방법으로 메릴랜드 매머드 꽃을 여름에 피워보려 했지만 모두 실패했다.

그림 1-1 꽃이 피지 않고 잎만 자라는 메릴랜드 매머드. 왼쪽에는 기존의 담배 식물이 있는데, 사람 키만큼 자란 후 꽃이 핀다. 하지만 오른편의 메릴랜드 매머드는 사람 2명 키를 훌쩍 넘게 자라면서도 꽃을 피우지 않는다.

반면, 겨울을 나기 위해 온실로 옮긴 메릴랜드 매머드는 제대로 꽃을 피웠다. 겨울에 심어도 이듬해 초봄에 꽃을 피웠다. 하지만 조금이라도 늦게 심으면 늦봄에 꽃이 피지 않았다. 메릴랜드 매머드를 어떤 계절에 심느냐가 꽃을 피우는 데 중요했다. 앨러드는 빛이 통하지 않는 암실과 야외를 오가며 메릴랜드 매머드 담배, 콩, 과꽃 등을 키웠다. 그 결과, 하루 중 빛을 받는 시간을 줄이면 메릴랜드 매머드가 꽃을 피운다는 사실을 발견했다. 앨러드와 가너는 논문에 각각의 식물이 선호하는 낮 길이를 '광주기photoperiod', 그리고 이에 대한 식물의 반응을 '광주기성photoperiodism'이라 표현했다.

식물은 광주기성에 따라 장일식물, 단일식물, 중일식물로 분류할 수 있다. 예를 들면 애기장대는 장일식물, 벼는 단일식물이다. 토마토는 중일식물로 분류된다. 낮이 길면 꽃이 피는 식물이 장일식물, 낮이 짧을 때 꽃이 피는 식물이 단일식물, 그리고 낮 길이와 상관없이 온도, 영양 조건 등에 의해 꽃이 피는 식물이 중일식물이다. 메릴랜드 매머드는 사실 장일식물이던 기존의 메릴랜드 품종에 돌연변이가 일어나 단일식물처럼 꽃이 피게 된 것이다. 그렇다면 식물은 낮의 길이를 어떻게 알까?

장일식물일 때, 개화에 필요한 물질이 낮에만 합성되는 경우를 가정해볼 수 있다. 낮에만 합성되는 물질이 충분히 많아야 꽃을 피울 수 있다. 하지만 낮의 길이가 짧으면 개화 물질이 충분히 합성되지 못하고 밤이 되면 그 물질이 분해된다. 밤에만 합성되는 물질에 의해 개화가 이루어진다고 가정하면, 단일식물에도 이 가설을 적용할 수 있다. 이는 밤낮이 바뀌는 것이 마치 모래시계를 뒤집는 것과 유사해서 '모래시계' 모델이라 불렸다.[4]

하지만 자연은 늘 과학자들의 예상보다 조금씩 더 복잡했다. 어윈 뷔닝Erwin Bunning은 커트 스턴Kurt Stern과 함께 콩잎의 움직임을 관찰했다.[5] 콩잎은 가만히 있지 않고 낮에는 펴졌다 밤에는 접히기를 반복하는데 그 과정을 살펴본 것이다. 빛이 없는 곳에 두면 콩잎은 새벽 3시쯤 가장 많이 접혔다. 이는 이전에 이루어진 실험을 통해서도 증명된 내용이었다. 하지만 조건을 바꾸기 위해 스턴의 지하 창고에서 같은 실험을 하기 시작하자 결과가 달라졌다. 콩잎은 새벽 3시가 아니라 아침 8시에 가장 많이 접혔다. 뷔닝과 스턴이 퇴근 후에 실험을 시작하느라 아침이 아니라 저녁에 빛을 차단하기 시작했고, 그것이 콩잎이 움직이는 시간을 바꾼 것이었다.

여기까지 봤을 때는, 식물이 빛을 인지해서 잎의 움직임을 조절하는 것 같다. 그런데 붉은 등을 아예 켜지 않고 어둠 속에서 키워도 콩잎은 규칙적으로 펴지고 접히기를 반복했다.[6] 하지만 식물은 어느새 하루를 24시간이 아니라 25.4시간으로 여기고 그에 맞춰 잎을 움직였다. 뷔닝은 1930년에 발표한 논문을 통해 식물에는 빛에 의해 조절되는 생체 시계가 있다고 주장했다.

뷔닝이 관찰한 콩잎의 움직임은 사실 그 전에 이미 독일의 빌헬름 페퍼Wilhelm Pfeffer가 발견한 내용이었다. 뷔닝은 본인의 지난 50년 간의 연구를 정리하는 회고록에, 실험 내용을 발표한 이후 페퍼의 논문을 보았다고 썼다. 페퍼의 논문은 관련 분야와는 거리가 먼 학술지에 게재되어서, 뷔닝도 우연히 찾았다고 말했다. 1964년, 미국의 다카시 호시자키Takashi Hoshizaki와 칼 햄너Karl Hamner 팀은 논문을 통해 강낭콩

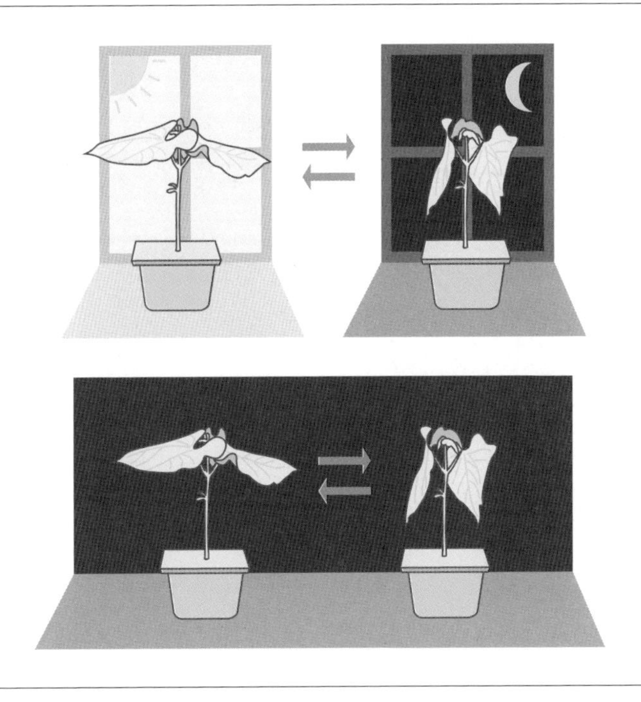

그림 1-2 콩잎은 낮에는 활짝 펴 있고, 밤에는 접힌다. 하지만 어둠 속에서 콩을 키우면 빛이 없이도 26시간을 주기로 콩잎이 펴졌다 접힌다.

을 비롯해 관다발식물에서 처음으로 생체 시계를 발견했다고 발표한다. 이들은 강낭콩을 이용한 실험을 통해 26시간을 주기로 잎의 움직임이 규칙을 보인다고 했는데,[7] 이는 1930년 뷔닝의 논문과 거의 흡사했다. 결국 호시자키와 햄너의 논문이 발표되고 몇 달 뒤, 뷔닝이 직접 반박 논평을 냈다.[8] 뷔닝과 페퍼는 모두 독일인으로, 독일어로 논문을 냈다. 19세기와 20세기 초반에만 해도 과학 연구 결과는 영어, 프랑스어, 독일어 세 가지로 출간되는 경향이 있었지만, 제2차 세계대전 이후 냉전과 함께 과학적 발견을 발표하는 언어가 영어로 중심이 치우쳤다.[9] 그러면서 독일어 혹은 프랑스어로 기존에 출간된 논문이 읽히지 않고, 새로운 발견으로 둔갑해 다시 나타나는 일이 발생한 것으로 보인다. 과학의 언어가 영어로 단일화되는 것은 좋지만, 그 이전의 결과가 영어가 아니라는 이유로 배제되는 것은 안타까운 일이다.

페퍼, 뷔닝과 스턴, 호시자키와 햄너가 반복적으로 발견한 식물의 생체 시계는 '외부 자극 일치external coincidence' 가설로 이어졌다.[10] 바로 내부 생체 시계가 있는 상황에서, 정해진 시간에 외부의 자극이 들어오면 개화와 같은 생명현상을 유도할 수 있다는 것이다. 식물의 경우, 외부 자극은 바로 빛이다.

그렇다면 식물은 빛을 어디에서 인지할까? 독일의 식물학자 율리우스 폰 작스Julius von Sachs는 식물의 여러 부분을 가려 빛을 차단한 후 꽃이 피는지 관찰했다. 그리고 그 결과, 잎이 빛에 닿아야 꽃이 핀다는 사실을 알아냈다. 꽃은 정단분열조직에서 피기 때문에 잎에서 정단분열조직으로 움직이는 어떤 물질이 있어야 한다는 사실이 분명해졌다. 1936년, 러시아의 식물학자 미하일 차일라카얀Mikhail Chailakhyan은 이 물질을 '플로리겐florigen'이라 불렀다. 그렇게 플로리겐을 찾기 위한 70년 여정이 시작됐다. 하지만 플로리겐을 이동이 용이한 매우 작은 화학물질로 가정하고 이를 생화학적으로 정제해내려는 노력은 모두 실패로 돌아갔다.[11]

한편, 1962년 조지 레디는 〈초활성 애기장대 돌연변이Supervital

mutants of Arabidopsis〉라는 논문을 발표했다.[12] 영화 〈엑스맨〉에 나오는 초능력을 가진 돌연변이처럼, X선을 조사했더니 정상보다 잎도 많이 나고 크기도 커진 돌연변이에 관한 논문이었다. 지금껏 1부에서 살핀 X선 및 EMS에 의한 돌연변이가 보랏빛으로 변하거나, 모양이 이상했다는 점을 상기해본다면, 분명 뭔가 다른 돌연변이들이었다. 레디가 찾은 4개의 돌연변이는 같은 기간 동안 키워도 대조군인 랜즈버그(Landsberg erecta)보다 훨씬 크게 자라났고, 잎의 개수도 많았다. 뿐만 아니라 광주기성도 대조군 랜즈버그와 다르고 4개 돌연변이 간에도 서로 달랐다.[13] 레디가 찾은 4개의 돌연변이는 총 3개의 유전자로부터 유래했다. 레디는 이 유전자들을 각각 LD(Luminidependens, 빛을 요구하는), CO(Constans, 항상성을 갖는), GI(Gigantea, 거대한)라고 이름 지었다. 4개 돌연변이 중 둘은 *gi* 돌연변이였다.

이 돌연변이에 대한 연구는 애기장대 연구가 침체되었던 1970년대가 지난 다음에야 재개되었다. 1980년대 쿠어니프는 EMS 처리를 통해 개화 시기가 늦어지는 애기장대 돌연변이 39개를 찾고, 이 돌연변이들이 일어난 유전자 11개를 찾았다.[14] 이 중에는 레디가 찾았던 CO와 GI 외에 FT(Flowering locus T) 유전자도 포함되었다. 이 연구를 통해 이제 후보군은 갖춰졌으니, 후보들을 하나하나 살펴보면 될 일이었다. 그러다 보면 생화학적으로 정제할 수 없었던 플로리겐을 찾게 될지도 몰랐다.

그중 CO 유전자의 양이 늘어나면 식물이 꽃을 빨리 피웠으며, 잎맥에서만 발현되어도 개화가 앞당겨졌다.[15] 플로리겐이라면 잎에서 정단분열조직으로 이동해서 꽃의 발달을 촉진할 것이라 예상되었다. 하지만 잎맥에서 발현된 CO가 잎맥을 떠나 이동한다는 증거는 나오지 않았다. 또한 CO의 발현을 직접 정단분열조직에서 아무리 유도해도 꽃이 빨리 생기지는 않았다. 그러므로 CO는 플로리겐이 아니었다.

전사인자인 CO 단백질이 발현되자마자 전사가 유도되는 유전자는 최소 2개, FT와 SOC1(SUPPRESSOR OF OVEREXPRESSION OF CO1)이다.[16] *ft*는 본래 쿠어니프가 찾은 돌연변이였다. 개화 관련 유전자에 개화flowering란 의미를 지닌 '*f*' 이후에 번호 매기듯 알파벳을 붙여 이름 지었다. 너무 밋밋하다 생각했는지, 데트레프 바이겔 팀은 1999년 FT에 관한 논문을 발표하며 여기에 Flowering Locus T라는 이름을 새로 더했다.

이들이 낸 1999년 논문은 FT 유전자를 동정한 논문이었다.[17] 이 논문은 교토 대학의 아라키 다카시Araki Takashi 팀의 논문과 함께 연달아 출간되었다.[18] 바이겔 팀은 DNA 조각을 무작위로 삽입하는 아그로박테리움의 성질을 이용했다. 이들은 아그로박테리움을 이용해 전사량이 높은 프로모터 DNA 염기서열을 애기장대에 삽입했다.[19] 아그로박테리움은 자신이 가진 DNA 조각을 식물 염색체에 끼워넣을 수 있는데, 이 과정은 무작위하게 이뤄지기 때문에 특정 유전자의 발현이 올라가는 돌연변이가 생긴다. 바이겔 팀은 식물들 중에서 광주기에 상관없이 꽃이 빨리 피는 돌연변이를 찾았다. 이 돌연변이는 FT가 과다 발현되고 있었다. 아라키의 팀도 마찬가지로 아그로박테리움이

DNA를 무작위하게 삽입하는 성질을 이용했지만, 프로모터 대신 조세프 에커 팀이 대규모로 22만 5,000개 돌연변이를 만들 때 사용한 것과 똑같은 기법으로 T-DNA를 삽입했다. 이 DNA 조각은 어떤 유전자나 프로모터를 발현하는 것이 아니어서, 어떤 유전자에 끼어 들어가면 그 유전자의 기능을 대부분 망가뜨렸다. 아라키 팀은 이렇게 해서 FT의 기능이 망가진 돌연변이를 찾았다. 정반대의 돌연변이를 찾은 이 두 팀은 논문 발표 전부터 서로 내용을 공유했다. 뿐만 아니라 가지고 있는 돌연변이 씨앗을 교환하고 각자의 실험에 전해 받은 씨앗을 사용하며 FT 유전자에 관한 기능을 더욱 상세히 밝혔다.

FT 단백질은 기능이 분명하지 않았지만, 정단분열조직에서 발현을 유도하면 개화 현상이 앞당겨졌다. 또한 FT가 전사되는 반세포companion cell는 체관 바로 옆에 있는 세포로, 체관을 통해 수송될 단백질이 만들어지는 세포다. 무엇보다 FT 단백질은 크기가 작았다. 세포 안 단백질의 위치를 확인할 때 과학자들은 형광을 내는 단백질을 함께 사용한다. 해파리에서 유래된 형광단백질은 크기가 30킬로달톤 정도로, 세포와 세포 사이를 움직일 수 있을 정도로 작다. 하지만 FT 단백질은 형광단백질보다도 작았다.[20] 반세포에서 만들어져 바로 체관으로 분비될 수 있고, 체관에서 쉽게 이동 가능한 크기까지 갖춘 FT 단백질은 여러모로 완벽한 플로리겐 후보였다.

이제 궁금증은 어떤 형태의 FT가 이동을 하는지에 관해서였다. 가장 쉬운 가설은 FT 단백질이 이동한다는 것이었다. CO 단백질에 의해 FT의 전사가 촉진되어 FT 전령RNA가 반세포에서 합성된다. 그

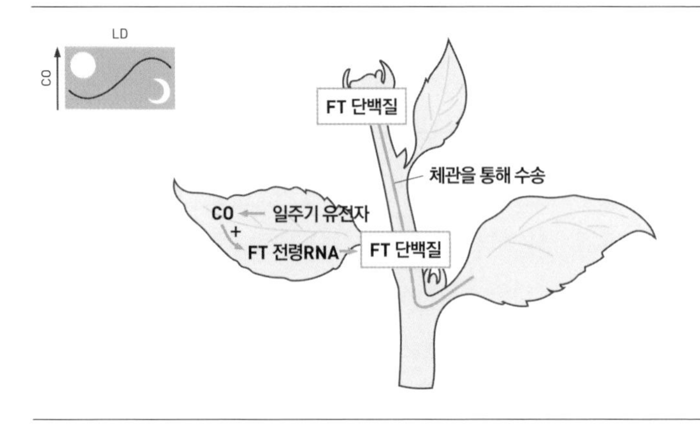

그림 1-3 장일식물의 경우, 잎에서 일주기 유전자의 영향으로 합성이 늘어난 CO가 FT 전령RNA 전사를 촉진한다. 잎에서 번역된 FT 단백질은 관다발을 타고 정단분열조직으로 이동해 꽃의 발달이 시작한다.

다음, FT 전령RNA가 단백질로 번역되고, 이 FT 단백질이 체관을 통해 정단분열조직으로 수송된다. 하지만 또 다른 가설도 가능하다. 바로 FT 전령RNA가 체관을 통해 이동한다는 것이다. 분명한 바는, 둘 중 한 형태의 FT가 확실한 플로리겐 후보일 것이라는 점이었다.

이런 모든 정황적 증거들이 가리키는 방향이 너무 명확해서였을까? 2005년, FT 전령RNA가 잎에서 정단분열조직으로 움직여 꽃을 피우는 플로리겐이라는 연구 결과가 발표되었다.[21] 하지만 제1저자를 제외한 나머지 저자들이 2007년에 이 논문을 철회한다.[22] 제1저자가 연구소를 떠난 후, 남은 이들이 실험을 반복하려 했지만 재현되지 않았기 때문이다. 결론을 내리는 데 핵심이 됐던 실험의 결괏값을 선택적으로 논문에 포함하여 계산하는 방식으로 결과가 조작되었다. 빠진 결괏값을 넣고 가중치를 수정해서 다시 통계 처리를 하니, FT 전령RNA는 정단분열조직으로 이동한다고 주장할 수 없는 결과가 도출되었다. 하지만 제1저자는 논문 철회를 강력히 반대했다. 학계에서는 이미 그릇된 주장으로 판명 난 논문이지만 여전히 열람할 수 있다. 철회되었다는 별다른 언급도 되어 있지 않아 올바른 정보를 전달해야 할 학술지의 의무가 무색하게 되었다.

이 논문이 철회된 후, FT 단백질이 플로리겐이라는 주장들이 발표되었다. 시작은 2007년 5월에 나온 논문이었다.[23] 조지 쿠플랜드 George Coupland 팀은 형광단백질이 결합된 FT 단백질이 체관을 따라 움직이고 이 신호가 개화를 유도한다는 내용을 제시했다. 그리고 바로 다음 달인 6월, FT 단백질이 개화를 유도하는 장거리 신호라는 내용의 논문 두 편이 연달아 게재되었다.[24] 그중에서도 마커스 슈미트 Markus Schmid 팀의 연구는 쿠플랜드 팀의 결과를 보완하는 내용이었다.

형광단백질은 크기가 작아 세포 밖으로 빠져나와 체관을 통해 이동할 수 있다. 그러므로 형광단백질과 FT 단백질을 결합시켜 FT 단백질의 이동을 관찰하는 방법은 사실 형광단백질의 성질에 의한 것인지, FT 단백질의 성질에 의한 것인지 알 수 없다는 비판이 늘 있었다. 이에 슈미트 팀은 실험할 때 1개의 형광단백질이 아니라 3개를 연달아 FT 뒤에 결합함으로써 형광단백질 자체에 의한 이동 가능성을 봉쇄해버렸다. 그리고 이렇게 크기가 커진 FT 단백질은 세포 밖으로 이동하지 못해 FT 단백질의 발현이 많이 됨에도 꽃이 빨리 피지 않았다. 그 뒤 이들은 FT 단백질과 3개의 형광단백질이 나뉠 수 있도록 두 부분 사이에 특정 단백질분해효소가 인식할 수 있는 아미노산 서열을 삽입했다. 그리고 그 단백질분해효소 유전자가 삽입된 애기장대와 FT 단백질-형광단백질을 발현하는 애기장대를 교배했고, 두 단백질이 모두 발현되는 경우에만 FT 단백질에 의해 꽃이 빨리 피는 현상이 관찰되었다. 이는 곧, 단백질분해효소에 의해 커다란 형광단백질이 떨어져 나가야만 FT 단백질이 잎에서 정단분열조직으로 이동할 수 있음을 의미했다.

세 연구팀에서 동시에 같은 내용을 연구하면서 반복된 결과가 나왔으며 상호 보완이 되었다. 사람들은 과학이 발견하는 새로운 내용에 집중을 하고, 그것은 과학자들의 영광으로 생각되곤 한다. 그래서 2005년의 논문 철회와 같은 일이 일어난다. 연구 결과가 쌓이다 보면 어느 순간 증명해야 하는 가설이 분명해지며, 이를 선점하기 위한 경쟁이 때로는 잘못된 방향으로 흘러가는 것이다. 하지만 가설을 증명하는 것 그 자체보다는 증명 과정이 올바르고, 여러 사람들에 의해 재현된다는 점이 때로는 더 중요하다.

그런데 필요한 때 잎에서 FT 단백질이 합성되어 정단분열조직으로 이동한다는 가설은 조금만 더 생각해보면 의구심이 들기도 한다. 잎은 늘 빛을 받고 있기 때문이다. 그렇다면 식물은 어떻게 원하는 시간만큼의 빛을 받았을 때만 FT 단백질을 합성할 수 있을까?

가시광선에는 여러 가지 빛이 섞여 있다. 그중에서도 식물은 푸른빛을 통해 CO를 조절해서 FT를 합성하게 된다. CO의 단백질량은 푸른빛에 의해서만 늘어난다. 유비퀴틴연결효소는 단백질에 유비퀴틴으로 표지를 하고, 세포 내에서 단백질을 분해하는 프로테아좀은 이 표지가 달린 단백질을 선택적으로 분해해서 없앤다. 푸른빛이 없을 때는 빛에 따른 생장 형태에 중요한 E3 연결효소 COP1 단백질에 의해 CO 단백질이 계속 분해되지만, 푸른빛이 인지되면 유비퀴틴을 결합하는 COP1 단백질의 기능이 억제되어 CO 단백질이 늘어난

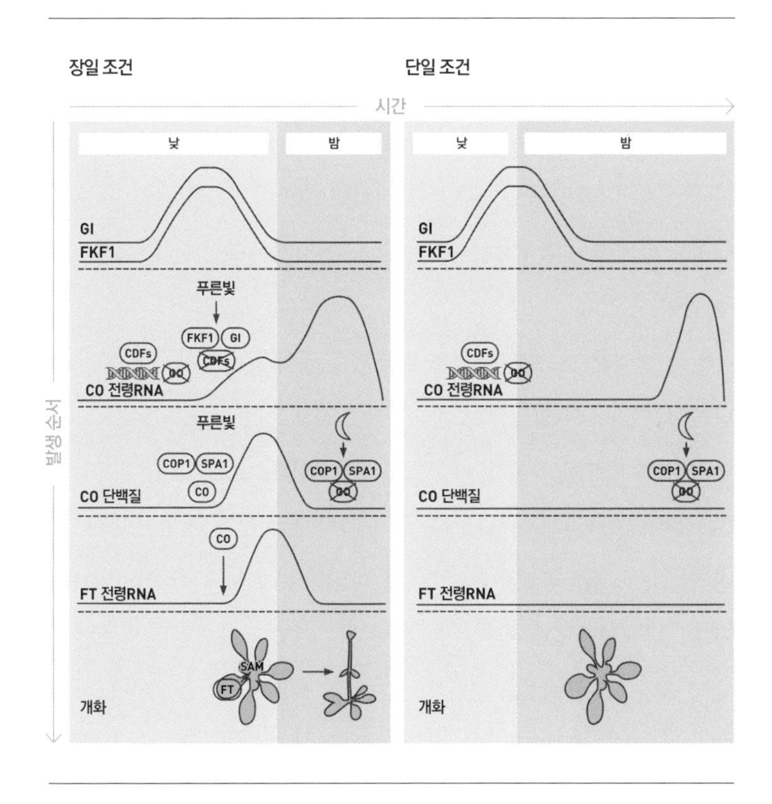

그림 1-4 낮 시간이 길어지면, 푸른빛을 수용하는 FKF1이 GI와 결합, CDF1의 기능을 억제한다. 이로써 CO 전령RNA의 발현이 늘어나고, 이는 푸른빛이 있는 조건에서 CO 단백질이 늘어나게 되는 조건이 된다. 늘어난 CO 단백질은 FT 전령RNA의 발현을 촉진하여 개화를 유도한다.

다.[25] 그리고 CO 단백질이 축적되어야 FT 전령RNA의 양이 늘어난다. 푸른빛은 푸른빛 수용체 크립토크롬(CRY2 단백질)에 의해 받아들여지거나, FKF1(Flavin-binding, Kelch repeat, F-box 1) 단백질에 의해 받아들여진다.

캘리포니아 스크립스 연구소SCRIPPS Research Institute의 스티븐 케이Steven Kay 팀은 개화가 늦어지는 *fkf1* 돌연변이를 발견한 바 있다. 케이 팀은 FKF1 유전자가 푸른빛을 받아들일 수 있다고 주장했다.[26] 한편 FKF1은 생체 시계의 영향을 받는 유전자이기도 해서, 장일 조건에서만 푸른빛을 최대로 받은 단백질량이 가장 많아진다. 푸른빛을 받아 활성화된 FKF1 단백질은 억제되었던 CO의 전사를 풀거나, 직접 COP1 단백질을 억제하는 방식으로 CO의 전사량과 단백질량을 모두 늘릴 수 있다.[27]

결국 정해진 낮 길이에 꽃을 피우는 결정적인 유전자는 FT다. FT 단백질은 잎에서 합성되어 정단분열조직으로 이동하고, 여기서 꽃의 발달에 필요한 유전자가 발현되기 시작한다(2부 2장 참조). 이 FT는 CO 단백질에 의해 전사가 되는데 CO의 전령RNA도, 또 그로부터 번역된 단백질도 푸른빛을 인식하는 FKF1 단백질의 영향을 받는다. FKF1 단백질은 CO 단백질을 분해하는 COP1 단백질을 억제함으로써, 혹은 GI 단백질과 결합하여 CO 유전자 전사를 촉발한다. 이는 CO의 전사를 억제하는 CDF1이라는 단백질을 억제함으로써 일어난다. 다양한 유전자들이 작용하여 최종적으로 FT 단백질의 양을 조절하면서 개화 시기에 맞춰 꽃을 피우는 것이다.

낮의 길이에 따라 꽃이 피는 현상은 식물에게 중요하다. 수정을 매개할 곤충이 특정 시기에만 나타날 수도 있고, 시기를 놓치면 기온이 크게 바뀌어 열매를 맺지 못할 수도 있다. 캐나다에 자리 잡은 유럽의 이주민들은 밀의 개화 시기를 앞당기고자 육종을 시도했다.[28] 이들이 이주한 캐나다는 유럽에 비해 겨울 날씨가 춥고 낮의 길이가 짧아서 수확 철이 되기 전에 서리 피해를 입곤 했다. 개화 시기를 앞당기면 냉해를 피할 수 있었다. 이처럼 개화 시기는 식물의 생존뿐 아니라 농업에도 중요한 영향을 미친다.

겨울이 지나 봄이 오면

영국에 처음 온 4월은 수선화가 동네에 만발할 때였다. 연구소 출근길에는 들판 가득한 수선화가 나를 반겨주었다. 나는 이 꽃이 그 유명한 워즈워스의 시에 나오는 꽃인 줄도 모르고, 잔디밭 가득 한들한들하는 꽃이 예쁘다고만 생각했다. 이름을 알게 되었을 때는 꽃이 시들시들 질 무렵이었다.

그해 가을, 꽃은 다음 해 4월에 필 텐데 동네 슈퍼마켓에서는 수선화 구근을 팔기 시작했다. 얼핏 보면 양파처럼 생긴 구근을, 양파로 오해할 수 있게끔 망에 담아 팔았다. 사서 바로 심고, 밖에서 겨울을 보내면 3~4월에 꽃을 볼 수 있다는 문구와 함께였다. 겨울에 파는 히아신스도 10주 정도 밖에 두거나 냉장고에 넣어놨다 심으면 봄에 꽃이 필 것이라고 안내되어 있었다. 튤립도 마찬가지였다. 이렇게 추위를 겪게 하여 봄에 꽃이 피게 하는 것을 춘화처리vernalization 라고 한다.

춘화처리 과정을 연구하는 여러 학자들 중 한 명인 캐롤라인 딘Caroline Dean은 사계절이 뚜렷한 영국에서 자랐으며 요크 대학교에서 박사학위를 받았다.[1] 1980년대 초반 캘리포니아에는 다양한 생명과학 벤처기업이 생겨나고 있었다. 이 회사들은 당시에 빠르게 발전하기 시작한 분자생물학 기법을 도입했다. 유전공학 회사의 출발이라 불리는 제넨테크Genentech는 대장균에서 인간의 인슐린을 합성하는 것을 시작으로 설립되었다.[2] 그 외에도 DNA 재조합 기술을 이용한 여러 유전공학 회사들이 설립되었고, 꿈에 부푼 과학자들은 캘리포니아로 향했다. 딘 역시 일자리를 찾아 따뜻한 캘리포니아로 떠났다. 그는 어드밴스드 제네틱 사이언스사Advanced Genetic Science, AGS에 들어가 일을 시작했다.[3] AGS사에서 그는 박사과정 동안 했던 광합성 유전자 연구를 연장하면서도 이 유전자를 유전공학적으로 식물에 삽입해 형질전환체를 제작하는 실험을 진행했다.[4]

어느 날 그는 집 마당에 튤립을 피우고 싶어 근처 농장에 구근을 사러 갔다. "심기 전에 6주간 냉장고에 보관하셔야 합니다." 농장 주인의 이 한마디가 그의 연구 인생을 통째로 바꿨다. 영국에서는 당연하게 느껴졌던 겨울의 추위가 캘리포니아에는 없었다. 그래서 인공적으로 추위라는 조건을 부여해야 식물이 반응했던 것이다. 튤립과 수선화는 왜 겨울을 경험해야 할까?

1988년, 캘리포니아에서의 회사 생활을 마치고 영국 존이네스센터John Innes Centre에서 독립된 연구자로서 실험실을 꾸리게 된 캐롤라인 딘은 식물이 겨울을 느끼고 꽃을 피우는 과정을 연구하기 시작했다.

Hyacinthus orientalis

백합과 | 히아신스속 | 히아신스

○ ○ ● 온대 지방에 사는 식물들에게 낮 길이와 평균 기온이 유사한 봄가을은 꽃을 피워야 할지 말아야 할지 참으로 알쏭달쏭한 계절이다. 그래서 온대 지방 식물 중에는 일정 기간 추위를 '경험'해야 꽃이 피는 경우가 있다. 겨울을 지나야만 봄이 오기 때문에, 봄여름에 꽃이 피고 열매를 맺을 수 있도록 겨울을 '경험'하게 만드는 것이다. 이 반응을 춘화처리라고 한다. 수선화나 튤립 외에도 밀이나 보리 등이 춘화처리가 되어야 이듬해 꽃을 피운다.

춘화처리라는 단어는 추위를 필요로 하는 밀을 연구하던 러시아의 유전학자 리센코Trofim Denisovich Lysenko가 만든 러시아어 '야로비제이션jarovization'에서 비롯되었다.[5] 봄보리는 러시아어로 야로베jarovae라고 한다. 봄의 신을 뜻하는 야르jar에서 비롯되었다. 그래서 가을보리가 겨울을 거친 이후 봄보리처럼 꽃이 피는 현상은 야로비제이션이라 불렸다. 영미권에서는 이를 치환할 단어로 봄을 뜻하는 라틴어 베르눔vernum이 선택되었고, 버널리제이션vernalization이라 한다. 이처럼 겨울을 지나야 봄에 꽃을 피우는 춘화처리 현상은 겨울이 긴 러시아에서 연구가 시작되었다.

꽃이 언제 필지를 결정하는 요인은 여러 가지가 있다. 광주기성과 같은 빛의 양과 질도 있지만, 온도도 중요한 요소다. 이외에도 식물의 나이(1부 8장 참조)도 요인이 되며, 광주기성이나 온도에 상관없이 개화를 조절하는 내부 신호도 있다. 각각의 요인은 서로 다른 유전자를 이용해 꽃을 피우라는 신호를 낸다. 광주기성에 따라 개화를 유도하는 유전자에 FT가 있다면, 춘화처리라는 온도에 따라 개화를 유도하는 유전자는 FLC(Flowering Locus C)다. 이 FLC 단백질은 온도에 상관없이 개화를 유도하는 내부 신호에 의해서도 조절된다.

1991년 쿠어니프가 찾은 개화가 늦어지는 돌연변이 유전자 11개는 모두 랜즈버그 아종에서 얻은 돌연변이였다.[6] 하지만 랜즈버그는 본래 추위가 없이도 꽃이 잘 피는 형질을 지녔다. 그러므로 어쩌면 춘화처리 없이 꽃이 피는 랜즈버그에서는 춘화처리에 관한 돌연변이를 찾을 수 없는 것은 당연했다. 이와 달리 유럽 및 중앙아시아에 걸쳐 분포하는 애기장대 중에는 추위를 거쳐야만 꽃이 피는 경우가 많았다.

아마시노 팀은 현 서울대 생물학과 이일하 교수(당시 박사후연구원)의 연구 내용을 바탕으로 1994년, 애기장대 돌연변이 중 춘화처리를 반드시 필요로 하고, 동시에 개화 시기도 늦은 돌연변이 FLC(Flowering Locus C)를 발표했다.[7, 8] 당시 쿠어니프 팀과 연구 내용 선공유를 통해 논문을 〈Plant Journal〉이라는 학술지에 나란히 출간했다. 이 F 유전자는 1960년대에 발견되었으며, 돌연변이 *f*는 랜즈버그가 아닌 림부르흐와 이스트란트에서 찾았다.[9] 돌연변이 *f*는 꽃이 아주 늦게 폈다. 앞서 발견한 다른 개화 돌연변이들은 4~5개월이면 꽃이 피었지만, *f* 돌연변이는 6개월, 심한 경우 1년 반까지도 꽃이 피지 않았다. 쿠어니프 팀은 *f* 돌연변이가 사실은 춘화처리에 필요한 유전자 2개 때문에 일어나는 것을 알아냈다. 하나는 이전에 발견된 FRI(FRIGIDA, 라틴어로 '추위'), 그리고 다른 하나는 FLC였다.

FLC 유전자의 정체가 밝혀진 건 1999년 미국의 리처드 아마시노Richard M. Amasino 팀에 의해서였다. FLC 단백질은 전사인자였다.[10] FLC 단백질은 FRI 단백질이 함께 있을 때만 전령RNA가 검출되었다. 마치 FRI 단백질이 FLC 단백질의 발현을 유도하는 것 같았다. 하지만 식물에 추위를 처리하면, FRI 단백질이 있어도 FLC 단백질의 양이 검출 불가능한 정도로 감소했다. FRI 유전자는 2000년에 알려졌는데, 특징적인 도메인이 있었지만 특이한 기능이 밝혀지지 않았다.[11] 그러므로 FRI가 어떻게 FLC의 발현을 조절하는지는 오래도록 알려지지 않았다. 그러다 2011년, 서울 대학교 이일하 교수 연구팀에서 그 내용을 발표하였다. 이들은 FRI 단백질을 이용해 FRI 단백질이 포함된 단백질 복합체 FRI-C(FRI-Complex)를 분리하는 데 성공한다.[12] 연구팀은 FRI 단백질에 단백질 표지를 달고, 이를 과다하게 발현하는 형질전환체를 제작했다. 그리고 식물세포(특히 핵)에서 단백질을 추출한 후, 이 단백질 표지를 인식할 수 있는 항체를 이용해서 FRI 단백질을 모았다.

FRI 단백질은 여러 개의 단백질들이 한데 모여 복합체를 이루기 때문에 FRI만 모아도 그와 결합하고 있는 다른 단백질도 함께 추출할 수 있었다. 연구진은 어떤 단백질들이 FRI 단백질과 결합하고 있는지를 질량분석법을 이용해서 확인했다. FRI-C 단백질에는 FLC 프로모터에 직접 결합하는 SUF4 단백질, FLC 전사를 촉진하는 단백질 FLX와 FES1, 그리고 FLC가 위치한 염색질에서 전사가 더 잘 일어나도록 하는 단백질들이 모두 포함되어 있었다. FRI는 어떤 특정한 기능을 담당하는 것이 아니라, 다른 단백질을 한데 모으는 뼈대 단백질 scaffold protein 역할을 하는 것이었다. 결국, FRI 단백질은 FRI-C 단백질을 통해 FLC 단백질의 양이 많이 발현되도록 유지한다. 추위가 오기 전까지 말이다.

중심이론이 발표되고 DNA에서 RNA, 단백질로 이어지는 일원화된 정보의 흐름이 정설로 여겨지는 동안, 단백질로 번역되지 않는 RNA의 존재에 많은 학자들이 회의적이었다. DNA는 2개의 서로 상보적인 가닥이 결합한 이중나선 구조다. 이 두 가닥 중 한 가닥이 전령RNA가 되고, 그것이 단백질로 번역된다. 전령RNA가 되는 가닥의 상보적인 가닥은 정보가 반대로 읽히고 그 내용이 달라지기 때문에 대부분의 경우 다른 단백질로 번역될 수 없다. 그렇기 때문에 전사도 되지 않을 것이라고 생각했다. 그래서 전사체 분석 연구가 활발해지고 그 결과가 나오기 시작하자, 식물학자들은 당황할 수밖에 없었다. 애기장대 전사체의 30퍼센트 가까이가 단백질이 되는 전사 방향의 반대로 전사가 되는 RNA(상보RNA antisense RNA)인 것으로 밝혀졌기 때문이다.[13]

초기의 전사체 연구는 RNA 자체를 분석하기보다는 RNA를 DNA로 역전사한 후, 그 DNA 염기서열을 분석하는 방식으로 진행되었다. 이렇게 간접적인 방법을 사용했기 때문에 일부 학자들은 전사체 중 상보RNA가 나오는 이유를 역전사 과정에서 일어난 오류가 아닐까 생각했다. 하지만 RNA를 직접 분석하는 실험 기법이 개발된 이후에도 상보RNA는 계속 검출되었다. 뿐만 아니라 mRNA 방향과 같은 방향으로 전사가 되더라도 단백질로 번역되는 부위가 아닌 서열이 전사되는 RNA가 발견되었다. 이 역시 마찬가지로 그 전까지는 전사되지 않을 것이라고 여겨졌던 RNA였다. 이렇게 단백질이 될 부위coding region가 아닌 부분의 DNA가 RNA로 전사된 것을 통틀어 lncRNA(long non-coding RNA)라 부르게 되었다.

최초로 찾은 lncRNA는 2007년에 초파리에서 발견된 HOTAIR (HOX Antisense Intergenic RNA)였다.[14] FLC에서 합성되는 lncRNA는 초파리 HOTAIR와의 유사성도 강조하고, 추위에 의해 발현이 증가하는 특성도 알리기 위해 COOLAIR(Cold induced long antisense intragenic RNA)라는 이름을 지었다.[15] 평소에는 FLC와 COOLAIR 모두 비슷한 양이 전사된다. 하지만 식물이 추위에 노출된 지 2주가 지나면 COOLAIR의 양이 10배 이상 증가한다. FLC 전령RNA의 양도 함께 줄어든다. 하지만 이 과정이 오랫동안 지속되지는 않는다. COOLAIR는 추위가 시작되는 초반에만 FLC의 양 조절에 관여하는 것으로 보인다. 한편, FLC 전사 방향과 같은 방향으로 전사되어 만들어지는 lncRNA COLDAIR도 있다.[16] 추위가 찾아오고 3주 후부터 발현이 시작되는 COLDAIR는 보다 장기적으로 FLC의 발현을 억제하는 데 관련되어 있다. 이 COLDAIR는 텍사스 대학교 오스틴 캠퍼스에 있는 성시범 교수 연구팀이 발견했다.

지금까지 살펴본 많은 돌연변이들은 염기서열에 변화가 일어나고, 그 변화가 개체의 표현형에 영향을 미쳤다. 하지만 이듬해 봄 꽃이 필 때까지, 추위에 의해 일어나는 FLC의 전사 변화는 FLC의 염기서열이 변하기 때문에 발생하지 않는다. FLC의 염기서열은 변하지 않은 채, 추위와 같은 환경 요인에 의해 유전자 발현이 조절되고, 그 변화된 발현 양상이 오래도록 유지된다. 이렇게 유전적인 염기서열의 변화 없이 조절되는 유전자 발현에 관한 연구 분야가 후성유전학 epigenetics 이다.

후성유전학에서 가장 많이 연구된 주제는 여성이 가진 두 X 염색체 중 하나의 염색체를 세포마다 무작위적으로 불활성화시켜 바소체 Barr body 를 만드는 과정이다.[17] 인간 여성은 X 염색체를 2개 가지고 있지만, 남성은 X 염색체를 하나만 가진다. 여성이 가진 X 염색체 2개에서 유전자가 정상적으로 발현이 된다면, 남성에 비해 유전자가 2배가 된다. 이를 막기 위해 여성의 두 X 염색체 중 하나는 무작위하게 바소체로 불활성화된다. 여성이 아니라도, 클라인펠터 증후군처럼 X 염색체가 2개 있는 남성의 경우에도 바소체를 1개 발견할 수 있다. 즉, 유전자 발현의 균형을 맞추기 위해 하나 이상의 X 염색체를 불활성화시킨다. 부모에게 X 염색체를 물려받지 않는 방법은 없기 때문에, 염기서열의 변화 없이 하나의 X 염색체를 무작위하게 선택해 응축시키는 방식으로 불활성화가 일어난다.

염색체는 DNA와 단백질로 이루어져 있는데, DNA가 히스톤이라는 단백질에 감겨 있다. 이것이 기다란 DNA를 자그마한 핵 안에 모두 집어넣을 수 있는 방법이다. 4가지 서로 다른 히스톤이 결합하여 뉴클레오솜이라는 하나의 단위를 만드는데, 순서에 따라 H1, H2, H3, H4 단백질이라 부른다. 이들 히스톤에는 꼬리가 있어, 여러 가지 표지가 달릴 수 있다. 그중 H3의 27번째 아미노산 리신에 메틸기(-CH_3) 3개가 결합하면(H3K27me3), 해당 뉴클레오솜에서의 유전자 전사가 억제된다. 이때, 히스톤의 메틸화를 매개하는 효소는 바로 PRC2(Polycomb Repressive Complex 2) 단백질이다.

FLC에서도 유사한 과정이 일어난다. 처음 몇 주간 COOLAIR와 COLDAIR의 발현이 증가한 이후, 애기장대의 PRC2 단백질이 발현되어 H3K27me3가 형성된다.[18] PRC2가 춘화처리에 필수적인 단백질이라는 점은 오래도록 알려져왔다. 하지만 추위가 어떻게 PRC2 단백질을 FLC 유전자 위치로 불러들이는지를 알지 못하다 최근 COLDAIR가 H3에 메틸기를 결합하는 유전자 PRC2 단백질과 결합하는 것으로 발표되었다.[19] 수년간의 연구 끝에 FLC 단백질을 만들지 않는 FLC RNA가 PRC2를 불러들여 FLC의 발현을 억제한다는 가설이 각광 받기 시작했다.

이렇게 어느 유전자에서 만들어진 RNA가 그 유전자의 전사를 후성유전학적으로 억제할 수 있게끔 다양한 효소를 불러들이는 방식은 식물에서만 일어나는 일은 아니다. 여성의 X 염색체 2개 중 하나를 불활성화시키는 과정에서도 단백질로 번역되지 않는 RNA가 전사된다. 그리고 그 RNA가 신호로 작용해서 히스톤을 메틸화하는 효소 등 다양한 후성유전학적 효소들이 X 염색체 불활성화를 진행한다. 그리고 그 결과 바소체가 생성된다. 춘화처리와 X 염색체 불활성화는 서로 전혀 상관없는 현상이다. 하지만 이 현상을 가능하게 하는 생명의 원리는 매우 흡사하다. 서로 다른 생물이 살아가기 위해 유사한 방식을 쓴다는 점은 식물과 인간이, 그리고 지구상의 모든 생물이 같은 조상으로부터 유래했음을 강하게 시사한다.

본격적으로 FLC의 전사량이 줄어들기 시작하는 건 식물이 추위에서 벗어나 날이 따뜻해지면서부터다. 몇 개 세포에만 존재하는 FLC 유전자 좌위의 H3K27me3 표지는 어떻게 유지될까? 서울대 최연희 교수 연구팀은 2013년 흥미로운 돌연변이에 관한 연구를 발표했다.[20] 잎이 위쪽으로 말리는 *icu2*(*incurvata 2*) 돌연변이였다.

ICU2 유전자가 발현되지 않는 경우 식물은 살아남지 못했지만, ICU2 단백질 아미노산 서열에서 하나가 바뀐 *icu2-1* 돌연변이는 기괴한 형태로 살아남았다. 야생형보다 작은 잎은 위로 말려서 자랐으며, 잎 모양도 꽃 모양도 다소 이상했다. 무엇보다 꽃이 매우 빨리 피었다. ICU2 단백질은 세포가 분열할 때 DNA를 복제하는 효소의 일부분으로, *icu2-1* 돌연변이는 춘화처리 이후 FLC 유전자의 염기서열에 늘어났어야 할 H3K27me3 신호가 늘어나지 않았다. FLC 유전자에 H3K27me3가 늘어나면서 전사가 억제되는 대조군과는 상반됐다. 즉, FLC 유전자 좌위 일부에 있는 히스톤 메틸화 표지는 봄이 오고 세포분열이 활발해지면서 DNA가 복제될 때마다 조금씩 FLC 유전자 부위에 확장된다는 가설이 자리 잡게 되었다.

이렇게 확장된 히스톤 메틸화 표지로 인해 봄이 오면서 점차 FLC의 전사량이 감소한다. 그리고 이 신호를 바탕으로 꽃이 피고 씨가 맺힌다. 그러면 이 씨에서 자란 식물은, 부모 세대에 이미 추위를 경험했으니 더 이상 추위를 경험하지 않아도 꽃이 필까?

리센코는 그렇다고 생각했다. 그는 씨앗을 심기 전에 찬 곳에 두면 꽃이 더 빨리 필 뿐 아니라, 온도를 달리해서 아주 추운 지방에서도 자라게 할 수 있다고 주장했다.[21] 무엇보다 리센코는 이 과정을 통해 몇 세대만에 가을보리를 봄보리로 바꿀 수 있다고 주장했다. 이미 당시에도 폐기된 라마르크의 획득형질의 유전 가설을 바탕으로 하는 그의 주장은 1930년대 당시 소련 공산당 서기장 스탈린의 지지를 받았다. 정치적인 목적 때문에 지원을 받았으나 과학적으로는 옳지 못했던 계획이었다. 가을보리를 봄보리로 바꾸는 대대적인 캠페인은 대규모 기근이라는 처참한 실패로 끝났다.

그렇다면 식물은 꽃을 피운 뒤, 어떻게 꽃에서 생긴 씨에서 그 기억을 지울까? 이 문제가 식물에서 유독 도드라지는 이유는 다음과 같다. 동물의 경우 배아가 발달하며 난세포나 정세포가 될 세포가 미리 지정된다. 반대로 식물은 모든 세포가 모든 세포로 분화할 수 있는 분해능totipotency을 가지고 있다. 씨앗이 될 세포들을 미리 선택해서 메틸화된 히스톤이 영향을 미치지 못하게 할 수 없다. 그렇다면, 씨앗에서는 FLC에 붙은 히스톤의 메틸기를 잘 '지울' 방법이 필요하다.

캐롤라인 딘 연구팀은 이 원리를 찾아내기 위해 '리셋' 돌연변이들을 찾아 나섰다. 이들이 찾고자 하는 형질은 리센코가 상상했던 보리처럼, 부모 세대가 겨울을 나면 꽃이 빨리 피는 돌연변이였다. 부모가 경험한 추위의 기억을 물려받아서 춘화처리 없이, 빠르게 꽃을 피우는 돌연변이를 찾아야 했다. EMS 처리 후 매우 낮은 확률로 2개의 돌연변이를 얻었고, 그중 한 돌연변이에 관한 연구 결과를 2014년 출간

했다.[22]

2000년대 중반까지도 EMS 돌연변이의 원인 유전자를 찾는 기법은 유전자 지도에 기반한 방식이었다. 돌연변이와 돌연변이가 아닌 대조군과 역교배하여 돌연변이 형질을 가진 자손을 골라내고, 기존에 작성된 '염색체 지도'를 바탕으로 돌연변이 유전자가 있는 좌위를 탐색하는 기법이다. 2000년대 초반까지만 해도 서너 명의 연구원이 몇 년을 쏟아부어야만 결과를 얻을 수 있었다. 2000년대 중반, 아그로박테리움을 이용한 T-DNA 삽입 돌연변이 데이터베이스가 구축되며 원하는 유전자의 돌연변이를 쉽게 구해서 연구할 수 있게 되었다. 하지만 원하는 표현형을 골라 연구하는 EMS 돌연변이는 여전히 염색체 지도에 기반해 실험이 진행되었다. 그런데 이 논문이 나온 2010년대부터는 EMS 돌연변이를 찾는 기법이 획기적으로 바뀐다. 돌연변이 유전체 염기서열을 모두 읽어낸 것이다. 실제로 딘 연구팀의 논문은 역교배한 F2 개체에서 돌연변이 표현형을 띠는 개체와 그렇지 않은 개체 간의 유전체를 비교하는 방식으로 돌연변이 유전자를 찾아냈다.[23] 기술이 발달하면서 돌연변이를 찾는 데 드는 품이 획기적으로 줄어들었다.

딘 팀이 찾은 '리셋' 유전자는 ELF6(Early Flowering 6)라고 이름 지었다. ELF6 단백질은 히스톤 탈메틸화효소로, 히스톤에 있는 메틸기를 '지우는' 효소 유전자였다. ELF6는 수정이 끝난 씨방과 배아에서 전사가 가장 활발히 되었다. 꽃이 수정되고 난 후, 그리고 그 이후에 새싹이 자라는 때까지 ELF6 단백질이 발현되어 FLC에 남아 있는

H3K27me3 신호를 제거하는 것이다. 그래서 새싹은 부모가 추위를 겪었느냐와 상관없이 다시 겨울을 맞이할 준비를 한다.

모든 애기장대 유전체에 FLC와 FRI가 있는 것은 아니다. 유럽 곳곳에 자생하는 애기장대를 수집하여 연구하는 마그너스 노드버그 Magnus Nordborg 팀과 데트레프 바이겔 팀은 다양한 기후에서 자라는 애기장대의 유전체를 비교 분석함으로써 FLC와 FRI, 그리고 춘화처리의 상관관계를 밝혀내는 중이다.[24] 춘화처리에는 FLC와 FRI 모두가 있어야 하고, 둘 중 하나에 돌연변이가 있는 애기장대는 춘화처리를 필요로 하지 않는다.

기후가 급격하게 변하고 있다. 식물은 보다 따뜻한 여름과, 보다 추운 겨울을 나야 한다. 이런 기후변화가 춘화처리에는 어떤 영향을 미칠까? *fri* 혹은 *flc*의 돌연변이가 좀 더 생존에 유리해질까?

꽃 모양의 기본

한들거리는 수선화를 제대로 들여다보기 시작한 건 영국에 도착한 이듬해 봄이었다. 첫해, 해가 뉘엿뉘엿 저무는 어두운 겨울을 나며 늦은 점심을 먹을 때면 많이 지쳐 있었다. 하루가 멀다 하고 밤새 콜록거리는 아이와, 아이와 함께 병을 공유하며 골골거리는 겨울은 지칠 수밖에 없었다. 하지만 늘 그렇듯 시간이 흘러 봄이 되었고, 길어지는 해보다 먼저 눈에 띈 건 꽃들이었다. 2월 초, 누가 심은 것도 아닌데 동네 잔디밭에 올망졸망 하얀 꽃들이 피어나기 시작했다. 갈란투스, 영문명 스노드롭snowdrop이었다. 고개를 푹 숙인 줄기에 팅커벨이 입은 치마처럼 생긴 꽃잎이 매달렸다. 주변의 눈을 녹이며 피어나는 갈란투스는 겨울의 끝을 알리는 꽃이었다.

그리고 3월, 지난가을에 미리 심어둔 수선화들이 곳곳에서 모습을 드러내기 시작했다. 수선화는 한 가지 모양이 아니었다. 부관이 짧은 수선화, 긴 수선화, 부관이 주황색인 수선화, 부관이 겹꽃인 수선화까지 각양각색이었다. 수선화가 이렇게 다양한 줄 예전에는 미처 몰랐다.

그해 봄에 찾아간 영국 왕립수목원의 난 축제에서도 놀라움은 계속됐다. 갖가지 난이 한데 모인 축제에서 똑같은 모양의 꽃잎을 가진 것은 찾기 힘들었다. 그래도 오래도록 들여다보니 공통점이 보였다. 5장 꽃잎으로 이루어진 난과의 꽃들은 대부분 아래로 향한 잎이 독특하게 변형된 모습이었다. 특히 팔레놉시스(호접란) 같은 꽃들은 아래 잎이 주머니 모양으로 바뀌어 있었다. 이 꽃들은 꽃잎이 4장인 것처럼 보이기도 했지만, 주머니 모양 꽃잎 뒷편에 항상 꽃잎이 하나 숨어 있었다. 이런 꽃잎 모양은 다른 꽃에서는 찾아보기 힘들었다. 식물들은 어떻게 다양한 꽃 모양을 만들 수 있을까?

괴테는 그의 책 《식물 변태론Morphogenesis of Plants》에서 식물의 모든 부분이 그저 잎의 변형이라는 이야기를 한 바가 있다.[1] 무려 200년 전에 쓴 책이다. 그는 꽃잎도 마찬가지로 꽃가루를 옮겨줄 숙주를 끌어들이려고 잎을 변형시킨 것이라고 이야기했다. 그렇다면 식물은 어떻게 똑같은 잎에서 수없이 다양한 꽃잎을 만들어낼 수 있을까?

Narcissus tazetta subsp. chinensis

수선화과 | 수선화속 | 수선화

○ ○ ●

엘리엇 마이어로위츠의 실험실 박사과정 대학원생 존 보먼John L. Bowman은 1990년 어느 밤을 일생에서 가장 행복한 순간으로 떠올린다.[2] 그는 이날 밤 애기장대 삼중 돌연변이의 꽃을 처음으로 보았다. 마이어로위츠 실험실에서 내세우던 꽃의 발달에 관한 가설 'ABC 모델'을 마침내 증명해줄 돌연변이 표현형이었다.

현화식물의 꽃은 꽃받침sepal, 꽃잎petal, 수술stamen, 암술carpel, 네 가지 구성 요소whorl로 이루어져 있다. 정단분열조직에서 화원기floral primordia가 만들어진 후, 이 네 구성 요소의 발달이 진행된다. 'ABC 모델'은 마이어로위츠가 애기장대를 이용해서, 그리고 엔리코 코엔Enrico

그림 3-1 1~2월 중 영국 길가에서 볼 수 있는 갈란투스.

그림 3-2 큐 왕립수목원의 난꽃. 곤충을 끌어 들이기 위해 독특하게 진화한 아래쪽 꽃잎을 갖는다.

Coen이 금어초를 연구하여 밝혀낸 꽃의 발달 모델이다. 화원기 안에 있는 세포가 스스로의 위치를 파악하고 이를 통해 꽃받침, 꽃잎, 수술, 암술을 각자 발달시킨다는 내용이다.

보먼은 네 가지 돌연변이를 가지고 실험을 시작했다. 전부 꽃의 일부 기관이 다른 기관으로 치환된 호메오 돌연변이homeotic mutant들이었다. 모두 마르틴 쿠어니프가 동정해놓은 것이었다.[3] 보먼은 이 돌연변이의 꽃들을 주사전자현미경scanning electron microscope, SEM으로 관찰했다. 꽃받침 대신 잎이, 꽃잎 대신 수술이 있는 *ap2*(*apetala 2*, 꽃잎이 없는), 마찬가지로 꽃잎 자리에 꽃받침이 있고, 수술 자리에는 암술이 있는 *ap3*(*apetala 3*)와 *pi*(*pistillata*, 암술이 많은), 그리고 수술 대신 꽃잎이 있고, 암술 대신 꽃받침과 꽃잎이 다시 반복되는 *ag*(*agamous*, 자식이 없는)를 관찰했다.

꽃받침을 1, 꽃잎을 2, 수술을 3, 암술을 4라고 볼 때, 이들 돌연변이 사이에는 흥미로운 상관관계가 있었다. 돌연변이 *ap2*는 1, 2가 없고, *ap3*와 *pi*에는 2, 3이 없었으며, *ag*에는 3, 4가 없었다. 돌연변이가 대부분 어떤 유전자의 기능이 망가진 것이라고 생각해볼 때 AP2는 3, 4의 발달에, AP3와 PI는 2, 3의 발달에, 그리고 AG는 3, 4의 발달에 필요한 유전자라는 가설을 세울 수 있다. 보먼은 바로 다음 실험에 돌입했다. 바로 이들의 이중, 삼중 돌연변이를 만드는 일이었다.

편의상 A를 *ap2*, B를 *ap3*와 *pi*, C를 *ag*라 하자. 보먼이 애기장대 교배를 통해 만든 *ab* 돌연변이에는 암술(4)만 생겨났다. 한편, *bc* 돌연변이에는 꽃받침(1)만 자라났다. 이중 돌연변이 가운데는 *ac* 돌연변이가 가장 흥미로웠다. 1, 4번 위치에는 잎이, 2, 3번 위치에는 수술이 자랐다. 그리고 마지막, *abc* 삼중 돌연변이가 생기고 그 표현형을 본 것이 1990년 어느 밤이었다. 삼중 돌연변이는 꽃의 모든 부분이 잎으로 바뀌어 있었다. 200년 전 괴테의 예언이 눈앞에서 현실이 되는 순간이었다.[4]

보먼과 마이어로위츠 실험실 사람들이 애기장대로 연구를 하는 동안, 영국의 엔리코 코엔 연구실에서는 같은 실험을 금어초로 진행하고 있었다.[5] 이들의 발견은 보먼과 마이어로위츠 팀의 발견과 놀랍도록 유사했다. 금어초에도 1, 2의 발달이 망가진 돌연변이, 3, 4의 발달이 망가진 돌연변이, 그리고 2, 3이 망가진 돌연변이, 세 종류의 돌연변이가 존재했다. 적어도 2종의 현화식물이 같은 방식을 이용해 꽃을 발달시킨다는 사실은 정말 뜻깊은 발견이었다.

마이어로위츠 실험실의 연구 결과와 코엔 실험실의 연구 결과가 1990년과 1991년에 나온 후, 이 결과를 하나의 모델로 정리한 논문을 마이어로위츠와 코엔이 발표했다.[6] 논문 제목은 〈화륜의 전쟁The War of the Whorls〉이었다. 그리고 ABC 가설이 등장했다. 이 가설에서 가장 중요한 부분은 A와 C 유전자가 서로의 발현을 억제한다는 점이었다. 그래서 A와 C는 서로가 없을 때는 꽃 전체로 그 영향이 확장되었다. 하지만 함께 있을 때는 1, 2와 3, 4 사이에서 동적평형을 이루고 있었다. B 유전자는 A와 C 사이에 위치했다.

하지만 이 가설은 돌연변이에서 일어난 현상을 추상적으로 표현한 것에 지나지 않았다. 각각의 ABC 유전자들이 어떤 기능을 하는 단백

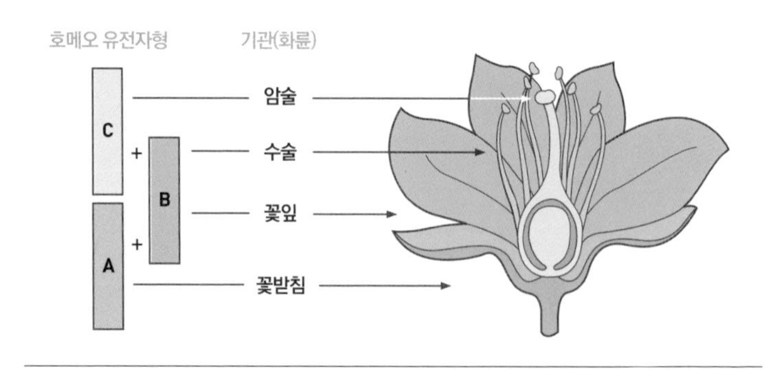

그림 3-3 꽃 발달을 설명하는 ABC 모델. 암술, 수술, 꽃잎, 꽃받침이라는 4개의 화륜은 각각 독특하게 발현되는 A, B, C 호메오 유전자형의 조합에 따라 발달한다.

질을 암호화하고, 그 단백질들이 물리적으로 어떤 효과를 내는지 알 필요가 있었다. 생명현상도 물리 현상이니까, 추상적인 이야기가 아니라 손에 잡힐 듯한 사실로 메꿀 때가 된 것이다.

ABC 모델이 발표된 전후로, 각각의 ABC 유전자들이 암호화하는 단백질의 기능이 밝혀졌다.[7] AP2를 제외한 나머지 단백질들은 모두 MADS 전사인자였다. MADS는 효모의 MCM1 단백질, 애기장대의 AGAMOUS 단백질, 금어초의 DEFICIENS 단백질, 그리고 인간의 SRF 단백질 전사인자가 공통적으로 결합하는 염기서열로, 각 유전자의 앞 글자를 따서 MADS라는 이름을 얻게 되었다. 그 이후, 꽃에 관한 대부분의 전사인자, 심지어는 FLC 단백질마저도 MADS 전사인자라는 것이 밝혀졌다.

하지만 간단한 만큼 ABC 모델은 맹점이 있었다. ABC 유전자들은 꽃의 발달에 중요한 유전자였지만, ABC 유전자들만으로는 잎에서 꽃 발달을 유도하지 못했다. 일련의 세포들에 꽃이 될 것이라는 표지가 미리 되어 있어야만 ABC 유전자가 기능을 할 수 있었다. 무엇보다 ABC 돌연변이 유전자가 꽃 발달에 필요한 유전자 전부를 대표하지 않을 수도 있다는 생각이 고개를 들기 시작했다. 그리고 10년 뒤인 2001년, 꽃의 모든 부분이 꽃받침으로 변하는 *sep*(*sepallata*, 꽃받침이 많은) 돌연변이에 관한 연구 결과가 발표되었다.[8] SEPALLATA 유전자들의 본래 이름은 AGL2, AGL4, AGL9로 1991년, 마이어로위츠 실험실에서 AG와의 염기서열 유사도를 바탕으로 애기장대 유전체에서 발굴된 유전자들이었다.[9] 하지만 개별 유전자의 돌연변이는 큰 표현형의 변화가 없어 기능이 없다고 생각되었다. 이처럼 비슷한 기능을 하며 서로를 보완하는 유전자 중복 현상은 연구를 어렵게 한다.

마이어로위츠 실험실에 박사후연구원으로 있던 마틴 야노프스키Martin Yanofsky는 새로 실험실을 꾸리며 *agl2*, *agl4*, *agl9*의 삼중 돌연변이를 만들었다. 그리고 유전자 이름을 *sepallata*로 바꿨다. 2004년에는 *agl3*가 *sep4*(*sepallata 4*)로 추가 발견되었다.[10] *sep4* 돌연변이까지 포함된 *sep1 sep2 sep3 sep4* 사중 돌연변이는 꽃의 모든 부분이 꽃받침이 아니라 잎처럼 바뀌었다. ABC 삼중 돌연변이처럼! 그래서 *sep* 유전자들은 E 유전자로 새롭게 분류되었다. 이전에 발견된 씨방의 발달에 필요한 유전자(D 유전자)와 함께 ABCDE 모델이 나오게 되었다.

ABCDE 모델도 여전히 유전자와 돌연변이 수준에 머물러 있었다. 이 ABC(D)E(애기장대에는 D에 해당하는 유전자가 없다) 모델의 유전자들이 번역된 단백질들이 무슨 일을 하는지가 밝혀져야 했다. 마이어로

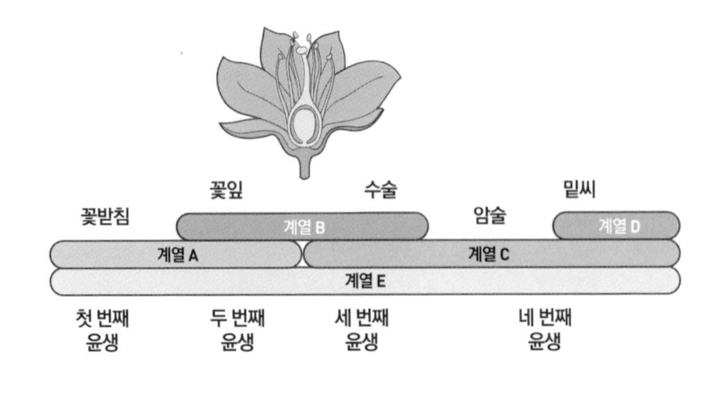

그림 3-4 꽃 발달에 관한 ABCDE 모델. 기존 ABC 모델의 3가지 호메오 유전자형과 더불어 밑씨와 꽃 발달 전반을 결정하는 D와 E 유전자형이 추가되었다.

위츠 실험실의 호세 루이스 리히만Jose Luis Riechmann은 ABC 유전자들의 단백질 형태로 한 생화학적 실험을 통해 이들이 항상 짝을 이룬다dimerization는 사실을 관찰했다.[11] 그리고 MADS 단백질들은 전사인자로 독특한 DNA 염기서열에 결합한다는 사실도 알려졌다.[12] 문제는 ABC 유전자들의 특정 조합만이 그 염기서열과 결합할 수 있다는 점이었다. 하지만 SEP 단백질까지 포함하면 문제가 해결되었다.

꽃의 특정 부분이 발달되는 데 서로 다른 4개의 단백질이 조합을 이루어서 DNA에 결합하여 전사를 조절한다는 가설이 발표되었다. 바로 '꽃의 사중주 모델Floral Quartet Model', FQM이다.[13] FQM을 발표한 권터 타이센Günter Theißen은 독일 뒤셀도르프의 하인리히 하이네 대학교에서 롤프 바그너Rolf Wagner의 지도하에 1991년 박사학위를 받았다. 롤프 바그너 실험실은 대장균을 이용해 리보솜 RNA의 전사를 연구하던 곳이었다. 이러한 귄터의 생화학적 연구 배경은 훗날 그가 이 FQM 가설을 발표하게 된 계기가 되었을 것이다.

ABC 단백질들이 서로 간에 어떤 결합력을 가지는지, 그간의 돌연변이 연구를 바탕으로 제시한 FQM 가설은 매우 깔끔한 논리 구조를 갖추었다. 각각의 조직 발달에 필요한 ABC 단백질 조합이 다르고, 또 그로 인해 다른 유전자가 전사되어 서로 다른 조직의 발달을 유도한다는 것이다. 하지만 이 가설에도 역시 맹점이 있다. 우선, 각각의 조직에 필요한 ABC 단백질 조합들이 실재하는지 밝혀지지 않았다. 4개 SEP 단백질이 DNA에 결합한다는 보고가 있지만, 세포 밖 시험관에서 이루어진 실험이었다. 수많은 단백질들이 공존하는 세포 안에서도 같은 결과가 나올 것이라고 단언할 수 없다. 무엇보다, 아직 ABC 유전자로 인해 조직별로 어떤 유전자가 전사되는지가 상세히 밝혀지지 않았다. 최근에 개발된 방법으로, 소수의 세포에서 전사되는 RNA를 추출해 염기서열을 분석하는 단일 세포 전사체 분석 방법single cell RNA-seq이 도입되면 조직별 전사량의 차이가 좀 더 확연히 드러나게 되리라 기대한다.

아직 밝혀질 내용이 많이 남았지만, ABC 모델은 현재로서 꽃의 발달을 설명하는 데 가장 유용한 가설이다. 그리고 이 ABC 모델은 실제로 여러 종류의 꽃 형태를 설명하는 데 참고되었다.

2013년에는, 수선화의 부관에 관한 논문이 발표되었다.[14] 부관corona은 수선화에서 발견할 수 있는 독특한 구조로, 꽃잎과 수술 사이에 나팔 모양처럼 자란다. 영국과 미국의 공동 연구팀은 보먼이 애기장대를 연구할 때와 같이 주사전자현미경을 이용해 부관이 발달할 때의 꽃 표본을 관찰했다. 튤립이나 수선화가 포함되어 있는 화판상 단자엽petaloid monocot은 꽃받침과 꽃잎이 구분이 불가능할 정도로 유사해서 둘을 굳이 나누지 않고 화피열편tepal이라 부른다. 부관의 유래에 관한 가설은 오래도록 분분했는데, 여러 학자들은 부관이 화피열편이 변형된 것이거나 수술이 변형된 것으로 여겨왔다.

그래서 연구팀은 우선 현미경 관찰을 통해 부관이 화피열편과 수술, 암술 등의 위치가 모두 결정된 이후에 화피열편과 수술 사이에서 자라나는 것을 보였다. 형태학적 관찰을 통해 부관이 기원하는 세포는 꽃잎과 수술 사이로 좁혀졌다. 다음으로 연구팀은 부관에서 발현되는 ABC 유전자의 발현량을 조사했다. 꽃잎에서 기원했다면 AB 유전자가, 수술에서 기원했다면 BC 유전자 발현이 높을 것이다. 실제로 부관에서는 BC 유전자 발현이 높았다.

이렇게 연구팀은 ABC 모델을 기반으로 수선화에서만 나타나는 독특한 조직인 부관의 기원을 분석했다. 수선화의 유전체 분석 결과는 2021년 현재, 아직 발표되지 않았기 때문에 정확히는 어떤 유전자가 어떤 기능을 하는지 알려져 있지 않다. 하지만 애기장대에서 이루어진 연구 결과를 바탕으로, 애기장대 ABC 모델 유전자와 유사한 유전자를 찾아 연구를 진행했다. 이는 애기장대에서 자리 잡힌 연구 결과가 어떻게 유전체 분석이 안 된 다른 종에 응용 가능한지를 보여주는 좋은 사례다.

한편, 난과 식물의 유전체 분석은 훨씬 더 많이 진척되어 있다. 2017

그림 3-5 큐 왕립수목원의 수선화.

년에는 가장 원시적인 형태로 알려진 난과 아포스타시아(*Apostasia*)의 유전체 분석 결과도 발표되었다.[15] 팔레놉시스(*Phalenopsis*, 호접란)의 유전체 분석 결과는 2015년에 발표되었다.[16] 모든 난에는 SEPALLATA 계열의 E 유전자가 애기장대보다 많다. 뿐만 아니라 E 유전자의 발현을 일시적으로 줄이면, 난 꽃의 꽃받침과 꽃잎이 잎으로 변화하는 호메오 돌연변이의 표현형을 띠었다. 난의 MADS E 유전자가 애기장대의 *sep* 돌연변이와 유사하게 작용한다는 결정적 증거다. 나아가 팔레놉시스의 유전체와 아포스타시아 유전체를 비교하면 E 유전자와 B 유전자가 아포스타시아에서 대폭 줄어든 것을 관찰할 수 있다. 연구팀은 이를 통해 E 유전자와 B 유전자가 팔레놉시스에서 보이는 독특한 꽃잎(입술꽃잎labellum)의 발달에 기여한다고 결론 내렸다.

수선화와 난 모두 애기장대에서와 같은 유전학적 실험을 진행하긴 어려운 상황이다. 물론 크리스퍼 유전자 가위(4부 3장 참조) 등 새로 등장하는 기술이 있어 애기장대 이외의 모델식물 연구가 활발해질 예정이다. 그렇더라도 유전체 분석 결과가 없는 경우 역시 애기장대의 ABC 유전자와의 상동성을 통해 독특한 꽃의 형태에 관여하는 유전자를 예측할 수 있게 되었다. 애기장대에서 이루어진 기초연구는 이렇게 더 많은 비모델생물로 뻗어 나가는 중이다.

꽃가루의 여행

런던에서 2시간여 떨어진 이곳은 조금만 벗어나도 숲이며 밭이 펼쳐진다. 5월, 차를 타고 교외로 나가는데 하늘이 온통 뿌옇다. 꽃가루다. 영국은 3월부터 9월까지 꽃가루 주의보가 내려진다. 나무, 목초, 잡초의 꽃가루가 순서대로 퍼진다. 문제는 알레르기인데, 영국인 1,000만 명 정도가 해마다 고초열(꽃가루 알레르기)로 고생한다. 치료법이 없어, 바세린을 인중에 발라 꽃가루가 코로 들어가는 걸 막으라는 등의 민간요법이 득세한다. 영국 기상청은 이 기간이 되면 꽃가루 측정치를 발표한다. 이른바 꽃가루 예보다.

꽃가루는 어디로 갈까? 수술에서 터져 나온 꽃가루는 바람을 타고 멀리 퍼진다. 같은 종 꽃의 암술에 가 닿을 수 있을지 없을지는 순전히 운에 달렸다. 그래서 꽃가루를 바람에 태워 보내는 풍매화는 엄청난 양을 해마다 실어 보낸다. 인간에게는 고초열이라는 고통을 안겨주지만,

식물의 입장에서 보자면 순전히 암술에 닿을 확률을 높이기 위해서다.

그런데 그럴 필요가 없는 식물이 있다. 자가수정 하는 식물들이다. 멘델이 연구하던 완두콩이 그렇고, 현대 식물학자들이 사랑하는 애기장대도 자가수정을 한다. 자신의 수술에서 나온 꽃가루가 자신의 암술에 묻어 수정이 이루어진다. 애기장대는 미처 꽃이 활짝 피기도 전에 꽃가루가 암술에 붙어 수정이 이루어진다. 자가수정 하는 식물은 유전적으로 동일한 개체를 유지하는 게 중요한 연구에는 필수적이지만, 한 식물 종의 입장에서 보자면 그리 달갑지 않은 일이다.

다윈은 1876년 자가수정을 한 식물의 자손과 타가수정을 한 식물의 자손을 비교 관찰했다.[1] 나팔꽃, 피튜니아, 배추, 상추, 담배 등의 식물을 키워서 자가수정을 하거나 다른 개체와 타가수정을 한 후 자손의 키, 무게, 생식력, 그 자손이 생산하는 종자 수 등을 비교했다. 그리고 타가수정을 한 자손이 거의 언제나 자가수정 한 자손보다 크고, 무겁고, 씨도 많이 맺는다는 것을 증명했다.

특히 인상 깊은 것은 자가수정을 하는 경우, 아예 자손이 생기지 않는 종이 많다는 점이었다. 같은 꽃의 수술에서 나온 꽃가루를 암술에 묻히면 씨가 거의 맺히지 않는 경우가 빈번했다. 같은 식물의 다른 꽃에 있는 꽃가루로 수정을 해도 결과는 비슷했다. 하지만 다른 식물의 꽃에서 꽃가루를 채취해서 수정하면 거의 항상 수정이 이루어져 씨가 맺혔다. 다윈은 추상적으로 같은 식물 간의 수정을 방해하는 어떤 방식이 있을 것이라고 상상했다. 다윈 이후 이루어진 유전학적, 생화학적 연구의 발달로 이제는 자신의 꽃가루가 암술에 붙으면 그 꽃가루를 제거하는 자가불화합성self-incompatibility에 대한 인류의 이해가 크게 확장되었다.

Torenia fournieri

현삼과 | 토레니아

○ ○ ● 풍매화의 꽃가루는 바람에 실려 먼 거리를 날아가 암술머리에 닿게 된다. 그러나 꽃가루가 바로 수정이 이루어지는 것은 아니다. 꽃가루가 암술에 붙고 나면, 그제야 꽃가루의 본격적인 여행이 시작된다. 바로 밑씨를 찾아가는 과정이다. 동물의 정자는 편모flagella를 이용해 난자에 도달한다. 하지만 식물은 편모 유전자를 모두 소실한 지 오래다. 그래서 대신 기다란 관을 만들어 방향을 잡고 자라기 시작한다. 이렇게 만들어지는 것이 바로 꽃가루관이다. 이 꽃가루관은 암술머리에서부터 씨방의 주공micropyle까지 자라며 정핵을 운반한다. 애기장대 꽃의 암술머리부터 씨방까지의 거리는 몇 밀리미터지만, 옥수수의 경우 그 거리는 30센티미터까지 되기도 한다. 이 먼 거리를 오로지 한 세포의 생장을 통해 다다른다.

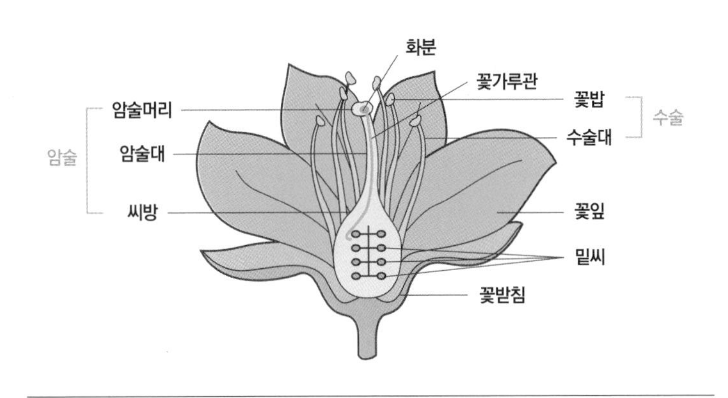

그림 4-1 꽃의 구조와 꽃가루관의 이동 경로. 화분이 암술머리에 닿고 나면, 길이 생장을 통해 암술대를 거쳐 밑씨에 도달한다.

동물의 난자와 정자는 단세포다. 본래 개체가 가지는 염색체 수의 절반을 가진 반수체(n) 상태로, 난자와 정자의 수정이 이루어지면 본래 개체가 가진 염색체 수로 회복된다(배수체, 2n). 염색체 수를 절반으로 줄이는 과정을 감수분열이라 하고, 동물의 경우에는 감수분열 후 생식세포가 더 이상 분열하지 않는다. 그래서 단세포인 난자와 정자가 만나 수정을 하면 역시 단세포인 수정란이 생긴다. 배수체인 몸 안에 단세포 단위의 난자 혹은 정자가 있는 것이다.

하지만 모든 생물이 이런 방식으로 생식을 하지는 않는다. 이끼가 포함된 선태류와 버섯이 포함된 균류는 감수분열을 하고 난 반수체

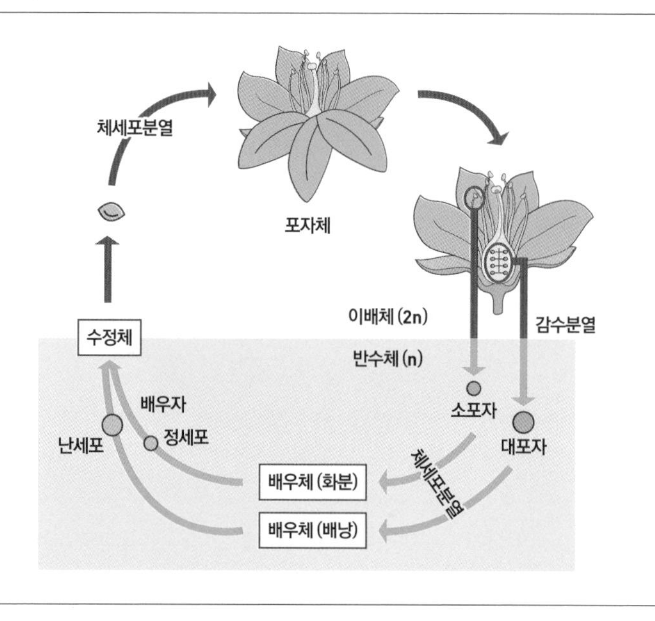

그림 4-2 식물은 감수분열 한 배우체가 체세포분열을 거친 후 생활하는 세대교번을 한다.

가 세포분열을 통해 독립적인 개체를 이루어 생활한다. 이를 배우체라고 한다. 그래서 배우체는 암배우체와 수배우체가 있다. 각각의 배우체에서 나온 난세포와 정세포는 수정을 한 후 포자가 되어 이동한다. 자리를 잡은 포자는 발아를 하고 생장을 시작하는데, 이때 발생한 개체를 포자체라고 부른다. 이렇게 한 종의 생활사 안에 2개의 다른 개체가 있는 것을 세대교번이라고 한다.

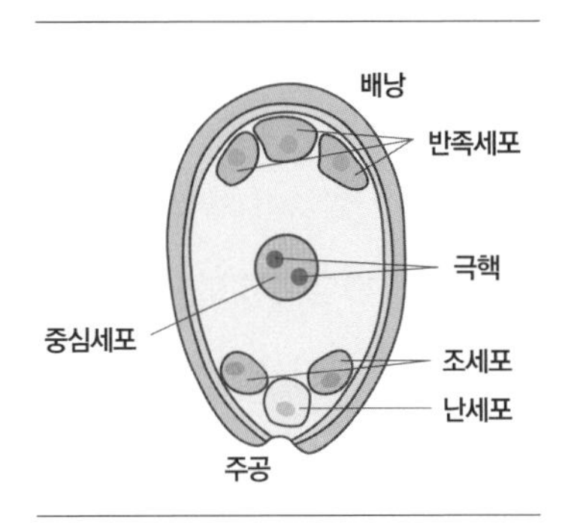

그림 4-3 식물 난세포의 구성. 감수분열을 거친 후, 3번의 체세포분열을 거친 난세포는 하나의 난세포, 2개의 조세포, 2개의 핵을 갖는 극핵, 3개의 반족세포로 이루어져 있다.

이끼로부터 진화한 식물은 이런 세대교번의 흔적이 남아 있다. 다만 현화식물의 경우는 배우체 시기가 매우 짧고, 포자체 내에서 자란다. 식물의 수배우체인 꽃가루는 감수분열 후, 체세포분열을 2번 반복해 반수체 핵을 3개 갖는다. 그중 2개가 정핵, 그리고 남은 1개는 영양핵, 또는 화분관핵이다. 식물의 씨방 내에 있는 대포자는 감수분열 후 체세포분열을 3번 반복해 총 8개의 핵을 갖는다. 이 8개의 핵이 7개 세포 안에 들어가 있다. 1개의 세포가 세포질분열을 하지 않기 때문이다.

그중 정핵과의 융합을 통해 실제 배아를 형성하게 될 난핵이 1개, 남은 하나의 정핵과 결합하게 될 2개의 극핵이 있는 중심세포, 2개의 조세포와 3개의 반족세포가 있다. 정핵과 난핵의 융합, 그리고 정핵과 극핵의 융합으로 수정이 2번 일어나기 때문에 중복수정이라 한다. 정핵 1개와 극핵 2개가 융합되어 3배체(3n)가 되는 중심세포는 이후 배젖으로 발달한다. 우리가 먹는 옥수수의 난알이 대표적인 배젖이다. 곡물의 난알에서 영양분이 가장 많은 부분이다.

실제 중복수정이 이루어지려면, 꽃가루가 암술머리에 닿은 후에 씨방까지 가야 한다. 이때 길을 알려주는 길잡이가 없다면 꽃가루관이 씨방으로 도달할 가능성이 매우 적어진다. 암술이나 씨방에서 꽃가루관에 방향을 일러주는 물질이 분비될 것이라는 가설이 있었던 이유다. 그러나 실제로는 암배우체의 여러 세포와 꽃가루관 사이에 끊임없는 '대화'로 꽃가루관의 생장 방향이 결정된다는 게 2010년대 들어 더욱 활발하게 밝혀지고 있다.

꽃가루는 씨와 마찬가지로 수분이 모두 증발한 상태로 이동한다. 발아할 때 물이 들어가 씨가 팽창하는 것이 중요한 과정이었듯이(1부 1장 참조) 꽃가루에 수분이 들어가는 것도 꽃가루관이 생장하는 데 중요하다. 꽃가루는 암술머리에서 추출한 용액에 담겨 있을 때 발아가 즉각적으로 일어난다. 이는 암술머리에 있는 어떤 물질이 꽃가루 발아를 촉진한다는 뜻이다. 현재까지 단백질부터 여러 작은 화학물질까지 다양한 물질이 그 촉진 물질로 밝혀졌지만,[2] 구체적인 기작은 잘 알려져 있지 않다.

발아 후 암술머리를 뚫고 들어온 꽃가루관은 암술대style에 다다른다. 암술대의 세포는 끊임없이 단백질을 분비해서 두꺼운 세포 외 기질Extracellular matrix, ECM을 만든다. 그리고 여기에 존재하는 여러 물질이 꽃가루관 생장에 영양분을 제공하기도 하고 생장 방향을 조절하는 것으로 여겨진다. 여러 연구자들은 자라나는 꽃가루관의 방향을 조절하기 위해서 일종의 농도 구배가 형성되어 있을 것이라고 가정했다. 암술대 전체를 하나의 구간으로 볼 때, 한쪽 끝의 농도가 더 높으면, 꽃가루관이 농도가 더 높은 쪽으로 방향을 잡고 자랄 수 있게 되기 때문이다. 이 가설을 바탕으로 농도 구배를 형성하면서 꽃가루관의 생장을 유도하는 물질 탐색이 시작됐다. 그중 후보 물질 하나는 GABA다. GABA는 아미노산의 일종으로, 동물에서는 신경전달물질로 작용한다.

시카고 대학에 있던 다프네 프류스Daphne Preuss 연구팀은 GABA가 꽃가루관 생장과 길잡이 역할을 한다고 2003년 발표했다.[3] 이들이 동정한 POP2 단백질은 GABA의 분해를 담당하는 효소로, *pop2*의 GABA 농도는 대조군 애기장대의 100배에 달했다. 이런 고농도의 GABA는 꽃가루관의 생장을 억제했다. 하지만 저농도에서는 꽃가루관 생장을 촉진했다. 연구팀은 GABA의 농도가 주공에서 가장 높고 암술대로 올라갈수록 낮음도 함께 보였다. 하지만 GABA가 어디에서 합성되는지, 그리고 농도 차가 실제로 꽃가루관 생장 방향을 바꿀 수 있는지는 알려지지 않았다. 무엇보다도 애기장대의 GABA 수용체가 아직 밝혀지지 않았다.[4]

다프네 프류스는 미국에서 손꼽히는 하워드 휴스 의학연구소Howard Hughes Medical Institute, HHMI 소속 과학자였다. 미국의 과학자에게는 최고의 영예라 할 수 있는 자리였다. 하지만 그는 2007년 크로마틴이라는 회사의 대표로 취임하며 HHMI 교수직을 포기한다. 크로마틴은 2000년에 생긴 생명공학 벤처회사로, 수수 종자가 주력 상품이다. 과학 자문을 맡아오던 그였지만, 2007년 직접 대표로 나섰다. 벤처 사업가가 된 프류스는 2021년 현재까지도 생명공학 연구 결과를 농업에 도입하는 노력을 진행 중이다. 이처럼 대학원을 거쳐 학위를 받은 모두가 과학자가 되지는 않는다. 상대적으로 평가 절하되지만, 산업체로 진출하는 박사가 훨씬 더 많다. 프류스처럼, 학계의 저명한 과학자가 된 이후에도 언제든 마음을 바꿀 수 있다. 실제로 박사학위자의 10~20퍼센트만이 교수가 된다.[5] 그러나 박사과정 중에는 교수 이외의 직업에 대한 안내가 많이 빈약하다. 개선이 필요하다.

다시 꽃가루관의 여정으로 돌아가면, 암술대를 타고 씨방 근처까지 간 꽃가루관은 이제 직접 씨방의 신호를 받기 시작한다. 씨방의 주공으로 들어가는 신호는 꽃가루관이 받는 마지막 신호다. 이 신호는 여러 연구팀에 의해 발견되었다. 단자엽식물의 경우, 토머스 드레셀하우스Thomas Dresselhaus 팀이 옥수수에서 EA1(Egg Apparatus 1)이라는 유전자가 옥수수 꽃가루관이 씨방에 진입하는 데 필요함을 발표했다.[6] 하지만 EA1은 옥수수에 있는 상동유전자 EAL1 외에 아직 다른 종에서는 상동유전자가 발견되지 않았다. 독특한 기능을 갖고 있는 유전자이지만, 식물 종 전체에 걸쳐 보존되어 있지는 않은 것으로 보인다.

식물 종 전반에 걸쳐 보존된 꽃가루관 유도 물질을 발견한 사람은 데쓰야 히가시야마Tetsuya Higashiyama였다.[7] 히가시야마는 벼농사가 주를 이루는 일본 쓰루오카시에서 나고 자랐다. 토양학 교수인 아버지의 영향으로 생물학을 전공으로 선택했다. 그리고 도쿄 대학교에서 스승 구로이와 쓰네요시의 가르침을 받아 식물학을 공부하기 시작했다. 쓰네요시 교수는 식물 내 세포소기관인 엽록체와 미토콘드리아의 분열을 연구했지만 히가시야마에게는 식물의 배아 발생 연구를 제안한다. 배아 발생 전의 식물 생식 분야 연구도 전무하다는 것을 알게 된 히가시야마는 배아 발생 전 단계인 수정 과정, 그중에서도 꽃가루관 생장에 관심을 갖게 된다.

그러던 어느 날, 히가시야마는 한 논문을 통해 토레니아 꽃의 배낭이 다른 꽃들과는 달리 노출된 구조라는 내용을 읽게 된다. 애기장대는 배낭이 주병 안에 숨어 있는 반면에, 토레니아는 주병 밖으로 배낭이 돌출된 구조다. 애기장대에는 꽃가루관이 주병 안으로 들어가고 나면 관찰이 힘든데, 토레니아는 꽃가루관이 배낭 안의 난세포를 찾

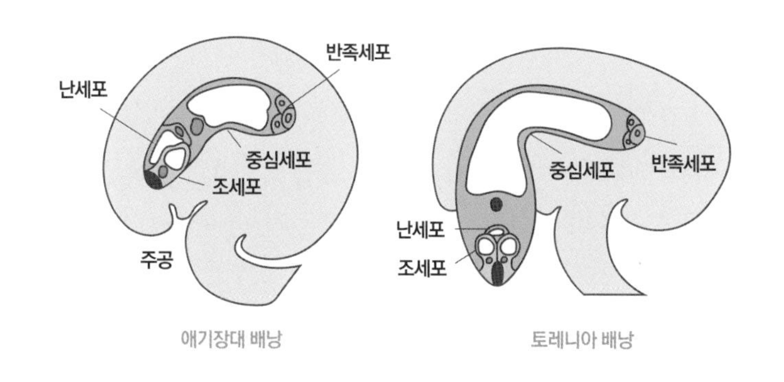

그림 4-4 꽃가루관이 주공을 통해 진입해야 하는 애기장대 배낭과는 달리 토레니아의 배낭은 난세포와 조세포가 노출되어 있어 꽃가루관의 이동을 연구하는 데 용이하다.

아 자라는 과정을 관찰하기 용이할 것 같았다. 꽃집에서 토레니아를 직접 사온 그는 꽃가루관 생장을 연구하기 시작했다. 모델생물이 아닌 종으로 연구를 하는 것은 쉽지 않다. 알려진 게 거의 없어 모든 일이 새롭고, 그 사실을 공유할 사람도 없다. 그럼에도 그는 토레니아 꽃이 가진 특징을 이용하기 위해 토레니아를 모델생물로 삼았다.

히가시야마가 관찰하고 싶었던 꽃가루관의 생장을 제대로 보려면 꽃가루관이 암술대 밖에서도 자라야 했다. 그러면 현미경으로 관찰하기가 수월해지기 때문이다. 밑씨에서 만들어지는 어떤 물질이 꽃가루관을 끌어 들이는 것이라면 밑씨도 시험관 밖에서 생존해야 했다. 그 물질이 시험관에서도 만들어질 수 있어야 하고, 그러기 위해서는 밑씨도 시험관에서 살아 있어야 했다. 폴케 스쿠그가 박사과정을 마무리했던 프리츠 벤트의 실험실에서 박사과정을 한 장 폴 니치Jean Paul Nitsch는 학위 기간 동안 체외에서 꽃을 열매로 배양하는 법을 연구했다.[8] 그는 토마토, 딸기 등의 꽃을 길러 그 꽃을 따 배양액을 적신 종이 위에서 키우면서 열매를 맺게 하는 데 성공했다. 비법은 토마토 주스였다. 토마토 주스를 배양액에 섞어 넣으면 꽃에 있는 밑씨가 열매로 자랐다. 니치는 토마토 주스 없이도 열매를 키울 수 있는 배양 조건을 찾았고, 이때 그가 만든 배양 용액은 니치 용액으로 불리게 되었다.

히가시야마는 우선 니치 용액에 꽃가루와 밑씨를 담그고 꽃가루관의 생장을 관찰했다. 하지만 니치 용액에서 토레니아의 꽃가루관은 생장하지 않았다. 결국 히가시야마는 니치 용액의 성분을 조금씩 바꿔가면서 토레니아 꽃가루관이 잘 자라는 조건을 찾았다. 히가시야마는 이 조건을 찾는 데만 1년 반이 걸렸다고 회상한다. 수정된 니치 용액에서 꽃가루관은 좀 더 잘 자랐지만, 왜인지 모르게 길게 뻗지 못하고 꽃가루관 끝도 터져버리곤 했다. 그리고 주변에 배낭이 있는데도 꽃가루관은 배낭을 스쳐 지나갔다. 시험관 조건에서 히가시야마가 관찰한 1,930여 개 꽃가루에서 나온 꽃가루관 중에 배낭의 주공으로 들어간 꽃가루관은 단 하나도 없었다. 그래서 히가시야마는 방법을 바꿔 꽃가루가 붙은 암술대를 잘라 배낭 옆에 두었다. 그러자, 꽃가루관 생장이 구불구불한 형태에서 쭉 뻗은 선형을 띠기 시작했다. 그리고 6,803개 꽃가루를 관찰한 결과 그중 4퍼센트인 273개 꽃가루가 주공 안에 도달했다.[9]

1999년 도쿄 대학교의 조교수로 임용된 히가시야마는 박사과정을 밟을 때부터 해오던 실험을 계속했다. 꽃가루관이 배낭을 향해 생장하는 것을 처음으로 관찰한 후 히가시야마가 궁금했던 점은 어떤 화학 신호가 꽃가루관 생장을 유도하는가였다. 이 연구는 준비하는 데만 4년이 걸렸다. 올바른 실험 방법 마련에만 5년 넘게 걸린 것이다. 겨우 20년 전 일인데도, 모든 게 빠르게 빠르게만 돌아가는 오늘날에는 상상하기 힘든 일이다. 하지만 많은 시간을 쏟아야만 이뤄낼 수 있는 결과들이 분명히 있다. 그렇기 때문에 단기간으로만 지원되는 현재의 박사후연구원 계약, 그리고 연구비 지급 기간 등이 아쉽다.

히가시야마가 4년에 걸쳐 준비한 실험은 레이저를 이용해 대포자의 일부 세포를 제거하는 것이었다. 대포자를 이루는 난핵, 극핵, 조세포, 반족세포를 한 번에 하나씩 레이저로 제거하면서 꽃가루관의 생장 방향에 변화가 생기는지를 관찰했다. 히가시야마는 난세포와 이웃한 조세포에서 분비되는 어떤 물질이 꽃가루관 생장을 유도한다고 발표했다.[10] 뿐만 아니라 꽃가루관이 많으면 많을수록 난세포 방향으로 자라는 꽃가루관이 많아지는 현상을 통해, 꽃가루관끼리도 상호작용을 할 것이라고 유추했다. 이제 꽃가루관 생장을 유도하는 직접적인 물질을 찾아야 했다.

토레니아를 이용해서 꽃가루관을 연구한 사람은 히가시야마가 처음이었지만, 꽃가루관 생장 방향을 조절하는 물질에 대한 연구는 오래되었다. 금어초, 백합(나리) 등을 이용한 연구에서 칼슘 이온, 당류 그리고 세포 밖으로 분비되는 작은 단백질 등이 후보군으로 밝혀졌다. 히가시야마는 토레니아와 종 분화 시기가 유사하고 노출된 배낭을 가진 밭뚝외풀속(*Lindernia*) 식물 외풀(*Lindernia crustacea*)과 논뚝외풀(*Lindernia micrantha*)에서 배낭과 꽃가루를 분리해 종 간 꽃가루관 생장 유도를 비교했다.[11] 칼슘 이온이 꽃가루관 생장을 유도한다면 이종 간에도 차이가 없을 것이라고 가설을 세웠다. 하지만 늘 같은 종의 배낭에 꽃가루관이 도달할 확률이 더 높았다. 이로써 모든 꽃에 공통으로 존재하는 칼슘은 생장 유도 물질 후보에서 제외됐다. 그렇다면 종마다 고유하게 합성되는 물질이 생장 유도 물질 후보일 가능성이 높았다. 히가시야마는 그 물질이 단백질일 것으로 가정했다.

히가시야마는 2007년 나고야 대학교로 자리를 옮기지만 앞서 단백질이 꽃가루관 생장을 유도할 것이라는 가설을 계속 시험해나갔다.

그러기 위해서는 새로운 실험이 필요했다. 바로 꽃가루관이 방향을 잡는 데 길잡이 역할을 하는 조세포만 따로 분리하는 일이었다. 2009년 이에 관한 내용을 발표한 논문에서 히가시야마 팀은 한 문단을 들여 그 방법을 설명한다.[12] 바로 배낭의 세포벽을 녹이는 방법이다. 식물세포는 벽을 사이에 두고 세포들이 인접해 있고, 세포의 일생 동안 이웃이 바뀌지 않는다. 그러므로 하나의 세포만 떼어 내기 위해서는 세포벽을 분리할 수밖에 없다. 연구팀은 식물 세포벽을 분해하는 효소로 배낭을 밑씨로부터 분리하고, 여기서 다시 난세포와 조세포, 그리고 중심세포를 분리했다. 그리고 일일이 직접 조세포를 골라냈다. 분리된 배낭의 크기는 100마이크론을 넘지 않았고, 분리된 조세포는 20마이크론 정도였다. 개구리 알 지름이 1밀리미터 안팎이니 배낭은 그보다 500배쯤 작은 셈이다.

그렇게 골라낸 조세포 25개에서 발현되는 유전자를 분석했다. 세포 안에는 다양한 RNA가 있으며, 그중 유전자 발현을 위해 DNA로부터 전사된 RNA는 보통 말단에 아데닌 염기를 여러 개 갖는다. 연구팀은 이들을 DNA로 바꾸었다. 이를 상보DNA라고 하는데, 이 과정을 통해 세포 내에서 발현되고 있는 유전자의 염기서열을 알 수 있다. 조세포 상보DNA 중에는 CRP(Cysteine-Rich Polypeptide)라는 유전자가 다수 발견되었다. 총 16개 CRP 유전자가 발견되었고, 이를 모두 합하면 전체 상보DNA의 29퍼센트에 달하는 양이었다. 그중 발현이 가장 잘되는 두 CRP 유전자를 TfCRP1, TfCRP3라고 이름 지었다.

TfCRP1과 TfCRP3는 여러 면에서 꽃가루관 생장 유도 물질의 특성을 가졌다. 일단 크기가 매우 작은 단백질이었고, 세포 밖으로 분비되었다. 또 다른 어느 조직보다 꽃 조직, 그중에서도 조세포에서 발현이 가장 많이 되었다. 하지만 이는 모두 정황상 증거이고, 가장 확실한 증거는 TfCRP1과 TfCRP3 단백질만으로도 꽃가루관의 생장 방향이 바뀐다는 것이었다. 모든 증거가 이 두 단백질이 꽃가루관 생장 방향을 조절함을 가리켰다. 이에 연구팀은 단백질 이름을 '미끼'를 뜻하는 LURE1(TfCRP1) 단백질, LURE2(TfCRP3) 단백질로 바꾼다. 훗날, 이 LURE 유전자의 상동유전자가 애기장대에서 발견되면서 LURE 단백질에 의한 꽃가루관 생장 유도가 토레니아에서만 일어나는 현상이 아님이 밝혀졌다.[13]

그리고 2016년, LURE 단백질의 수용체가 히가시야마 팀과 중국의 양 웨이차이 팀에서 밝혀졌다. 히가시야마 팀은 토레니아가 아닌 애기장대에서 CRP 단백질의 수용체로 알려져 있는 RLK(Receptor-like Kinase)를 선택해서 연구를 이어갔다.[14] 세포 밖으로 분비되는 펩타이드를 인식하는 RLK에는 앞서 생장점이 커지는 것을 막는 CLV3 단백질을 인식하는 CLV1 단백질도 포함되어 있다. 애기장대에 있는 RLK 중 꽃가루에서 많이 발현되는 RLK의 T-DNA 삽입 돌연변이를 모두 찾고 이 돌연변이에서 만들어진 꽃가루가 LURE1 단백질 펩타이드에 의해 생장 방향이 바뀌는지 관찰했다. 오직 한 돌연변이(*prk6*)만이 LURE 단백질에 의한 꽃가루 생장 방향 유도가 없어졌다.

한편 양 웨이차이 팀도 애기장대를 이용해서 꽃가루관에 있는 LURE 단백질 수용체를 찾으려 했다.[15] 이 연구팀 또한 RLK에 초점을 두었고, 25개를 선택해 우성음성 돌연변이를 제작했다.[16] 우성음성 유전자는 스스로 그 기능이 억제될 뿐 아니라 정상적인 유전자의 기능까지도 억제할 수 있다. 기능을 억제하기 때문에 '음성'의 영향을 주고, 두 유전자 중 하나만 이 돌연변이가 되어도 그 '음성' 효과가 나타난다. 이렇게 만든 우성음성 돌연변이 RLK가 꽃가루에서만 발현되는 애기장대 형질전환체를 제작했다. 이 중 2개의 돌연변이에서 꽃가루관이 주공으로 이동하는 것이 줄어들었다. 이들은 이 유전자에 MDIS(Male DIScoverer)라는 이름을 지었다.

양 웨이차이 팀에서 우성음성 돌연변이 제작을 위해 선택했던 RLK 유전자 중에는 PRK6가 포함되어 있었다. 하지만 이들은 *prk6* 우성음성 돌연변이 형질전환체에서 꽃가루관 생장의 이상을 관찰하지 못했다. 두 팀의 논문은 한 학술지에 연달아 게재되었음에도 결과가 상반되는 것으로 보아 저자들 간에 사전 정보 공유는 없었던 것으로 보인다. 아직은 후속 연구를 기다려야 할 때다. 최근에 발표된 연구 결과일 때 아직 동료 과학자들의 검증이 이루어지지 않은 경우가 있어 조심스럽게 접근해야 할 필요성이 있다. 논문이 학술지에 출간되기 위해서는 적게는 2명의 외부 심사위원이 심사하지만, 그럼에도 다섯 손가락 안에 드는 심사위원 수가 전체 분야를 대표하진 않는다. 논문이 학술지에 출간되었다고 해서 이를 곧이곧대로 받아들이는 것이 위험한 이유다.

LURE 단백질 신호로 주공 근처까지 온 꽃가루관은 이제 생장 속도를 줄이면서 조세포에 진입해야 한다. 이렇게 꽃가루관이 난세포에 진입하는 과정을 꽃가루관 진입pollen tube reception 이라 부른다. 꽃가루관의 생장은 씨방 근처에서 현저히 줄어들다 멈추고, 꽃가루관이 터지면서 2개의 정핵이 배낭으로 들어가게 된다. 암배우체는 조세포를 통해 진입한 꽃가루관과의 '대화'를 지속한다.

율리 그로스니클라우스Ueli Grossniklaus 실험실에서 발견한 돌연변이 *fer*(*feronia*, 다산을 상징하는 에트루리아의 여신)는 암배우체에 이 돌연변이가 있을 때만 불임이 되어 씨가 맺히지 않는다.[17] *fer* 돌연변이를 현미경으로 관찰하면 꽃가루관이 주공 근처에서 생장을 멈추지 않고 암배우체 안으로 계속 자란다. 이 관찰을 바탕으로, FER와 같은 유전자에 생긴 다른 돌연변이 이름은 사이렌(*Sirene*)이 되었다.[18] 이처럼 FER가 포함되어 있는 RLK 계열의 유전자들을 인어 이름으로 짓는 전통이 있었는데, 그중 또 다른 이름은 로렐라이(*lorelei*, *lre*)다. *lre* 돌연변이는 *fer*보다 약하지만 유사한 꽃가루관 표현형을 보이고, LRE와 FER 단백질은 직접 결합을 한다. 많은 RLK 단백질 수용체는 혼자 작용하는 것이 아니라 다른 RLK 수용체를 통해 작용하는데, LRE 단백질도 FER 단백질과 함께하는 RLK 수용체라는 가설이 자리 잡게 되었다.[19]

그로스니클라우스는 본래 초파리를 연구했다.[20] 초파리 난소를 연구하던 그는 1993년 발터 게링Walter J. Gehring 실험실에서 초파리 연구로 박사학위를 받은 후 식물 연구로 옮겨 간다. 독립 연구자로 콜드스프링하버 연구실에 실험실을 차린 그는 애기장대에서 암배우체 돌연변이를 찾는 데 몰입한다. 배우체의 돌연변이를 찾는 것은 기존의 돌연변이 탐색 기법보다 훨씬 어렵다. 애기장대의 배우체는 포자체 안에서 발달해 겉에서 관찰하기 어렵다. 뿐만 아니라 전체 식물체 중 배우체 세포는 극히 적어 돌연변이의 영향을 받는 세포도 당연히 적다. 찾기 어려울 수밖에 없다. 그렇기 때문에 1차로 수정이 되어 씨가 맺히는 확률을 관찰하고, 2차로 대조군과의 교배를 통해 이 돌연변이가 배우체로부터 기인하는지 아닌지를 판단해야 한다. *fer*는 이런 과정을 통해 발굴되었다. 그 외에도 다수의 암배우체 돌연변이를 이 방법을 이용해 발굴했다.

한편, 자신의 암술에 자신의 꽃가루가 붙어 수정이 되는 것을 막는 과정은 대개 꽃가루관이 안착하고 길어지는 과정에서 일어난다. 자가수정을 하지 않는 대부분의 종은 자가수정을 막는 자가불화합성 방식을 갖고 있다. 이는 절반 이상의 속씨식물에서 관찰할 수 있다. 대표적으로 3개 과, 십자화과Brassicaceae, 가지과Solanaceae, 양귀비과Papaveraceae의 자가불화합성 기작이 비교적 연구가 잘되어 있다.[21]

십자화과는 애기장대가 속해 있으며, 애기장대뿐 아니라 유채, 배추, 무, 브로콜리, 콜리플라워 등이 모두 포함된다. 애기장대는 자가수정을 하기 때문에 자가불화합성을 연구할 수는 없지만, 애기장대의 근친 종인 다년생 풀 뫼장대(*Arabidopsis lyrata*)로 연구가 가능하다. 암술머리에 있는 유전자 SRK(S-locus Receptor Kinase)는 같은 염색체상에 존재하며 꽃가루에서 분비되는 SCR(S-Cysteine-Rich) 혹은 SP11(S-locus Protein 11)이라는 단백질과 결합할 수 있다.[22] 이렇게 자기 꽃가루가 자기 암술머리에 붙으면, 일련의 신호전달 반응을 통해 해당 꽃가루에 수분이 들어가는 과정이 억제된다. 꽃가루의 발아를 촉진하는 물질의 발현이 유도되지 않아 일어나는 현상으로 예상되고 있다.

한편 가지과에는 담배, 가지, 토마토, 고추 등이 포함되어 있다. 가지과 암배우체에서는 꽃가루관 생장을 억제하는 단백질(S-RNA 분해효소)이 발현되고, 암배우체와는 다른 대립인자를 갖는 수배우체에서는 S-RNA 분해효소S-RNase를 분해하는 단백질(S-locus F-box)이 분비되어 자가수정이 될 경우에는 S-RNase 단백질에 의해 꽃가루관 생장이 억제된다.[23] 이처럼 다양한 방식의 자가불화합성 기작이 존재하여 자가수정을 막는다. 이로써 유전자 재조합이 일어나고 유전적으로 동일한 후손이 생겨나는 것을 막아낸다. 유전적 다양성이 줄어드는 것은 변화하는 환경에 적응할 유전자가 줄어든다는 뜻이기 때문에, 종의 입장에서는 멸종에 가까워진다는 의미가 된다.

바람을 타고 곤충을 타고 시작된 꽃가루의 기나긴 여정은 꽃가루관을 통해 밑씨를 향해 길게 자라나 씨방에 진입하는 것으로 끝난다. 이렇게 난세포에 들어가게 된 정핵 하나는 난핵과 결합하며 새로운 배embryo를 만든다. 또 다른 정핵은 극핵과 결합하여 배아에 영양을 공급할 배젖이 된다. 우리가 먹는 곡물이나 콩의 영양가 있는 부분이 대부분 배젖이다. 배젖을 미리 만들지 않고 배아가 될 정핵과 난핵의 수정이 이루어진 후에야 만들기 시작함으로써 불필요한 에너지 소모를 줄인다. 중복수정은 이렇게 에너지를 아끼기 위한 진화적인 선택으로 이해해볼 수도 있다.

세상에서 가장 신기한 일

아이의 책을 보면 새끼를 등에 업고 다니는 거미, 겨울잠을 자는 동안 새끼를 낳고 키우는 곰, 물속에서 엄마와 손잡고 다니는 새끼 돌고래 등 수많은 생명 탄생과 성장의 경이로움이 담겨 있다.

하지만 세상에서 가장 신비로운 일은 어떤 생명이든 첫 시작은 세포 하나라는 사실이다. 하나의 세포가 활성을 띠고 분열을 하려면 단백질이 있어야 하고, 그 단백질은 전령RNA 전사를 통해 만들어진다. 하지만 DNA로부터 전사되는 전령RNA는 단백질 전사인자를 필요로 한다. 끝도 없이 물고 물리는 닭이 먼저냐 달걀이 먼저냐의 생물학 버전인 셈이다. 그 어떤 세포보다도 수정이 막 된 최초의 세포에서 이 문제가 특히 두드러진다.

수정 이후 분열 과정에서 동물 수정란은 세포의 위치가 끊임없이 바뀌면서 배아의 형태를 갖춰 나간다. 그래서 몇 번의 분열을 거친 수정란은 둥근 구 형태를 띠지만,

그 안의 세포가 이동하면서 길쭉한 배아의 모습을 한다. 그리고 이 이동 과정이 각각의 세포가 피부가 될지, 뼈가 될지를 정하는 데 중요한 결정 요인이 된다.

하지만 식물 배아는 세포벽 때문에 세포의 위치가 바뀔 수가 없다. 동물의 수정란처럼 분열을 진행한 후, 세포의 위치를 바꾸면서 잎이나 뿌리와 같은 기관을 만들 수 없다. 그렇기 때문에 식물의 수정란에서는 첫 세포분열부터 방향이 매우 중요하다. 어느 방향으로 분열하는가에 따라 배아가 옆으로 퍼진 형태가 될지, 아니면 위로 길어진 형태가 될지 정해진다. 세포가 이동하지 않고, 이웃한 세포는 평생 붙어 있기 때문에, 어느 자리에 있는지가 그 세포가 뿌리의 관다발이 될지, 뿌리의 표피세포가 될지를 결정하게 된다.

결국, 식물은 한 세포에서 시작되어 세포분열이 일어날 때 분열 횟수, 분열 방향이 아주 세밀하게 정해져 있다. 그래야만 원하는 형태의 배아를 만들 수 있기 때문이다. 어떻게 식물 수정란은 이렇게 정교하게 결정을 내려 배아가 될 수 있을까?

○ ○ ●

꽃가루관을 타고 온 정핵이 난핵을 만나 수정이 되면 여러 번의 분열을 거쳐 배아embryo가 된다. 식물에서는 배아 발생embryogenesis 시기에 기본적인 조직 위치가 모두 정해진다. 뿌리와 줄기의 위치가 이때부터 결정되는 것이다. 심지어 이 시기에 결정되는 정단분열조직에서 발아 후에도 끊임없이 새로운 조직이 만들어지니 경이로운 일이 아닐 수 없다.

어떤 특정 조직이나 개체 발생을 연구할 때 가장 먼저 자리 잡혀야 하는 것은 그 형태다. 육안으로든 현미경으로든 시간에 따른 발생 단계를 관찰하고, 관찰 결과를 잘 기록하는 것이 먼저 이루어져야 한다. 또 다른 모델생물인 예쁜꼬마선충(*Caenorhabditis elegans*)의 배아 발달 연구가 대표적인 예다. 예쁜꼬마선충의 성체는 900여 개의 세포로 이루어져 있고, 각각의 세포가 어디서 유래했는지는 오랜 관찰 과정을 통

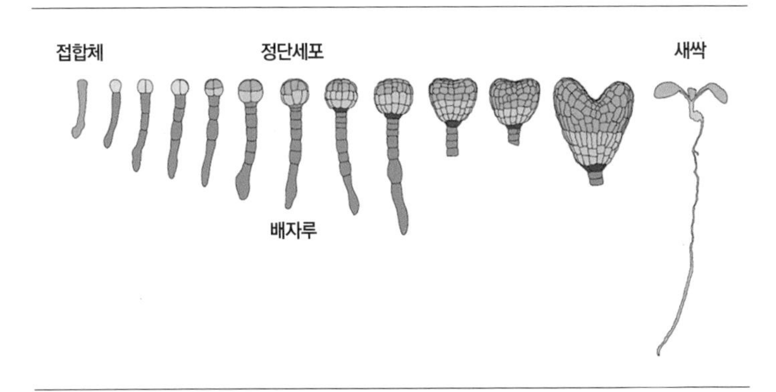

그림 5-1 배아 발달 과정. 난세포와 정세포가 융합하여 생긴 접합체는 길이 생장을 하며 세포분열을 시작한다. 최초의 분열은 정단세포와 배자루가 될 세포로 나뉜다. 정단세포는 이후 지상부를 이루는 모든 세포의 생성에 관여한다. 배자루세포는 대부분이 퇴화하며, 정단세포와 가장 근접한 한 세포만이 이후 뿌리를 이루게 된다.

해 정립되었다. 그래서 그 900여 개 세포가 어떤 모세포가 분열해서 그 자리에 위치하게 되었는지를 정밀하게 추적할 수 있다.[1]

이와 달리 식물 배아의 발생 과정은 다소 무작위하게 일어난다.[2] 최종 결과물은 같지만 그에 도달하는 방식이 관찰하는 개체마다 다르다. 이렇게 되면 연구에 어려움이 있다. 개별 관찰 결과로부터 도출할 수 있는 공통점이 없어 결론을 내리기 어렵기 때문이다. 하지만 십자화과Brassicaceae 식물들은 식물 종 중에서도 배아 발생 과정에서 세포 분열 방식이 일정하게 이루어지고, 최종 배아의 생김새도 개체별 차이가 없다. 그리고 십자화과에는 식물학자들이 사랑하는 애기장대도 포함된다. 특히 애기장대는 분열 순서가 매우 규칙적인 것으로 알려져 있다.

식물의 배아 발생 과정을 관찰한 역사는 매우 오래되었다. 그리고 기술이 발전함에 따라 결과도 점점 정밀해졌다. 프랑스 크리스티앙 뒤마Christian Dumas의 연구팀은 공초점현미경을 이용해 수정 직후의 과정을 상세히 관찰해냈다.[3] 이들은 인공적으로 꽃가루를 암술머리에 묻히고 시간대별로 배낭을 고정시킨 후 공초점현미경으로 관찰했다. 그 결과 꽃가루를 암술머리에 묻히고 5시간이 지나면 조세포로 꽃가루관이 침투하고 조세포가 무너졌다. 그리고 이르면 5시간, 혹은 6시간 정도면 난세포의 움직임이 포착되었다. 수정되지 않은 난세포의 핵은 중심세포의 핵과 세포막을 사이에 두고 거의 붙어 있다시피 한다. 하지만 수정이 된 후에는 중심세포 쪽에 있던 수정란의 핵이 점차 반대편 주공 쪽으로 이동한다. 세포 내 배치가 대대적으로 바뀌는 것이다. 이와 함께 24시간이 지나면 미래의 수직 축을 기준으로 길쭉해진 접합체zygote가 된다. 길쭉해진 접합체가 중요한 이유는 이 형태가 앞으로의 분열 방향을 결정하는 기준이 되기 때문이다.

2000년대 중반, 크리스 서머빌 팀은 짤막한 접합체를 만드는 돌연변이를 발견했다.[4] 그리고 그 돌연변이의 이름은 땅딸막한 형체에서 힌트를 얻어 〈스타워즈〉에 나오는 *yda*(*yoda*)가 되었다. 수정이 된 접합체는 한 차례 분열을 거치면서 짧은 위쪽 정단세포apical cell와 기다란 아래쪽 배자루세포suspensor cell가 된다. 하지만 *yda* 돌연변이는 길이가 비슷한 2개의 세포가 만들어진다.[5] YDA 단백질은 인산화효소로 다른 단백질에 인산기를 붙이는데, 이런 인산기는 단백질을 활성화시키는 표지가 되거나, 분해가 될 단백질이라는 표지가 된다. 특히 YDA 단백질은 다른 생물에서 세포 증식에 관련된 인산화효소로 알려진 MAP 인산화효소의 상동유전자다.

한편, 서머빌 팀에서 찾아낸 돌연변이 13개 중 9개는 *yda* 돌연변이였지만, 두 종류의 돌연변이 *grd*(*grounded*)와 *ssp*(*shot suspensor*)가 더 있었다.[4] *ssp*는 *yda*와 비슷한 돌연변이 표현형을 보여 아래쪽 세포인 배자루(배병)가 짧아졌다. 성체는 별다른 표현형을 보이지 않았다. 배자루는 분열을 거듭하며 7~9개 세포가 되는데, 그중 가장 위의 세포를 제외하면 발달 과정 중에 제거되기 때문에 성체에는 영향을 미치지 않을 수 있다. 서머빌 팀에서 YDA 연구를 했던 볼프강 루코비츠Wolfgang Lukowitz는 콜드스프링하버 연구소로 옮겨 SSP 연구를 계속 해나갔다. 그리고 *ssp* 돌연변이 형질이 부계를 통해서만 전달된다는 점을 관찰한다.[6] SSP 전령RNA는 꽃가루에서만 검출되었다. 하지만 SSP 전령RNA는 꽃가루에서 검출되지 않고, 수정된 세포에만 축적되었다. 즉, 꽃가루에 있던 SSP 전령RNA가 수정된 세포로 이동하며 단백질로 번역이 되고 이것이 접합체의 YDA 단백질을 활성화시켜 최초의 비대칭 분열을 유도한다는 가설을 세울 수 있다. 이는 어떻게 갑자기 접합체의 분열이 촉발되는지를 설명하기에 유리한 가설이다. 부계에서 전해진 SSP 전령RNA가 오기 전까지는 YDA 단백질의 활성이 일어나지 않아 난세포에서는 분열이 일어나지 않기 때문이다. 하지만 SSP 단백질의 역할은 보조적이어서 SSP 단백질이 절대적으로 YDA 단백질의 활성을 조절한다고 보기는 어렵다. YDA와 SSP 단백질 이외에 최초의 분열에 필요한 유전자가 더 있을지도 모른다.

최초의 분열을 마친 접합체는 이제 세포 2개로 나뉜다. 위쪽은 정단세포, 아래쪽은 배자루세포다. 위쪽의 정단세포는 분열을 계속하며 배아의 대부분이 이 세포로부터 발생한다. 반면에 아래쪽 배자루세포는 배자루를 이루며, 가장 위쪽의 원근층hypophysis만이 뿌리 정단분열조직으로 발생한다. 최초의 분열 이후 정단세포와 기저세포의 운명은 극명히 갈라진다.

이제 정단세포는 수직 방향의 분열을 2번, 수평 방향 분열을 1번 거듭한다. 이렇게 8개 세포가 된 상태에서 병층분열periclinal division이 일어나면서 안쪽 세포와 바깥쪽 세포가 나뉜다. 다시 한 번 세포분열이 이루어지면 바깥쪽 세포는 수층분열anticlinal division을 하며 바깥과 닿는 표면적을 늘리지만, 안쪽 세포는 다시 한번 병층분열을 하면서 줄기세포가 될 세포를 늘린다. 이 시기에 줄기 정단분열조직과 뿌리 정단분열조직뿐 아니라 표피세포까지 대부분 세포의 운명이 결정된다.

난세포의 씨방에서만 발현되는 호메오 유전자의 상동유전자로 발견된 AtML1(Arabidopsis thaliana Meristem Layer 1) 유전자는 표피세포로 분화하는 바깥쪽 세포에만 발현되는 독특한 유전자다. *atml1*과 그와 가장 유사한 유전자인 *pdf2*(*protodermal factor 2*) 유전자가 동시에 발현되지 않는 이중 돌연변이는 표피세포를 갖지 않는다. 2013년, AtML1의 발현을 선택적으로 증가시키면 바깥쪽 세포가 아니어도 표피세포로 분화할 수 있다는 내용의 연구 결과가 발표되었다.[7] AtML1이 어떻게 표피세포 분화를 일으킬 수 있는지 자세한 내용은 아직 알려지지 않았지만, AtML1 연구를 통해 표피세포 분화를 유도하는 방식에 한걸음 다가갈 수 있게 될지도 모른다.

게르트 위르겐스는 초파리 연구의 대가 크리스티안네 뉘슬라인폴하르트Christiane Nüsslein-Volhard와 에릭 위샤우스Eric Wieschaus 실험실의 박사후연구원이었다.[8] 초파리 발생에 관한 유전학적인 연구가 나날이 놀라운 결과를 내던 중에도 위르겐스는 이 시기가 언젠가 끝날 것이라고 예상했다. 그는 어느 날, 뉘슬라인폴하르트와 위샤우스에게 애기장대를 연구하겠노라고 이야기한다. 위르겐스는 그 순간을 이렇게 기억한다. "뉘슬라인폴하르트는 나를 '외계에서 온 생명체' 보듯 쳐다봤으며, 위샤우스는 그저 '에… 뭐라고?'라는 말만 남겼다."

위르겐스는 1980년대 말부터 독립적인 실험실을 꾸려 연구를 하며 1991년에 실험실에서 발견한 돌연변이를 처음으로 발표했다.[9] 모두 세포분열 방향에 이상이 생겨 애기장대 배아의 형태가 달라지는 돌연변이였다. 이 1991년의 논문은 돌연변이를 유도하고 탐색하는 유전학의 가장 기초적인 부분부터 다룬다. 애기장대 배아의 형태 형성에 관한 연구라는 목적을 명확히 하고, 이를 위해 우선 배아의 모습을 관찰하고 묘사하며, 돌연변이를 유도하는 방식과 찾아내는 방식을 명확히 설립하는 등, 논리와 전개 방식이 탁월할 뿐 아니라 처음 애기장대 연구를 시작하는 이들이 참고하기 좋은 논문이다. 시대가 바뀌고 연구에 이용되는 실험 기법이 나날이 발전해가지만, 그럼에도 기본으로 알아두어야 할 것들이 있다.

위르겐스의 팀이 발견한 다양한 돌연변이의 원인 유전자들은 배아 발생에 관여되어 있다. 그중 대다수는 일반적인 세포 방향을 결정하거나 세포질분열에 관여하는 유전자들이다. 위르겐스 팀에서 처음 발견한 돌연변이 중 하나는 *mp*(*monopteros*)였다.[10] 돌연변이 *mp*는 뿌리가 아예 발달하지 않는다. MP 단백질은 전사인자이며, 이 전사인자가 직접적으로 전사를 조절하는 유전자들은 2010년에 발표되었다.[11]

기존에 애기장대 배 발생 연구는 미분간섭현미경Differential Interference Contrast microscope, DIC microscope을 이용한 관찰이 주를 이루었다. 이와 함께 공초점현미경을 이용하거나 절편을 만들어 관찰을 하는 방식도 쓰였다. 하지만 이 방식들은 모두 배아를 2차원 형태로 관찰한다는 한계가 있다. 네덜란드의 돌프 바이어스Dolf Weijers 팀은 공초점현미경을 이용해 배아의 사진을 여러 장 찍은 후 합치는 방식으로 배아의 3차원 형태를 예측한 연구 결과를 2014년에 발표했다.[12] 특히 이 논문은 2차원 연구 결과로는 알 수 없었던 각 세포의 부피 측정을 가능하게 했다. 비대칭 세포분열이 일어나면 딸세포의 부피가 서로 달라지게 되고, 이것이 향후 식물 조직 분화에 중요하다는 가설이 이 논문을 통해 증명되었다. 기술의 발전으로 우리는 점점 볼 수 있는 것이 많아지고 있다. 애기장대 배 발생 돌연변이 연구는 애기장대 연구와 시작을 함께했지만, 기술이 발전하면서 이전에는 알려지지 않았던 많은 내용이 새로이 밝혀지며 이전에는 해소할 수 없었던 질문에 답을 할 수 있게 되었다.

1980년대부터 계속되어온 전통적인 유전학을 통한 새로운 유전자 발굴도 이어졌다. 그중 하나가 2019년에 발견된 유전자 SOK(SOSEKI)다.[13] 일본어로 소세키礎石는 건물의 기반을 닦는 초석을 의미하는데, 이는 SOK 단백질의 발현 위치에서 비롯되었다. SOK 단백질은 항상 애기장대 배아의 아래쪽 뿌리가 될 세포에서만 발현된다. 건물의 기반을 닦는 것처럼, 애기장대를 지탱하는 뿌리에 있다 해서 SOSEKI 단백질이라는 이름을 얻게 된 것이다.

그리고 2020년 SOK 단백질에 관한 결과가 발표되었다.[14] SOK 단백질의 구조를 통해 SOK의 기능을 한층 더 깊이 이해할 수 있게 된 것이다. SOK 유전자를 발견한 바이어스 연구팀은 SOK 단백질의 일부분이 동물에 있는 단백질과 유사하다는 점을 밝혔다. 동물의 DSH(DISHEVELLED) 단백질은 초파리 날개에 있는 털이 같은 방향을 향하게끔 한다. 이 유전자는 인간에서도 발견되며 배아 및 줄기세포 발달에 필요한 신호전달경로상에 있다. 인간의 DSH 유전자인 Dvl2

단백질은 형광단백질을 결합하여 과다 발현시키면 특이하게도 세포 내에 동그란 점을 많이 만들어낸다. Dvl2 단백질로 가득 채워진 이 점들은 Dvl2 단백질의 세포 내 농도가 일정 정도 이상을 넘을 때 생겨난다. 그래서 물에 떠 있는 기름방울처럼 Dvl2 단백질끼리 모인다.[15]

이는 Dvl2 단백질의 일부분인 DIX 도메인에 의해 일어나는 현상이다. DIX 도메인은 평소에는 접혀 있어 가려져 있지만, 또 다른 DIX 도메인이 근처에 위치하게 되면 접혀 있던 단백질이 열리면서 서로 단단히 결합하게 된다. Dvl2 단백질의 농도가 높으면 이런 결합들이 점차 증가하면서 Dvl2 단백질 점이 생겨난다.

2020년 논문에는 SOK 단백질에도 그런 도메인이 있다는 것이 밝혀졌다. SOK 단백질에 있는 이 도메인을 Dvl2 단백질에 DIX 도메인과 치환해도 Dvl2 단백질은 여전히 기능이 그대로였다. 무엇보다 놀라운 점은 SOK 단백질의 DIX 도메인에 해당하는 부분이 Dvl2 단백질의 실제 DIX 도메인과는 전혀 다른 아미노산 서열을 가졌다는 데 있다.[14] 이는 이 두 도메인이 서로 전혀 다른 기원을 갖지만, 같은 기능을 하도록 개별적으로 진화했음을 의미한다. SOK 단백질의 DIX 도메인은 SOK 단백질이 세포의 한쪽에서만 발현이 되도록 하는 데 꼭 필요하다. DIX 도메인을 없앤 *sok* 단백질 돌연변이는 세포의 한쪽에서 발현되지 않고 세포 전체에 분포하게 되는데, DIX 도메인은 SOK 단백질을 서로 결합하게 만듦으로써 세포 내에서 SOK 단백질이 확산되는 것을 억제하는 기능을 하는 것으로 보인다.

세포 하나가 온전한 새싹으로 자라는 것은 세상에서 가장 신기한 일이지만, 우리는 여전히 많은 것을 모른다. 1980년대 시작된 돌연변이 발굴은 2020년에 이르러 이 유전자들이 암호화하는 단백질의 특성에 대한 연구로 발전했다. 단백질에 관한 연구는 세포 내에서 일어나는 일을 직접 알 수 있게 하는 중요한 분야다. 앞으로 새로운 가설들이 더 많이 나와 '세상에서 가장 신기한 일'이 더 자세히 밝혀지길 바란다.

식물의 노화

결혼하기 전까지 살던 집 앞 거리는 은행나무가 가득했다. 가을이면 발 디딜 틈 없이 쏟아지는 은행이 여간 난감한 것이 아니었다. 행여 은행을 밟을까 봐 바닥만 보며 걸었다. 그러다 은행 냄새가 가실 때쯤 길을 돌아보면 거리는 노란색으로 가득했다. 10년을 다닌 대학 캠퍼스에도 가을이면 늘 은행나무가 노랗게 물들었다. 내 가을은 언제나 은행나무가 함께했다.

영국의 가을은 사뭇 달랐다. 바스락바스락 낙엽 밟는 소리는 들리지 않았고, 비에 젖은 낙엽에 뺨을 맞지 않으면 다행이었다. 길바닥은 비에 젖은 잎들로 질척질척해졌다. 낙엽이 노랗거나 빨갛지도 않았다. 잘해봐야 누리끼리한 잎들을 들여다보고 있자니 서울의 은행나무가 생각났다. 그러고 보니 온 사방에 나무가 자라는데, 은행나무가 없었다. 장 보러 가는 길에 있는 두 그루, 연구소에서 심은 가녀린 한 그루가 지금껏 이곳에 와서 본 은행나무의 전부였다.

은행나무가 중국에만 자생하고, 한 · 중 · 일 3국에서는 가로수로 애용되지만 다른 나라에서는 거의 자라지 않는다는 것을 그때 알았다. 은행나무는 그 분류군에서는 전 세계에서 유일하게 남은 종이다. 그래서 은행나무의 분류명은 은행나무문 은행나무강 은행나무목 은행나무과 은행나무속의 은행나무종이다. 식물계 다음으로 나뉘는 문에서부터 유일한 종으로 존재하는 것이다. 그러므로 전 세계에 있는 은행나무는 사실 한 종이다.

영국으로 온 후, 해마다 가을이 되면 오랜 친구는 내게 경복궁에 있는 은행나무 사진을 찍어 보내준다. 작년에는 크리스마스 선물을 보내면서 책갈피에 경복궁 앞마당에서 주운 은행잎을 끼워 보냈다. 경복궁을 유난히 좋아했고 나무를 좋아하던 내게, 친구의 마음 씀씀이는 고향에 대한 그리움을 살포시 어루만져준다.

은행잎과 단풍잎이 유난히 예쁜 낙엽이 되기는 하지만, 그렇다고 해서 다른 활엽수들이 초록색을 잃지 않는 것은 아니다. 그리고 초록색을 잃은 잎들은 낙엽이 되어 모두 떨어진다. 봄에 기껏 만든 잎들을 왜 모두 떨구는 것일까?

Ginkgo biloba

은행나무과 | 은행나무속 | 은행나무

○ ○ ● 가을이면 벼가 익어 고개를 숙이고 들판이 누렇게 변한다. 농부들에게 금빛 들판은 곧 1년간의 노력이 결실을 맺을 것임을 의미한다. 하지만 식물이 누렇게 변하는 것은 생이 다해감을 뜻하기도 한다. 언뜻 보면 씨를 맺고, 식물의 생이 다해가는 것은 자연스러운 일이라고 생각할 수 있다. 어떤 생명이든 언젠가는 죽게 되어 있으니까. 하지만 그렇지 않다. 식물의 노화senescence는 의도적으로 일어나는 일이고, 정교하게 조절되는 능동적인 과정이다.

식물의 노화에서 가장 대표적인 증상은 노랗게 변하는 잎이다. 잎에 있던 엽록체가 무너지고 그 안의 색소인 엽록소가 분해되면서 잎의 초록색이 서서히 사라진다. 노화의 시작과 동시에 무너지는 엽록체와 달리, 또 다른 세포소기관인 미토콘드리아와 세포의 핵은 노화의 끝에 가서야 분해되기 시작한다. 하지만 이 모든 것이 분해되는 일로 식물 노화가 끝나지는 않는다. 분해된 재료들을 필요한 곳으로 보내는 과정도 노화에 포함된다. 결국 다년생 나무의 잎이 노랗게 변하는 것도, 한해살이식물이 씨를 맺은 후 노랗게 시들어가는 것도 잎에 있던 영양분을 분해해 다른 필요한 곳에 쓰기 위해서다. 아직 나뭇가지에 붙어 색이 변해가는 잎을 보면, 바깥쪽부터 색이 변하고, 영양분을 수송하는 잎맥 부위는 마지막까지 초록빛이 도는데, 이는 잎에 있던 영양분이 다른 부위에 재활용되기 위해 수송된다는 시각적인 증거다.

노화에 관한 연구는 오이, 토마토, 담배 등의 작물에서 전통적으로 진행되어왔지만, 다른 분야와 마찬가지로 1990년대 들어 애기장대를 이용한 연구도 진행되었다. 그중 가장 처음으로 이루어진 연구는 앤서니 블리커Anthony Bleecker 팀에서 시작되었다. 블리커 팀에서 중점적으로 관찰하고자 했던 것은 꽃이 피고 씨가 맺히는 현상이 식물의 수명에 미치는 영향이었다.[1] 그래서 수정이 이루어지지 않는 돌연변이의 수명을 정상적인 애기장대 랜즈버그의 수명과 비교하였다. 동일한 환경조건에서 키웠을 때, 씨가 맺히지 않는 돌연변이나 야생형 모두 비슷한 시기에 노화가 시작되었다. 씨에 양분을 공급하기 위해 노화가 일어나는 것은 아니었다. 따라서 식물의 노화는 때가 되면 '자연스럽게' 일어나게 되어 있는 것처럼 여겨졌다.

이 관찰 결과를 바탕으로 블리커 팀은 노화가 일어날 때에 발현이 되거나 늘어나는 유전자를 탐색했다. 이미 1960년대에 활성을 띠는 핵이 있어야만 노화가 진행된다는 보고가 나왔다.[2] 또 1981년에는 귀리를 이용한 연구에서 노화가 진행된 잎에서는 어린 잎에서 보이지 않는 유전자가 발현된다는 결과도 발표되었다.[3] 하지만 노화된 잎에서만 발현되는 유전자가 어떤 것인지 밝히기에는 당시로서는 기술의 한계가 있었다. 블리커 팀이 연구를 하던 1990년 초반에는 발현 유전자를 확인할 기술이 구비되어 있었고, 애기장대라는 모델식물이 준비되어 있었다.

블리커 팀은 어린 초록색 잎과 노화된 노란 잎에서 RNA를 추출했다. 식물세포에는 여러 가지 종류의 RNA가 있는데, 그중 전령RNA에는 핵 안의 DNA로부터 단백질로 번역될 유전자들의 정보가 담겨 있다. 그러므로 전령RNA를 분석하면 어떤 유전자가 해당 잎에서 발현되고 있는지를 알 수 있다. 하지만 RNA는 DNA에 비해 굉장히 불안정하다. 오늘날에는 RNA를 그대로 분석하는 기술이 갖추어졌지만, 블리커 팀이 실험할 당시에는 RNA를 그대로 다른 실험에 이용하기는 어려웠다. 그래서 연구자들은 종종 RNA를 다시 DNA로 역전사한다. RNA를 원본으로 삼아 그 염기서열에 상보적인 DNA를 합성하는 역전사효소를 이용하는 것이다. 앞서 살펴보았듯 이렇게 역전사된 DNA를 상보DNA라 한다. 노란 잎과 초록 잎에서 얻은 상보DNA를 비교하면 노화된 잎에서 더 많이 발현되는 유전자를 찾을 수 있다.

요즘에는 유전체를 분석하는 기술이 발달해서 상보DNA뿐 아니라 RNA를 있는 그대로 분석할 수도 있지만, 당시에는 그런 실험이 매우 어려울 뿐 아니라 비용이 많이 들었다. 단순히 상보DNA를 비교하기 위해 유전체 분석을 할 수는 없었다. 그래서 연구팀은 흔히 쓰이던 차등잡종형성differential hybridization 기법을 이용했다. 이는 노란 잎에서 얻은 상보DNA와 초록 잎에서 얻은 상보DNA 중 겹치지 않는 것을 찾는 실험 방법이다. 일단 겹치지 않는 상보DNA를 찾은 후에는 염기서열 분석 방법으로 두 잎 간에 어떤 유전자가 차이를 보이는지 알아낼 수 있다.

블리커 팀은 이런 방식으로 노화된 잎에서만 발현되는 유전자를 찾아냈다. 그리고 이들의 이름은 SAG(Senescence-Associated Gene)라고 지었다. 블리커 팀은 총 9개 SAG를 발견했는데, 그중 SAG2와 SAG4 유전자 기능을 1993년 논문에 발표했다.[4] SAG2와 SAG4 유전자 모두 단백질을 분해하는 효소를 암호화하고 있었다. 이는 결국 잎의 노화가 '자연스럽게' 이루어지는 것이 아니라 단백질분해효소 등을 이용해 능동적으로 세포의 구성물을 분해하는 현상임을 의미했다. 그 후, 단백질분해효소뿐 아니라 유비퀴틴, E3 연결효소 등 단백질분해효소복합체의 구성 단백질들이 노화 유전자로 추가 발굴되었다.[5]

유전자 발현 분석을 통해 어떤 유전자들이 특징적으로 발현되는지를 알 수 있다면, 관련 돌연변이를 찾는 것은 노화 과정에 대해 알아갈 수 있는 또 다른 실험 기법이다. 연구자들은 아주 오랜 시간이 지나도 죽지 않는 애기장대 돌연변이, 잎이 노랗게 변하지 않고 계속 초록색을 유지하는 돌연변이가 발굴될 것으로 기대했다. 하지만 T-DNA 삽입 돌연변이 등이 담긴 애기장대 돌연변이 데이터베이스와 EMS를 이용한 돌연변이 유도가 용이한 애기장대의 강점은 노화 과정을 연구하는 데에는 큰 장점이 되지 못했다. 생활사의 특성상 애기장대는 꽃이 피고 나면 죽고 마는데, 이 때문에 어떠한 돌연변이도 결국 죽음에 이르렀기 때문이었다. 영원히 사는 애기장대 돌연변이는 없었다. 설령 죽지 않는 유전자가 있다 하더라도, 비슷한 기능을 하는 유전자가 여러 종류가 있어서 하나에 돌연변이가 생겨도 다른 유전자들의 영향으로 끝내 죽음에 이르는 것 같았다. 생명이 시작되는 길은 하나였지만, 죽음에 이르는 길은 다양한 것이 분명했다.

그럼에도 노화가 늦춰지는 돌연변이들은 여럿 발굴되었다. 그중 하나가, 당시 포항공대 남홍길 교수 팀에서 발견한 *ore*(*oresara*) 돌연변이다.[6] 한국어로 오래 산다는 뜻에서 '오래살아(*oresara*)'라는 이름을 얻게 되었다. *ore* 돌연변이는 발아한 지 50일이 지난 뒤에도 잎이 초록색을 띠었다. 대조군으로 사용된 애기장대의 잎은 노랗게 변한 데 비하면 확연히 달랐다. 뿐만 아니라, 대조군에서는 광합성에 필요한 효소의 양이 시간에 따라 빠르게 감소한 것과 달리, *ore1*, *ore3*, *ore9* 돌연변이에서는 그 양이 감소하는 속도가 현저히 늦었다. 광합성 효율 또한 시간이 지나도 빠르게 줄어들지 않았다.

ORE1 유전자는 전사인자로, AtNAC2라는 이름도 갖고 있다. 식물에서만 발현되는 NAC 전사인자는 애기장대에만 117개가 있다. NAC 단백질 전사인자는 다양한 식물 생리 현상에 필요한 유전자 발현에 관여하는데, 그중에는 노화 외에도 병원균에 대한 면역반응과 극단적인 환경에 대한 반응도 포함되어 있다.[7] 남홍길 교수 팀에서 발견한 ORE1의 역할은 노화에 집중되어, 식물의 노화에 필요한 유전자라고 밝혔다. 그런데 2005년, 중국의 첸 쇼이 팀에서는 AtNAC2(즉 ORE1)가 과도한 염분에서도 애기장대가 살아남는 데 도움이 된다는 것을 보였다.[8] 배양액 등에 염분이 너무 많아지면 식물은 곁뿌리를 많이 내는 방식으로 생존을 도모하는데, AtNAC2가 많이 발현되는 식물일수록 곁뿌리가 더 많이 자라났다.

한편, *ore2*와 *ore3*는 모두 *ein2* 돌연변이인 것으로 밝혀졌다. 즉, EIN2라는 유전자의 다른 위치에 생긴 돌연변이였다. 에틸렌에 반응하지 않는(*ethylene-insensitive*, *ein*) 돌연변이들은 조세프 에커 팀에서 삼중반응이 사라진 표현형을 통해 찾아낸 바 있다. 빛이 없는 상태에서 공기 중에 에틸렌이 많아지면 식물의 줄기는 두꺼워지고, 뿌리는 짧아지며, 고개를 바짝 드는데 이를 삼중반응이라 한다. 에커 팀은 1999년에 EIN2 유전자를 동정한 결과를 발표했다.[9]

EIN2 단백질은 세포막에 박혀 있다. 이 단백질은 세포막에 고정된 막관통영역transmembrane domain과 세포질에 있는 CEND 도메인(COOH end of EIN2)으로 이루어져 있다.[10] EIN2 단백질 중 CEND 도메인만 발현되는 *ein2* 돌연변이는 에틸렌이 없어도 에틸렌 반응 즉, 삼중반응을 보이는 돌연변이 표현형이었다. 에틸렌이 있어도 삼중반응을 보이지 않는 *ein2* 돌연변이와는 정반대 표현형이었다. EIN2 단백질 전체가 없을 때는 에틸렌에 반응하지 않지만, EIN2 단백질의 일부분만을 발현시키면 에틸렌이 없어도 있는 것처럼 반응한다는 뜻이었다.

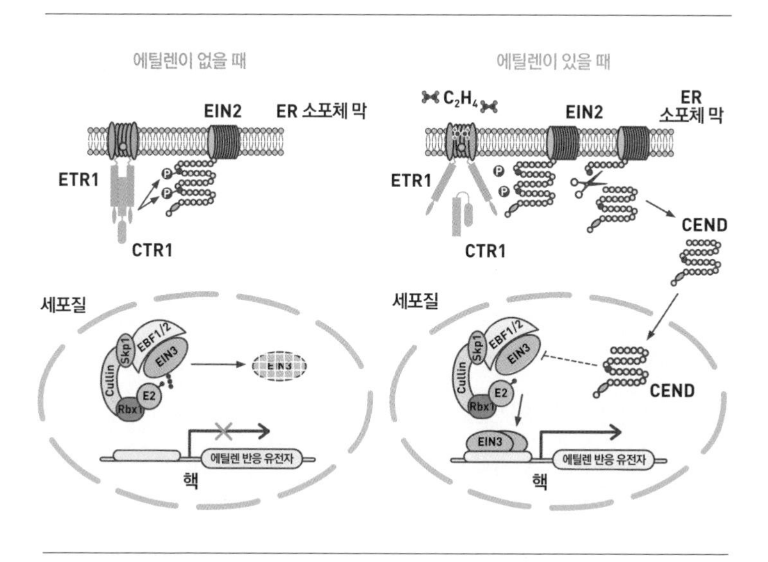

그림 6-1 에틸렌 신호전달경로.

CEND 부위가 어떻게 그런 기능을 할 수 있는지는 오래도록 풀리지 않았다.

그러다 2012년부터 실마리가 보이기 시작했다. 에커 팀은 EIN2 단백질의 뒤쪽 말단에 형광단백질을 달아 관찰했다.[11] EIN2 단백질에서 나온 형광단백질 신호는 세포막과 세포막으로 이어지는 소포체막에서 보이다가, 에틸렌을 처리한 직후부터 핵에서 보이기 시작했다. CEND 도메인에는 단백질을 핵으로 이동시키는 신호Nuclear localization signal, NLS가 있는데, 이 신호는 EIN2 단백질의 정상적인 기능에 꼭 필요했다. 핵 이동 신호가 변형된 돌연변이 EIN2는 *ein2* 돌연변이에서 사라진 EIN2의 기능을 보충하지 못했다. EIN2의 기능이 사라진 *ein2* 돌연변이에 기능이 정상인 EIN2를 도입한 형질전환체에서는 삼중반응을 볼 수 있어야 한다. 새로 도입된 EIN2가 기능을 보충해서 식물을 정상적인 표현형으로 되돌리는 상보성이 일어나기 때문이다.

에커 팀은 이를 바탕으로 에틸렌이 있을 때만 CEND 부위를 포함하는 EIN2 단백질 일부가 잘릴 것이라 예상했다.[12] 이렇게 EIN2 단백질이 잘리고 나면, 세포질에 있던 CEND 도메인은 핵으로 이동한다. 핵으로 이동한 후에는 전사인자인 EIN3 단백질을 활성화시킨다. 결국 EIN2 단백질은 에틸렌 신호전달경로에서 세포 밖에서 인지되는 에틸렌 신호를 핵 안으로 끌어들이는 데 중요한 역할을 한다.

이렇듯 에틸렌 신호전달경로에 필수적인 EIN2 단백질이 노화가 늦어지는 돌연변이 2개의 원인 유전자로 발견된 것은 어떤 의미를 가질까? 에틸렌은 앞서 본 삼중반응에 영향을 미치지만, 다른 한편으로는 과일이 익는 데에도 중요한 역할을 한다. 홍시를 익힐 때 종종 사과를 넣어서 빠르게 익히고는 하는데, 사과가 다른 어떤 과일보다도 에틸렌을 많이 합성하기 때문이다. 사과에서 분비되는 에틸렌은 홍시 과일 세포에 성숙 신호를 내게 하여 홍시가 빠르게 익도록 한다. 이처럼 에틸렌은, 발아뿐만 아니라 과일이 익는 것, 그리고 잎의 노화에도 관련이 있다.

하지만 에틸렌과 그 핵심 단백질인 EIN2가 어떻게 직접적으로 노화에 영향을 미치는지는 알려지지 않았다. 또 다른 식물호르몬 사이토키닌도 노화를 늦춘다. 이 두 식물호르몬 모두 노화를 늦출 수는 있지만, 한 번 시작된 노화를 되돌릴 수는 없다. 생화학적으로 식물세포에 노화가 시작되면 어떤 일들이 일어나는지는 매우 잘 알려져 있지만, 이를 촉발시키는 원인은 여전히 오리무중이다. 하지만 노화를 늦추는 여러 유전자들, 그리고 노화가 일어났을 때 급격하게 증가하는 여러 유전자들에 대해서는 연구가 많이 되어 있다. 이들을 모두 연결시키면, 노화가 시작되는 이유를 알 수 있을까?

돌연변이를 찾고, 돌연변이 유전체에서 야생형 유전체와 다른 부분을 찾아내 유전자를 동정하는 방식은 애기장대라는 모델생물을 만나 식물분자생물학이라는 분야를 급진적으로 발전시켰다. 2000년, 애기장대 유전체 분석이 모두 끝난 후에는 유전자와 유사한 상동유전자들까지 찾아낼 수 있게 되면서 단일 유전자 혹은 비슷한 유전자들에 관한 연구에 깊이가 더해졌다. 하지만 그렇게 밝혀지는 유전자가 많아지고, 하나의 유전자가 여러 생명현상에 기여하기도 하고, 여러 개의 유전자가 하나의 생명현상에 기여한다는 사실이 밝혀지면서 유전자 간의 관계는 고도로 복잡해졌다. 뿐만 아니라 전사인자의 경우에는, 하나의 전사인자가 수백 개 하위 유전자의 발현을 증폭시킴으로써 수십 가지 생명현상을 동시에 조절할 수 있다. 이렇게 복잡한 관계를 한 번에 하나씩 연구하는 것도 어렵거니와, 이미 알려진 유전자들 간의 관계를 한데 통합할 필요도 있다.

그래서 세포 안에 있는 유전자 간의 관계를 풀기 위해 2010년대 이후부터 식물학자들은 컴퓨터공학자, 수학자들과 팀을 이루기 시작했고, 유전자 네트워크의 컴퓨터 모델링이 본격적으로 자리 잡고 있다. 유전자 하나하나가 네트워크의 한 점이 된다. 그리고 이 점을 기준으로 어떤 유전자들이 RNA 단계에서 영향을 받는지, 단백질 단계에서 영향을 받는지 등이 기록되고, 발현이 증가하는지, 감소하는지 등도 기록된다. 이렇게 실험을 통해 축적된 결과를 하나의 거대한 네트워크로 그려내면, 실험 과정에서 놓친 유전자를 예측하게 될 수도 있고, 그 네트워크가 진행되면서 일어날 결과도 예상 가능해진다.

수백 개 유전자를 동시에 조절하는 만큼, 전사인자는 유전자 네트워크의 핵심 대상이다. ORE1 단백질을 비롯해 식물에만 있는 NAC 단백질 계열 전사인자 100여 개 중 여러 개가 동시에 노화에 관련이 되어 있다. 그 외의 NAC 단백질 전사인자들은 다양한 환경 스트레스에 반응하기도 한다. 이러한 NAC 단백질 전사인자를 중심으로 노화 유전자 네트워크를 그려내려는 노력이 이어졌다. 2013년 워릭 대학교의 비키 뷰캐넌-울러스턴Vicky Buchanan-Wollaston 연구팀은 Y1H(Yeast

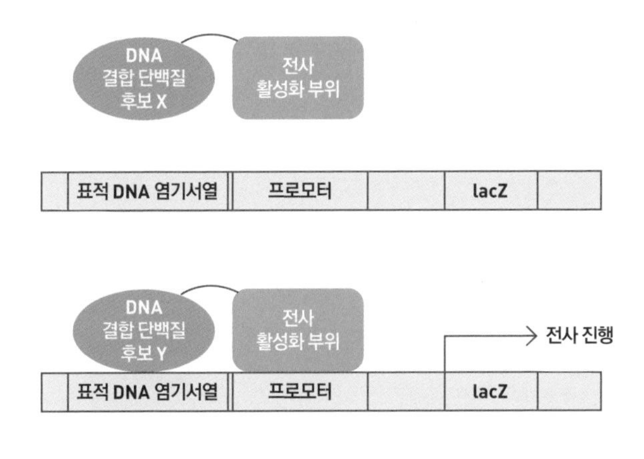

그림 6-2 이스트 원 하이브리드Yeast 1 Hybrid 실험. 전사인자를 찾고자 하는 표적 DNA 염기서열이 프로모터와 lacZ 유전자(젖당의 성분인 갈락토오스분해효소) 앞에 오게 한다. 그리고 표적 DNA 염기서열과 결합할 전사인자 후보를 해당 프로모터를 활성화하는 단백질 부위와 결합시킨다. 표적 DNA 염기서열에 결합하는 전사인자 후보가 있을 때에만 lacZ 유전자의 합성을 유도할 수 있다.

1 Hybrid) 기법을 통해 NAC 단백질 전사인자의 전사를 유도하는 전사인자들과 그 네트워크를 분석했다.[13] Y1H는 특정 DNA 염기서열에 직접 결합할 수 있는 인자를 찾는 실험 기법이다. NAC 전사인자의 프로모터 부위에 있는 염기서열에 직접 결합할 수 있는 전사인자를 찾아낸다.

남홍길 교수 연구팀에서는 49개 NAC 단백질 전사인자를 골라, 생장 시기에 따른 NAC 단백질 전사인자의 발현 변화를 추적하여 NAC 단백질 전사인자 간의 상호 관계가 생장 시기에 따라 어떻게 변하는지를 관찰했다. 이를 통해 'NAC 단백질 트로이카'로 명명한 NAC 단백질 전사인자 ANAC017, ANAC082, 그리고 ANAC090 단백질을 찾았다. 이 NAC 단백질 트로이카 전사인자는 각각 다른 방식으로 NAC 단백질 전사인자 네트워크에 작용하여 노화를 억제한다.[14]

이렇게 심층적으로 연구가 되고 다양한 유전자가 노화에 관련된 것으로 밝혀지고 있지만, 애기장대에서 '절대 죽지 않는' 돌연변이는 아직 발견되지 않았다. 아마 열매를 맺고 나면 죽는 애기장대의 특징이 연구의 진척을 방해하는 것일지도 모른다. 식물에 관한 지식이 진일보하는 데 제 역할을 톡톡히 했고, 여전히 실험실에서 식물의 여러 측면을 연구하기에 최적화된 애기장대지만, 어쩌면 노화에 관한 연구에는 애기장대보다 열매를 맺고 나서도 죽지 않는 나무가 더 적합한지도 모른다.

문제는 나무의 생활 주기다. 애기장대는 6주면 꽃이 피고 씨가 맺힌다. 유칼립투스는 단일 종으로는 전 세계에서 가장 많이 심어진 나무로, 섬유와 에너지를 얻는 데 쓰인다. 그리고 꽃이 피고 씨를 맺는 시기도 다른 나무들보다 빠른 편이다. 게다가 유칼립투스 나무 유전체도 2014년에 분석되었다.[15] 하지만 이렇게 빨리 자라는 유칼립투스 나무도 꽃이 피고 씨가 맺히는 데 5년이란 시간이 걸린다. 영국에서는 박사과정이 4년인데, 이 기간이면 입학할 때 심은 나무가 아직 꽃도 피지 않았을 때 졸업이 다가온다. 이 속도로는 돌연변이를 제작하고, 유전자를 동정하는 데 박사과정 대학원생이 3명쯤 필요하다. 하지만 기술이 빠르게 발전하고 있어서, 자연에 분포한 개체의 다양성을 유전체 분석으로 파악하는 방식을 이용해 나무 연구도 조금씩 진행되고 있다.

2020년 중국과 미국 공동 연구팀은 중국에 분포한 은행나무를 연구했다.[16] 연구진은 은행나무가 오래 사는 이유를 알아내기 위해 수령이 15년 된 나무부터 많게는 670년 된 나무를 표본으로 삼고 연구를 진행했다. 그리고 이 표본의 목재 부분을 천공기로 뚫어 나이테와 관다발 줄기세포가 있는 형성층cambium의 형태 등을 연구했다. 뿐만 아니라 형성층 세포를 추출하고 유전체 및 전사체 분석을 하여 수령에 따른 유전자 발현 차이 등도 조사했다. 그 결과, 수령이 200년 이상인 은행나무는 형성층 세포에서 줄기세포의 기능에 중요한 세포분열 및 분화에 관련된 유전자 발현이 수령 20년 나무에 비해 줄어든 것을 관찰했다. 수령이 오래될수록 나이테의 두께가 얇아진다는 형태학적 관찰과 일치하는 결과였다.

이렇게 성장은 줄어든 데 반해, 병저항성과 관련된 다양한 유전자들은 나이가 많아지면 증가하는 양상을 띠었다. 수령이 오래될수록 성장은 더뎌지지만 병에 대한 저항성이 증가하면서 더 오래 살게 되는 것이라 추측할 수 있다. 하지만 놀랍게도 노화와 관련된 것으로 알려진 유전자들의 발현은 수령이 증가해도 늘어나지 않았다. 은행나무의 670세는 아직도 생을 이어갈 수 있는 나이인 것이다. 이 은행나무 연구 덕분에 앞으로 식물의 노화 연구에 새로운 가능성이 보였다.

낙엽의 떠날 준비

어느 종합대학이든 그렇겠지만, 내가 다니던 대학에는 이공 계열 단과대학과 인문 계열 단과대학 사이는 거리가 꽤 멀었다. 쉬는 시간 10분 안에 오가자면 숨이 가빠왔다. 하지만 그 길에는 봄에만 맞이할 수 있는 즐거움이 있었다. 과학관에서 나와 신과대학으로 가는 길목에는 벚나무가 수 그루 심어져 있다. 대학의 1학기 중간고사 시험은 벚꽃 축제 기간과 겹쳐서 벚꽃을 보러 가지 못한다고 다들 울상이었지만, 나는 수업 들으러 가는 길에 벚꽃이 한가득이라며 사람이 벚나무보다 많은 축제보다야 낫다고 생각하곤 했다.

중간고사가 끝나고 다시 수업이 시작되면, 벚꽃이 흩날리며 떨어지기 시작했다. 간혹 꽃째로 떨어지기도 했지만, 자세히 보면 벚꽃이 아니라 꽃잎이 낱개로 떨어졌다. 떨어질 때를 어찌 아는 건지, 바람이 불면 꽃잎들은 새하얗게 날아갔다.

사람들은 벚꽃이 진 후에는 벚나무를 잊지만, 벚나무는 꽃이 지고 나서도 바쁘다. 1학기 기말고사 기간이 다가오면 벚꽃이 피었던 길가는 새까맣게 물들었다. 꽃이 핀 결실이 버찌가 되어 바닥에 떨어진 것이다. 까맣게 물든 길에 서서 하늘을 올려다보면, 어느새 신록보다 진해진 초록색 잎들이 벚나무를 뒤덮고 있다.

2학기가 되면 그 벚나무 잎들은 다시 낙엽이 되어 떨어질 것이었다. 내년을 준비하기 위해서.

○ ○ ●

가을이 되면 활엽수의 낙엽이 떨어진다. 하지만 낙엽만 떨어지는 것은 아니다. 쓸모를 다한 꽃도, 떠날 준비를 마친 열매도 떨어진다. 꽃잎이나 낙엽이 떨어지는 과정을 탈리, 그리고 씨앗이 익어 터져 나오는 것을 열개dehiscence라고 한다. 언뜻 유사한 현상처럼 보이지만, 이렇게 다르게 부르는 이유는 각각 다른 신호가 필요하기 때문이다. 특히 애기장대에서는 탈리와 열개가 서로 다른 유전자에 의해 일어난다.

애기장대는 한해살이풀이기 때문에, 활엽수처럼 해마다 낙엽이 떨어지지 않는다. 다만 꽃잎이 떨어진다. 이는 1997년, 앤서니 블리커와 새라 패터슨Sara Patterson이 자세히 관찰했다.[1] 수정이 끝나면 씨앗이 발달하면서 씨방이 자라난다. 이제 꽃받침, 꽃잎, 수술은 그 쓸모를 다 했다. 쓸모를 다한 기관은 떨어져 나가고, 장각과만 애기장대 줄기에 남아 있게 된다. 꽃잎이 떨어지는 과정은 한 치의 오차도 없이 늘 정확하게 이루어져서, 가장 늦게 열린 꽃이 첫 번째 위치에 있다 할 때, 그로부터 여섯 번째에 있는 장각과는 꽃잎이 다 떨어져 매끈한 모습

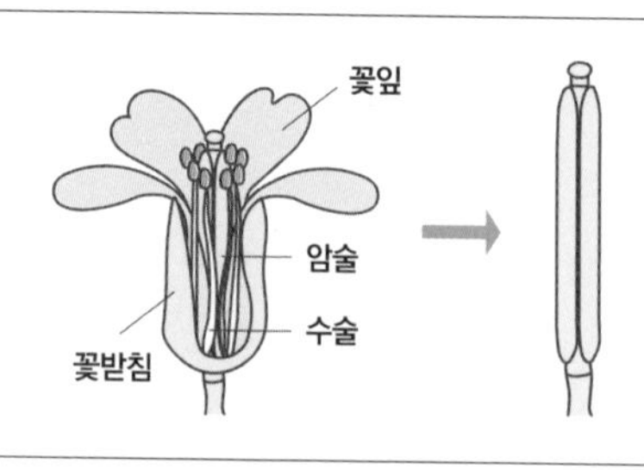

그림 7-1 탈리.

으로 익어간다. 이 꽃잎이 떨어지는 현상을 바탕으로 모델식물 애기장대에서도 탈리에 관한 연구가 활발하게 이루어졌다.

탈리 현상은 이전부터 콩, 토마토 등을 이용해 연구가 되었다. 애기장대와는 달리 작물인 토마토는 열매가 익다 말고 떨어지면 그 피해가 이만저만이 아니기 때문이다. 콩과 토마토 연구를 바탕으로 탈리는 4가지 형태학적인 과정을 거쳐 이루어진다는 것이 밝혀졌다.[2] 탈리가 이루어지는 구역을 탈리대라고 하는데, 탈리대는 기관이 발달할 때 미리 결정된다. 꽃의 경우 수정이 끝나면 탈리 신호가 발생하고 탈리대에서의 탈리가 활성화된다.

식물은 세포벽 사이에 중엽middle lamella이라는 펙틴으로 이루어진 구조가 두 세포를 단단히 연결시켜준다. 탈리가 활성화되고 나면 중엽의 분해가 시작된다. 이 과정을 통해 세포 간 연결이 끊기고 나면, 남아 있는 잔존세포에 표피세포가 새롭게 자라난다. 이때, 노출된 세포로 병원균이 들어오는 것을 막기 위해 병저항성 유전자들의 발현이 증가하기도 하고, 세포의 모양이 바뀌기도 한다. 이런 과정이 끝나

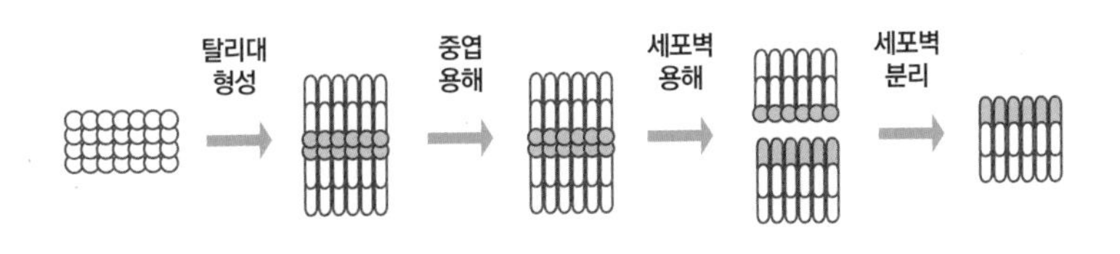

그림 7-2 탈리가 이루어지는 과정. 우선 탈리가 일어날 구간인 탈리대가 생기고, 세포벽을 잇는 중엽이 용해된 후, 세포벽이 용해되면서 두 세포층이 분리된다.

고 나면 떨어뜨릴 기관과의 연결은 완전히 단절되고, 아주 잔잔한 바람에도 꽃잎 등이 떨어져 나간다. 하지만 콩과 토마토에서의 연구 결과는 현상을 관찰하는 데 지나지 않았다. 1997년 블리커와 패터슨이 관찰한 애기장대의 꽃잎 탈리에 관한 연구 결과는, 돌연변이를 제작할 수 있는 애기장대의 장점이 탈리 과정 연구에도 도입 가능함을 의미했다.

어떤 식물은 잎이 만들어진 후, 세포분열이 진행되면서 탈리대가 결정된다. 하지만 애기장대는 잎이 발달할 때부터 탈리대를 구분할 수 있다. 이에 관한 유전자는 BOP1과 BOP2(Blade-On-Petiole 1, 2)다. *bop1*은 당시 포항공대 남홍길 교수 연구팀에서 발굴한 돌연변이로 잎맥에 잎이 연달아 발달하는 기괴한 표현형을 가졌다.[3] 이름 그대로 잎맥petiole에 잎blade이 생겼다. 2008년, 조지 한George Haughn 연구팀은 *bop1 bop2* 이중 돌연변이에서 꽃잎 탈리가 일어나지 않는다는 사실을 발견했다. 그리고 이는 잎 발달 과정에서 탈리대가 결정되지 않음으로써 일어나는 현상이라는 것도 밝혔다.[4] 그 후에도 잎의 발달에 관여하는 다양한 전사인자들이 탈리대 발달에도 관여한다는 바가 속속 밝혀지고 있다.

세포막은 인지질 이중층으로 이루어져 있다. 인지질은 친수성기와 소수성기를 모두 갖는 양극성 분자로, 소수성기가 마주 보고 친수성기는 서로 등진 상태로 세포막을 이룬다. 이런 형태의 세포막은 물질의 통과를 어렵게 만듦으로써 세포를 보호한다. 하지만 세포는 살아 있고, 살아 있음은 세포 외부와 물질을 주고받음을 핵심으로 한다. 그래서 세포막에는 막에 단단히 박힌 단백질들이 여기저기 분포해 있다. 그중에서도 RLK(Receptor-like kinases)는 세포막 밖으로는 막 바깥의 물질을 인식할 수 있는 도메인을 내놓고, 세포막 안에는 다른 단백질을 인산화시킬 수 있는 인산화효소를 가지고 있어 세포막 밖의 상황을 세포 안에 '전달'할 수 있는 최적화된 단백질이다. RLK만이 아니라 RLK에서 인산화효소 부분이 사라진 RLP(Receptor-like protein)도 있는데, RLP는 또 다른 RLK를 통해 세포막 바깥의 신호를 전달할 수 있다. 그리고 그 외에 RLCK(Receptor-like cytoplasmic kinase)도 있다. 세포 안에 있는 이 단백질들은 RLK나 RLP에서 매개된 신호를 세포 안으로 전달한다.

애기장대에만 600여 개가 넘는 RLK와 RLP 유전자들이 있으며, RLCK 유전자 또한 150개가량이 애기장대 유전체에서 발견된다. 생장점에서 CLV3 단백질 펩타이드 신호를 받는 CLV1 단백질, 꽃가루에서 LURE 단백질의 신호를 받는 PRK6와 MDIS 단백질, 그리고 이 장에서 살펴보게 될 IDA 단백질 신호를 받는 HAESA 단백질까지 모두 RLK에 수용되는 외부 신호들이다. 하지만 여전히 많은 수의 RLK는 어떤 신호를 받는지 밝혀지지 않았다. 나아가 이 단백질들은 세포막 이중층에 박혀 있지만, 세포막 내에서는 이동이 가능하며, 서로 다른 RLK, RLP 조합이 만들어질 수 있어 그 확장성은 무궁무진하다.[5]

1988년 미주리 대학의 존 워커John C. Walker는 다양한 고등식물에서의 RLK 연구를 시작한 참이었다. 박사과정 및 초기 연구는 옥수수로 했던 그였지만, 애기장대가 새로운 모델식물로 떠오르면서 애기장대로 전환했다. 같은 대학에 있던 조지 레디의 역할이 매우 컸을 것이다. 그리고 1993년, 옥수수 RLK 유전자와 유사한 애기장대 RLK를 발표한다.[6] 그중에 RLK5가 있었다. 하지만 RLK5의 실제 기능을 밝히기까지는 몇 년이 더 필요했다.

2000년, 워커 팀은 RLK5를 HAE(HAESA)로 새로이 명명하고 그 기능을 밝힌 논문을 발표했다.[7] 'HAE'는 라틴어로 어딘가에 '붙어 있다'는 뜻이다. 연구팀은 앞서 봐왔던 곳들과는 달리 돌연변이를 제작하고 그 돌연변이의 원인을 유전학적으로 파헤치는 팀이 아니었다. 반대로 RLK 유전자만을 골라 집중적으로 연구했다. 어떤 돌연변이의 유전자를 추적하는 연구를 정유전학forward genetics(혹은 순유전학)이라 하고, 연구하고자 하는 유전자를 선택해서 그 기능을 추적하는 연구를 역유전학reverse genetics이라 한다.

워커의 팀은 역유전학 방식을 택했다. 그래서 워커 팀의 논문 구성은 다른 연구팀 논문 흐름과 다르다. 우선 이들은 연구할 유전자를 정한다. 그리고 유전자의 발현 위치를 관찰한다. 발현 위치를 알면, 어떤 기능을 하는 유전자인지를 알 수 있는 확률이 올라가기 때문이다. 이때 발현 위치는 개체의 특정 조직을 의미하기도 하지만, 세포 내 위치를 의미하기도 한다. HAE 단백질은 세포막에서 발견되었고, 그 전령 RNA는 꽃 기관의 탈리대에 특히 많이 발현되었다.

다음으로 이들은 유전자의 기능을 살펴본다. HAE 단백질의 경우 RLK인 것이 이미 알려져 있는 상황이었기 때문에, HAE 단백질이 인산화효소 활성을 가졌는지를 분석했다. 활성을 띤 인산화효소는 보통 스스로를 인산화시킬 수 있는데, HAE 단백질 또한 마찬가지였다. 이렇게 단백질의 생화학적 기능을 파악하고, 발현 위치 등을 관찰한 결과를 먼저 보인 뒤, 식물체에서 HAE의 발현이 없거나 낮아진 결과를 선보였다.

애기장대 종자보관소에서 제작한 T-DNA 삽입 돌연변이 중 원하는 위치에 T-DNA가 삽입된 돌연변이를 구할 수도 있지만, 해당 유전자가 생존에 필수적인 유전자라면 T-DNA 삽입 돌연변이를 얻지 못할 수도 있다. 식물이 살아남지 못할 가능성이 있기 때문이다. 그 대안은 유전자 발현 조절 기법을 사용하는 것이다.

워커의 팀은 RLK5 유전자 서열에 상보적인 염기서열antisense transcript을 발현이 많이 되는 프로모터 뒤에 삽입하고, 이 플라스미드가 든 아그로박테리움을 이용해 애기장대 형질전환체를 제작했다. 그러면 RLK 유전자 서열의 상보RNA가 활발히 전사된다. 그러면 이 상보RNA는 실제 RLK5 유전자 전령RNA와 결합하여 이중 RNA를 이룬다. 이런 이중 RNA 형태는 식물에 비정상적인 형태로 인지된다.

3부 7장에서 설명하겠지만, 이 이중 RNA는 일련의 단백질들에 의해 잘리게 된다. 잘린 RNA 조각 중 상보RNA는 식물이 외부 RNA를 인지하는 기준이 된다. 그리고 이 상보RNA와 결합하는 다른 모든 RNA를 분해해버린다. 이는 식물 내로 침투한 바이러스 RNA를 인지하는 데 식물이 사용하는 기법이다. 하지만 연구하려는 유전자의 상보적인 염기서열을 형질전환을 통해 발현시키면, 연구하고자 하는 그 유전자가 '적'이 된다. 이런 방식으로 RLK5의 상보적인 염기서열을 과다 발현시켜 식물체 내에서 RLK5를 '적'으로 인식하게 함으로써 RLK5 단백질의 양을 의도적으로 줄이는 실험 기법이 이용되었다.

의도적으로 RLK5의 양을 줄이자 놀라운 결과를 얻었다. RLK5의 상보적인 염기서열이 과다하게 발현된 애기장대 형질전환체는 장각과 끝에 꽃받침, 꽃잎, 수술 등이 매달린 채로 남아 있었다.[7] 그래서 연구팀은 RLK5의 이름을 HAESA로 바꾼 것이었다. 하지만 문제가 있었다. 생물학자들은 연구하는 돌연변이의 기능이 오로지 그 유전자로부터 비롯된 결과임을 증명하기 위해, 같은 유전자의 다른 돌연변이를 모아 함께 분석한다. 같은 유전자에 돌연변이가 일어났다면 표현형도 같아야 한다. 그렇지 않으면, 해당 돌연변이가 그 유전자의 영향을 받은 것이라고 결론지을 수 없다. 그래서 워커 팀에서는 *hae*의 T-DNA 삽입 돌연변이를 구했다. 하지만 *hae*의 T-DNA 삽입 애기장대 형질전환체는 꽃잎 탈리가 정상적으로 이루어졌다. 왜 그럴까?

사실 애기장대 유전체에는 HAE 유전자와 염기서열이 유사한 유전자가 2개 더 있었다. 그 이름은 HSL1(HAESA-LIKE 1), HSL2(HAESA-LIKE 2)로 지어졌다. 그리고 그중에서도 HSL2의 발현 양상은 HAE와 매우 비슷했다. 워커 팀이 사용했던 상보적인 염기서열을 많이 발현시킨 형질전환체의 단점이자 장점은, 유사한 염기서열을 갖는 유전자 여러 개의 발현을 동시에 줄일 수 있다는 점이다. 이렇게 원하는 유전자가 아닌 다른 유전자의 발현을 줄이는 것을 비표적 효과off-target effect라고 한다. 그래서 워커 팀은 *hsl2* T-DNA 삽입 형질전환체도 함께 구해서 *hae*와 교배한다. 그렇게 나온 *hae hsl2* 이중 돌연변이는 예

상했던 대로 탈리가 정상적으로 이루어지지 않았다.[8]

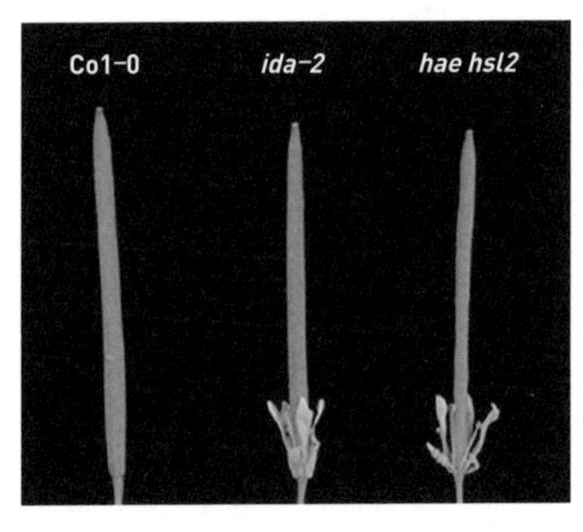

그림 7-3 탈리 돌연변이.

한편, 노르웨이의 레이둔 알렌Reidunn Aalen 연구팀은 탈리가 정상적으로 이루어지지 않는 T-DNA 삽입 돌연변이를 찾아 2003년에 발표했다.[9] 그들은 이 돌연변이를 *ida*(*inflorescence deficient in abscission*)라고 불렀다. 이들이 찾은 *ida* 돌연변이는 *hae hsl2* 돌연변이와 비슷하게 장각과에 꽃잎이 떨어지지 않고 남아 있었다. 하지만 IDA 유전자는 HAE나 HSL2와는 달랐다. IDA 유전자는 77개 아미노산으로 이루어진 작은 단백질이었고, 세포 밖으로 분비되었다. IDA 단백질에 형광단백질을 융합한 실험은 IDA 단백질이 실제로 세포 밖으로 분비된다는 사실을 증명했다. IDA 단백질의 과다 발현은 꽃잎 탈리를 촉진했지만, IDA 단백질이 아무리 과다 발현되어도 *hae hsl2* 이중 돌연변이에서는 탈리 현상이 일어나지 않았다. 세포 밖으로 분비되는 IDA 단백질은 세포 밖 신호를 안으로 전달하는 RLK HAE 단백질, HSL2 단백질에 의해 인지되었다.

하지만 IDA 단백질과 HAE 혹은 HSL2 단백질이 직접 결합한다는 생화학적인 결과는 좀처럼 발표되지 않았다. 이들 간의 결합이 매우 약해서 관찰하기가 어려웠다. 그러다 2016년, 해결의 실마리가 보였다. 또 다른 RLK인 SERK의 4개 상동유전자가 모두 탈리대에서 발현되고, 그중 셋인 *serk1*, *serk2*, *serk3* 삼중 돌연변이가 비정상적인 탈리 현상을 일으킨다는 현상이 발표된 것이다.[10] 뿐만 아니라 HAE와 SERK1, 2, 3 단백질 간의 결합은 IDA가 있을 때 훨씬 더 강력했다. IDA 단백질이 HAE 단백질과 SERK 단백질들 간에 접착제 역할을 했다.

스위스의 구조생물학자인 마이클 호손Michael Hothorn 팀은 HAE와 SERK 단백질 이중체에 IDA 단백질이 결합한 단백질 복합체의 구조를 밝혔다.[11] 구조생물학은 단백질의 모양을 연구하는 학문으로, 물속에서 끊임없이 변하는 단백질의 모양을 고정하는 것이 선행되어야 한다. 단백질을 과량 정제해서 물이 부족한 조건을 만들면 어떤 조건에서는 규칙적인 배열을 갖는 결정을 이루게 된다. 이 단백질 결정을 X선을 이용해서 촬영하면 그 배열의 규칙을 읽어낼 수 있다. 그렇게 되면 단백질이 어떤 형태를 띠는지를 예측 가능하다. 즉, 너무 작아 볼 수 없는 단백질을 커다란 확대경을 이용해 볼 수 있게 되는 것이다. 이 X선 결정학을 통해 1953년 DNA 이중나선의 구조가 밝혀졌을 뿐 아니라, 다양한 단백질의 구조가 알려졌다. 단백질의 구조는 작동하는 방식을 가늠할 수 있게 해주기 때문에 단백질의 기능을 가장 직접적으로 확인하는 방법 가운데 하나다.[12]

한편 새라 릴레그렌Sarah Liljegren은 꽃잎 탈리가 전혀 일어나지 않는 돌연변이 *nev*(*nevershed*, 절대 떨구지 않는)를 찾았다.[13] 이 *nev* 돌연변이도 장각과가 생긴 이후 꽃잎과 수술 등이 떨어지지 못하고 지저분하게 장각과 아래쪽에 남아 있었다. NEV 단백질은 골지체의 말단trans-

Golgi network, TGN에 위치하는 단백질로, 그 돌연변이는 골지체의 구조가 무너지고 세포벽과 세포막 사이에 작은 세포막 주머니(소포vesicle)가 많아졌다. 진핵세포 안에는 세포내막계가 있다. 세포내막계는 세포막으로 둘러싸인 세포소기관이 있으며, 대표적인 것이 소포체endoplasmic reticulum와 골지체Golgi apparatus다. 여기에서 세포 밖으로 분비되는 단백질이나 막에 위치하는 막단백질이 합성된다. 리보솜에서 번역되는 단백질 중 밖으로 분비되는 단백질이나 막단백질에는 내막계로 보내지는 아미노산 서열이 있다. 이 때문에 해당 단백질을 번역하는 리보솜은 소포체에 고정된다. 소포체에서 합성 및 가공이 끝난 단백질은 골지체로 전달된다. 골지체에서는 다시 또 가공이 되고 이렇게 가공이 끝난 막단백질 및 분비단백질은 소포에 담겨 세포 밖으로 운송되거나 세포막에 융합된다.

골지체는 모든 식물세포에 존재하기 때문에 골지체 관련 돌연변이는 대부분 배아 상태에서 더 자라지 못하는 경우가 많다. 그런데 *nev* 돌연변이 표현형은 오로지 탈리 현상에만 집중되었다. 하지만 이 돌연변이만으로는 알 수 있는 것이 너무 적었다. 이에 릴레그렌 팀은 *nev* 돌연변이에 다시 EMS를 처리하고, *nev* 돌연변이 표현형이 사라진 돌연변이를 찾았다. 이렇게 *nev* 돌연변이가 있는 식물체에서 새로운 돌연변이를 찾음으로써, NEV 유전자와 직접적으로 관련된 새로운 유전자를 발굴해낼 수 있다.

릴레그렌 팀은 이 실험을 통해 *nev*와 관련된 돌연변이를 추가로 발견했다. 그중 한 돌연변이는 *evr*(*evershed*)였다.[14] EVR 유전자는 또 다른 RLK인 SOBIR1이었다. SOBIR1 단백질은 인산화효소 도메인이 사라진 RLK 형태인 RLP의 신호를 전달하는 단백질로 알려져 있다.[15] 또 다른 돌연변이는 *cst*(*cast away*)였다. CST는 RLK와 염기서열 및 구조가 매우 유사하지만 세포막에 삽입되지 않는 RLCK 유전자였다. 이렇게 해서 골지체에 있는 NEV 단백질이 이들 RLK 및 RLCK를 세포막으로 운송하는 역할을 할 것이라는 추측이 가능해졌지만, 여전히 식물 전반에 걸쳐 발현되는 NEV 단백질의 부재가 어떻게 꽃잎 탈리에만 영향을 미칠 수 있는지는 알려지지 않았다. 하지만 탈리 신호에 RLK, RLP뿐만 아니라 RLCK까지 필요한 것이 드러나면서 이 유전자의 중요성이 다시 한번 증명되었다.

HAE-SERK1 단백질 RLK 수용체에 의해 IDA 단백질이 결합하여 탈리 신호가 활성화되면, 본격적으로 탈리가 진행된다. 여기에는 중엽을 제거하는 효소가 관여한다. 중엽은 대부분 펙틴으로 이루어져 있다. 사람들은 식물을 오랜 시간 끓여서 끈적끈적한 펙틴을 추출하는 방식으로 잼을 만들어 즐겨왔다. 고온을 처리하는 것처럼 강력한 방법으로만 추출할 수 있을 정도로 펙틴의 결합은 강하다. 그렇지만 식물은 폴리갈락투로네이즈polygalacturonase, PG라는 효소를 이용해서 펙틴을 비교적 쉽게 분해한다.[16]

호주의 스티븐 스웨인Stephen M. Swain 실험실의 오가와 미키히로Ogawa Mikihiro는 아그로박테리움이 무작위하게 식물 유전체에 DNA를 삽입하는 원리를 이용해 특정 유전자만을 과다하게 발현하는 형질전환체를 제작했다. 유전자를 과다하게 발현하는 프로모터를 식물에 형질전환시켜, 무작위하게 특정 유전자의 과다 발현을 유도하는 방법이다. 앞서 FT를 동정할 때 쓰인 기법과 같다. 그렇기 때문에 에커 팀에서 제작한, 유전자 기능이 소실되는 T-DNA 삽입 돌연변이와 달리 유전자 기능이 과다할 때 표현형을 관찰할 수 있다.

스웨인의 팀은 이 방식으로 아주 작고 씨가 맺히지 않는 형질전환체를 찾았다. 이 형질전환체는 QRT2(quartet 2) 유전자가 많이 발현되어 있었다.[17] QRT2는 크리스 서머빌 팀에서 이미 발견한 유전자로 *qrt2* 돌연변이는 펙틴이 분해되지 않아 감수분열이 끝난 꽃가루가 분리되지 않는 표현형이었다.[18] 스웨인 팀이 찾은 *qrt2* 돌연변이의 표현형도 마찬가지였다. QRT2 단백질은 펙틴을 분해하는 PG 효소였다. 하지만 문제는 애기장대 유전체에 PG 단백질 기능을 갖는 유전자가 너무 많다는 점이었다. 새라 패터슨 연구팀은 애기장대에만 PG 유전자가 66개 있는 것으로 예측하였다.[19] 그렇기 때문에 PG 유전자 하나의 영향은 미미할 수 있었다. 스웨인 팀은 패터슨 팀의 예측에 따라 QRT2와 유사한 또 다른 PG 유전자 2개의 돌연변이를 구해 이중, 삼중 돌연변이를 교배했다. 그 결과, 다른 돌연변이들에 비해 꽃잎 탈리가 늦게 일어나는 이중 돌연변이를 찾았다.[17] 이 세 유전자는 꽃잎 탈리뿐만 아니라 씨가 여물고 난 후 장각과가 분리되는 열개 현상에도 관여한다. 탈리와 열개 현상은 서로 다른 유전자에 의해 활성화되지만, 최종 효소는 일치하는 것처럼 보인다.

펙틴을 분해함으로써 세포 사이가 분리되면, 이제 남은 세포는 스스로를 보호할 수 있도록 구성이 바뀌어야 한다. 탈리 이전에는 표피세포가 아니었지만, 탈리 이후에는 가장 바깥쪽 세포가 되어 각종 병원균의 침입에 취약해지므로 탈리 과정에는 이 잔존세포residuum cell가 표피세포로 탈바꿈하는 것이 꼭 필요하다. 여기에는 기본적으로 세포벽의 구성이 바뀌는 과정이 동반된다. 2008년에는 포인세티아에서 탈리대의 세포벽 구성 성분의 변화에 대한 연구가 발표되었다.[20]

그리고 애기장대에서의 연구는 2018년에야 발표되었다.[21] 한국 대구과학기술원 곽준명 교수 연구실의 이유리 박사 팀의 연구 결과물이다. 연구팀은 우선 잔존세포와 이탈세포secession cell를 따로 모아냈다. 300개의 애기장대 개체에서 잔존세포가 있는 줄기 부분과, 떨어져 나가게 될 꽃 기관을 모으는 작업을 한다. 여기에서 그치지 않고 이 조직에서 세포벽을 녹이고 세포벽이 없는 원형질체protoplast만을 걸러내는 작업도 거쳐야 한다. 그럼에도 탈리대 부근의 세포와 구역을 벗어난 세포가 같이 걸러지곤 한다. 연구팀은 탈리대에서만 발현되는 프로모터에 형광단백질이 발현되게끔 했다. 그리고 이 형광단백질을 가진 세포만을 모아서 탈리대에 있는 세포들을 분리해냈다. 그 후 이 세포에서 전사되는 RNA를 분석했다. 한두 겹의 세포층만으로 나뉘어 있음에도 잔존세포와 이탈세포에서 전사되는 RNA의 양상은 매우 달랐다.

이탈세포에서 전사되는 RNA 중에는 세포벽 구성 성분인 리그닌 합성효소도 포함되었다. 리그닌은 식물의 2차 세포벽을 이루는 주요 물질로 물이 흡수되지 않고 단단하다. 잔존세포에서 리그닌이 합성되어 세포를 보호할 것이라는 기존의 예측과 달리, 리그닌 합성효소는 이탈세포에서만 발현되었다. 뿐만 아니라 리그닌은 이탈세포에서만 합성되었다. 연구 결과, 리그닌은 이탈세포에서 합성되어 이탈세포로부터 QRT2 단백질과 같은 세포벽 분해효소들이 잔존세포로 들어가는 것을 막는 역할을 하는 것으로 보인다. 이렇게 함으로써 세포벽 분해효소의 농도를 이탈세포 쪽에 집중시켜 이탈세포가 깔끔하게 떨어져 나가도록 한다고 연구팀은 주장했다.

앞서 살펴봤듯이 탈리는 농업에서 매우 중요하다. 미처 수확하기도 전에 작물이 다 땅으로 떨어져버린다면, 참으로 허무할 것이다. 야생 벼는 탈리대가 완전히 형성되어 볍씨가 익으면 저절로 땅에 떨어지지만, 간혹 탈리대가 불완전하게 형성된 돌연변이 볍씨가 나오기도 한다. 신석기시대부터 벼를 키우기 시작한 인류는 이 돌연변이 볍씨를 선택적으로 모아서 키웠고, 그것이 오늘날 우리가 먹는 벼가 되었다. 우리가 소비하는 벼는 탈리 현상을 담당하는 *sh4*(*shattering 4*) 외에 탈리에 관련된 유전자에 돌연변이가 일어나 있다.[22] 이 때문에 우리는 탈곡이라는 과정을 거쳐야 하지만, 대신 엄청나게 많은 수의 볍씨를 땅에 떨구지 않고 수확할 수 있게 되었다.

PART 03

병으로부터 자신을 지키는 법

CHAPTER 01 병원균을 마주하다

감자의 나라 영국. 이곳에서 사람들의 사랑을 가장 많이 받는 감자는 마리스 파이퍼Maris Piper다. 하지만 그 외에도 크기가 작은 것, 안이 붉은 것, 저지섬에서 여름에만 나는 귀한 저지 감자 등 품종이 매우 다양하다. 게다가 먹어보면 전 부치기 좋은 감자부터 포슬포슬해서 샐러드 만들기에 좋은 감자까지, 그 특성도 다양하다. 과연 감자의 나라답다.

감자가 언제나 영국에 있었을 것 같지만, 사실 영국에 들어온 건 17세기 후반이었다. 감자의 원산지는 남아메리카다. 작물화되기 이전 감자의 야생종은 남아메리카에서 발견된다. 처음에는 아무도 감자를 먹지 않으려 했다는 이야기도 있다. 그러다 점점 사람들의 식단에서 빠질 수 없는 중요한 작물이 되었다.

문제는 그때부터였다. 남아메리카에 비해 여름에도 습한 유럽의 기후는 감자의 천적인 감자역병균이 자라기 좋은 조건이었다. 감자 몇 개만 배를 타고 대서양을 건너오면서 유전적 다양성이 떨어졌다. 감자는 꽃을 피워서 씨를 심는 식물이 아니라 뿌리 부분을 잘라 심으면 새로 자라는 영양번식을 한다. 그렇게 감자를 심으면 그 후손은 모두 이전 감자와 유전적으로 똑같은 쌍둥이가 된다. 여기에 병이 드니 감자밭이 초토화되는 건 시간문제였다. 종류가 다양하다면 병저항성도 다양하게 나타났을 텐데, 밭마다 똑같은 감자가 자라고 있었으니, 병은 순식간에 퍼졌다. 아일랜드 감자 기근이 일어났다.

감자역병은 포자가 내려앉고 얼마 지나지 않아 잎에 마치 물에 닿은 듯 짙은 초록색의 반점이 생기면서 시작된다. 이 반점은 잎마다 퍼지고 감자 잎이 모두 시드는 것은 물론 땅속의 감자도 물러버린다. 감자역병은 사라지지 않았고, 오늘날에도 영국 감자밭을 강타한다. 영국의 제임스 허튼James Hutton 연구소[1]에서는 역병균이 자라기 쉬운 날씨 조건인 허튼 표준Hutton criteria을 기준으로 예보를 해준다. 또한 해마다 밭에서 감자역병균을 모아 분석한다. 그리고 그에 따라 다음 해 더 많이 심으면 좋을 품종을 예측한다. 품종마다 감자역병균 균주에 대한 저항성이 다르기 때문이다. 다른 한편으로는 남아메리카의 야생종 및 근친 종과의 지속적인 교배를 통해 육종을 시도하고 있다. 그럼에도 이 저항성은 금세 뚫린다. 감자역병균도 육종된 새로운 품종에 대해 저항성을 키우기 때문이다.

너무 많은 희생을 치렀기에 감자역병은 가장 먼저 연구된 식물 병이었다. 그리고 이 연구 덕분에 식물이 병에 저항하는 다양한 방식들이 발견되었다.

Solanum tuberosum

가지과 | 가지속 | 감자

○ ○ ●

인간은 시각, 청각, 후각, 미각, 촉각을 이용해 주변 환경을 감지한다. 서로 전혀 다른 자극으로 여겨지지만, 세포는 궁극적으로 이 자극을 화학적 혹은 물리적인 신호로 받아들인다. 특히 후각과 미각에서 감지하는 신호는 향이든 맛이든 화학 분자다. 이 화학 분자가 코나 혀의 수용체를 통해 받아들여지면서 레몬 향이나 신맛 등이 인식된다.

이렇게 모든 자극이 화학적 혹은 물리적 신호라는 사실을 이해하게 되면, 식물도 자극을 받아들일 수 있다는 점이 자연스러워진다. 하지만 식물이 받아들이는 자극의 종류를 인간의 오감으로 표현하는 데는 무리가 있다. 더욱이 식물은 움직일 수 없기 때문에 환경이 제공하는 여러 가지 자극을 더욱 민감하게 받아들이고 이에 반응하여 생장을 조절할 수 있어야 한다. 환경만이 아니라 주변에 있는 다른 생물도 인지할 수 있어야 한다. 생물이 주변의 다른 생물을 인식하는 것도 화학 분자에 의해 이루어진다. 특히 나에게 없고 남에게만 있는 화학 분자들은 자타를 구분하는 데 중요한 역할을 한다.

식물도 병에 걸린다. 녹이 슨 것처럼 잎이나 줄기에 누렇게, 혹은 하얀 반점이 나타나는 녹병, 잎이 시드는 마름병이나 시듦병, 잎 색깔이 얼룩덜룩해지거나 잎이 우는 모자이크병 등 그 종류도 다양하다. 사람과 마찬가지로 식물에 병을 일으키는 건 박테리아, 곰팡이, 바이러스 등이다. 이 다양한 미생물들을 식물이 어떻게 인식하는지 오랫동안 많은 이들이 궁금히 여겼다.

식물의 병에 관한 연구인 식물병리학은 작물 생산량에 큰 영향을 미치는 만큼 역사가 길다. 또한 인간 병리학과 밀접한 관계를 맺으며 발전해왔다. 여러 가지 질병이 미생물인 박테리아에서 유래한다는 '코흐의 가설'이 발표되고 5년 만에 식물 병 또한 박테리아가 원인이라는 결과가 발표되었다. 과수 농가의 골칫거리인 과수화상병이 세균인 어위니아 아밀로보라(*Erwinia amylovora*)에 의해 일어난다는 것이 1882년에 밝혀졌다.[2] 하지만 병의 원인이 밝혀진 지 140여 년이 되어가는 지금도 치료약이 없어 과수화상병에 감염된 나무의 근처에 있는 나무를 모두 베어버려야 한다.

1~2부에서 본 것처럼 식물 연구가 모두 애기장대로부터 시작한 것은 아니지만, 특히나 식물병리학은 애기장대가 아닌 다른 작물을 통해 연구가 이루어졌다. 식물병리학에서 애기장대의 역할은 식물 발달 연구보다 늦은 2000년대에서야 본격화되었다.

식물병리학에서 애기장대 이전에 가장 중요하게 여겼던 작물은 감자이며, 감자와 감자역병potato late blight 연구가 주를 이뤘다. 감자역병은 1840년대 유럽 전역에 대규모 기근을 일으킨, 역사적으로도 중요한 역할을 했던 병이었다. 1853년, 식물병리학의 아버지로도 불리는 하인리히 안톤 드 바리Heinrich Anton de Bary는 감자역병이 균류인 감자역병균(*Phytophthora infestans*)에 의해 일어난다는 것을 밝혀냈다.[3] 뿐만 아니라 감자역병균과 다른 작물에 병을 유도하는 균류를 연구함으로써 이전에는 서로 다른 종이라고 생각했던 균류가 사실은 한 종이 생활사 내에서 만들어내는 변이임을 밝혔다.

원인을 알게 된 이후, 연구자들은 감자 육종을 더욱 활발히 이어갔다. 1920년대 베를린의 제국생물학연구소에 부임한 카를 오토 뮐러 Karl Otto Müller도 그중 한 명이었다.[4] 그는 감자 자생지인 남아메리카에서 야생 감자를 들여와 아일랜드 감자와 육종을 시도했다. 그리고 1923년 감자역병에 저항성을 띠는 감자를 찾아낸다. 병저항성뿐 아니라 품질, 식감 등을 위해 여러 번 역교배를 거쳐 다양한 W-품종을 1934년 시장에 내놓는다. 하지만 이미 1932년부터 새로운 감자역병 균주가 나타나기 시작했다. 뮐러는 이를 S형 균주라고 이름 지었다. 이전의 감자역병은 A형 균주였다.

1933년, 헤르만 뵈르거 Hermann Börger가 함께 일하기 시작했고, 이 둘은 S형과 A형 감자역병 간의 흥미로운 관계에 대해 1940년에 발표했다. 감자역병 S형은 W-품종에 병을 일으켰다. 하지만 감자역병 A형을 감자 단면에 묻힌 후 S형을 묻히면 W-품종은 돌연 S형에 대한 저항성을 보이게 되었다. 이는 A형 감자역병이 감자를 감염시키지는 못하더라도 S형에 대한 저항성을 유도하는 변화를 일으키는 것처럼 보였다.

뮐러와 뵈르거는 A형 감자역병에 의해 감자에 균류 독성을 갖는 물질이 분비된다고 가설을 세웠다. 그리고 이 물질을 '피토알렉신 phytoalexin'이라고 명명했다.[5] 하지만 시간이 흐르면서 피토알렉신은 식물이 병에 걸리거나 스트레스를 받은 후에 급격히 합성이 증가하는 항균물질 모두를 일컫게 되었다. 가장 연구가 잘된 피토알렉신은 완두콩에서 발견된 피사틴 pisatin이다. 그리고 애기장대에서 합성되는 카말렉신 camalexin뿐 아니라 항암 효과가 있는 것으로 알려진 포도의

레스베라트롤resveratrol 또한 피토알렉신의 일종이다.[6] 하지만 아직 피토알렉신이 어떻게 병저항성을 매개하는지에 대해서는 연구가 느리게 진행되고 있다.

식물이 병원체에 의해 피토알렉신을 합성할 수 있다면, 이는 식물이 어떤 형태로든 병원체를 인식한다는 것을 의미했다. 식물이 병원체를 인지하는 물질은 엘리시터라고 불리게 되었다. 균류의 세포벽에서만 발견되는 다당류, 감자역병에서 발견된 단백질 등이 엘리시터로 밝혀지며, 식물이 병원체를 인식하는 방식의 다양성은 놀라움을 자아냈다.[7]

하지만 이후 수십 년간 연구의 진척은 더디었다. 여러 연구팀에서 발견된 엘리시터가 식물의 세포벽에 결합하는 강도를 계산한 논문들이 발표되었지만, 엘리시터가 직접 세포벽에 결합할 리는 없었다. 많은 이들이 엘리시터가 결합하는 수용체를 찾아 나섰다. 그러나 엘리시터가 결합하는 세포막의 구성 성분을 찾더라도 양이 극히 적어 생화학적으로 그 수용체를 추출하기란 불가능에 가까웠다.[8] 그렇다면 유전학적으로 돌연변이를 찾아 나서는 수밖에 없었다. 하지만 당시만 해도 다른 식물학 연구에 사용되던 애기장대는 식물병리학 연구에는 부적합한 것으로 여겨졌다.

이 모든 편견은 애기장대가 '잡초'라는 고정관념에서 비롯되었다. 1980년대 중반까지만 해도 애기장대는 잡초이기 때문에 애기장대를 병들게 할 병원체는 존재하지 않거나, 있다 해도 자연 상태에서는 감염이 불가능한 부자연스러운contrived 병원체로 여겨졌다. 1981년에 애기장대를 감염시키는 것으로 밝혀진 콜리플라워 모자이크 바이러스Cauliflower mosaic virus가 대표적인 예였다. 자연 상태에서 숙주는 콜리플라워이고, 예외적인 경우에만 애기장대도 감염시킬 수 있다고 여기는 학자들이 많았다.[9]

그러나 애기장대 연구자가 급격히 늘어나면서, 애기장대를 감염시키는 병원체 목록은 계속 늘어갔다. 대표적인 예는 1991년에 발표된 슈도모나스 시링가에(*Pseudomonas syringae*)다.[10] 슈도모나스는 십자화과를 감염시킨다고 알려져 있기에 애기장대의 병원체로 실험된 것이었지만, 야생 애기장대를 감염시키는 병원체를 찾아 실험실 밖으로 나선 이들도 있었다. 취리히에서 연구하던 에크하르트 코흐Eckhard Koch와 알렌 슬루사렌코Alan Slusarenko는 취리히 외곽의 바이닝겐 지역에 자생하는 애기장대가 노균병에 감염된 것을 관찰했다.[11] 노균병은 감자역병과 같은 점균류oomycete인 히알로페로노스포라 아라비돕시디스(*Hyaloperonospora arabidopsidis*)에 의해 생기는 병이다. 이는 애기장대를 감염시키는 점균류가 최초로 발견되었음을 뜻했다. 그 외에도 흰녹가루병을 일으키는 흰녹가루병균(*Albugo candida*), 흰가루병을 일으키는 에르시페 시코라시어룸(*Erysiphe cichoracearum*)도 애기장대를 감염시키는 것으로 밝혀졌다.[12] 1990년대에 이루어진 이 연구는 이후 애기장대를 이용한 식물병리학 연구를 크게 확장하는 계기가 되었다.

엘리시터를 연구하던 스위스 바젤 대학의 토머스 볼러Thomas Boller 팀은 본인들의 연구를 애기장대에 접목시키고 싶어 했다. 그리고 그들이 1999년에 애기장대를 이용하여 처음으로 발표한 논문은 이후 식물 병저항성을 유도하는 엘리시터 연구의 판도를 완전히 바꾼다.

볼러의 연구팀은 1999년에 한 학술지에 두 편의 논문을 동시에 냈다. 한 편은 기존의 담배를 이용한 연구였다.[13] 여기에서 연구팀은 토마토에 담배들불병fire blight을 일으키는 슈도모나스 시링가에 타바키 병원형(*Pseudomonas syringae* pv. *tabaci*)을 이용해 담배에 병저항성 반응을 일으키는 엘리시터를 밝혀냈다. 그 주인공은 슈도모나스와 같은 그람음성균이 유영할 수 있게 하는 편모flagellin 단백질이었다. 동물의 선천면역에서도 편모 단백질은 면역반응을 유도하는 엘리시터다. 식물에서는 그중에서도 단백질의 가장 앞부분을 이루는 22개 아미노산이 엘리시터 반응을 가장 강하게 보였다. 이 부분은 flg22라는 이름을 얻게 되었으며, 오늘날에도 식물의 가장 대표적인 엘리시터로 실험에 이용된다.

flg22를 밝히는 실험을 토마토로 모두 진행한 후, 연구팀은 flg22에 의한 병저항성 반응이 애기장대를 포함한 여러 식물 종에서 일어남을 선보였다. 그리고 그 뒤를 이은 논문에서 flg22를 이용해 애기장대를 엘리시터 반응에 필요한 유전학적인 연구에 사용할 수 있음을 보였다.[14] 당시 식물병리학계에서는 EMS를 이용해 애기장대 돌연변이를 제작하는 것보다, 여러 지역에서 얻은 애기장대 아종의 자연적 변이를 이용한 실험이 주를 이루었다. 볼러의 연구팀 역시 여러 다른 애기장대 아종에 flg22를 처리하고 그 반응을 비교했다. 새싹에 flg22를 처리하면 애기장대는 생장 속도가 급격히 감소했다. 과도한 면역반응으로 인해 생장 및 발달이 제대로 일어나지 않는 것이었다. 연구팀은

flg22 반응을 보이는 데 필요한 좌위를 애기장대 5번째 염색체에서 찾고 *fls-1*(*flagellin sensing-1*)이라 불렀다.

2000년, 또 다른 논문이 볼러 팀에 의해 발표되었다.[15] 이번에는 *fls2*(*flagellin sensing 2*)를 찾았다는 발표였다. 이번에는 flg22 반응을 보이는 랜즈버그 아종에 EMS를 처리하여 얻은 돌연변이 *fls2*를 찾았다. 사실 FLS2는 FLS-1과 같은 유전자였다.

FLS2 단백질의 아미노산 서열은 RLK인 CLV1(CLAVATA 1) 단백질과 매우 유사했다(1부 5장 참조). LRR-RLK는 세포막에 있으며, 세포 밖에는 외부 신호를 수용하는 LRR 도메인이 있고, 세포 안에는 그 신호를 전달하는 인산화효소 도메인이 있다. CLV1 단백질은 세포막에 있는 단백질로 세포 밖으로 분비되는 CLV3 단백질과 결합해서 지상부 정단분열조직의 생장점을 유지한다. FLS2도 CLV1과 같은 LRR-RLK였다. 세포 밖에 있는 flg22를 잡아내기에 이보다 완벽한 단백질은 없을 것 같았다. 하지만 여전히 flg22가 엘리시터로서 병저항성 반응을 유도하는지에 대한 근거는 부족했다. 그 근거는 2004년 flg22를 처리하면 애기장대 Col-0에서 슈도모나스 시링가에 토마토 병원형의 DC3000 균주(*pseudomonas syringae* pv. *tomato* DC3000, *Pst*DC3000)의 성장이 급격히 저해되는 것을 보임으로써 뒷받침되었다. *fls2* 돌연변이는 박테리아의 성장을 저해하는 현상을 보이지 않았다. 이 결과를 통해 flg22는 식물이 병원체를 인식하는 최초의 신호로 자리매김하게 되었다.[16]

FLS2와 CLV1과 같은 RLK 단백질이 식물에 있다는 점이 각광 받은 이유는 따로 있었다. 이미 1980년대에 동물에서 유사한 단백질이 발견되었다. 대표적인 예가 동물의 상피세포 성장인자 수용체Epidermal Growth Factor Receptor, EGFR로, 외부 신호를 받는 세포 밖 도메인과 내부로 신호를 전달하는 인산화효소 도메인이 세포막을 사이에 두고 연결된 형태를 띤다. 이 성장인자 수용체는 성장인자와 결합한 후, 같은 EGFR 단백질 2개가 붙어 세포 내부 인산화효소 도메인의 기능이 활성화된다.[17] 그렇기 때문에 FLS2 단백질도 유사하게 혼자 병저항성을 조절하지 않을 가능성이 높았다. 많은 과학적 발견들이 그렇지만, 여러 팀에서 FLS2 단백질의 짝꿍을 찾으려는 노력이 시작되었다. 2007년 볼러 팀과 존 라스젠John Rathjen 팀은 서로 다른 학술지에 같은 내용을 발표했다.[18] FLS2 단백질의 짝꿍은, 식물 발달에 중요한 것으로 알려졌던 BAK1(BRI1-associated receptor kinase 1) 단백질이었다.

BAK1 단백질 역시 LRR-RLK의 일종으로, 2002년 존 워커 팀(2부 7장 참조)과 미시간주 앤아버에 있는 미시간 주립대학 젠밍 리Jianming Li 팀에서 동시에 유전자 기능을 발표했다.[19] 둘 모두 BRI1(Brassinosteroid-insensitive 1) 단백질이라는 식물 스테로이드호르몬 브라시노스테로이드brassinosteroid 수용체의 신호전달 과정에 BAK1 단백질도 필요하다는 것을 밝혀냈다.

동물 및 인간에 작용하는 스테로이드호르몬은 잘 알려져 있다. 테스토스테론, 에스트로겐 등의 성호르몬이나 염증 완화에 도움을 주는 코르티솔스테로이드 등 그 종류도 많다. 식물에서도 스테로이드가 만들어지며, 생장에 중요한 역할을 한다. 식물에서 스테로이드 물질이 합성된다는 것은 이미 알려져 있었지만, 식물 스테로이드가 줄기의 생장을 촉진한다는 것은 1970년에 밝혀졌고, 서양평지·유채Brassica napus의 꽃가루에서 분리되어 종의 이름을 따서 브라신Brassin이라는 이름을 얻었다.[20] 1979년에는 그중 식물 생장을 촉진하는 순수 물질이 밝혀졌다. 유채의 꽃가루 500파운드(227킬로그램)를 모아서 얻은 이 물질은 브라시놀라이드brassinolide라고 불리게 되었다.[21]

브라시노스테로이드는 RLK인 BRI1 단백질에 의해 인식된다.[22] *bri1* 돌연변이는 브라시노스테로이드가 식물 생장에 미치는 영향을 연구하기 위해 진행된 돌연변이 선별 기법에서 발견되었다. 이듬해 조앤 코리 팀은, *bri1* 돌연변이가 스테로이드 수용체 유전자의 이상에 일어난 것임을 밝혔다. 이는 BRI1 단백질이 브라시노스테로이드의 수용체 역할을 할 것임을 암시했다.[23] 동물의 세포막 수용체와 유사하며, 식물 스테로이드인 브라시노스테로이드를 수용한다는 점은 많은 이들의 관심을 끌었다.

학자들은 동물에서 발견된 성장인자 수용체와 비슷하다면, 기능 또한 유사할 것이라고 생각했다. 성장인자 수용체가 같은 단백질 2개가 짝을 이뤄 신호를 전달하므로, BRI1 단백질도 유사하게 기능할 것이라고 생각했다. 하지만 예상과는 달리 BRI1 단백질은 스스로 짝을 이루는 것이 아니라 다른 유전자와 짝을 이루었다. 바로 BAK1 단백질이다. 워커 팀은 BRI1 단백질이 존재하지 않는 상태에서, 이 조건을 복구할 수 있는 돌연변이를 찾는 중에 BAK1 단백질이라는 또 다른 RLK를 찾았다. 한편, 조앤 코리 팀에서 일하다 독립적으로 연구를 시작한 젠밍 리 실험실에서는 남경희 박사(현 숙명여대 교수)가 BRI1 단백질과 결합하는 단백질을 찾던 중 RLK 단백질인 BRI1 단백질이 또 다른 RLK와 결합하고 있다는 사실을 발견했다. 이 역시 BAK1 단백질이었다.[19]

FLS2 단백질 또한 RLK이기 때문에 또 다른 RLK와 결합할 가능성이 매우 높았다. 현대 과학의 많은 발견들이 여러 팀에 의해서 동시에 이루어지는 이유는, 실험 결과가 쌓이다 보면 어느 순간 그다음 답이 선명해지기 때문이다. 다른 누구도 부인할 수 없을 만큼 명확한 해답이 있는데, 그걸 한 명만 볼 가능성은 낮다. 그뿐 아니라, 논문이 아니라 비공식적으로 이루어지는 많은 대화와 교신 속에서 아이디어가 떠오르는 경우도 많다. 학회장의 포스터 발표 중에, 혹은 흔한 저녁 식사 자리에서 아이디어가 생겨나고는 한다. 이러한 새로운 아이디어를 경쟁의 틀로, 누가 먼저 그 발견을 논문으로 발표했는지로만 바라보는 것은 안타까운 일이다.

볼러의 팀에서는 flg22에 의해 발현이 늘어나는 RLK를 골라 T-DNA 돌연변이를 구했고, 그중 flg22 반응이 줄어드는 돌연변이를 찾아냈다. 유전학적으로 flg22의 반응을 잃어버린 돌연변이를 찾는 방식으로 FLS2 단백질의 짝꿍이 BAK1 단백질임을 밝혔다. 한편 존 라스젠 팀에서는 생화학적으로 접근했다. 먼저 이들은 FLS2 단백질만 특이적으로 인식하는 항체를 제작했다. 그리고 그 항체를 이용해 FLS2 단백질을 모았다. 이를 면역침전immunoprecipitation이라 한다. 이 과정에서 FLS2 단백질과 붙어 있는 다른 단백질도 같이 모인다. 그 뒤에는 질량분석법으로 FLS2 외에 어떤 단백질이 모이는지를 분석한다. 질량분석법은 단백질을 작은 펩타이드 조각으로 나눈 후, 그 펩타이드의 질량을 통해 펩타이드를 구성하는 아미노산 서열을 예측하는 실험 기법이다. 이렇게 FLS2 단백질과 붙어 있는 단백질 중에서 BAK1 단백질을 분리해냈다.[18] BAK1 단백질을 발견한 워커 팀이나 리 팀과 마찬가지로, 볼러 팀과 라스젠 팀도 서로 다른 실험 기법으로 접근했지만 같은 결과를 얻었다. 이처럼 다양한 접근 방식을 이용해도 같은 결과가 나올 때, 그 가설의 신빙성은 더욱 높아진다.

그 후, flg22를 매개로 결합하고 있는 BAK1-FLS2 복합체의 단백질 구조가 밝혀졌다. 영국의 시릴 지펠 팀과, 중국과학원의 젠민 주Jian-Min Zhou 팀, 그리고 칭화 대학의 지제 차이Jijie Chai 팀의 공동 연구 결과였다.[24] 두 RLK인 FLS2와 BAK1 단백질이 flg22를 통해 단단히 결합한 구조였다. 여기서 flg22는 '분자접착제molecular glue' 역할을 한다.

단백질 구조는 분자생물학의 최종 종착지로 여겨질 정도로 중요한 분야다. 너무 작아 볼 수 없는 단백질을 시각화한다는 게 유일한 장점은 아니다. 단백질 구조를 밝힘으로써 해당 단백질의 세포 안에서의 작동 방식을 더 잘 이해할 수 있기 때문이다. "구조가 기능을 결정한다"란 말이 괜히 나온 게 아니다.

오늘날에는 박테리아의 편모 단백질을 인지하는 FLS2 단백질뿐 아니라 박테리아의 단백질 번역에 필요한 EF-Tu를 인지하는 EFR 단백질, 그리고 균류의 세포벽 구성 성분인 키틴chitin을 인지하는 LYK5

단백질까지 병원체의 다양한 패턴을 인지하는 수용체들이 애기장대에서 대거 알려졌다. 식물 특유의 현상에서 비롯되어 엘리시터라는 이름을 초기에 사용했지만, 동물의 선천면역과 유사한 측면이 점차 밝혀지면서 엘리시터라는 명칭은 PAMP(Pathogen-associated molecular pattern)로 바뀌었다. 그리고 이들 수용체는 패턴인식수용체(3부 6장 참조)라는 이름을 얻게 되었다.

한편, 병원체에 의해 생기는 식물 부산물 등은 DAMP(Damageassociated molecular pattern)라는 명칭이 붙었다. 병원체가 침투하는 과정에서 식물세포 안에 있어야 할 물질들이 세포 밖으로 유출되는데, 식물세포는 이를 PAMP와 마찬가지로 인지할 수 있다. 이는 식물이 어떤 상처를 입었다는 뜻이므로, 그로부터 DAMP라는 이름이 유래되었다. 애기장대의 대표적인 DAMP는 AtPep1 단백질로 세포가 손상되었을 때만 단백질이 짧게 잘라지고, 이 짧은 형태를 세포막의 PEPR1과 2 단백질 수용체가 인지한다.[25] 이렇게 병원체나 식물이 내는 화학물질을 세포 밖에서 인지하고, 그 결과로 촉진되는 면역반응을 PTI(pattern/PAMP/PRR-triggered immunity)라고 부른다.

PAMP인 flg22와 그 수용체인 FLS2 단백질이 발견되면서, PTI가 일으키는 하위 신호전달 반응이 빠르게 분석되었다. flg22의 처리를 통해 PTI 반응만을 유도할 수 있을 뿐 아니라, *fls2* 돌연변이라는 유용한 대조군도 있었다. flg22에 의해 일어나는 PTI 현상들이 *fls2* 돌연변이에서는 일어나지 않기 때문이다. FLS2 단백질이 발견된 이후, PTI의 대표적인 반응은 세포 내 칼슘 이온 증가와 활성산소 증가로 정립되었다. 이는 한편으로는 식물의 생장을 억제하지만, 다른 한편으로는 병원균의 침투를 효과적으로 억제하기도 한다. 빠르게 자라지 못하는 대신, 병원균으로부터 스스로를 보호하기 때문에 더 오래 살 수 있다.

현대 분자생물학자들은 하나의 세포에서 일어나는 반응을 '폭포cascade'라고 표현한다. 처음으로 신호를 받은 단백질이 그와 관련된 모든 생명현상을 바꾸는 것이 아니라 다른 단백질에 신호를 전달하고, 그 신호를 받은 다른 단백질들이 생명현상을 실행하곤 한다. FLS2 단백질을 예로 들면, 세포막에 존재하는 FLS2 단백질이 어느 순간 세포핵으로 이동하거나 엽록체로 이동해서 어떤 생명 과정을 바꿀 수는 없다. 다른 단백질을 매개로, 그리고 그 다른 단백질은 또 다른 단백질을 매개로 해서 '폭포'를 만들며 신호가 전달되는 것이다. 이를 신호전달경로라고 한다.

회색곰팡이균인 잿빛곰팡이(*Botrytis cinerea*)는 포도 껍질에 생기는데 독특한 향미를 내며 유명한 디저트 와인을 만들어낸다. 잿빛곰팡이는 사물영양체necrotrophy로 죽어 있는 식물 조직에서 영양분을 얻는 균류이기 때문에 다 자란 포도에 생기면 맛있는 와인을 만들 수 있을지 모르겠지만, 크고 있는 작물에 자란 잿빛곰팡이는 작물을 죽여버려서 큰 손해를 끼친다. 포도뿐 아니라 여러 작물 종을 숙주로 삼으며 과일, 꽃, 잎 등등 모든 곳에 침입할 수 있기 때문에 크나큰 경제적 손실을 일으키는 균이다.

애기장대 또한 이 잿빛곰팡이에 감염될 수 있다. BIK1(Botrytis-induced kinase 1)은 잿빛곰팡이에 감염된 애기장대 잎에서 발현이 대폭 증가하는 유전자로 처음 학계에 알려졌다. 돌연변이 *bik1*은 잿빛곰팡이에 의한 감염에 취약했다. 하지만 반대로 사물 영양을 하지 않는 *Pst* DC3000에 대해서는 *bik1* 돌연변이가 저항성을 보였다.[26] 이런 차이가 나는 이유는 몇 년 후에 밝혀지게 되지만, 논문이 나온 2006년만 해도 BIK1 단백질은 잿빛곰팡이에 의한 저항성에 중요한 인산화효소 정도로만 여겨졌다.

텍사스 A&M 대학의 핑 허와 리보 샨 공동 연구팀은 BIK1의 발현이 flg22에 의해 증가할 뿐 아니라 BIK1 단백질이 FLS2-BAK1 단백질과 결합하고 인산화되는 것을 보였다.[27] 하지만 PTI의 대표적인 변화는 세포 내 칼슘 이온 증가와 활성산소 증가인데, BIK1은 그 현상을 유도할 수 있는 단백질이 아니었다. BIK1 단백질의 신호가 매개되는 또 다른 단백질이 있음을 시사했다.

영국 세인스버리 연구소에 있던 스콧 펙Scott Peck 연구팀은 2007년 flg22 처리 이후 인산화가 변화하는 단백질을 발굴했다. 이들은 식물 세포 안에 있는 단백질을 조각내고, 그 조각 중 인산화된 것만 선별했고, 이렇게 선별된 단백질을 질량분석법을 이용해 분석했다. 이들이 분석한 단백질 가운데 RbohD가 있었다.[28] RbohD는 식물에서 활성산소를 늘리는 단백질이다.[29] 베이징의 중국과학원에 있는 젠민 주의 팀과 영국 세인스버리 연구소의 시릴 지펠 팀은 2014년 거의 동시에 BIK1 단백질이 직접 RbohD 단백질을 인산화시킨다고 발표했다.[30] flg22를 비롯한 다양한 PAMP로부터 시작되는 PTI 신호가, 그 결과

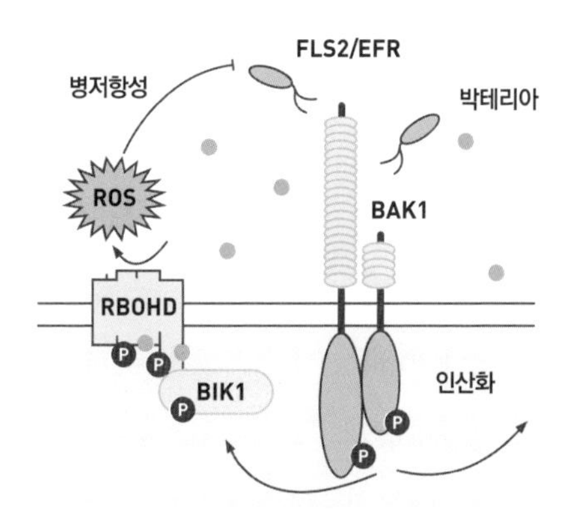

그림 1-1 세포 밖 면역반응(PTI). 애기장대에서 발견된 FLS2, EFR 단백질은 세포막에 고정되어 있으며, 세포 밖으로 향한 부분이 박테리아 편모 단백질(FLS2)이나 박테리아의 단백질 번역에 필요한 EF-Tu(EFR)를 인식한다. 이때 조수용체 BAK1이 필요하며, 인산화(P)를 통해 BIK1 인산화효소를 활성화하고, BIK1은 다시 RBOHD를 활성화한다. 그리고 결과적으로 활성산소(ROS)가 발생해 병저항성을 띠게 된다.

물로 알려져 있던 활성산소 합성과 연결되는 순간이었다.

1940년대 엘리시터라는 이름으로 시작된 연구는 피토알렉신 합성이라는 주제로 자리 잡았다. 병원균에 대응하여 식물이 만드는 피토알렉신은 생존에 꼭 필요한 1차 대사물이 아니라 2차 대사물이다. 2차 대사물은 식물이 환경에 적응하기 위해 합성하는 물질로 피토알렉신이 대표적이다. 피토알렉신 중에는 포도에 들어 있는 레스베라트롤이 있다. 그 외 2차 대사물에는 카페인, 니코틴, 모르핀, 탄닌 등 인간에 유용한 물질도 포함되어 있다. 뿐만 아니라 말라리아 치료제로 쓰이는 아르테미시닌artemisinin도 2차 대사물이다. 피토알렉신이 2차 대사물 연구의 시작을 견인했다고도 할 수 있다.

식물 밖의 엘리시터를 인지하는 식물세포 내 인자를 찾는 것은 생화학적 실험 기법으로는 한계에 다다를 수밖에 없다. 1990년대부터 다방면에 활용되기 시작한 애기장대는 엘리시터에 의한 병저항성 연구를 완전히 바꾸었다. 식물 고유의 현상으로 여겨졌던 엘리시터와 피토알렉신 합성과 같은 병저항성 현상은 애기장대 연구를 통해 동물계에서 볼 수 있는 선천면역과 가까운 것으로 밝혀지게 되었다. 어느새 박테리아 편모를 인식하는 식물 수용체 FLS2 단백질이 처음으로 발표된 이후 20년 가까운 세월이 흘렀다. 그동안 FLS2 단백질의 신호를 매개하는 다른 유전자들이 속속들이 밝혀졌다.

병원체의 일부를 인지하는 이런 PTI 반응은 빈틈없이 병원체를 막을 것 같지만 현실은 여전히 병에 걸리는 식물이 걸리지 않는 식물보다 많다. 왜 그럴까?

병원균의 반격

아마씨가 폭발적인 인기를 끌었던 적이 있다. 변비 예방도 되고, 심혈관질환 예방도 되고, 성장기 두뇌 발달 및 치매 예방도 된다 하니 가히 만병통치약이라 할 수 있겠다. 그런 이야기들은 보통 잘 믿지 않지만, 딱 한 가지 옳다 여기는 것은 아마씨에 식이섬유가 풍부하다는 점이다. 끓는 물에 담가만 놓아도 식이섬유가 녹아 나온다. 서양에서는 이런 방식으로 식이섬유를 추출해 천연 헤어젤로 사용하기도 한다.

참깨처럼 생긴 아마씨에는 참깨 같은 냄새는 없지만, 오래 씹으면 씹을수록 고소한 향이 올라온다. 아마씨에서는 기름도 얻을 수 있는데, 이게 바로 아마인linseed이다. 아마인은 19세기 물감의 원료로 중요하게 사용되었으며 현재까지도 이를 대체할 재료는 개발하지 못했다.

사실 아마는 씨보다 섬유가 더 유명하다. 여름옷에 애용되는 린넨이 아마의 줄기로 만들어진 것이다. 아마는 유프라테스강과 티그리스강 사이의 '비옥한 초승달 지대'에 자생하며 9,000년 전인 신석기시대부터 사람들에 의해 이용되었다. 중부 유럽 등지에서는 기원전 3000년 전부터 섬유로 만들어진 기록이 남아 있다.[1] 만들기는 매우 힘들지만, 시원한 소재여서 여전히 사랑받는다.

오랫동안 인간의 사랑을 받은 아마지만, 녹병균(*Melampsora lini*)에는 속수무책으로 당한다. 바람에 날리는 포자를 통해 밭에서 밭으로 이동하는 녹병균에만 듣는 약은 없다. 녹병에 걸린 아마 잎에는 처음에는 노란 반점이, 그리고 시간이 지나면서 녹슨 듯한 붉은 반점이 생긴다. 이는 점점 자라 포자를 만드는 동포자층telium이 되고 식물은 시들어버린다.[2] 항균제를 살포할 수도 있지만, 녹병에 걸리지 않는 저항성을 가진 아마 품종을 심는 것이 현재로서는 최선의 방식이다.

녹병에 걸리지 않는 아마 품종과 녹병균과의 관계를 연구하던 해럴드 플로Harold Flor는 식물의 병저항성에 대한 중요한 내용을 발표한다. 바로 유전자 대 유전자Gene-for-gene 가설이다. 그의 가설 덕분에 오늘날에는 분자생물학의 관점에서 병저항성을 식물 유전자와 병원체 유전자의 대응 관계로 본다. 그것도 식물 유전자 1개와 병원체 유전자 1개가 서로 대응하여 병저항성이 나타난다는 가설은 처음 나온 이후 식물병리학 분야의 새로운 지평을 열었다.

Linum usitatissimum

아마과 | 아마속 | 아마

○ ○ ● 식물 병은 예전이나 지금이나 농사짓는 데 큰 골칫거리다. 육종가들은 병에 저항성을 띠는 품종을 지속적으로 개량하는 것으로 문제를 해결하고자 한다. 하지만 식물 병도 생명이기에 끊임없는 진화를 통해 병저항성을 띠는 품종에도 금세 적응해버린다. 계속되는 창과 방패의 전쟁인 셈이다. 이 전쟁에서 이기려면 식물이 어떻게 병저항성을 얻게 되는지 아는 것이 중요하다.

멘델의 유전법칙이 발표된 것은 1866년이었다.[3] 노란 완두콩과 초록 완두콩을 교배하면 노란 콩이 나오고, 그 후대에는 노란 콩과 초록 콩이 항상 3 대 1의 비율로 나온다는 실험 결과는 여러 가지를 의미했다. 우선 노란 콩과 초록 콩 사이에 연두색 콩이 나오지 않는다는 것은, 유전을 매개하는 물질이 한데 섞이지 않음을 뜻한다. 멘델은 한 번도 '유전자'라는 단어를 사용하지 않았지만, 그의 실험 결과는 유전을 매개하는 물질이 불가분한 입자 단위로 취급 가능하다는 말이었다. 다른 한편으로 후대 완두콩의 노란색과 초록색 비율이 3 대 1이라는 점은 같은 형질을 결정하는 유전자형allele 사이에 차이가 있음을 의미했다. 멘델은 이를 우성dominant와 열성recessive으로 표현했다. 즉, 유전자형의 발현에서 비롯된 특성을 이용한 표현으로 우성유전자형과 열성유전자형이 같이 있는 잡종에서 우성유전자형의 형질만 나타난다는 것이다. 표현형이 우세하냐 아니냐의 뜻이지 더 우월하거나 열등하다는 뜻을 갖지 않는다.

1899년, 유럽 대륙 건너편 영국에서는 롤런드 비핀Rowland Biffen이

그림 2-1 롤런드 비핀의 초상화.

당시 케임브리지 대학에 갓 생긴 농과대학에 부임했다. 그중 작물을 연구하는 경제식물학 전공으로 가게 된 비핀은 세계 곳곳에서 키우는 밀과 보리 품종을 한데 모아 교배했다. 교배를 시작할 당시만 해도 멘델의 유전법칙이 다시 알려지기 전이었기 때문에, 그는 작물 교배를 통해 더 나은 품종을 만드는 것을 우연한 결과라고 여겼다.[4]

하지만 멘델 사후 1900년, 그의 유전법칙이 카를 코렌스Carl Correns와 휘호 더프리스Hugo de Vries에 의해 재발견되었다.[5] 코렌스와 더프리스 모두 식물을 이용해 멘델의 유전법칙을 재증명했다. 그 후, 여러 다른 생물 종에서도 멘델의 유전법칙이 재현되었다. 이들의 결과를 접하게 된 비핀은 윌리엄 베이트슨William Bateson을 비롯한 동료들과 함께 멘델의 유전법칙이 여러 종에서 재현 가능함을 증명하고자 했다. 그는 이미 모아둔 보리와 밀 품종을 이용한 대규모 교배 실험을 통해 농업에 유리한 밀의 특성이 멘델의 유전법칙에 의해 후대에 전달된다는 것을 밝혔다.[4] 그중에서도 가장 중요한 형질은 병저항성이었다. 비핀은 1907년에 발표한 논문을 통해 줄녹병균(*Puccinia glumarum*, 현재 명칭 *Puccinia striiformis* var. *striiformis*)에 대한 밀의 병저항성이 하나의 우성유전자형에 의한 것임을 밝혔다.

오늘날에는 비핀이 실험한 것 이외에도 다양한 줄녹병균 변이가 발견이 되었다. 그리고 밀의 생장 조건에 따라 줄녹병균에 대한 저항성이 달라지기도 한다. 하지만 그가 한 실험은 이런 변인들을 모두 피했고, 그로 인해 병저항성 형질이 멘델의 유전법칙에 따라 유전된다는 것을 보일 수 있었다. 그러므로 비핀의 발견은 행운으로 여겨진다.

비핀의 연구 이후로 식물의 병저항성이 유전자에 의해 일어나는 것은 밝혀졌지만, 여전히 풀리지 않는 내용이 많았다. 같은 식물 종으로 실험해도, 어떤 병원균 균주는 병을 일으키지 않는 반면에 다른 균주는 병을 일으켰다. 또한, 비핀이 발견한 경우는 매우 드문 것으로, 멘델이 보인 1 대 3 비율이 나타나지 않을 때가 훨씬 더 많았다. 그 뒤 1940년대에 새로운 연구가 나오며 식물 숙주와 병원체의 다양성으로 인해 병저항성 반응이 보다 복잡하다는 것을 증명했다.

해럴드 플로는 1900년 5월 27일, 미국 중서부 미네소타주의 주도 세인트폴에서 태어났다.[6] 미네소타 대학에서 농업을 전공했고, 1931년부터 1969년까지 노스다코타 농업대학에 재직했다. 그는 노스다코타 농업대학에 있는 동안 아마flax(*Linum usitatissimum*)와 초반에는 녹병균의 다양한 변이와 그에 반응하는 다양한 아마 품종을 비교 관찰하는 연구를 진행했지만, 점차 특정 아마 품종이 갖는 녹병균에 대한 저항성이 어떻게 유전되는지를 실험하기 시작했다.

우선 그는 실험하는 아마 녹병균의 다양한 변이주에 모두 전염되는 재배종cultivar '바이슨Bison'을 대조군으로 설정했다. 생물학적 종의 개념은 고정되어 있는 것처럼 보이지만, 사실 종 내 개체별로 차이가 크다. 특히 병원균의 경우 작은 개체별 차이가 숙주에 병을 일으키는 데 중요한 차이가 되고는 하며, 이런 작은 차이들을 구분하기 위해 한 종 안에 변이주라는 표현을 사용한다. 플로는 바이슨 품종을 그가 수집한 다른 모든 아마 품종과 교배했다. 바이슨 품종은 모든 아마 녹병균에 감염될 수 있기 때문에, 바이슨과 다른 품종을 교배한 자손 세대가 아마 녹병균 저항성을 얻는다면, 그것은 그 다른 품종에서 유전된 형질임을 의미한다. 그리고 이 교배종에 다양한 아마 녹병균 변이주를 접종해서 감염이 일어나는지 관찰했다. 이렇게 한 개체에 여러 녹병균 변이주를 접종하는 방식으로 녹병균 변이의 유전적 다양성을 연구할 수 있게 되었다.

여기서 무엇보다 강조되어야 할 부분은 바이슨 재배종과의 교배다. 유성생식을 하는 모든 종은 교배가 이루어지면 유전정보가 부모로부터 절반씩 염색체의 형태로 전달된다. 그래서 바이슨 재배종과 병저항성을 띠는 아마 사이 첫 잡종 세대(F1)는 바이슨 재배종으로부터 한 쌍의 염색체를, 병저항성 품종으로부터 다른 한 쌍의 염색체를 받는다. 이 병저항성 유전자가 우성이라면, F1 세대는 모두 병저항성을 띨 것이다.

유전물질은 염색체에 담겨 있다. 이배체인 모든 생물은 염색체를 한 쌍씩 갖는다(사람은 23쌍, 애기장대는 5쌍). 모든 생물은 끊임없이 세포분열을 하여 세포 수를 2배로 늘린다. 이때 대부분의 세포는 세포 안에 있는 유전물질을 2배로 만든 후 세포분열이 진행되면서 유전물질이 분열된 두 세포에 똑같이 분배된다. 하지만 예외가 있으니, 바로 수정란이 될 생식세포다. 생식세포는 분열이 2번 진행된다. 그 과정에서 세포 내 유전물질의 양이 반으로 줄어든다. 바로 감수분열이다. 따라서 수정란은 아버지로부터 받은 염색체 한 세트, 그리고 어머니로부터 받은 염색체 한 세트가 모여 염색체 한 쌍을 갖게 된다. 즉, 바이슨과 또 다른 아마 품종을 교배한 F1 세대는 바이슨으로부터 물려받은 염색체 한 세트, 다른 아마 품종의 염색체 한 세트를 갖게 된다.

아마는 자가수정을 하는 종이니까, F1 세대를 자가수정하게 두었다고 가정해보자. 이 세대에서 감수분열이 있는 그대로 진행된다면, 조부모가 가지고 있던 염색체를 그대로 4분의 1씩 물려받게 된다. 하지만 생명은 그보다는 변이가 더 많이 생기는 것을 선호한다. 감수분열 직전, 염색체 쌍은 서로 교차점을 만들어낸다. 그리고 이 교차점에서 염색체 일부를 교환하는 과정이 일어난다. 그렇게 되면 부모로부터 받은 각각의 염색체가 뒤섞인다. 하나의 염색체에 아버지로부터 받은 염색체와 어머니로부터 받은 염색체가 섞이는 것이다.

아마는 자가수정을 하는 식물이지만, 플로는 이 F1 잡종 세대를 다시 부모 중 하나인 바이슨 재배종과 교배하는 여교배backcross를 진행했다. 이렇게 맺힌 종자는 여교배를 했다는 의미에서 BC1F1이라고 지칭한다. 이때 F1 세대의 생식세포가 만들어지는 과정에서 교차가 일어난다면, 여교배를 한 BC1F1 세대는 평균적으로 한 염색체 안에 바이슨으로부터 유래된 유전물질이 절반, 그리고 다른 품종으로부터 유래된 유전물질이 나머지 절반인 염색체와 여교배한 바이슨으로부터 받은 염색체, 이렇게 염색체 한 세트를 갖게 된다. 다른 품종의 유전물질 비율이 25퍼센트로 감소한다. 이처럼 여교배를 계속 반복하다 보면, 바이슨 품종의 유전물질 99.99퍼센트로 이루어진 세대를 얻을 수 있다. 하지만 다른 품종의 유전물질 0.01퍼센트가 병저항성과 같은 큰 차이를 만들 수 있다.

예를 들어 병저항성을 갖지만 열매가 맛이 없는 토마토 (가)와, 열매는 맛있지만 병에 취약한 토마토 (나)가 있다고 하자. 우리가 토마토 (가)로부터 얻고 싶은 건 병저항성뿐이기 때문에, (가)와 (나)를 교배한 후, (나) 토마토로 계속 여교배를 하다 보면, (나)와 거의 똑같은 토마토지만 (가)의 병저항성을 물려받은 토마토가 나올 수 있다. 이렇게 원하는 유전자 좌위만 다르고 남은 유전자는 거의 동일한 개체를 근동질 유전자계통Near Isogenic Line, NIL이라고 부른다. 플로의 동료들

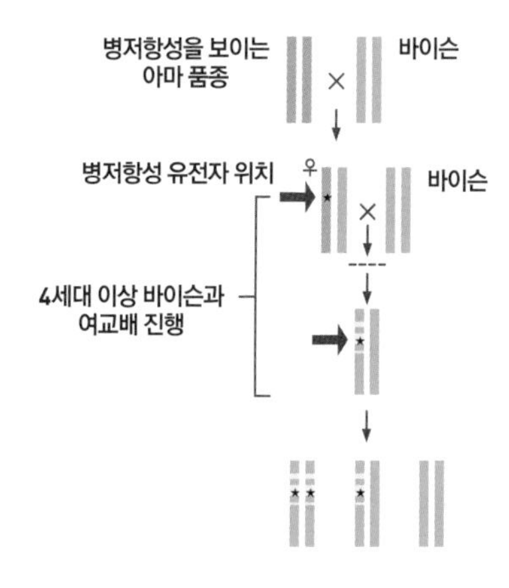

그림 2-2 여교배 과정. 플로는 병저항성을 보이는 아마 품종과 바이슨을 교배하고, 그 자손 세대를 다시 바이슨과 교배하는 여교배를 진행했다. 바이슨 품종과의 지속적인 여교배는 일부 부위를 제외하고 바이슨 유전자를 갖는 근동질 유전자계통이 제작되었고 여기서 병저항성을 보이는 자손 세대를 찾아, 병저항성 유전자 위치를 파악했다.

에 따르면, 플로는 그 당시 근동질 유전자계통을 실험에 도입한 몇 안 되는 과학자였다.[6] 이렇게 유전정보가 조금씩 다른 수많은 개체는 식물 병저항성을 밝히는 데 중요한 자원이었다.

플로는 우선 2개의 서로 다른 녹병균 변이주를 교배해서 F2 세대 67개를 얻었다. 그리고 이들을 그가 수집한 아마 32개 품종에 감염시켰다. 플로는 F2 세대 녹병균이 아마에 일으키는 감염 반응과 부모 세대의 감염 반응을 비교해서, 녹병균에 있는 유전자가 얼마나 감염에 기여하는지 살폈다. 그리고 감염에 필요한 인자는 1개이고 멘델의 유전법칙에 따르면 항상 열성이라고 밝혔다. 또한, 본인이 키운 근동질 유전자계통 개체들을 이용해 저항성을 보이는 식물 개체를 찾았으며, 이 실험을 통해 아마에 있는 저항성 유전자는 항상 우성을 띠는 것도 관찰했다. 앞서 한 실험과 정확히 반대되는 실험을 숙주의 측면에서도 진행한 것이다.[7]

그리고 이 두 결과를 종합해서 숙주의 반응에 필요한 숙주 유전자와, 병원균의 병원성에 필요한 유전자가 각각 있으며, 이 두 유전자가 서로 인식한다는 결론을 내렸다.[8] 플로의 이 가설은 '유전자 대 유전자'로 불린다. 이에 맞춰 식물에 있는 저항성 유전자는 '저항성resistance'을 띤다는 의미에서 R 유전자, 병원체에 존재하는 유전자는 역으로 병원체에 존재하게 되면 병원체가 감염을 할 수 없게 된다 하여 '비병원성avirulence'을 갖는다는 의미로 Avr 유전자라고 이름 지어졌다.

오늘날에도 유전자 대 유전자 가설은 식물과 병원체의 관계를 파

식물 병저항성 유전자

미생물 병원성 유전자

	R	*r*
Avr	**병 저항**	**병 발생**
avr	**병 발생**	**병 발생**

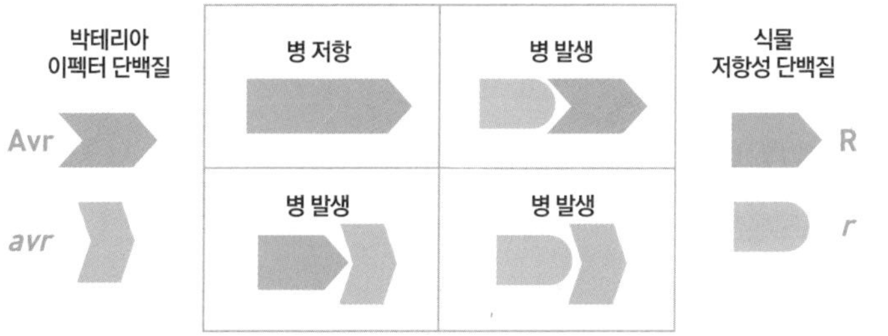

박테리아 이펙터 단백질

병 저항

병 발생

식물 저항성 단백질

Avr

R

병 발생

병 발생

avr

r

그림 2-3 플로의 유전자 대 유전자 대응 모식도. 식물의 R 유전자와 박테리아의 이펙터 Avr 유전자가 모두 존재할 때만 병저항성을 띤다.

악하는 데 가장 핵심이 된다. 플로가 유전학을 통해 이 가설을 주장한 때는 1940년대로 아직 R 유전자나 Avr 유전자를 발굴할 만한 분자생물학적 기법이 무르익지 않은 때였다. 1984년에야 식물병리학자 브라이언 스타스카위츠Brian Staskawicz의 UC버클리 실험팀과 노엘 킨Noel T. Keen의 UC리버사이드 실험팀이 공동으로 첫 Avr 유전자를 발굴했다. 이들은 콩에 세균성점무늬병을 일으키는 슈도모나스 시링가에 글라이시니 병원형(*Pseudomonas syringae* pv. *glycinea*, *Psg*)을 이용했다.[9] 플로와 마찬가지로 여러 가지 콩 품종에 서로 다르게 감염되는 슈도모나스 변이주를 골랐다.[10] 예를 들면, *Psg* 레이스5(*Psg5*)는 대두 품종 하로소이Harosoy와 페킹Peking에 병을 발생시켰지만 *Psg* 레이스6(*Psg6*)은 둘 모두에 병을 발생시키지 못했다. 대신, *Psg6*이 접종된 잎은 괴사하는 현상을 보였다. 이는 병원균을 인식함으로써 나타나는 과도한 저항성 반응의 일환으로 병원균이 있는 조직에만 세포 사멸이 일어나며 과민반응Hypersensitive Response, HR이라고 부른다. 아주 예전부터 과민반응은 식물이 해당 병원체를 인식한다는 신호로 여겨졌다.

1940~1950년대에 실험을 했던 플로는 R 유전자와 Avr 유전자의 존재를 찾을 수는 있었지만, 이를 하나의 단위로 추출해내긴 불가능했다. 그때만 해도 DNA 재조합 기술이 발달하지 않았기 때문이다. 1970년대, 특정 염기서열만을 자르는 제한효소와, DNA 조각들을 이어 붙일 수 있는 연결효소ligase 등이 발견되었다. 가장 놀라운 발견은 이렇게 만든 작은 DNA 조각을 원하는 세포에 넣을 수 있게 된 것이었다. 이 기술은 아이디어만으로도 많은 과학자들을 흥분시켰다. 원하는 DNA를 자르고 이어 붙일 수 있게 되었으며, 이를 원하는 세포에 삽입 가능하게 된 것이다. 원하는 유전자가 포함된 유전자 변형 생물을 만들 수 있는 모든 준비물이 갖춰졌다.

많은 과학자들이 열광한 만큼, 우려도 컸다. 특히 원하는 세포에 DNA 조각을 넣을 때 사용되는 매개체(벡터)로 바이러스를 이용하는 경우가 많았는데, 이 바이러스가 실험실 밖으로 유출되어 전염될 가능성이 크게 우려되었다. 이에 1974년 7월, 긴급하게 일시적으로 모든 DNA 재조합 실험을 중단하는 모라토리엄이 선언되었다.[11] 그리고 1년 뒤, 1975년 DNA 재조합 실험에 관한 아실로마Asilomar 회의가 열렸다.[12] 과학자들이 월등히 많았으나, 다양한 분야의 전문가들도 함께 모였다. 이들은 DNA 재조합이 끼칠 위험을 평가하며, 실험을 재개할 수 있을지에 관해 논했다. 사흘간의 열띤 논의 끝에 아실로마 회의 참가자들은 유전자 변형 생물이 실험실 밖으로 유출되지 않게 하는 등의 가이드라인을 포함한 보고서를 발표했다. 그 이후, 유전자 재조합 연구는 눈이 부시게 발전했다. 그리고 아실로마 회의로 DNA 재조합 실험이 재개된 지 10년이 지난 후 처음으로 Avr 유전자가 밝혀졌다.

스타스카위츠와 킨의 연구팀은 *Psg6*의 유전체를 여러 조각으로 분해해서 *Psg5* 변이주에 삽입했다. 이렇게 하면 *Psg6* 유전체 조각에 있는 유전자가 발현될 것이고, 그 유전자가 과민반응에 필요한 Avr 유전자라면 이 유전자가 도입된 *Psg5*는 하로소이와 페킹에 의해 인식될 것이었다. 연구팀은 과민반응에 필요한 DNA 조각을 찾고, 다시 그 안에 있는 Avr 유전자를 찾아냈다. 이 Avr 유전자는 *Psg6*에만 있는 독특한 유전자였다. 이후, 유사한 방식으로 여러 다른 병원체에서 Avr 유전자들이 대거 발견되었다. 이때까지만 해도 '유전자'를 찾았다는 이야기는, 염색체상의 어느 위치에 해당 형질을 조절하는 '인자'가 있음을 의미했다. 그 부위가 필요하다는 결론은 얻을 수 있지만, 그 부위로 충분하다고 결론 내릴 수는 없다. 하지만 스타스카위츠와 킨 팀의 실험은 이렇게 찾은 염색체 일부를 반응을 보이지 않는 다른 변이주에 삽입한 후, 기존의 *Psg5*에서는 보이지 않던 병저항성이 나타나는 것을 증명하며, 그 인자가 병저항성에 '충분'함을 밝혔다.[9]

1986년에는 강낭콩에 달무리무늬병halo blight disease을 일으키는 슈도모나스 시링가에 페솔리콜라 병원형(*Pseudomonas syringae* pv. *phaesolicola*)에서 병원성과 과민반응에 모두 영향을 미치는 유전자 무리cluster가 발견되었다.[13] UC버클리의 니콜라스 파노폴로스Nickolas J. Panopoulos 팀은 달무리무늬병의 한 변이주 중에서 강낭콩 레드키드니Red Kidney 품종에는 병원성을 보이고, 레드멕시칸Red Mexican 품종에는 과민반응을 보이는 변이주를 선택했다. 그리고 이 변이주에 돌연변이를 유도했고, 레드키드니에 대한 병원성을 잃어버릴 뿐 아니라, 레드멕시칸에서도 과민반응을 일으키지 않는 돌연변이 6종을 찾았다. 이 중 5종의 돌연변이는 슈도모나스 유전체의 일부분에 모여 있었다. 하지만 이들은 한 유전자가 아니라 각각 다른 유전자의 돌연변이인 듯했다. 박테리아 유전체에는 같은 기능을 하는 유전자들이 유전체 위에 함께 있는 경향을 보인다. 연구팀이 발견한 이 *Hrp*(*hypersensitive reaction and pathogenicity*) 유전자들도 함께 기능하는 것처럼 보였다.

처음 발견된 Avr 유전자만이 아니라 대부분의 Avr 유전자는 식물에서 병저항성을 일으켜 식물이 병에 걸리지 않게 했다. Avr 유전자가 돌연변이 되면 식물의 병저항성이 사라져서 식물이 병에 걸렸다. 하지만 *hrp* 돌연변이들은 달랐다. 병저항성이 사라졌지만, 식물이 더 이상 병에도 걸리지 않았다. *hrp* 돌연변이들은 병저항성도 잃고, 병원성도 잃어버렸다.

식물 병을 일으키는 세균 어위니아(*Erwinia*), 슈도모나스(*Pseudomonas*), 잔토모나스(*Xanthomonas*), 그리고 랄스토니아(*Ralstonia*) 속은 서로 전혀 다른 병증을 일으키지만 식물 내 세포 사이 공간에서 자라고, 식물세포를 죽일 뿐 아니라, *hrp* 유전자 클러스터를 가지고 있다는 공통점을 지녔다. 또한 숙주가 아닌 식물에서는 과민반응이 일어난다는 점 또한 공통적이다. 유사한 방식으로 식물에 침투하는 병원균이 공통적으로 *hrp* 유전자 클러스터를 가진다는 사실이 우연일 것 같지 않았다.[14]

1992년, 과수화상병을 일으키는 어위니아 종의 과민반응이 *hrp* 유전자 클러스터에 있는 *hrpn*(*harpin*, 하핀으로 불림)에 의해 일어난다는 연구가 발표되었다.[15] 과수화상병을 연구하던 미국 코넬 대학교 식물병리학과의 스티븐 비어Steven V. Beer 팀에서 발견한 내용이었다. 하핀 단백질은 병원체 세포 밖에서 추출되었다. 세포 안에서 만들어져 세포 밖으로 빠져나오는 단백질이란 의미였다. 병원체에서 만들어진 단백질이 식물의 과민반응을 유도한다는 이 연구 결과는, 플로의 유전자 대 유전자 가설에서 병원체의 유전자를 찾는 데 한 걸음 다가가는 계기가 되었다.

한편, 코넬 대학교 스티븐 비어의 동료 앨런 콜머Alan Collmer는 슈도모나스를 연구했다. 슈도모나스 종도 과민반응을 일으키지만 그 유전체에는 하핀과 유사한 유전자가 없었다. 하지만 앨런 콜머 팀은 하핀과는 전혀 다른 아미노산 염기서열을 가진 단백질 HrpZ가 슈도모나스에서 세포 밖으로 분비되고 이것이 과민반응을 유도한다고 1993년에 발표했다.[16] 그와 동시에 콜머 팀에서는 HrpH와 HrpI의 유전자 기능도 밝혔다. HrpH는 병원체 세포막에서 단백질 분비에 관여하는 유전자와 유사했고, 또 다른 유전자 HrpI는 막관통 단백질의 일종으로 역시 세포 밖으로 단백질을 분비하는 데 관여하는 유전자와 유사했다.[17] 이렇게 파노폴로스 팀에서 발견한 *hrp* 클러스터 유전자들은 점차 세균이 식물세포에 Avr 유전자를 포함한 다양한 단백질을 주입시키기 위한 구조물임이 밝혀졌다. 이는 오늘날 세균의 다양한 분비 시스템 중 하나인 T3SS(Type Ⅲ Secretion System)라고 불린다.[18]

Hrp 유전자는 단백질 분비 시스템에 속해 있으므로, 이는 세균이 식물에 병을 발생시키기 위해서는 어떤 단백질을 식물 내로 주입해야 한다는 뜻이었다. 또 한편으로, 식물이 저항성 반응을 내기 위해 인지하는 병원체의 물질은 능동적으로 병원체에 의해 분비되는 것이라는 뜻이기도 했다. 그 점이 많은 학자들을 의아하게 했다. 식물이 병원균의 침투를 인지하게 할 물질을 병원균이 능동적으로 분비하는

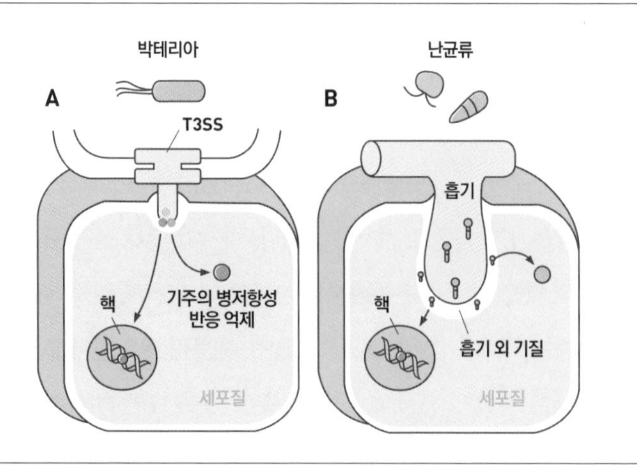

그림 2-4 박테리아의 3형 분비 시스템Type 3 Secretion system, T3SS과 난균류의 흡기 시스템. 두 시스템 모두 이펙터 단백질을 식물세포 안으로 주입하는 데 중요하다.

것이었다. 병원체의 입장에서 보면 그만큼 어리석은 일이 없었다. 도둑이 물건을 훔치러 집에 몰래 들어가면서 방범 알람을 켜는 것과 마찬가지였다. 하지만 만약 병원체가 식물 안으로 분비하는 물질이 병원성에 기여한다면 이야기는 달라진다. 걸릴 것을 무릅쓰고 식물 안으로 단백질을 집어넣어야 할 이유가 생기기 때문이다.

1993년에 나온 피터 린드그렌Peter B. Lindgren 팀의 논문 두 편이 중요한 힌트가 되었다.[19] 이들은 슈도모나스 시링가에 페솔리콜라 병원형을 콩잎에 접종하고 시간에 따른 잎의 병저항성을 관찰했다. 그리고 특이한 현상을 발견했다. 잎에 병을 일으키지 못하는 비병원성 균주에서는 병저항성 유전자가 시간이 지날수록 증가했다. 하지만 잎에 병을 일으키는 병원성 균주를 먼저 접종한 후 비병원성 균주를 접종하면 늘어나야 할 병저항성 유전자 발현량이 늘어나지 않았다.

이 논문의 가장 큰 결점은 주입되는 병원성 균주의 농도였다. 병저항성 유전자의 발현이 줄어드는 것은 주입된 균주 농도가 매우 높을 때 일어났다. 이런 한계가 있음에도, 병원성 균주에 숙주의 병저항성을 약화시키는 요인이 존재한다는 흥미로운 가설이 제기되었다. 특히 과민반응을 억제하는 Avr 유전자들이 토마토와 애기장대에 병을 발생시키는 *Pst*DC3000에서 발견되면서 병원체가 식물의 병저항성을 약화시키는 단백질을 분비한다는 가설이 점차 현실로 자리 잡아가기 시작했다. 그리고 이때부터 애기장대를 이용한 연구가 탄력을 받기 시작했다.

대표적인 예가 *Pst*DC3000에서 발견된 AvrRpt2였다.[20] AvrRpt2가

발현되는 *Pst*DC3000 세균은 특정 애기장대 생태형에서 생장이 빨랐다. 이들 생태형이 감염에 취약하다는 뜻이었다. 하지만 다른 애기장대 생태형에서는 감염 후 하루 만에 감염된 잎만 괴사했다. 병원균을 인지하고 감염된 잎만 죽는 과민반응이 진행된 것으로, 앞선 경우와는 반대로 감염이 사전에 차단되었다. AvrRpt2가 애기장대 내에서 과다 발현되는 형질전환체는 AvrRpt2가 없는 *Pst*DC3000의 생장도 촉진했다.[21] AvrRpt2 단백질이 식물세포 내에 있기만 해도 제 기능을 하는 것이다. 즉, AvrRpt2 단백질은 식물세포 내로 분비되고, 그 안에서 기능함을 의미했다.

식물체는 병원균이 내는 분자를 세포 밖 수용체를 통해 인지하여 면역반응을 촉진할 수 있다. 3부 1장에서 보았던 PTI 반응이다. 하지만 식물체 내로 분비되는 다양한 Avr 유전자들이 직접적으로 PTI를 억제한다는 증거가 이후 속속 발견되었다. 그중에서도 특히 HopAI1 유전자는 PTI 반응의 대표적인 예인 활성산소 증가와 같은 현상을 억제했다.[22] 모든 Avr 유전자들이 병원성을 촉진하는 고유의 기능을 가지진 않지만 최근까지도 Avr 유전자가 갖는 병원성 기능이 알려지고 있다.[23]

플로의 실험으로 발견된 병원체의 Avr 유전자는 본래 식물의 병저항성에 필수적인 유전자로 여겨져왔다. 1980년대 Avr 유전자가 처음으로 동정된 이후, 1990년대를 거쳐 이 Avr 유전자들이 식물세포 내로 분비되는 원리와 식물세포 내에서의 기능 등이 밝혀졌다. 무엇보다 식물세포 내로 들어가는 Avr 유전자들이 식물의 병저항성을 억제할 수 있다는 발견은 Avr 유전자가 왜 진화되었는지를 가늠케 했다. Avr 유전자들이 식물세포 내에서 어떤 기능을 하고, 그 기능이 어떻게 식물 병저항성 억제로 이어지는지에 관한 연구는 2021년 현재까지도 활발히 진행 중이다.

하지만 여전히 궁금증이 남는다. Avr 유전자가 식물의 병저항성을 억제할 수 있다면, 왜 과도한 병저항성 반응인 과민반응이 일어날까?

병원균에 대처하기

아마 요즘 식물학 실험실에서 애기장대 다음으로 많이 사용되는 모델식물은 니코시아나 벤사미아나(*Nicotiana benthamiana*)일 것이다. 벤티benthi라는 애칭으로 불리기도 한다. 담배밭에서 자라는 피우는 담배의 근연종으로 호주에 자생한다.[1]

담배는 바이러스 저항성 연구에 처음 이용되기 시작했다. 바이러스에 워낙 취약했기 때문에 저항성이 획득된 결과를 관찰하기가 쉬웠다. 해럴드 플로가 아마로 실험할 때 이용한 바이슨 품종처럼, 다수의 바이러스에 감염되었기 때문이다. 식물은 바이러스를 인지하면 바이러스의 유전물질을 잘게 조각내어 바이러스가 더 이상 증식하지 못하게 하는 방어 시스템을 갖추고 있다. 이 기작이 발견된 이후, 바이러스에 식물 고유의 유전자를 넣어 식물이 고유 유전자를 바이러스로 인지하여 없애버리도록 하는 바이러스 유도 유전자 침묵법Virus-induced gene silencing,

VIGS이 개발되었다. 이는 원하는 유전자의 발현을 억제하여 그 기능을 연구할 수 있게 했다. VIGS가 가장 먼저 이용되기 시작한 니코시아나 벤사미아나의 인기도 날로 높아져갔다(3부 7장 참조).

뿐만 아니라, 니코시아나 벤사미아나는 아그로박테리움 접종을 통해 며칠 내로 원하는 단백질이면 어떤 것이든 대량 얻어낼 수 있다는 장점도 있다. 애기장대 형질전환체는 제작하는 데만 몇 달이 걸리는데, 담뱃잎에 아그로박테리움을 접종하면 2~3일이면 단백질을 많이 얻을 수 있다. 서아프리카 지역에서 많은 이들을 죽음으로 내몬 에볼라 바이러스의 백신 단백질을 대량생산 하는 데 니코시아나 벤사미아나가 사용되었다.[2]

또 다른 담배 종 니코시아나 타바쿰(*Nicotiana tabacum*)은 피우는 담배의 학명이다. 광주기성을 연구했던 해리 앨러드가 사용했던 담배도 이 종이었다. 작물로서 가치가 높아 모델생물 애기장대가 등장하기 전 가장 많이 연구된 종에 속했다. 요즘도 담배는 식물병리학 연구에 이용된다. 과민반응이 극명하게 드러나는 종이기 때문이다. 니코시아나 벤사미아나와 니코시아나 타바쿰 모두 병원균에 의한 과민반응을 연구하는 데 중요한 역할을 한 모델생물이다.

○ ○ ●

플로의 가설에 따르면 병원체의 Avr 유전자에 반응하는 식물 R 유전자의 존재를 예상할 수 있다. 1980년대 Avr 유전자가 발견된 이후, 연구자들의 눈길은 R 유전자 동정으로 향했다. 하지만 세균의 유전체보다 몇 배 더 큰 식물의 유전체에서 하나의 R 유전자를 찾는 것은 훨씬 어려웠다. 특히나 당시 식물병리학의 연구 대상이었던 담배, 토마토, 아마, 벼 등의 유전체는 무척 컸다. 그때의 기술로 유전체 분석은 꿈도 못 꿀 일이었다. 유전체 크기가 작고, 식물체 크기도 작아 실험실에서 대량 키울 수 있는 애기장대가 들어갈 자리가 마련된 것이다.

하지만 1993년 최초로 발견된 R 유전자는 토마토의 Pto 유전자였다.[3] 코넬 대학교 스티븐 탱크슬리Steven D. Tanksley 실험실과 그곳에서 박사후연구원을 마치고 퍼듀 대학교에 실험실을 꾸린 그레고리 마틴Gregory B. Martin의 연구 결과였다.

토마토는 당시에도 50년 넘게 연구되어온 작물이었을 뿐 아니라, 긴 기간 동안 육종이 수없이 많이 이루어졌다. 오랫동안의 육종을 통해 특정 표현형을 나타나게 하는 유전자 좌위가 많이 밝혀진 상태였고, 이를 이용해 표현형을 바탕으로 지도 기반 유전자 동정이 가능했다. 병저항성 유전자와 함께 나타나는 표현형을 찾고, 그 표현형을 나타내는 유전자 좌위를 찾으면 되었다. 병저항성과 어떤 표현형이 후속 세대에 같이 나타난다는 것은 이들의 유전자가 염색체 위 가까운 곳에 있음을 뜻하기 때문이다.

그렇지만 당시 실험에 이용되던 다른 대부분의 종은 이런 기법을 적용하기가 불가능에 가까웠다. 토마토만큼 여러 가지 표현형에 대응하는 유전자 좌위가 많이 알려져 있지 않았다. 연구 기간의 문제가 아니라, 유전체 크기가 문제였다. 아마의 유전체는 350메가베이스페어Mbp(염색체 15쌍), 담배는 4.5기가베이스페어(염색체 24쌍), 토마토는 900메가베이스페어(염색체 12쌍)다. 애기장대의 유전체 크기는 135메가베이스페어, 염색체 5쌍에 비하면 그 외 식물은 몇 배는 큰 유전체를 가졌다. 바로 이 때문에 1994년부터 1995년 사이에만 6개의 R 유전자가 애기장대뿐 아니라 토마토, 아마, 담배, 벼 등에서 발견됐지만, 이들 중 애기장대를 제외한 나머지 종의 R 유전자는 모두 지도 기반 유전자 동정법이 아니라 전이인자 표지법transposon tagging으로 동정되었다.

트랜스포존transposon은 '뛰는 유전자jumping gene'라는 별명을 가진 DNA 조각으로, 별칭 그대로 염색체 내 이곳저곳으로 '뛸' 수 있는 유전자다. 콜드스프링하버 연구소의 바버라 매클린톡이 1940년대에 옥수수에서 처음 발견했다.[4] 코넬 대학교에서 학위를 받고 이후 콜드스프링하버에서 일했던 그는 세포유전학을 전공한 학자였다. 1931년 토머스 모건이 가설로 세우고 입증하지 못했던 염색체의 교차를 실제로 관찰하며, 세포유전학의 서막을 알렸다.

이후, 1940년대에 염색체가 잘리는 현상을 관찰했으며 이 좌위를 Ds(dissociation)라 불렀다. 또한 이 Ds는 또 다른 좌위의 Ac(activator)가 있어야만 염색체 절단 현상이 유지됨을 관찰하였다. 그는 이것을 우리가 실제로 먹는 옥수수 낟알(배젖)의 색깔로 확인했다. 그리고 이 과정에서 Ds의 위치가 계속 바뀌는 것을 발견했다. 이는 당시의 견해와

엇갈리는 발견이었다. 그때는 유전정보가 변하지 않는다고 여겨졌다. 하지만 이후 다른 종에서도 Ac나 Ds처럼 '움직이는' 유전자들이 발견되면서 트랜스포존이라는 명칭으로 불리게 되었다.

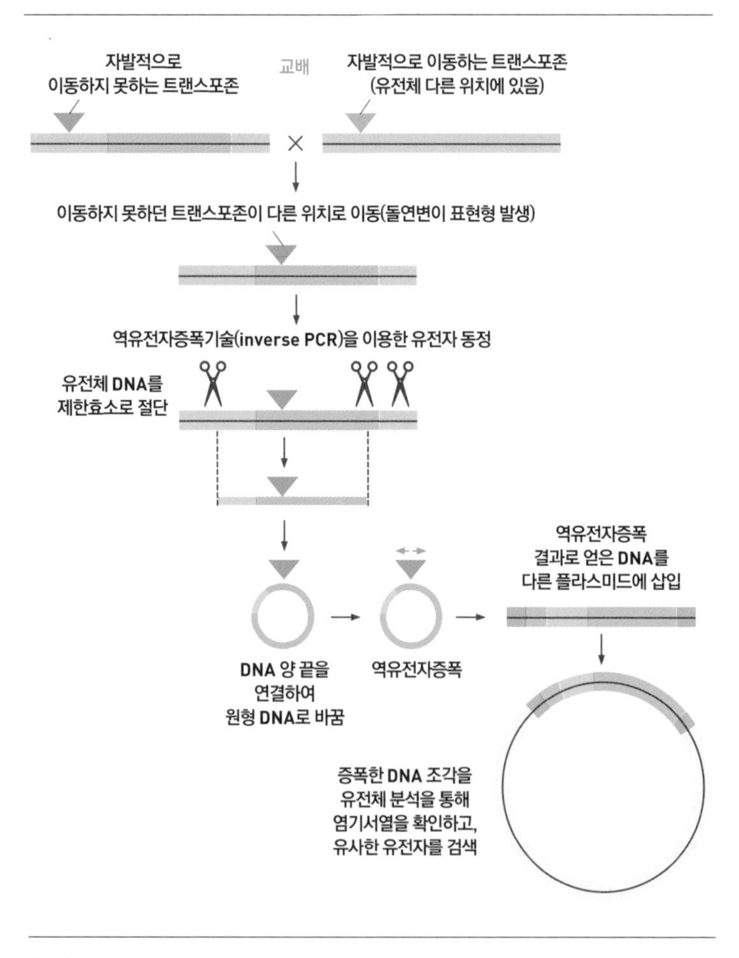

그림 3-1 트랜스포존.

매클린톡이 발견한 트랜스포존은 이후 염색체 안에서 유전자를 찾아내는 기법으로 손쉽게 이용되었다. 트랜스포존은 여기저기 옮겨 다니기 때문에 염색체의 어떤 곳에 삽입되고, 이 과정에서 의미 없는 트랜스포존 DNA가 삽입되면서 그 지역의 유전자는 기능을 상실하게 된다. 이렇게 트랜스포존이 무작위로 삽입된 돌연변이 중에서 연구하고자 하는 형질을 가진 돌연변이를 골라낸다. 그다음, 이 돌연변이에 있는 유전체를 잘게 조각낸 후, 그 안에서 트랜스포존을 찾는다. 트랜스포존이 포함된 조각에 있는 유전자가 바로 돌연변이가 된 유전자다. 이 방식을 이용하면 지도 기반 유전자 동정법을 사용하지 않아도 어떤 유전자가 트랜스포존에 의해 망가졌는지를 알 수 있다.

토마토의 R 유전자를 발견한 조너선 존스Jonathan Jones는 이 트랜스포존 표지법을 이용했다. 본래는 식물 염색체를 연구하던 그는 1988년 영국 세인스버리 연구소에 초대 연구원으로 임용되었다. 세인스버리 연구소는 식물병리학만을 집중적으로 연구하는 곳이다. 조너선 존스의 팀은 이곳에서 1994년, 이 방식을 이용해 토마토에 토마토 잎곰팡이 병을 일으키는 클라도스포리움 풀붐(*Cladosporium fulvum*)의 Avr 유전자 Avr9에 대응하는 R 유전자 Cf-9을 찾았다.[5] 이외에도 담배의 N 유전자, 아마의 L6 유전자 또한 트랜스포존 표지법으로 발견되었다.[6] 트랜스포존 표지법은 오늘날에도 유전체가 큰 작물 등에 돌연변이를 유도할 때 이용된다. 유전체 분석이 불완전하거나, 유전체가 지나치게 크면 지도 기반 유전자 동정법이 어렵기 때문이다.

이렇게 발견된 R 유전자들 중 담배의 N 단백질, 아마의 L6 단백질,

애기장대의 RPS2와 RPM1 단백질은 구조에 공통점이 있었다.[7] 이들 단백질은 크게 세 부분으로 나눌 수 있다. 가운데 부분은 세포의 에너지 단위인 ATP가 결합할 수 있는 뉴클레오티드 결합 도메인Nucleotide-Binding domain, NBD이다. 뉴클레오티드는 총 4종류가 있지만, NBD라 하면 주로 ATP에 결합할 수 있는 도메인을 뜻한다. ATP와 결합하는 단백질은 주로 ATP를 분해할 수 있고, 그 결과로 에너지를 얻어 물질수송, 단백질 구조 변화 등의 기능을 수행한다.

NBD 뒷부분은 LRR(Leucine-rich repeat) 도메인이다. 앞에서 살펴본 FLS2, HAESA 단백질 등등 다양한 RLK에도 있는 LRR 도메인은, 아미노산의 한 종류인 류신이 특히 많이 반복되는 20~30개 아미노산 염기서열이 여러 번 반복되며 그 단백질은 말발굽 형태를 띤다. NBD처럼 화학적인 기능이 있지는 않고 세포 밖, 혹은 세포 안의 다른 단백질과 결합하는 데 중요하다. 이렇게 NBD와 LRR 도메인을 공통적으로 갖는 단백질은 동물계에서도 발견할 수 있을 뿐 아니라 마찬가지로 면역반응에 필수적이어서, 식물과 동물의 공통 조상 생물에서부터 있었을 것으로 추정된다.[8] 그래서 이들을 통틀어 NLR(nucleotide-binding domain and leucine-rich repeat containing gene family)이라 부른다.[9]

아마에서 병저항성을 연구하는 호주의 제프리 엘리스Jefferey Ellis 팀은 식물의 병저항성 유전자인 L 유전자와 그에 대응하는 녹병균의 AvrL 유전자 사이의 관계에 초점을 두고 연구를 진행했다. 이들은 아마에서 처음으로 동정된 L6를 비롯해 L5와 L7 유전자가 모두 AvrL567 유전자에 의한 과민반응에 필수적이며, L5, L6, L7 단백질이 AvrL567 단백질과 직접 결합하는 것도 증명했다.[10] 이는 이들 R 유전자들이 식물세포 안에 들어온 Avr 유전자들을 인식한다는 것을 의미했다. 앞 장에서 살펴봤지만, 식물세포는 세포 밖에서 인지한 병원균 신호를 통해 항균물질을 합성하고, 활성산소를 늘리는 등의 면역반응(PTI)을 촉진했다. 그리고 병원균이 식물세포 안으로 주입하는 Avr 유전자는 이런 면역반응을 억제하여 식물이 병원균에 취약하게 만든다. 그런데 이 Avr 유전자가 식물에는 역으로 침입 신호로 작용하여 또 다른 면역 체계를 발동시킴을 의미했다. PTI와는 다르게 이들 Avr 유전자, 혹은 이펙터effector에 의해 활성화되는 면역 체계는 ETI(Effector-triggered immunity)로 불리게 되었다.[11]

하지만 모든 R-Avr 유전자들이 아마의 L 단백질과 AvrL 단백질처럼 직접 결합하지는 않았다. Avr 유전자를 R 유전자가 인식해서 과민반응이 일어나면 병원체는 더 이상 해당 식물체에 병을 일으킬 수 없게 된다. 그렇다면 Avr 유전자는 R 유전자에 인식이 되지 않는 방향으로 진화하도록 선택압selection pressure을 받을 것이다. 선택압이 오랫동안 지속되면, R 유전자와 직접적으로 결합하는 Avr 유전자는 진화상 점점 소실될 것이다.

실제로 Avr 유전자와 직접 결합하는 R 유전자는 생각보다 드물다. Avr 유전자들이 또 다른 식물단백질과 결합하는 경우가 조금 더 많이 발견되었다.[12] 그중 한 예가 애기장대의 RIN4(RPM1 interacting protein 4) 단백질이다. RIN4는 서로 다른 이펙터 AvrB와 AvrRpm1 단백질, 그리고 R 유전자 RPM1 단백질과 결합하는 단백질로 처음 알려졌다.[13] AvrB 단백질은 식물세포의 인산화효소를 이용해 RIN4 단백질을 인산화시키고, 이렇게 인산화된 RIN4 단백질이 과민반응을 촉발하는 필요충분조건이 된다.[14]

반면에 AvrRpm1 단백질은 RIN4 단백질에 ADP-리보오스라는 작은 분자를 결합시키는 효소 기능을 하며, RIN4 단백질에 일어난 이 변화가 RPM1 단백질에 의한 과민반응에 필요하다.[15] 병저항성 유전자 RPS2는 AvrRpt2에 의해 과민반응을 일으키는데, 이 과정에

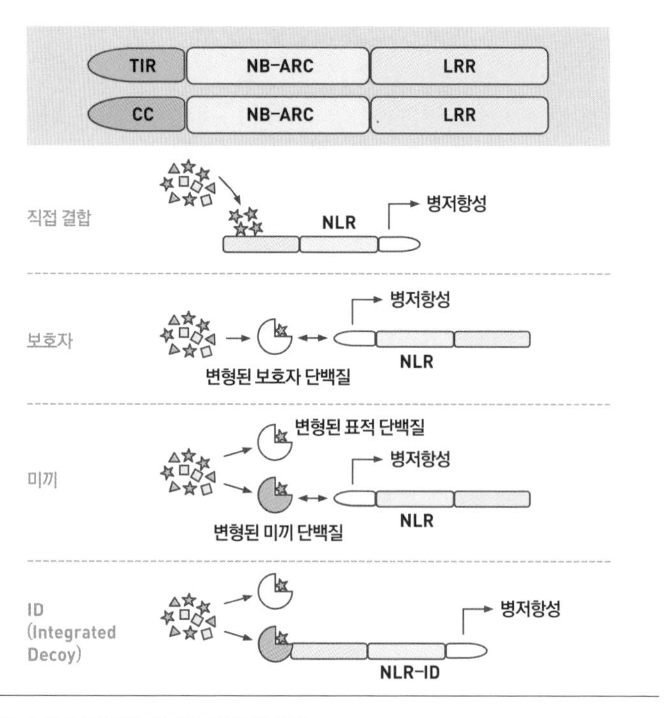

그림 3-2 NLR 모식도와 NLR의 다양한 작용 방식.

도 역시 RIN4가 필요하다.[16] 앞 장에서 살펴본 AvrRpt2 단백질은 특정 애기장대 생태형에서 과민반응을 일으키는데, 이는 해당 생태형에 RPS2와 RIN4 유전자가 있기 때문이었다. 이때 RIN4 단백질은 AvrRpt2 단백질에 의해 보다 작은 단백질로 나뉜다. 이들 이펙터와 RIN4 단백질의 관계에서 핵심이 되는 요소는 바로 RIN4 단백질이 변한다는 점, 그리고 RIN4 없이는 RPM1에 의한 과민반응이 일어나지 않는다는 점이다.

그렇다면 RIN4 단백질의 역할은 무엇일까? *rin4* 돌연변이는 작고, 심한 경우 싹이 난 후 더 이상 자라지 못한다. RIN4가 과다하게 합성되는 형질전환 애기장대는 편모 단백질에 의해 발생하는 활성산소량이 적은 것을 비롯해, PTI 반응이 억제되어 있다. 이는 RIN4가 PTI에 의한 병저항성 체제를 억제하는 유전자임을 의미한다.[17] RPM1 단백질이 인지하는 AvrRpm1 단백질, 그리고 RPS2 단백질이 인지하는 AvrRpt2 단백질은 RIN4 단백질을 인산화시키거나 절단한다. RPM1과 RPS2 단백질은 이런 RIN4 단백질의 변화를 감지한다. NLR인 RPM1과 RPS2 단백질이 이펙터의 표적인 RIN4 단백질의 변화를 감지하는 보호자로 작용한다는 이 내용은 보호자 가설guard hypothesis로 불린다.

다른 한편으로는, 식물체 내에서는 아무런 기능이 없는 단백질인 것 같지만, Avr 유전자들이 결합을 하고 변화가 일어나는 경우도 있다. 그리고 그 단백질 변화를 NLR이 인지한다. 기능이 없는 단백질이지만, 그 단백질에 일어난 변화가 면역반응을 유도하기 때문에 이를 미끼 가설decoy hypothesis라고 부른다. 실제로 면역 기능에 중요한 단백질과 유사한 단백질이 '미끼'로서 역할을 하는 경우가 많다.

이런 미끼 전략의 예는 애기장대의 ZED1(HopZ ETI deficient 1) 단백질이다. HopZ1은 슈도모나스 시링가에에 있는 이펙터로 단백질에 아세틸기를 결합하는 효소이며, 슈도모나스 시링가에의 병원성을 증폭하는 역할을 한다. HopZ1은 NLR ZAR1(HopZ activated resistance 1)에 의해 인식된다. ZAR1 단백질이 사라진 *zar1* 돌연변이에서는 HopZ1이 슈도모나스 시링가에의 숙주 내 생장을 촉진한다. ZED1 단백질은 이펙터 HopZ1a와 이에 대응하는 NLR ZAR1 모두와 결합한다. EMS 처리를 통해 발굴된 *zed1* 돌연변이는 RIN4와 달리 PTI 반응이 대조군과 유사하다. ZED1 유전자는 그 자체로 PTI에 반응하지 않았다. 하지만 *zed1* 돌연변이는 *zar1* 돌연변이와 마찬가지로 HopZ1에 의한 과민반응을 보이지 않았다. 그러므로 ZED1 유전자는 ZAR1이 HopZ1에 반응하는 데 필요했다. ZED1 단백질이 ZAR1 단백질, HopZ1 단백질 둘 다와 결합한다는 사실은 위의 가설을 입증해주었다. ZED1 단백질은 인산화효소와 매우 유사했지만, 인산화효소로서의 기능은 잃어버렸다.[18] 인산화효소의 형태를 갖고는 있으나, 그 기능은 없으므로, RIN4 단백질처럼 무언가를 보호하지는 못할 것이다. ZED1 단백질이 세포 내에서 감염에 대응하는 기능을 갖기보다는 단순히 감염을 인식하기 위한 미끼일 가능성이 높은 이유다.

그뿐이 아니었다. ZAR1 단백질은 세균점무늬병을 일으키는 잔토모나스 캄페스트리스(*Xanthomonas campestris*)의 이펙터 AvrAC 단백질도 인식한다. AvrAC는 단백질에 유리딘기를 결합시키는 효소로, 앞 장에서 본 BIK1 단백질을 유리딘화한다. AvrAC는 BIK1과 같은 RLCK 계열 PBL2 단백질에도 유리딘화시킨다. 흥미롭게도 *pbl2* 돌연변이는 병저항성이 대조군이나 *bik1* 돌연변이보다도 훨씬 약화된다.[19] 2015년 PBL2가 BIK1의 미끼인 것이 밝혀졌다. 즉, PBL2의 유리딘화는 ZED1처럼 ZAR1에 감염 신호로 여겨져서 ZAR1에 의한 ETI 반응을 유도한다.

애기장대 ZAR1 단백질과 잔토모나스 캄페스트리스의 AvrAC 단백질의 관계를 연구하던 젠민 주의 팀은 나아가 EMS 처리를 통해 AvrAC 단백질에 의한 생장 억제를 되돌리는 애기장대 돌연변이 스크리닝을 진행했다. 그리고 그 과정에서 ZED1 단백질과 유사한 인산화효소 RKS1 단백질을 발견했다.[20] RKS1과 ZAR1 단백질은 식물체 내에서 항상 결합하고 있었다. 여기에 AvrAC 단백질에 의해서 PBL2 단백질이 결합하는 것이었다. AvrAC 단백질에 의해 변화된 PBL2 단백질을 인지하며, PBL2 단백질의 인산화 기능은 AvrAC 단백질의 역할 및 병저항성 반응에 영향을 미치지 않는다. PBL2 단백질이 BIK1 단백질과 유사하지만, 주요 기능인 인산화 기능이 면역반응과는 상관이 없고, AvrAC 단백질에 의한 변화가 ZAR1 단백질에 의한 면역반응 활성화에 필요하므로, PBL2 단백질은 BIK1 단백질의 미끼라고 볼 수 있다. 결국 ZAR1 단백질은 전혀 다른 두 병원균의 이펙터에 대해 서로 다른 미끼를 이용해 병원균 감염 여부를 인식한다. ZAR1-ZED1-HopZ1 단백질 조합과 ZAR1-RKS1-PBL2-AvrAC 단백질

조합은 미끼 가설을 시험하기에 좋은 실험군이 되었다.

ZAR1 단백질의 병원균 인지 기작보다 훨씬 진화된 기작도 발견되었다. 식물세포 내의 다른 단백질을 미끼로 이용하는 것이 아니라 NLR 자체에 미끼를 심어놓는 경우다. NLR 내에 끼어 들어간 미끼라 하여 ID(integrated decoy)라 불리게 되었는데 발견되었을 때만 해도 드물 것으로 여겨졌다. 하지만 해가 갈수록 다양한 종의 유전체 분석과 함께 NLR-ID는 늘어나고 있다. NLR 내에 포함된 ID의 종류도 전사인자를 비롯해 다양한 구조의 단백질이 발견된다.[21] ID를 갖는 NLR은 다양하지만, 일부는 늘 쌍으로 일하는 NLR으로 알려져 있다.

대표적으로 애기장대 RRS1(Resistance to Ralstonia Solanacearum 1) 유전자가 있다. RRS1은 유전자 좌위 바로 옆에 있는 RPS4(Resistant to Pseudomonas syringae 4)라는 또 다른 NLR과 함께 작용한다. RRS1과 RPS4처럼 유전자 좌위가 연결되면 교차 과정에서 서로 분리될 가능성이 거의 없어 늘 함께 기능해야 할 때 진화적으로 유리하다.

이름에서 알 수 있듯이 RRS1과 RPS4는 각각 다른 병원균에서 나온 Avr 유전자에 대응하는 R 유전자로 발견되었다. 하지만 2009년, 일본 오카야마의 생물학 연구소에서 탄저병의 원인인 콜레토트리쿰 히긴시아눔(*Colletotrichum higginsianum*)을 연구하는 과정에서 RRS1과 RPS4가 공동으로 필요하다는 근거가 발견되었다. 콜레토트리쿰 히긴시아눔은 배추나 무에 탄저병을 일으키는 균이다. 이 탄저균에 대해 저항성을 보이는 애기장대 유전자를 찾는 과정에서 RRS1과 RPS4가 동시에 발굴되었다. 그리고 각각의 단일 돌연변이의 병저항성 반응은 이중 돌연변이의 병저항성 반응과 동일했다. 이는 RRS1과 RPS4가 서로 다른 신호전달경로를 통해 병저항성을 내는 것이 아니라 병저항성 반응에 함께 필요하다는 것을 의미했다. 그리고 이는 RPS4가 대응하는 슈도모나스 시링가에 피시 병원형(*Pseudomonas syringae* pv. *pisi*) Avr 유전자 AvrRps4의 경우에도 마찬가지다. RRS1이 있어야만 RPS4의 AvrRps4 반응도 가능했다.[22]

RPS4 단백질은 다른 NLR과 같은 구조를 지녔다. 앞쪽에는 TIR 도메인이 있었고, 중간에는 NB 도메인이, LRR 도메인 뒤에는 기능이 밝혀지지 않은 긴 아미노산 서열이 존재했다. 한편, RRS1 단백질은 좀더 특이했다. 앞의 TIR, NB, LRR 도메인은 같았지만 뒤쪽 아미노산 서열 중에는 식물에만 있는 WRKY 전사인자에 해당되는 도메인이 있었다. 그리고 그 사이로 도메인4와 도메인6으로 불리는 도메인이 추가로 존재했다. RRS1 단백질은 여느 NLR과 다르게 생겼다. 단백질 말단 근처에 있는 WRKY 도메인은 전사인자처럼 DNA에 결합할 수 있다. 그래서 혹자는 RRS1 단백질이 직접 DNA에 결합해 유전자 전사를 촉진할 것이라고 여긴다.

한편, 랄스토니아 솔라네시어룸(*Ralstonia solanacearum*)에서 RRS1/RPS4가 반응하는 이펙터 PopP2 단백질은 RRS1 단백질에 아세틸기를 결합하는 기능을 가졌다. PopP2 단백질은 다른 WRKY 전사인자에도 아세틸기를 결합시킨다. 즉, RRS1 단백질의 WRKY 도메인은 그 자체로는 병저항성 반응에 필요한 전사에 기여하진 않지만, PopP2 단백질에 의한 RRS1 단백질의 WRKY 도메인의 아세틸화는 과민반응에 필요하다. 뿐만 아니라 WRKY 도메인 아세틸화와 유사한 아미노산 변화는 PopP2 단백질 없이도 과민반응을 유도한다.[23] 기능을 하지 않는 RRS1 단백질 내의 WRKY 도메인이 병원균의 이펙터에 의해 변하는 것은 대표적인 ID 가설에 해당된다.

이렇듯 다양한 형태의 NLR이 발견되었고, Avr 유전자를 인지하는 기작들이 밝혀지고 있다. 하지만 그 이후에 이 NLR들이 어떻게 과민반응이라는 표현형까지 일으키는지는 아직도 잘 알려지지 않았다. 다만, 천천히 그 기작이 밝혀지는 중이다. 오랫동안 많은 학자들을 궁금하게 했던 것은 이 NLR 유전자들이 어떻게 활성화되는가였다.

2019년과 2020년, 2년간 연달아 저온전자현미경을 이용해 NLR 구조를 밝힌 논문이 무려 네 편 발표되었다.[24] 이 중 2019년에 발표된 논문은 이펙터인 AvrAC 단백질에 의해 활성화되기 전의 ZAR1-RKS1 단백질 구조와 활성화된 이후의 ZAR1-RKS1-PBL2 단백질 구조의 극명한 변화를 보여준다. ZAR1-RKS1 단백질은 이합체로 세포 내에 존재하지만 이펙터 AvrAC 단백질을 인지하게 되면 5개 ZAR1 단백질이 한데 모이는 오합체 구조를 만든다. 이 과정에서 구조 변화를 통해 깔때기 모양이 만들어진다. 저자들은 이로 인해 ZAR1 단백질 오합체는 세포막에 삽입된다고 주장한다. 한편 2020년에 발표된 ROQ1과 RPP1의 단백질 구조는 사합체다. 이 둘은 각각 이펙터 XopQ와 ATR1 단백질과 함께 복합체를 이루어 사실상 팔합체를 만든다. 특히 스타스카위츠 팀의 연구는 담배의 TIR-NLR인 ROQ1 단백질을 담배에서 과다 발현시킨 후 정제하여 저온전자현미경으로 관찰하는 데 성공했다. 식물단백질, 특히 NLR과 같은 단백질은 고유의 모델이 아닌 생물에서 발현하여 얻기가 매우 어렵다. 그렇기 때문에 스타스카위츠 팀의 연구 결과는 식물단백질 복합체 구조를 푸는 데 한 단계 진일보한 실험 방법을 선보였다고 할 수 있다.

한편, 역시 2019년에는 식물의 NLR이 과민반응을 일으키는 또 다른 기작이 밝혀졌다. 바로 NAD(Nicotinamide Adenine Dinucleotide)라는 물질의 분해효소 기능이다.[25] 식물 NLR은 앞쪽에 있는 도메인에 따라 크게 2가지로 분류된다. 그중 하나가 앞쪽에 TIR 도메인이 있는 NLR이다. 앞서 언급한 L6, N과 RRS1/RPS4 단백질 등이 해당된다. 이 TIR 도메인은 조효소인 NAD를 분해하는 효소 역할을 한다.[26] 이 역할이 사라진 돌연변이는 NLR에 의한 과민반응을 보이지 않는다. TIR 도메인을 갖는 ROQ1이나 RPP1 단백질의 경우에는, 그렇지 않은 ZAR1 단백질과는 달리 세포막에 삽입될 수 없기 때문에 과민반응을 일으키는 방식을 많은 이들이 궁금해했다. 그런 면에서 TIR 도메인의 NAD 분해효소로서의 역할은 중요한 힌트가 될 수 있다.

이펙터를 인지하는 NLR의 하위 단계에 작용하는 유전자를 찾으려는 노력은 NLR 발견과 거의 동시에 이루어졌다. 하지만 NLR의 하위에서 작용하는 것으로 알려진 유전자는 매우 적다. 이는 하위에 작용하는 유전자가 여러 개여서 서로 기능을 보완해 표현형으로 찾는 돌연변이 스크리닝에서 검출되지 않을 가능성을 시사한다. 또 다른 가능성은, 과민반응이 지금껏 발견된 유전자들에 의해 직접 일어나는 것이다.

처음으로 NLR의 하위에 작용하는 것으로 알려진 유전자는 EDS1

(Enhanced disease susceptibility 1)이었다.[27] 병저항성 반응이 약화된 EMS 돌연변이 과정에서 찾은 첫 번째 돌연변이였다. 논문의 제1저자이자 교신저자인 제인 파커Jane Parker는 여전히 EDS1 연구를 계속하고 있다. EDS1 단백질은 초반에는 지질을 분해하는 효소 기능을 가졌을 것으로 예측되었지만, 이후 기능을 상실한 바가 밝혀졌다. 본래 RPP1 하위에 작용하는 것으로 알려진 EDS1은 후속 연구를 통해 TIR-NLR 일체에 의한 신호전달 하위에 작용하는 것으로 여겨지고 있다.[28]

EDS1 단백질은 2개의 단백질과 직접 결합하는 것으로 알려졌다. 하나는 애기장대에서 합성되는 피토알렉신 카말렉신 생합성 돌연변이 *pad4*(*phytoalexin deficient 4*)이고, 다른 하나는 애기장대 노화 과정에서 전사가 증가하는 *sag101*(*senescence associated gene 101*)이다. PAD4와 SAG101 단백질 또한 EDS1 단백질과 마찬가지로 지질 분해효소 부분을 포함하지만, 기능은 상실되었다. SAG101과 PAD4 단백질은 EDS1 단백질의 같은 부분에 결합하므로, 서로 경쟁적으로 작용한다. 이 EDS1-PAD4 단백질 복합체와 EDS1-SAG101 단백질은 각각 병저항성(박테리아 생장 저해) 역할을 맡거나 과민반응을 진행한다고 파커의 연구팀은 2019년에 발표한 바 있다.[29]

1990년대 처음 R 유전자가 발견된 이후, NLR의 다양한 종류와 Avr 유전자를 인식하는 방식 등이 밝혀졌다. 이제 다음 궁금증은 NLR의 활성화가 어떻게 EDS1, PAD4, SAG101 단백질 등에 전달이 되는지, 전달이 된 후에는 어떤 일이 일어날지다. 이는 다음 세대 학자들의 몫이다.

식물이 병에 걸리면

2019년 12월, 중국에서 시작된 코로나바이러스가 이듬해 3월이 되자 유럽을 강타했다. 연구소는 폐쇄되었고, 학교도, 대부분의 상점도 문을 닫았다. 질병 자체도 무서웠지만, 너무 많은 정보가 더 무서웠다. 많은 정보는 안정감을 주는 대신 더 큰 공포감을 조성했다. 팬데믹보다 인포데믹이었다.

그중, 나의 신경을 가장 많이 자극했던 건 고양이과 동물들의 코로나바이러스 감염이었다. 반려묘부터 동물원의 호랑이까지, 코로나바이러스 확진을 받았다는 소식이 들려왔다. 박쥐에 있던 코로나바이러스가 넘어온 것으로 예상되었기에 숙주 간 이동을 예상했다. 그래도 인간과 밀접하게 생활하는 고양이과 동물이 코로나바이러스에 걸렸다는 소식은 놀라웠다.

인수공통전염병에 관한 경고는 계속되어왔다. 당장 코로나바이러스도 숙주 이동 가능성이 가장 높이 제기되고 있다. 2000년대 초반에 많은 사상자를 냈던 조류독감도 인수공통전염병이었다. 같은 포유류이기에, 동물이 걸리는 병에 사람이 걸릴 가능성이 있다는 것은, 어쩌면 당연한 일인지도 모른다.

하지만 언뜻 똑같아 보이는 식물들에는 그런 공통 감염병이 많지 않다. 특히 단자엽식물인 벼, 밀, 보리 등이 걸리는 병의 경우, 쌍자엽식물은 거의 걸리지 않는다. 사실 단자엽과 쌍자엽 식물의 차이는 포유류 간의 차이보다 훨씬 크지만, 그럼에도 감염 방식이 비슷한 병원균이 감염시키는 식물 종이 정해져 있는 것은 오랫동안 많은 학자들이 궁금해하던 내용이었다.

단자엽과 쌍자엽 식물만의 이야기도 아니다. 같은 단자엽이라 하더라도, 밀, 보리 등이 취약한 녹병균은 벼를 감염시키지 못한다. 그렇다면 녹병균의 숙주인 밀과 보리는 왜 취약하며, 숙주가 아닌 벼는 왜 녹병균에 감염되지 않을까?

○ ○ ● 분자생물학의 발전과 애기장대라는 작은 모델 생물을 이용하게 되면서, 서로 다른 것으로 여겨졌던 해럴드 플로의 유전자 대 유전자 가설(Avr-R 가설)과 엘리시터에 의한 식물세포의 면역반응이 하나의 가설로 이해되는 듯했다. 면역반응을 촉진하는 엘리시터는 세포막에서 인지되거나 세포 안에서 인지되는 이펙터였다. 이들 중 일부는 플로가 이야기했던 Avr 유전자에 속했다. 반면, 플로의 R 유전자는 대부분 세포 내 이펙터를 인지하는 NLR 단백질이었다.

1990년대부터 2000년대까지 식물병리학과 관련된 여러 발견들은 서로 다른 두 가지 면역반응이 식물세포에 존재함을 암시했다. 영국 세인스버리 연구소의 조너선 존스와 미국 노스캐롤라이나 대학교의 제프리 댕글은 이 내용과 본인들이 발견한 바를 바탕으로 식물 면역의 '지그재그 모델Zigzag Model'을 2006년에 발표한다.[1]

존스와 댕글의 지그재그 모델은 광합성 명반응에서 아이디어를 얻었다고 한다.[2] 모든 생명이 사용하는 에너지원을 공급하는 광합성은 빛에너지를 화학에너지로 전환하는 명반응과, 이렇게 전환된 화학에너지로 이산화탄소를 포도당으로 합성하는 암반응으로 나뉜다. 명반응에서 햇빛을 받아들이는 수용체는 엽록체의 엽록소인데, 이 엽록소에서 특정 파장의 빛만 받아들여서 잎이 초록색을 띤다. 엽록소에 모인 빛에너지는 식물 엽록체에 있는 2개의 광계photosystem로 전달된다. 광계 Ⅱ에서 빛에너지에 의해 들뜬 전자는 전자전달계를 통과하며 에너지를 산화환원에너지로 전환한다. 이 과정에서 전자는 에너지를 서서히 전자전달계에 넘겨주며 에너지가 줄어든 채로 광계 I에 도달한다. 광계 I에 도달한 전자는 광계 I 주변의 광수확복합체light-harvesting complex에 모인 빛에너지로 다시 한 번 들뜨게 된다. 이때 들뜨는 정도가 이전 광계 II에 의한 것보다 훨씬 크다. 누운 Z 모양이기는 하되 뒤쪽이 더 위로 솟는 형태다.

면역 체계의 지그재그 모델 또한 이런 누운 Z 모양을 띤다. 첫 번째 반응은 세균의 편모 단백질에서 유래한 펩티드 flg22 등에 의해 FLS2 단백질과 같은 세포막 RLK가 활성화되는 PTI 반응이다. 지금까지 flg22와 같은 단백질 외에 다당류 등도 RLK에 의해 인지되어 식물에서 PTI 반응을 일으킨다는 것이 알려졌다.[3] PTI 반응은 활성산소 증가와, 세포 사이를 연결해주는 원형질연락사를 막는 칼로스의 증가 외에 다양한 항균성 물질 분비 등으로 요약할 수 있고, 이런 현상은

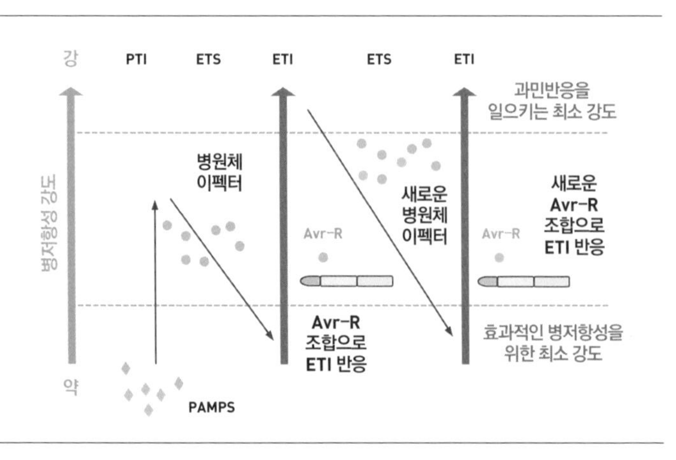

그림 4-1 조너선 존스와 제프리 댕글의 지그재그 모델.

병원체에 의한 식물세포 감염을 막는다.

하지만 이런 반응은 병원체가 세포 내로 분비하는 이펙터 등에 의해 약화되고는 한다. 지그재그 모델에서는 이 과정이 ETS(Effector Triggered Susceptibility)라고 표현되었다. 슈도모나스와 같은 세균의 경우에는 세균이 식물 세포막에 삽입하는 분비 시스템을 이용해 이펙터가 식물세포 안으로 분비된다. 감자역병균과 같은 진균류는 조금 다르다. 감자역병균은 식물을 감염시키면서 식물세포 안으로 흡기 haustoria라는 기관을 만든다. 흡기는 식물세포 안으로 들어온 균류가 식물세포로부터 영양분을 공급받기 위해 만들어지는데, 이를 통해 균류의 이펙터가 전달되기도 한다. 세균과는 달리 균류의 이펙터 전달 방식은 아직 알려지지 않았다.[4]

물론 병원체가 분비하는 이펙터가 무적은 아니다. 식물도 이펙터를 인지할 수 있기 때문이다. 앞서 살펴보았듯이 식물세포 내의 이펙터는 주로 NLR에 의해 감지된다. NLR을 통한 이펙터 인지와 그로 인해 활성화되는 면역반응은 ETI(Effector Triggered Immuntiy)라고 불린다. ETI는 대부분 PTI보다 강한 반응을 불러 일으켜, 감염된 잎 부위가 부분적으로 괴사하는 과민반응을 보인다.

계속해서 식물 NLR이 이펙터를 인지하게 되면, 병원체는 식물이 인지할 수 없도록 이펙터를 바꾸는 방향으로 진화하게 된다. 이펙터의 아미노산 서열이 바뀌면 NLR의 표적에서 벗어나게 되어 병원체가 식물에 기생하는 데 유리하기 때문이다. 이에 대해 식물은 이펙터가 식물의 면역반응을 억제하기 위해 표적으로 하는 식물 내 단백질을 보호하는 방향으로 진화할 수 있다. 이런 방식의 진화는 같은 식물 단백질을 표적으로 하는 다양한 이펙터를 동시에 인지할 수 있다는 장점이 있다. NLR의 보호자 가설이 이렇게 등장했다. 나아가 이펙터의 표적과 유사하지만 식물 면역에는 기능을 갖지 않는 단백질의 변화를 추적하는 미끼 가설, 그리고 이런 미끼 단백질 도메인을 NLR 내부에 갖는 ID 가설까지, NLR의 진화 방향은 이펙터에 큰 영향을 받으면서 바뀌어왔다.[5] 이렇게 해서 지그재그 모델은 하나의 Z 자가 아니라 무수히 반복되는 지그재그의 형태를 띨 수 있게 된다.

존스와 댕글의 지그재그 모델은 병원체에서 공통적으로 발견되는 엘리시터에 의한 면역반응과, 식물의 R 유전자와 병원체의 Avr 유전자의 일대일 대응에 의해 특이적으로 일어나는 면역반응을 한데 엮어 설명할 수 있다는 데 강점이 있다. 하지만 모든 모델이 그렇듯, 지그재그 모델에 대한 비판은 발표 이후 꾸준히 제기되어왔다.

그중 하나는 네덜란드 바헤닝언 대학 식물병리학자 바트 토마Bart Thomma의 비판이다.[6] 그는 무엇보다 지그재그 모델이 면역반응만을 위한 국소적인 모델이라고 비판했다. 식물은 수많은 미생물들에 둘러싸여 있다. 하지만 이 미생물들이 모두 식물을 감염시키지는 않는다. 슈도모나스 중에도 애기장대를 감염시키는 종이 있는가 하면, 애기장대 뿌리 속에 사는 공생균도 있다. 질소고정세균처럼 상호 이익 관계에 있는 상리공생균symbiont도 있다. 이들 세균 또한 다양한 세균 유래 물질을 분비하고 이들이 식물 수용체에서 인지되지만, 면역반응이 일어나지는 않는다. 토마는 이 점을 지적하며 새로운 모델인 침략 모델

Invasion Model을 주장했다.

침략 모델은 지그재그 모델에서 나뉘어 있는 PAMP와 이펙터를 과감히 통합한다. 병원체에서 유래하는 PAMP와 이펙터뿐만 아니라 병원체로 인해 발생하는 DAMP, 이펙터로 인한 식물단백질의 변화까지 아울러 침략 패턴이라고 칭한다. 그리고 이들을 수용하는 다양한 PRR이나 NLR 수용체를 모두 침략 패턴 수용체Invasion Pattern Receptor라고 부른다. 이렇게 함으로써 침략 모델은 주로 병원균을 대상으로 했던 지그재그 모델보다 광범위한 생물 상호작용을 이야기할 수 있게 되었다. 특히 지그재그 모델로는 설명하기 힘들었던 공생균과의 상호작용까지 설명 가능해진 것이다.

토마의 모델은 중요한 전제를 하나 둔다. 지그재그 모델에서 PTI와 ETI로 분류되는 면역반응이 동일하다는 전제다. EDS1을 동정하고 이후 계속 연구해온 제인 파커도 비슷한 주장을 한다.[7] PTI와 ETI는 동일한 하위 신호전달경로를 공유하지만, 이를 다른 강도로 사용한다는 것이다. PTI의 경우 이 신호전달경로를 억제하는 회로가 존재해서 식물세포의 괴사가 일어나지 않지만, ETI의 경우 더욱 빠르고 강하게 병원체의 증식을 억제해야 하므로 신호전달경로를 더욱 강하게 활성화시키면서 식물세포 괴사가 일어난다고 본다. PTI와 ETI가 다르다기보다는 둘의 차이는 정량적이지만 그 결과 전혀 다른 현상이 나타난다는 것이다.

한편, 토마와 같은 바헤닝언 대학의 마티유 요스턴Matthieu Joosten은 2019년 새로운 가설을 내놓았다.[8] 토마의 모델에 반응이 일어나는 위치, 즉 세포 밖에서 일어나는 반응인지 세포 안에서 일어나는 반응인지를 포함시켰다. 그 결과, 세포 밖에서 일어나는 반응은 ExTI(Extracellularly triggered immunity)라고, 세포 안에서 일어나는 반응은 InTI(Intracellularly triggered immunity)라고 불렀다.

예를 들어, 토마토 잎 곰팡이 병의 원인인 클라도스포리움 풀붐(*Cladosporium fulvum*)의 Avr4 단백질을 인지하는 Cf-4 단백질은 RLP로 세포막에서 발현된다. 플로가 발견한 전통적인 R-Avr 쌍이지만 Cf-4 단백질은 세포막에 있고, Avr4 단백질은 식물 세포벽 사이 공간, 즉 세포 밖인 아포플라스트apoplast로 분비된다는 점에서 다른 R-Avr 쌍과는 다르게 여겨졌다. 그리고 2016년, Cf-4 단백질이 세포막에서 발현되고 Avr4 단백질을 인지하면 SOBIR1과 BAK1 단백질과 결합하여 면역반응을 활성화한다는 내용이 발표되었다.[9] 이 결과는 R-Avr 쌍이어도 ETI로 구분할 수 없는 반례가 되었다. 이에 요스턴은 새로운 가설을 내놓게 된 것이다.

다양한 가설이 제시되고 있지만 여전히 PTI와 ETI 사이의 궁극적인 차이를 다룬 논문은 많지 않다. 2014년, 조너선 존스 팀에서는 PTI와 ETI를 구분하려는 노력을 담은 연구 결과를 발표했다. RRS1과 RPS4 쌍이 인지하는 랄스토니아 솔라네시어룸(*Ralstonia solanacearum*)의 이펙터 PopP2 단백질로 인해 일어나는 면역반응과, 이펙터의 효소 활성이 사라진 돌연변이 PopP2(C321A) 단백질로 인해 일어나는 면역반응을 비교했다.[10] 전자를 접종한 잎에서는 PTI와 ETI가 모두 일어나지만, 후자를 접종한 잎에서는 PTI만 일어난다. 그렇다면 이 두 반응의 차이를 통해 ETI 고유의 효과를 알 수 있을 것이라고 가정했다. 그리고 그 결과, 유전자 발현 조절에 큰 차이가 있다는 것을 발표했다.

하지만 위의 시스템은 ETI만의 효과를 볼 수 있는 실험은 아니었다. 식물 잎에 PopP2 단백질을 전달할 매개체를 접종하는 과정에서 PTI가 유도될 수밖에 없기 때문이었다. 이를 우회하기 위해 여러 실험실에서는 화학 신호에 의해서만 유전자를 발현시키는 시스템을 이펙터 발현에 도입했다. 2000년, 록펠러 대학의 남하이 추아Nam-Hai Chua 팀 연구진은 에스트로겐을 이용한 유전자 발현 유도 시스템을 만들었다.[11]

에스트로겐은 여성호르몬으로 식물에는 에스트로겐 수용체가 없고, 식물 발달에 영향을 미치지 않는다. 그렇기 때문에 식물의 생장 등에 영향을 주지 않고 원하는 유전자만을 추가로 발현시킬 수 있게 된다. 추아 팀은 이미 1997년, 역시 식물에는 존재하지 않는 당질코르티코이드 수용체를 이용한 유전자 전사 유도 시스템을 선보인 바 있다.[12] NLR과 그 이펙터를 연구하는 여러 연구팀들은 에스트로겐 수용체나 당질코르티코이드 수용체를 이용한 시스템을 이용해 식물 세포 내에서 이펙터가 발현되도록 했다.

조너선 존스 팀 역시 AvrRps4가 에스트로겐이 있을 때만 발현되는 애기장대 형질전환체를 제작했다. 나아가 이들은 AvrRps4 발현 유도 시스템뿐 아니라 RRS1와 RPS4의 발현도 증가시킨 SETI(Super-ETI) 형질전환체를 제작했다.[13] 하지만 이름과 달리 SETI 식물체는 에스트로겐 처리만으로는 과민반응이 일어나지 않았다. 에스트로겐과 flg22를 동시에 처리해야만 과민반응이 강하게 일어났다. ETI에 의해 일어나는 강한 세균 증식 억제 효과도 PTI가 존재하지 않을 때는 보이지 않았다. 반대로 ETI가 존재할 시에는 PTI의 모든 반응이 급격히 증가했다. ETI만으로는 PTI 반응이 보이지 않았지만, 둘이 동시에 일어날 때에는 상승효과를 내는 것이다.[14]

지구의 반대편, 중국 상하이의 슈팡 신Xiufang Xin 실험실에서는 역방향으로의 실험이 진행되고 있었다. 이들은 PTI 반응을 보이지 않는 돌연변이에 AvrRpt2 이펙터를 발현하는 슈도모나스 균주를 접종했다. 이들은 과민반응이 일어날 것이라고 예상했지만, 그렇지 않았다.[15] 존스 팀과 똑같은 결과였다. 두 팀은 식물병리학회에서 극적으로 만나 연구 결과를 공유하고 논문을 함께 연달아 출간하기로 했다. 학회에서 발표되지 않은 내용을 공유하는 것, 그리고 적극적으로 다른 연구팀과 의견을 나누고 결과를 공유하는 것이 만들어낸 작은 기적이다.

이 두 편의 논문은 PTI와 ETI가 연달아 일어나는 면역반응이 아니라 밀접히 연결되어 있고 서로 상승 작용을 일으키는 면역반응임을 증명한다. ETI는 여러 PTI 관련 인자들의 발현을 증가시킴으로써 이펙터에 의해 약화된 PTI 반응을 증폭시킨다. 반대로 PTI는 아직 알려지지 않은 인자를 통해 ETI를 증폭시켜 과민반응이 일어나게끔 한다.

지금까지 제시된 가설은 식물과 그와 상호작용을 하는 미생물의 관계를 다룬다. 이 가설 중 어느 것도 숙주가 아닌 식물이 병에 걸리지 않는 이유를 설명하지는 못한다. 바로 비숙주 저항성non-host resistance, NHR이다. 비숙주 저항성은 특정 식물 종이 특정 병원체 전반에 대해 저항성을 갖는 것을 말한다.[16] 예를 들면, 고추는 같은 가지과에 속하지만 감자역병균에 감염되지 않는다. 보리와 밀은 같은 단자엽식물이지만, 보리는 밀에 심각한 질병인 밀잎녹병(*Puccinia triticina*)이나 밀흰가루병(*Blumeria graminis* f. sp. *tritici*)에 걸리지 않는다. 특히 R 유전자에 의한 병저항성의 경우 Avr 유전자의 돌연변이 등에 의해 쉽게 저항성이 사라지는 반면에, 비숙주 저항성은 그 저항성이 오래 가는 것으로 알려져 있다. 하지만 가장 완벽한 형태의 저항성으로 알려진 비숙주 저항성이 어떻게 일어나는지는 아직 잘 알려져 있지 않다.

가장 먼저 떠올릴 수 있는 것은 식물 표피의 물리화학적 성질이다. 식물 표피는 왁스층과 표피세포에 돋아나는 트리콤 등으로 이루어져 있다. 식물마다 왁스층의 구성 성분이 다른데, 이런 차이가 병원체의 침투를 막을 수 있다. 나아가 각 식물 종이 합성하는 2차 대사물도 병원체에 따라 다른 반응을 유도할 수 있다. 숙주가 아니어도 피토알렉신이 합성될 수 있기 때문이다.[17]

식물이 균류의 침투를 막기 위해 만들어내는 대표적인 2차 대사물은 사포닌이다. 사포닌은 고대 로마에서 비누로 사용되던 거품장구채soapwort, 비누풀속에 많이 함유된 물질로 양친성을 띠어서 물에 녹이면 거품이 난다. 사포닌 계열 물질 중 α-토마틴α-tomatine은 균류 및 세균의 침입을 효과적으로 억제한다. 토마토를 감염시킬 수 있는 여러 병원체는 대부분 이 α-토마틴을 분해하는 효소를 분비하여 α-토마틴을 무력화시킨 후 식물에 침투한다. 이런 효소를 토마티나아제tomatinase 라고 한다. 토마티나아제에 돌연변이가 일어난 병원체는 식물을 완전히 감염시킬 수 없다. 이처럼 특정 종에 특화된 2차 대사물과 그 2차 대사물에 특화된 효소는 더더욱 숙주와 병원체 간의 관계를 강화한다.[18] 극도로 공진화가 일어나면서 다른 종이 침투할 기회가 줄어드는 것이다.

PTI 또한 대부분 병원체에서 공통적으로 발견되는 물질을 통해 이루어지기 때문에 비숙주 저항성을 유도할 수 있다. 대표적인 예가 편모 단백질이다. 편모 단백질은 모든 그람음성 박테리아에서 발현되고, 종 간 차이가 크지 않다. 그럼에도 슈도모나스 시링가에 타바키형(*Pseudomonas syringae* cv. *tabaci*)은 담배에 과민반응을 일으키지 않지만, 담배가 숙주가 아닌 슈도모나스 시링가에 글라이시니형이나 토마토형종(예를 들면 *P. syringae* cv. *glycinea*, *P. syringae tomato*)은 담배에 과민반응을 일으킨다.[19] 종 간 아미노산 서열 차이가 거의 없는데도 이런 차이가 일어날 수 있다.

최근에는 ETI 또한 비숙주 저항성에 역할을 하는 것이 속속 밝혀지고 있다. 서울 대학교 최도일 교수 연구팀은 2014년에 고추에 감자역병균의 이펙터 54종을 접종했다. 그리고 이들 중 고춧잎에 과민반응을 일으키는 이펙터를 선별하고, 이 이펙터를 인지할 수 있는 고추 NLR을 찾았다. 그 결과, 여러 종류의 NLR이 다양한 종류의 감자역병균 이펙터를 인지한다고 발표했다. 결국 하나의 대단히 강력한 유전자가 있는 것이 아니라, 여러 개의 NLR이 동시에 여러 개의 이펙

터를 인지하면서 작은 효과들이 모여 강력한 효과를 내는 것이라고 볼 수 있다.[20]

비숙주 저항성이 만능처럼 느껴질 수는 있지만, 그렇지 않다. 그리고 이는 또 다른 응용 가능성을 예측하게 한다. 즉, 여러 개의 R 유전자를 동시에 발현하는 식물이 있다면, 비숙주 저항성과 같은 효과가 나타날 것이라는 예상이 가능하다. R 유전자 1개는 소수의 Avr 유전자만을 인식하고, 그 Avr 유전자의 변화와 함께 저항성은 사라진다. 하지만 R 유전자가 여러 개 있고, 그 R 유전자가 각각 하나의 Avr 유전자만 인지한다고 해도, 저항성이 사라질 확률은 제곱의 비율로 줄어들게 된다. 이렇게 여러 개의 R 유전자를 쌓는stack 기법은 실제로 시도되고 있다.[21]

CHAPTER

식물의 획득저항성

아주 오래전부터 사람들에게 애용되던 약재가 있다. 기원전 3000년 전부터 고대 이집트인들이 버드나무(버드나무속)의 잎이나 나무껍질을 진통제로 사용한 기록이 있다. 19세기에야 버드나무에 들어 있던 이 물질이 정제되었고, 그로부터 몇 년 후 바이엘Bayer 사에 의해 판매되기 시작했다. 바로 세기의 신약 아스피린이다.[1]

버드나무에서 추출된 살리실산은 통증을 느끼는 프로스타글란딘 수용체를 막아 통증을 억제하는 역할을 한다. 하지만 살리실산은 위장 장애를 일으키므로 바이엘 사에서는 살리실산이 변형된 아세틸살리실산으로 만들어 더욱 안전한 약 아스피린을 개발했다. 아스피린은 해열진통제 역할뿐 아니라 혈전을 예방하는 작용도 하여 심장마비 환자들도 사용 중이다.

그런데 식물은 살리실산을 왜 만들까? 식물이 인간을 위해 물질을 만들 이유는 없다. 사람들이 사랑하는 카페인, 초콜릿, 캡사이신 등 인간이 식물로부터 얻는 모든 물질들은 식물에 그 나름의 쓸모가 있기 때문에 합성된다. 대부분은 초식동물이나 해충이 접근하지 못하도록 합성되는 물질들이다. 합성하지 않는다 해서 크게 식물의 생존에 영향을 미치지는 않는다.

하지만 살리실산은 다르다. 살리실산은 식물의 병저항성에 필요하며, 특히 공격받지 않은 잎에 공격을 받았음을 알리는 신호다. 동물은 순환계가 있어 일부 조직의 감염에 대해 혈관을 통해 전체 개체가 반응할 수 있다. 반면 식물에는 순환계가 없어 각각의 세포가 지닌 면역 체계로 대응을 해야 한다. 살리실산의 발견은, 식물에서도 병원체에 감염되지 않은 다른 잎에 병저항성을 촉진하는 획득저항성이 가능하다는 것을 증명했다.

○ ○ ● 살리실산이 식물에서 추출되고, 약으로 이용한 역사는 긴데도 왜 식물이 살리실산을 합성하는지에 관한 연구는 오랫동안 이루어지지 않았다. 살리실산은 식물이 합성하는 무수히 많은 화학물질 중 하나로, 이 때문에 살리실산은 식물이 합성해내는 2차 대사물secondary metabolite로 여겨졌다. 2차 대사물은 식물, 박테리아, 균류 등이 생장이나 발달 과정, 혹은 생식에 필요한 물질 외에 합성하는 물질을 총칭한다. 오늘날에는 이런 2차 대사물의 역할이 속속 밝혀지고 있지만, 살리실산이 식물에서 추출되고 그 화학적 구성이 알려질 때만 해도, 이런 2차 대사물들은 대개 기능을 알 수 없는 물질로 여겨졌다. 그리고 1970년대와 1980년대에 이르러서야 살리실산의 식물 내 역할에 관한 연구가 시작되었다.

1987년, 부두릴리Voodoo lily라는 독특한 식물에 관한 논문이 한 편 발표되었다.[2] 부두릴리는 꽃이 필 때, 열을 내면서 향이 더 멀리 퍼지게 한다. 인간은 악취로 여기지만, 꽃가루를 옮겨줄 곤충들에게는 중요한 향기다. 부두릴리가 열을 최대로 낼 때, 꽃의 온도는 상온보다 15도 이상 올라가기도 한다. 라마르크가 1778년에 처음 발견한 현상이지만, 그 후로 연구는 진척되지 못하다 1937년, 수술에서 나오는 수용성 물질 '칼로리겐calorigen'에 의해 열이 난다는 보고가 등장했다.[3] 하지만 그 물질의 진짜 정체는 향후 50년간 알려지지 않았다.

칼로리겐은 살리실산이었다.[4] 열을 내기 시작하는 부두릴리의 수술에서 추출한 수용성 물질 중에 살리실산이 검출되었고, 살리실산만을 따로 수술에 처리해주어도 수술의 온도가 증가했다. 세포에서 사용되는 에너지 합성을 담당하는 미토콘드리아는 포도당을 분해해서 그 에너지를 이용할 수 있게 한다. 포도당에 저장된 에너지를 서서히 빼내는 것이 관건이다. 그렇지 않으면 모두 열에너지로 빠져나가고 만다. 살리실산은 이런 미토콘드리아를 방해해서 포도당의 에너지를 열에너지로 소모하게 한다.

그 후 1990년에는 살리실산의 보다 중요한 기능이 밝혀졌다. 물론 그 여정은 한참 전부터 시작되었다. 1961년 프랭크 로스Frank Ross는 담배모자이크바이러스Tobacco Mosaic Virus, TMV에 대한 저항성을 연구하고 있었다. TMV는 인류가 처음으로 발견한 바이러스다. 여러 담배 품종과 TMV 저항성에 관한 연구는 아주 오랫동안 식물의 병저항성을 연구하는 모델 시스템으로 자리 잡혀 있었다. 물론 애기장대가 등장하기 전까지 말이다.

담배 품종 중 병저항성 유전자인 N 유전자를 가진 담배 품종 삼선Samsun은 TMV에 저항성을 보여 과민반응이 나타났다. 그런데 아랫잎에 TMV를 접종한 담배는, 윗잎에 TMV를 재접종하면 윗잎에 발생하는 과민반응이 아랫잎이 접종되지 않은 경우보다 적게 나타났다. 이는 아랫잎이 TMV에 감염되었음을 식물이 윗부분에 전달함을 뜻했다. 당시 동물의 적응 면역은 많은 부분 밝혀진 상태였고, 그래서 식물도 동물과 유사하게 한 번 감염이 된 후에 항체가 생성되어 같은 병원체에 대한 면역력이 생길 것이라는 가설이 등장했다. 하지만 같은 병원체에 대해서만 면역력을 갖는 동물과 달리, 식물의 경우에는 최초로 접종한 병원체와 다른 병원체를 접종해도 유사한 반응을 보였다.[5] 로스는 동물의 면역계와는 다른 방식으로 작용하는 식물 고유의 면역계가 있을 것이라고 생각했다. 추가 실험을 통해 로스는 이 면역 '물질'이 체관을 타고 이동한다고 밝혔다. 로스는 이를 획득저항성 Systemic Acquired Resistance, SAR 이라고 불렀다. 로스를 이은 연구자들은 획득저항성 반응에만 합성되는 PR(Pathogenesis-Related) 유전자를 발견했지만, 이 단백질이 식물의 획득저항성을 매개하지는 않았다.[6]

그렇다면 동물에서 바이러스에 대항하는 인터페론이 식물에서도 기능할지도 몰랐다. 영국 허퍼드셔의 로담스테드 연구소에서는 인터페론을 유도하는 폴리아크릴산이 TMV 저항성도 늘리고 PR 단백질의 양도 늘리는 것을 밝혔다.[7] 1979년, 로담스테드 연구소의 레이먼드 화이트Raymond F. White는 폴리아크릴산을 이용해 다른 담배 품종에서 TMV 저항성 증가를 확인해봤지만 실패했다. 오히려, 그가 실험했던 여러 물질 중 아세틸살리실산이 품종에 상관없이 TMV 저항성과 PR 단백질량을 늘렸다. 화이트가 구한 아세틸살리실산은 그의 어머니가 복용하던 아스피린이었다. '사람을 낫게 할 수 있으면 식물도 낫게 하지 않겠나' 하는 어머니의 예상이 맞아 떨어진 셈이었다.

하지만 1990년에야 식물에서 합성되는 살리실산이 병저항성에 관한 식물호르몬으로 작용한다는 내용이 발표되었다. 미국 뉴저지 주립대학의 일야 라스킨과 다니엘 클레식Daniel Klessig 팀의 공동 연구 결과와 DDT 개발로 유명한 스위스의 제약 회사 시바-가이기CIBA-GEIGY 팀의 연구 결과가 나란히 게재되었다.[8] 일야 라스킨 또한 본래 살리실산 연구를 듀폰DuPont사에서 시작했다. 당시는 세계 각지의 제약 회사에서 식물학 연구를 활발히 진행할 때였다. 식물학의 여러 발견이 제약 회사에서 이루어졌다. 많은 연구자들이 제약 회사나 생명공학 회사에서 일하면서도 순수과학을 추구할 수 있었다. 그리고 그들은 학계로 돌아왔다. 아마도 이런 시절은 돌아오지 않을 것이다.

미국 팀은 TMV-담배 시스템을 이용했다. 이들은 담배모자이크바이러스에 대한 저항성에 필요한 유전자 N을 가진 담배 품종에서만 살리실산(SA)의 양이 담배모자이크바이러스 접종 후 48시간 만에 20배까지 늘어남을 관찰했다. 외부에서 처리한 살리실산이 담배모자이크바이러스 저항성을 유도하는 것을 화이트가 1979년에 밝혔지만, 식물이 자체적으로 살리실산을 합성하는 것은 이번에 처음 발견했다. 이와 함께 PR1 단백질의 양도 증가했다. 게다가 담배모자이크바이러스를 접종한 잎이 아닌 윗잎에서도 살리실산이 5배 정도 증가했다.

시바-가이기 팀은 오이를 모델 시스템으로 삼았다. 오이 작황에 큰 영향을 미치는 TNV(Tobacco Necrosis Virus)와 오이에서 탄저병을 일으키는 콜레토트리쿰 라게나리움(*Colletotrichum lagenarium*, 현재 명칭 *Colletotrichum orbiculare*)을 이용해 획득저항성을 연구했다. 오이는 체관의 수액이 자른 단면을 통해 흘러나오는 특징이 있다. 제철 오이를 썰고 잠시 기다리면 단면에서 즙이 나오는 이유다. 연구팀은 이 특성을 이용해 병원체를 접종한 오이 잎의 위쪽 줄기를 잘라 체관 수액을 모아 분석했다. 그 결과, 살리실산의 양이 수액 내에서 꾸준히 증가하는 것을 관찰했다. 뿐만 아니라 병원체를 접종한 후 윗잎에 병원체를 재접종하면 과민반응이 훨씬 적게 일어났다.[9] 시바-가이기 팀은 살리실산이 획득저항성을 매개하는 물질임을 밝힌 것이다. 이 두 팀의 결과는 기능을 알 수 없는 2차 대사물로 여겨졌던 살리실산을 순식간에 식물호르몬으로 등장하게 만드는 내용이었다.

뉴저지 주립대학에서 라스킨의 동료로 있던 다니엘 클레식의 팀은 생화학적인 기법을 이용해 살리실산과 결합하는 단백질을 찾고자 노력했다. 몇 개의 후보 단백질을 발견했지만, 진정한 살리실산 수용체라고 하기엔 실험 결과들이 모순되는 경우가 많았다.[10] 그때, 다른 팀들은 돌연변이 스크리닝 기법으로 살리실산 반응을 잃어버린 돌연변이를 찾아 나섰다.

그중에는 중국 우한에서 온 신니엔 동Xinnian Dong이 있었다.[11] 그는 문화혁명 시기에 청소년기를 보냈다. 문화혁명이 끝난 이듬해 우한대학교에 입학해 학사학위를 받은 후, 미국으로 옮겨 가 노스웨스턴대학에서 박사학위를 받았다. 면역학에는 관심이 있었지만, 동물의 희생은 감당할 수 없었던 그는 식물 면역을 연구하던 프레드 아우수벨의 제안을 받아들였다. 아우수벨의 연구실에서 3년간(1988~1991년) 박사후연구원을 지내며 애기장대를 감염시키는 슈도모나스 균주를 처음으로 연구한 주인공이 되었다.

1992년 미국 노스캐롤라이나주의 듀크 대학에 자리를 잡은 그는 본격적으로 애기장대를 이용해 획득저항성을 잃은 돌연변이를 찾아 나섰다. 이들이 표지로 삼은 획득저항성 반응은 PR 유전자의 합성이었다. EMS를 처리해 돌연변이를 얻은 후 슈도모나스를 접종해도 PR 유전자의 양이 변하지 않는 돌연변이를 찾았다. 그렇게 찾아낸 첫 돌연변이는 *npr1*(*nonexpressor of pr genes 1*)이었다.[12] 돌연변이 *npr1*은 살리실산을 처리해도 PR 유전자의 양이 늘어나지 않았다. 또한 슈도모나스 시링가에 마쿨리콜라형 ES4326 균주(*Pseudomonas syringae* pv. *maculicola* ES4326, *Psm*ES4326) 감염에 더 취약했다. 애기장대에 살리실산을 미리 처리하면 *Psm*ES4326에 저항성을 띠었지만, *npr1* 돌연변이는 여전히 *Psm*ES4326에 취약했다.

신니엔 동의 팀에서 NPR1을 발견한 이후, 시바-가이기 팀과 다니엘 클레식 팀, 그리고 프레드 아우수벨 팀에서도 유사한 스크리닝을 진행하여 획득저항성 반응을 잃어버린 돌연변이를 발표했다. 놀랍게도 이 돌연변이들은 모두 *npr1*이었다. 이는 살리실산에 의한 신호전달경로가 NPR1에 의해 독점적으로 이루어지거나, 아니면 여러 개의 비슷한 유전자들이 서로의 기능을 보완해서 한두 개 돌연변이로는

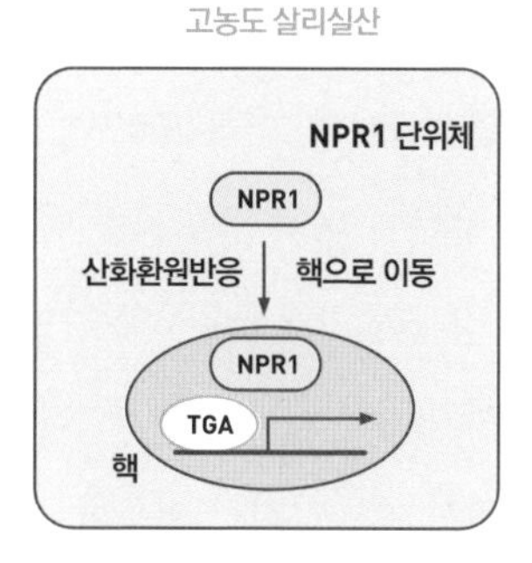

그림 5-1 살리실산이 늘어났을 때, 식물의 반응. 세포 내 살리실산이 늘어나면 중합체를 이루던 NPR1이 단위체로 바뀌고 핵으로 이동하며, TGA 전사인자가 살리실산 관련 유전자의 전사를 촉진한다.

효과를 볼 수 없음을 시사한다.

NPR1 유전자의 동정은 1997년에 이루어졌다.[13] NPR1은 단백질 간 결합을 매개하는 도메인을 가졌고, 세포핵 안에서 발현되었다. 하지만 DNA에 결합할 수 있는 도메인은 없었다. 살리실산에 의한 반응이 대규모로 전사체를 바꾼다는 것을 감안한다면 의아한 결과였다. 그로부터 2년 후, 신니엔 동의 팀에서 먼저 토마토 NPR1 단백질에 결합하는 전사인자군을 발견했다. 이후, 피에르 포베Pierre Fobert 팀과 다니엘 클레식 팀에서 순차적으로 같은 전사인자가 애기장대에서 NPR1 단백질에 결합한다고 발표했다.[14] 2년 사이에 세 팀에서 동일한 기법을 사용해서 동일한 전사인자를 찾아낸 것을 보노라면 시간과 자원이 아깝다는 생각이 들게 마련이다. 이 세 팀에서 공동으로 찾은 전사인자 *tga*의 돌연변이는 살리실산 반응에 취약했으나, 살리실산에 의한 PR1 전사량 증가가 거의 없다시피 했다.[15] 이로써 TGA 단백질 전사인자가 살리실산 반응에 중요하다는 것이 밝혀졌다.

NPR1 단백질은 세포 내 생화학적인 성질이 가장 활발히 연구된 식물단백질이다. 먼저 2003년, 신니엔 동 팀은 NPR1 단백질이 살리실산 유무에 따라 중합체를 이루어 모이거나 단위체로 흩어진다는 연구 결과를 발표했다.[16] 살리실산이 없을 때는 여러 개의 NPR1 단백질이 이황화 결합disulfide bond을 통해 결합되어 있다가, 세포 내에 살리실산이 만들어지면 이황화 결합이 환원되면서 NPR1 단백질들이 분리된다는 것이었다.[17] 살리실산에 의한 NPR1 단백질 복합체가 분리되는 이러한 현상은 강력한 환원제인 DTT(Dithiothreitol)를 이용해

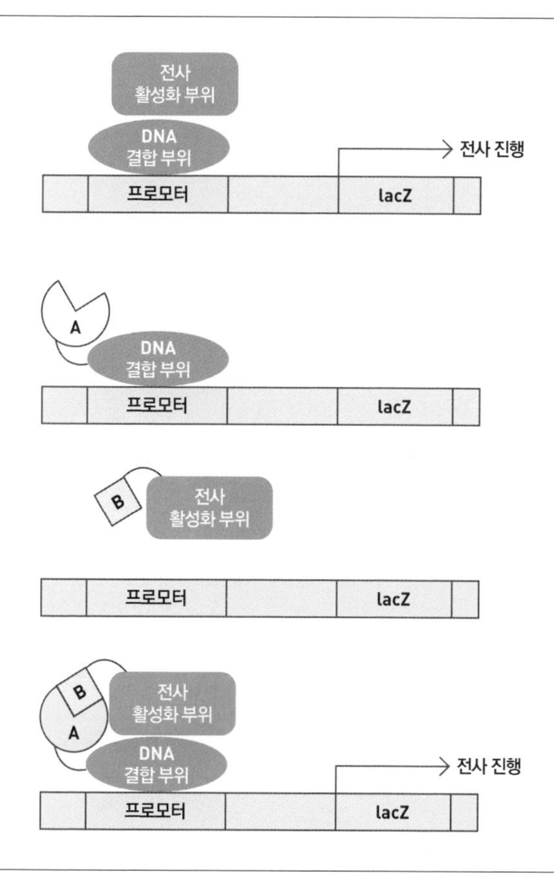

그림 5-2 이스트 투 하이브리드Yeast 2 Hybrid 실험. 전사 활성화 부위와 융합한 A 단백질과 DNA 결합 부위와 융합한 B 단백질이 결합하게 되면, 전사 활성화 부위와 DNA 결합 부위도 서로 근접하게 위치하면서 lacZ 유전자의 전사가 촉진된다. lacZ 유전자는 당 결합을 분해하는 효소인데, X-Gal이라는 기질이 분해되면 푸른색을 띤다.

서도 재현되었기 때문에 연구팀은 이어서 이황화 결합에 꼭 필요한 시스테인 잔기를 NPR1 단백질에서 찾아 돌연변이를 만들었다. 이 돌연변이 연구를 통해 이황화 결합에 필요한 시스테인 잔기를 특정하였고, 살리실산 없이도 단위체를 이루는 돌연변이 NPR1 단백질은 살리실산 없이도 획득저항성 반응을 일으킨다고 주장했다. 뿐만 아니라 단위체 NPR1 단백질이 세포핵에 모이는 것도 보였다.

신니엔 동의 팀에서는 세포핵에 모이는 NPR1 단백질은 프로테아좀에 의해 분해된다고도 발표했다.[18] 그리고 연달아 이 NPR1 단백질 분해는 NPR1의 상동유전자인 NPR3, NPR4에 의해 매개된다고 했다. 연구팀은 NPR1, NPR3, NPR4 단백질 모두 살리실산에 직접 결합하는 수용체임을 보였다. NPR3와 NPR4 단백질은 살리실산 결합 후, E3 유비퀴틴 결합효소인 CUL3 단백질을 NPR1 단백질에 데려다주는 역할을 한다고 주장했다. NPR1의 상동유전자는 총 5개 있으며, 그중 NPR1과 기능이 가장 다른 유전자는 앞서 잎 발달에 관여하는 BOP1, BOP2였다. 이외의 유전자에는 NPR1의 유사성을 기준으로 NPR2, NPR3, NPR4라고 이름 붙여졌다.

하지만 웨린 장Yuelin Zhang은 2018년에 NPR1과 NPR3/4의 관계에 대해 사뭇 다른 결과를 발표했다.[19] 연구팀은 우선 NPR4의 기능이 촉진된 돌연변이인 *bda4-1* 혹은 *npr4-4D*(D는 우성음성 돌연변이를 뜻한다. 2부 4장 참조) 돌연변이를 찾고 동정했다. NPR1 단백질은 SARD1과 CBP60g 단백질 등의 전사인자 발현을 촉진하는 것으로 알려져 있었지만, *npr4-4D*는 정반대로 SARD1과 CBP60g의 발현을 억제했다. 역으로 *npr3 npr4* 이중 돌연변이는 SARD1과 CBP60g의 발현이 증가해 있었다. NPR4 단백질은 스스로 DNA에 결합할 수 없지만 TGA2/5/6 단백질을 통해 전사 조절을 하는 것으로 보인다. 살리실산은 NPR4 단백질과의 결합을 통해 NPR4 단백질의 역할을 억제했다. NPR1 단백질이 살리실산에 의해 SARD1 등의 전사인자 발현을 늘리는 것과는 정반대였다. 그리고 웨린 장의 팀은 앞서 신니엔 동의 팀에서 낸 NPR3/4-CUL3-NPR1 단백질 결합 실험 결과가 재현되지 않았다고 반박했다. NPR1과 NPR3/4 단백질의 관계에 대한 가설은 여전히 논박 중에 있다.

NPR1과 그 상동유전자들이 어떻게 획득저항성을 유도하는지는 여전히 정확하게 알려져 있지 않다. 하지만 아주 오랫동안 아스피린을 전구체 살리실산이 감염된 잎이 아닌 2차 잎에 신호를 전달하는 호르몬이라고 여겨져왔다. 하지만 살리실산이 획득저항성의 신호라는 것이 밝혀지고 3년 만에 이 가설이 반박되기 시작했다.

1993년, 존 라이얼스John Ryals 팀에서 논문이 한 편 발표되었다.[20] 슈도모나스 푸티다는 다양한 화합물을 분해하는 것으로 유명한 세균이며, 이 중에는 살리실산도 포함되어 있다. 슈도모나스 푸티다에서 합성되는 NahG 단백질 효소는 살리실산 수산화효소Salicylate hydroxylase다. NahG 단백질은 살리실산에 수산화기를 결합시킴으로써 살리실산을 사진 현상액의 주성분인 카테콜catechol로 바꾼다. 라이얼스 팀은 이 NahG 유전자를 담배에 형질전환 하였다. 식물체 내에 NahG가 발현되어 살리실산의 양이 줄어들면 획득저항성이 일어나지 않을 것이라는 가설을 증명하기 위해서였다. 이들의 예상대로 NahG의 발현은 획득저항성을 일으키지 않았고, 감염된 잎이나 그 위의 2차 잎이나 과민반응 증상이 비슷했다.

하지만 이들이 예상하지 못했던 일도 일어났다. 이듬해 라이얼스의 팀은 또 다른 논문을 발표했다.[21] NahG 발현 담배와 담배모자이크바이러스에 저항성을 띠는 잔티Xanthi의 접붙이기 실험을 한 결과였다. 잔티 뿌리root stock에 NahG 줄기scion를 접붙인 잔티/NahG 식물과 NahG 발현 담배 뿌리를 잔티 줄기에 접붙인 NahG/잔티 식물에 담배모자이크바이러스를 1차로 뿌리가 될 대목root stock 쪽 잎에 접종하고, 줄기가 될 접수scion 쪽에 있는 2차 잎에 다시 담배모자이크바이러스를 접종해 획득저항성 반응을 관찰했다. 예상대로라면 잔티/NahG는 살리실산이 합성되지 않으므로 이동하지 않아 획득저항성이 없을 것이고, NahG/잔티의 경우에는 줄기가 될 접수 쪽에서 살리실산을 합성하지 못해도 뿌리 쪽에서 합성되어 이동할 것이므로 획득저항성 반응을 보일 것이었다. 하지만 결과는 정반대였다. 줄기 쪽이 잔티인 경우 획득저항성을 보였고, NahG인 경우는 그렇지 못했다. 살리실산이 이동하는 것이 아니라, 2차 잎에서 새로 합성되는 것이었다. 그렇다면 이동 가능한 또 다른 신호가 있음을 의미했다.

이후, 식물체 내에서 검출되는 수많은 수용성 화학물질들이 획득저항성 신호 후보에 올랐다. 하지만 어느 것도 그 신호임이 입증되지는 못했다. 그러다 2018년, 가장 결정적으로 보이는 화학물질이 새로운 획득저항성 신호 물질로 제안되었다.[22] 아미노산의 일종이지만 생물의 단백질에는 포함되지 않는 아미노산 피페콜산에 수산화기가 결합된 NHP(N-hydroxy-pipecolic acid)다. NHP가 획득저항성 반응을 매개하는 신호라는 연구는 독일 하인리히 하이네 뒤셀도르프 대학의

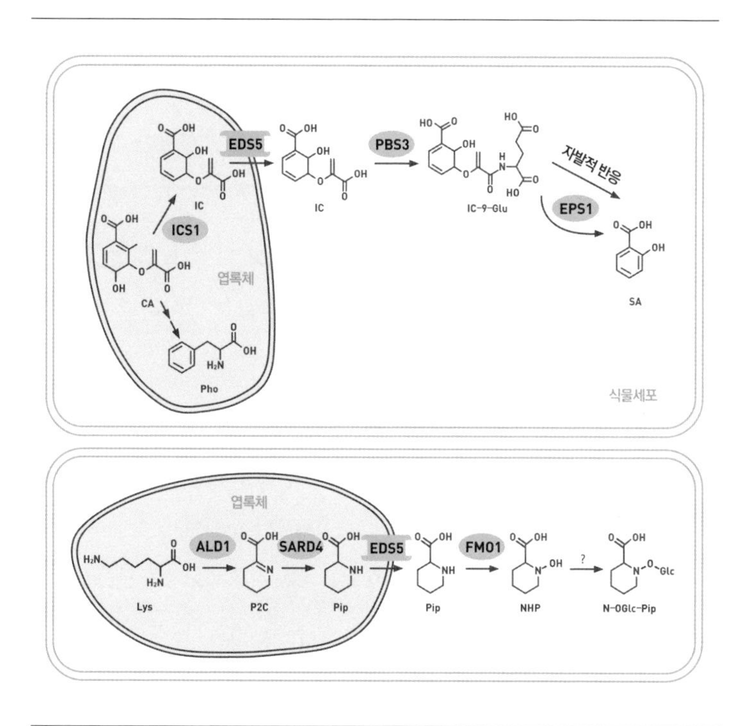

그림 5-3 살리실산, NHP, 그리고 Pip의 식물세포 내 합성 과정. 살리실산과 그 후에 알려진 식물 획득 저항성을 매개하는 후보 물질 NHP와 Pip는 엽록체에서 전구체나 해당 물질이 합성된 후, EDS5 단백질을 통해 세포질로 수송된다.

위르겐 차이어Jürgen Zeier 팀, 미국 스탠포드 대학교의 메리 베스 머젯 Mary Beth Mudgett 팀과 엘리자베스 새틀리Elizabeth Sattely 팀의 공동 연구 결과로 불과 한 달의 간격을 두고 서로 다른 학술지에 출간되었다.

2006년에도 흥미로운 논문 세 편이 다른 학술지에 연달아 출간되었다.[23] 획득저항성이 거의 나타나지 않는 돌연변이를 찾았다는 논문이었는데, 이들 모두 같은 유전자의 돌연변이를 찾았다. 그 유전자는 바로 FMO1(Flavin Mono-oxygenase 1)이었다. *fmo1* 돌연변이는 획득저항성 반응이 거의 없어진 것처럼 보였다. FMO1은 살리실산을 처리하거나 병원균을 잎에 접종한 후 수 시간 이내에 발현량이 폭증했다. 하지만 2006년에 나온 논문 세 편 중 어느 것에서도 FMO1의 정확한 기능을 밝히진 못했다. FMO 단백질은 플라빈Flavin기를 포함하고 있는 산화효소다. 동식물계에 널리 분포하는 효소 계열이라 기질을 파악하는 것이 어려웠다.

그런 FMO1 단백질의 기질이 2018년에야 밝혀진 것이다. FMO1 단백질은 피페콜산을 NHP로 바꾸는 효소였다. 연구팀은 FMO1 단백질이 획득저항성에 필요한 것이 NHP를 합성하는 효소로서의 역할 때문임을 증명했다. 뿐만 아니라 NHP를 외부에서 처리하는 것만으로도 병저항성이 증가했다. 하지만 NHP를 획득저항성의 이동 신호라고 보기에는 여전히 알쏭달쏭한 부분들이 있다. NHP가 실제 신호의 전구체일 가능성도 남아 있다.

NHP가 새로운 획득저항성 신호로 등장했다고 살리실산이 중요하지 않은 호르몬이 된 것도 아니다. 살리실산은 Pip의 생합성 유전자 발현을 늘리는 것으로 알려졌으며 2차 잎에 살리실산이 축적되는 것이 획득저항성 반응에 꼭 필요하다는 사실도 밝혀져 있다. NPR1 단백질이 살리실산 수용체인 것도 꼭 짚고 넘어가야 할 사실이다. 아직 NHP의 수용체는 알려져 있지 않다. 결정적으로, 식물의 획득저항성 반응 중에는 살리실산에 의해서만 일어나는 반응이 있다. 아스피린의 전구체 살리실산은 여전히 식물 병저항성에 중요한 부분을 차지한다.

대화하는 나무?

누에가 뽕잎을 먹는 걸 본 적이 있다. 어찌나 빠르게 먹는지 씹지도 않고 삼키는 것 같다. 식물은 지구에서 거의 유일한 독립영양생물이다. 스스로 먹고 살 것을 만들어낸다. 반대로 인간을 비롯한 거의 모든 동물들은 종속영양생물이다. 무언가를 잡아먹어야 살 수 있다. 그리고 가장 쉽게 영양분을 취할 수 있는 대상은 바로 독립영양생물인 식물이다. 사람이 아무리 소고기를 좋아한들 소가 풀을 먹지 않으면 소는 없을 테니, 우리는 모두 식물에 기대어 생존한다고 말할 수 있다.

이쯤에서 궁금한 점이 생긴다. 누에가 뽕잎을 먹듯이 초식동물들이 식물을 다 먹어버린다면 지구에는 식물이 남아 있을 리가 없는데, 왜 여전히 지구는 푸를까? 이 '지구는 왜 푸를까'라는 질문은 생태학을 공부하는 사람들에게 매우 중요한 명제다.

당연한 이야기지만, 식물이라고 먹힐 때 가만히 있지는

않을 것이기 때문이다. 그렇지만 식물은 대단히 불리한 조건에 있다. 찾아오는 동물을 피해 도망갈 수 없다. 그래서 나무의 경우, 먹을 수 없게 줄기를 단단하게 만들기도 한다. 또는 도무지 먹을 수 없게 맛이 없는 화학물질들을 잔뜩 생산하기도 한다. 그렇게 만들어진 화학물질이 캡사이신, 카페인 등인 것을 생각하면 아이러니하지만 말이다.

이 모든 방어 조치는 초식동물이 잠시나마 접근하지 못하게 할 수는 있지만, 영원하지는 않다. 올지 안 올지 모를 천적에 대비해 무작정 화학물질을 계속 쌓아놓다 보면, 정작 피워야 할 꽃을 못 피울지도 모른다. 초식동물이 우적우적 잎을 씹어 먹기 시작할 때, 그 사실을 바로 파악할 수 있다면 얼마나 좋을까?

○ ○ ● 1983년, 두 편의 논문이 식물학자들의 세계를 발칵 뒤집어놓았다. 먼저 등장한 논문은 미국 워싱턴 대학교의 고든 오리언스Gordon H. Orians와 그 밑에서 박사과정을 밟은 후 연구원으로 지냈던 데이비드 로즈David Rhoades의 논문이었다.[1] 그는 시트카 버드나무Sitka willow(*Salix sitchensis*)라는 미국에서 자라는 버드나무 종으로 실험을 하고 있었다. 그는 텐트나방 유충에게 먹힌 버드나무에는 이후 유충이 자라지 않는다는 것을 관찰했다. 유충에 먹힌 적 있던 버드나무의 다른 잎에서는 유충 입맛에 안 맞는 탄닌이나 페놀계 화학물질이 발견되었다. 탄닌 등의 물질이 잎에 많으면 유충이 잘 먹지 않고, 먹더라도 생장이 느리다. 그러므로 먹히지 않은 잎에 이 물질들이 발견되었다는 것은 한 잎에서 다른 잎으로 '먹혔다'는 신호를 전달했다는 것이다.

하지만 더 놀라운 관찰 결과는 따로 있었다. 유충에게 먹힌 버드나무 바로 옆 버드나무에서도 유충이 별로 발견되지 않았다. 뿐만 아니라 탄닌과 페놀계 화학물질이 본래 공격당했던 나무와 유사한 농도로 발견되었다. 두 나무는 전혀 연결되어 있지 않았음에도 한 나무에 있는 두 잎처럼 신호를 공유했다. 하지만 근처에 공격받았던 버드나무가 없는 경우에는 그렇지 않았다. 로즈는 이 결과를 두고, 서로 다른 두 나무가 공격당했을 때, 경고 신호를 주고받는 것이라고 주장했다.

그로부터 3개월 뒤, 다트머스 대학의 잭 슐츠Jack Schultz 교수와 실험실 연구원 이언 볼드윈Ian Baldwin이 비슷한 결과를 내놓았다.[2] 이들은 유전적으로 동일한 포플러(*Populus x euroamericana*) 싹으로 실험을 했다. 이들은 나무 싹을 온실 안에 있는 2개의 방enclosure에 나눠 키웠다. 이 방은 기체교환이 일어나지 않았다. 한 방에는 포플러 15그루, 다른 방에는 30그루를 키웠다. 첫 방의 포플러에는 아무 처리를 하지 않았고, 다른 방의 포플러 30그루 중 15그루는 잎을 2개씩 찢었다. 남은 15그루에는 아무 처리를 하지 않았다. 그러고 나서 4시간, 52시간, 100시간 후에 각각 5그루에서 잎 4장에 대해 페놀계 물질 분석 등을 했다. 그 결과, 잎이 찢어진 나무와 함께 있던 나무 모두에서 페놀계 물질이 늘어남을 확인했다. 또 다른 종, 사탕단풍(*Acer saccharum Marsh*) 유묘에서도 비슷한 반응이 나타났다. 기체교환이 이루어지지 않는 조건이었으므로 저자들은 잎이 찢어진 나무에서 나온 기체 화학물질이 다른 나무에 전달되어 같은 반응(페놀계 물질 합성)이 일어난다고 주장했다.

이 두 논문은 선풍적으로 대중의 인기를 얻었다. 주요 언론은 그들의 연구 결과를 두고 '말하는 나무talking trees'라는 비유를 썼다.[3] 배경처럼 서 있기만 한 나무들이 대화를 한다니, 사람들은 식물이 혼을 얻었다고 여겼다.

이 열광적인 반응은 1973년 피터 톰킨스Peter Tomkins와 크리스토퍼 버드Christopher Bird가 쓴 책《식물과 정신세계The Secret Life of Plants》와 이를 바탕으로 1979년에 스티비 원더가 제작한 동명의 영화 때문이기도 했다. 피터 톰킨스와 크리스토퍼 버드는 식물도 감각이 있고 사람에 반응하며 무엇보다 영혼이 있다고 주장했다. 1974년, 식물학자인 아서 갤스턴Arthur Galston은 이 책에 대한 강도 높은 비판을 〈내추럴 히스토리Natural History〉지에 실었다. 그리고 과학의 결과들을 선택적으로만 보여주고 논리 없이 원하는 가설에 끼워 맞추면서 식물에 영혼을 부여하는 이들의 책이 미칠 영향을 걱정했다. 그는 '시간이 지나면 이 책의 효과는 사라지겠지만, 너무 많은 사람을 너무 오랫동안 속일 수는 없다'고 썼지만, 안타깝게도 이 책의 영향은 여전히 유효하다.[4] 오늘날에도 식물에 음악을 들려주는 사람들이 있으니 말이다.

1983년의 논문 두 편이 식물도 서로 대화를 하는 영적인 존재로 비치게 해서 대중이 열광했다면, 이에 대한 과학자들의 반응은 그 반대로 뜨거웠다. 톰킨스와 버드의 저작, 두 논문에 대한 반박 논문이 나왔다.[5] 두 논문의 실험적 엄밀성을 따지는 것부터, 통계 처리의 부적절함을 따지는 반박까지, 다양한 부분에 반론이 나왔다. 직접 실험을 해본 과학자들도 있었다. 하지만 재현되지 않았다. 세간의 관심을 끌어모았던 두 논문은 잊혔다. 첫 논문의 주 저자인 데이비드 로즈는 학계에서 빠져나갔고, 이언 볼드윈은 코넬 대학교에서 전혀 다른 주제로 박사과정을 밟았다.

비슷한 사례는 또 등장했다. 1990년에 워싱턴 주립대학의 클래런스 라이언Clarence Ryan과 박사후연구원 에드워드 파머Edward Farmer는 단백질분해효소 억제제proteinase inhibitor를 잎에서 만들어내게 하는 새로운 화학물질을 찾았다고 발표했다.[6] 사람에게는 샐러드가 비타민과 무기염류의 공급원이 되지만, 잎만 먹고 사는 초식동물에는 잎에 있는 단백질이 가장 중요한 식량자원이다. 그래서 초식동물의 침에서는 단백질분해효소가 분비되어 잎에 있는 단백질을 소화시킨다. 하지만 파머가 찾은 이 새로운 화학물질을 토마토 잎에 처리하면 토마토 잎에서 단백질분해효소 억제제 합성이 급격하게 늘어났다. 이 억제제는 초식동물의 단백질분해효소를 억제하여 소화불량을 유도한다. 그래서 초식동물이 다음에는 그 풀을 먹지 않도록 하는 것이다. 이로써 이 물질이 초식동물에 저항하는 화학물질임이 정립되었다.

예상 외의 발견도 있었다. 파머가 이 물질을 잎에 뿌릴 때, 같은 공간에 있던 다른 식물에서도 단백질분해효소 억제제가 합성되기 시작했던 것이다. 이를 발견한 파머는 보다 복잡한 실험을 설계했다. 그는 해당 물질이 잎에 많은 것으로 알려진 쑥Artemisia 과의 세이지브러시(*Artemisia tridentata* Nutt. ssp. *tridentata*) 잎을 따서 밀폐된 공간에, 토마토 식물 옆에 두었다. 그러자 토마토에서 단백질분해효소 억제제가 합성되기 시작했다. 종이 서로 다름에도 결과는 같았다. 종 내 의사소통만이 아니라 종 간 의사소통을 매개하는 물질이라는 의미였다.

파머가 찾아낸 물질은 메틸자스모네이트Methyl jasmonate, MeJA 였다. 자스모네이트에 메틸기가 결합된 것으로 메틸기 때문에 휘발성을 띤다. 파머는 자스모네이트도 비슷한 역할을 한다는 관찰 결과를 발표했다.[7] 자스모네이트Jasmonate, JA 는 자스민 향의 원인 물질로 1962년에 처음으로 추출되어 이러한 이름을 얻게 되었다.[8] 메틸자스모네이트는 실제로 향수에서 맡을 법한 향기를 띤다.

1984년, 브레이디 빅Brady Vick 과 돈 지머맨Don Zimmerman 은 자스모네이트 생합성 경로를 여러 식물 종에서 발견했다고 발표했다.[9] 이들은 논문 말미에 자스모네이트에 대해 '대사를 조절할 가능성 있는 물질

potent metabolic regulator'이라고 하며 호르몬일 가능성을 시사했다. 이들이 발견한 생합성 경로의 가장 중요한 부분은 리놀렌산이 고리화되는 과정이었다. 이는 세포막에 있는 인지질에서 떨어져 나온 리놀렌산이 자스모네이트의 주원료임을 의미했다. 그리고 1992년, 파머와 라이언은 리놀렌산을 접종하는 것만으로도 단백질분해효소 억제제의 양이 세포 내에서 늘어남을 보였다.[10] 리놀렌산이 자스모네이트의 전구체라는 바가 증명된 것이다.

자스모네이트 연구는 여러 종에서 동시다발적으로 진행되었다. 하지만 자스모네이트의 신호전달경로 발견에 애기장대의 공은 지극히 크다. 1994년, 영국 이스트앵글리아 대학의 존 터너John G. Turner 팀에서는 *coi*(*coronatine insensitive*)라는 돌연변이를 발견했다.[11] 코로나틴coronatine은 슈도모나스에서 합성되는 독소다. 코로나틴을 잎에 처리하면 식물은 자라지 못하고 하얗게 황백화chlorosis를 일으켰다. 애기장대를 비롯한 여러 식물의 경우 코로나틴 때문에 새싹의 생장이 더뎌졌다. 터너의 연구팀은 EMS 처리를 통해 고농도의 코로나틴에서도 잘 자라는 *coi* 돌연변이 14개를 찾았다. 이전부터 코로나틴이 식물에 일으키는 여러 반응이 자스모네이트와 유사하다고 알려졌기에 연구팀은 메틸자스모네이트가 포함된 배지에도 *coi* 돌연변이를 키웠다. 놀랍게도 *coi* 돌연변이들 모두 자스모네이트에 의한 생장 저해를 보이지 않았다. 코로나틴에 반응이 없으면, 자스모네이트에도 반응이 없었다. 이 결과는 코로나틴 연구로 시작되었지만 자스모네이트 신호전달경로 탐색을 시작하는 연구로 거듭나게 되었다.

1998년, 존 터너의 팀은 COI1 유전자 동정 결과를 내놓았다.[12] 야생형 COI1과 비교했을 때, 돌연변이 *coi1-1*에는 1개의 구아닌 염기가 아데닌 염기로 바뀌어 있었다. 그로 인해 아미노산 서열로 번역되었을 때 트립토판 코돈이었어야 할 467번째 아미노산 위치가 정지 코돈으로 바뀌었다. 그 결과 돌연변이 *coi1-1*으로부터 번역되는 단백질은 정상적인 COI1 단백질보다 훨씬 짧았다. COI1 단백질은 앞부분이 단백질을 분해하는 표지를 다는 E3 연결효소 F-BOX로 이루어졌고, 그 뒤를 단백질 간 결합에 중요한 LRR 도메인이 잇는 형태였다.

돌연변이 *coi1-1*은 뒷부분인 LRR이 없는 단백질이 되었다. 다른 단백질과의 결합을 매개하는 LRR이 사라진 돌연변이 *coi1-1*은 다른 SCF 단백질과의 결합이 불가능해서 SCF 복합체를 이루지 못할 것으로 예측되었다. SCF 복합체는 E3 연결효소 기능을 가진 것으로 알려져 있었다. 결국 돌연변이 *coi1-1*은 E3 연결효소 기능이 상실되어, 없어져야 할 단백질은 없애지 못할 것이었다.

이어서 자스몬산의 반응 대부분을 조절하는 전사인자가 발견되었다. 먼저 발표된 스페인 바르셀로나의 살로메 프랫Salomé Prat 연구팀은 Y1H(Yeast 1 Hybrid) 기법을 이용했다.[13] Y2H는 효모에 서로 다른 두 단백질을 발현시키고 그 결합을 관찰하는 실험이다. 하지만 Y1H는 DNA와 단백질의 결합을 본다는 점이 다르다. 자스모네이트에 반응하는 유전자들의 프로모터 DNA 염기서열을 이용해서, 이 DNA 염기서열과 결합하는 단백질을 찾는 실험이다. 하지만 특정 DNA 염기서열에 결합할 수 있는 단백질만 찾기 때문에, 그 표적이 전사인자로 제한된다는 특징을 갖는다.

연구팀은 토마토 잎에 손상이 가해지거나 자스몬산 처리에 의해 증가하는 유전자의 프로모터 부위에 결합하는 단백질을 찾고자 했다. 자스몬산이 처리된 잎에서 주로 발현되는 단백질을 대상으로 조사한 결과, bHLH(basic Helix-Loop-Helix) 계열의 전사인자 JAMYC2와 JAMYC10 단백질이 밝혀졌다.[13] 이 두 유전자는 자스몬산 처리에 의해 증가하였다. 그리고 유전자의 발현이 늘어나면 자스몬산에 대한 반응이 강력해졌다. 하지만 토마토에서 진행한 실험이기 때문에 당시만 해도 유전자가 없을 때의 표현형을 관찰하는 연구가 어려웠다. 그래서 연구팀은 토마토 JAMYC2와 가장 유사한 애기장대 상동유전자 AtMYC2를 찾고, 그 T-DNA 형질전환체로 후속 실험을 진행했다. AtMYC2에 T-DNA가 삽입된 *atmyc2-1*과 *atmyc2-2*는 자스몬산에 반응을 보이지 않았다. 하지만 이 돌연변이에 JAMYC2를 도입하자, 자스몬산에 의한 생장 저해 표현형이 돌아왔다. 두 달 뒤, 스페인 마드리드의 로베르토 솔라노Roberto Solano 팀에서는 자스몬산 반응을 보이지 않는 *jai*(*ja-insensitive*) 돌연변이들에 대한 논문을 발표했다.[14] 이들이 발견한 *jai1* 혹은 *jin1*(이전에 *jin1*으로 발견)은 앞서 프랫의 실험실에서 발견한 AtMYC2였다.

이렇게 자스모네이트 신호전달경로에 두 유전자 COI1과 AtMYC2가 발견되었지만, 두 유전자의 관계를 파악하는 것은 쉽지 않았다. COI1 단백질은 단백질을 분해하는 E3 연결효소의 일부였고, AtM-

YC2 단백질은 자스모네이트 반응을 이끌어내는 전사인자였다. 만일 COI1 단백질과 AtMYC2 단백질이 결합하고 있다면, COI1 단백질에 의해 AtMYC2 단백질이 분해될 것이라 예상할 수 있는데, 그렇다면 자스모네이트에 의한 신호가 전달될 것이라고 예측하기가 어려웠다. AtMYC2 단백질이 분해된다면, AtMYC2에 의해 자스몬산 관련 유전자가 전사되는 현상을 설명할 수 없기 때문이다.

COI 단백질이 직접 결합해서 유비퀴틴을 연결하여 분해시키는 기질은 그로부터 10년 후에야 발견되었다. 자스몬산에 의한 전사 반응을 연구하던 미국 워싱턴 주립대학의 존 브라우즈John Browse 팀과 JAI 유전자들을 연구하던 솔라노 팀이 연달아 논문을 냈다. 먼저 브라우즈의 팀은 자스몬산 처리 후 전사체 분석을 하고 있었다.[15] 이들은 자스몬산 처리 후 30분 만에 급격히 증가하는 30여 개의 유전자에 대한 분석을 하다, 기능이 알려지지 않은 8개 유전자가 포함되어 있음을 발견했다. 기능이 알려져 있지 않았지만, 모두 ZIM 도메인을 가져 JAZ(Jasmonate ZIM-domain)라는 이름을 얻게 되었다.

이들은 먼저 *jaz* 돌연변이를 구하지만 자스몬산 관련된 표현형은 찾을 수 없었다. 반대로 JAZ 과다 발현체도 만들어보았지만, 역시 자스몬산 관련 표현형이 보이지 않았다. 포기하려는 찰나, 마지막으로 도메인의 일부가 삭제된 돌연변이 *jaz*를 만들어 애기장대 형질전환체를 제작했다. 운 좋게도 그중, 말단 부분이 없는 돌연변이 *jaz*가 자스몬산 신호전달경로를 막는다는 것을 발견했다. JAZ 단백질은 아마도 자스몬산 반응을 억제하는 인자일 것이라고 가설을 세웠다. 실제로 JAZ 단백질은 자스몬산이 처리됨과 동시에 줄어들기 시작했다. 자스몬산에 의한 이런 JAZ 단백질의 분해는 *jaz* 돌연변이에서는 사라졌다. 뿐만 아니라 JAZ 단백질은 COI1 단백질과 결합했는데, 이는 자스몬산이 있을 때 강해졌다. 자스몬산이 '딱풀' 역할을 해서 JAZ와 COI1 단백질을 붙이는 것이었다.

솔라노의 팀이 발견한 *jai3* 돌연변이는 더 흥미로웠다.[16] *jai3-1* 돌연변이는 JAZ 단백질의 중간에 돌연변이가 생겨 말단 부분이 잘린 짧은 JAZ 단백질 변이를 만들었다. 우연히 만들어진 돌연변이지만 JAZ의 기능을 알아내는 데 꼭 필요한 것이었다. 이 부분은 JAZ와 MYC2 단백질의 결합을 매개하는 도메인이었다. 이 부분은 JAZ 단백질이 자스몬산을 통해 COI1 단백질과 결합하는 부분이기도 했다. 그렇기 때문에 JAZ 단백질의 말단이 사라진 돌연변이는 MYC2 단백질의 기능을 억제하지 못하고, COI1 단백질에 의해서도 분해되지 않았던 것이다. 이는 JAZ 단백질이 억제자repressor의 역할을 함을 뜻한다. 그리고 COI1 단백질은 JAZ 단백질에 의한 MYC2 단백질의 억제를 푸는 탈억제자de-repressor 역할을 한다. 억제자인 JAZ 단백질은 MYC2 단백질의 기능을 억제하고 있다. 반면 COI1 단백질은 JAZ 단백질을 분해하는 역할을 하기 때문에, MYC2 단백질의 입장에서 보면 COI1 단백질은 억제자를 없애기 때문에 '탈억제자'라고 부른다.

움직이지 않고, 모든 세포들이 연결되어 있지 않기 때문에, 세포 간 이동을 빠르게 할 수 있는 작은 크기의 분자들이 식물의 생존에 꼭 필요하다. 작고, 세포 간에 이동을 하며 표적 세포의 생리 활성에 영향을 미치는 분자들을 호르몬이라고 한다. 식물호르몬에는 옥신, 사이토키닌(1부 4장), 지베렐린(1부 3장), 브라시노스테로이드(3부 1장), 에틸렌(1부 2장), 앱시스산(4부 1장), 살리실산(3부 5장), 그리고 자스모네이트 등이 있다. 그 외에도 2000년대 들어 새로 발견된 스트리고락톤 strigolactone 등의 호르몬도 있다. 특이하게도 이들 중 대다수는 앞서 살펴본 COI1-JAZ-MYC 단백질처럼 수용체(탈억제자)-억제자-전사인자의 모식도를 따르는 경우가 많다. 이런 형태의 신호전달경로는 단백질 분해와 함께 신호 전달이 시작되기 때문에 빠르다는 장점이 있다. 빠르게 변화하는 날씨 등에 적응한 식물의 생존 전략인 셈이다.

한편, 1990년대 중반에는 식물 간 소통이 충분히 가능할 것이라고 많은 이들이 생각하게 되었다. 식물이 기체 형태로 분비하는 다양한

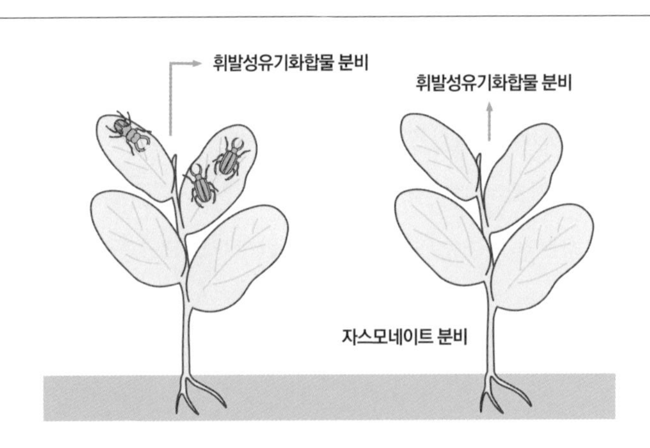

그림 6-1 자스몬산 반응. 주변의 식물이 곤충에 의해 먹힐 때 휘발성유기화합물이 분비된다. 이 화합물을 인식하여 ('엿듣기') 자스모네이트와 휘발성유기화합물을 스스로 분비할 수 있는 식물이 진화적으로 선택되었다.

유기화합물들은 휘발성유기화합물volatile organic compounds, VOCs이라는 이름을 얻게 되었다. 잔디를 깎을 때 나는 풋풋한 냄새가 이런 휘발성 유기화합물에 속한다.

식물이 초식동물에게 먹히거나 상처를 입게 되면 다양한 휘발성유기화합물을 분비한다는 것은 학계의 인정을 받았지만, 처음에 제안되었던 식물 간 소통의 '의도'에 대해서는 의견이 분분하다. 볼드윈은 식물 간 소통을 '엿듣기eavesdropping'라고 표현한다.[17] 상처를 받은 식물이 내는 휘발성유기화합물 신호를 받아들여 저항성 반응을 높일 수 있는 식물은 그렇지 않은 식물에 비해 생존에 유리할 것이기 때문이다. 생물은 언제나 생존에 유리한 형질을 가진 개체가 살아남을 것이라는 다윈의 원칙에 입각한 추론이다.

하지만 식물이 식물과만 '소통'하지는 않는다. 대부분의 현화식물은 충매화로, 곤충을 매개로 꽃가루를 나르므로 곤충을 끌어 들일 수 있어야 한다. 이런 경우에도 휘발성유기화합물, 즉 꽃향기가 중요한 역할을 한다. 일부 식물은 초식동물의 공격을 받을 때에만 분비하는 독특한 휘발성유기화합물을 가지기도 한다.

미국 농진청의 테드 털링스Ted Turlings와 제임스 텀린슨James Tumlinson, 조 루이스Joe Lewis는 옥수수 잎이 파밤나방(*Spodoptera exigua*) 애벌레에 먹히면 테르페노이드 물질이 많이 분비되는 것을 발견했다. 하지만 가위로 자르거나 찢어낸 잎에서는 그런 물질의 합성이 일어나지 않았다. 다만, 애벌레의 침을 찢어진 잎에 바르면 테르페노이드계 물질의 합성이 늘어났다. 연구팀은 이 물질을 포식 기생자 말벌의 한 종(*Cotesia marginiventris*)이 인지해서 애벌레에 알을 낳을 수 있게 된다고 발표했다.[18] 1990년에 털링스와 텀린슨, 루이스의 논문이 발표된 이후 지금까지도 이렇게 초식동물의 천적을 불러내는 물질을 분비하는 식물의 사례는 계속해서 발견되고 있다.[19]

'말하는 나무'라는 개념은 생태학자들이 먼저 실험을 하기 시작했다. 하지만 생리학자들과 화학자들이 참여하며 주제를 바라보는 관점이 달라지면서 식물이 내는 화학물질에 대한 연구는 많은 발전을 이루었다. 하지만 약간의 문제가 있었다. 생리학자들과 화학자들은 주변의 변인을 통제하기 위해 실험실 안에서, 역시 통제된 식물 개체들로 실험을 진행한다. 그 덕분에 미묘한 화학적 변화나 생리학적 변화를 볼 수 있지만, 이런 현상이 숲속에서도 똑같이 벌어지리라는 보장이 없었다. 생태학자로 교육을 받은 이언 볼드윈이 돌아올 차례였다.

이언 볼드윈은 담배의 한 종인 니코시아나 실베스트리스(*Nicotiana sylvestris*)로 박사과정 연구를 했다. 하지만 페루 원산인 니코시아나 실베스트리스 말고 미국에서 자생하는 또 다른 담배 품종을 찾아 나섰다.[20] 그리고 그가 찾은 건 미국 남쪽 사막에 자생하는 니코시아나 어테뉴아타(*Nicotiana attenuata*)다. 니코시아나 어테뉴아타는 산불이 난 후에 발아하는 특성을 지닌다. 볼드윈은 다양한 실험을 통해 불탄 나뭇재가 아니라 나무에서 나는 연기가 니코시아나 어테뉴아타의 발아 신호라는 것을 밝혔다.[21] 이후에도 사막에서 자생하는 니코시아나 어테뉴아타를 이용해 파머의 자스모네이트 실험을 반복하였다. 이를 통해 자스모네이트를 인지하고 그에 따라 저항성 반응을 시작하는 개체가 항상 저항성 반응을 보이거나, 자스모네이트를 인지하지 못하는 경우보다 훨씬 생존에 유리함을 증명했다. 그는 식물이 자생하는 현장에서, 실제 세계에서 식물이 살아가는 모습을 관찰하는 것이 실제적인 의미를 가질 거라고 이야기한다.

하지만 휘발성유기화합물을 내는 것도, 자스모네이트를 합성하는 것도, 초식동물의 존재를 미리 인지할 수 없다면 일어나지 않을 일이다. 편모 단백질처럼 병원균이 내놓고 식물이 패턴인식수용체를 통해 인식하는 PAMP와 유사하게, 식물은 초식동물의 존재를 HAMP(Herbivore associated molecular pattern)를 통해 인지한다. 식물이 손상을 입었을 때 분비되는 DAMP 또한 신호로 작동할 수 있다.

아주 오랫동안 HAMP를 인식하는 패턴인식수용체가 따로 있을 것이라고 여겨져왔다. 하지만 편모 단백질을 인식하는 패턴인식수용체 FLS2 단백질을 발견했던 것처럼 돌연변이 스크리닝으로 HAMP 수용체를 찾는 건 불가능했다. 그러다 2019년에야 최초로 HAMP를 인지하는 패턴인식수용체가 발견되었다.

캘리포니아 주립대학교 샌디에이고 캠퍼스의 에릭 슈멜츠Eric Schmelz 연구팀을 필두로 여러 나라에서 함께한 공동 연구팀이 그 발견의 주인공이다.[22] 애벌레가 잎을 갉아 먹을 때, 엽록체의 ATP 합성효소가 분해되면서 나오는 인셉틴inceptin은 에릭 슈멜츠가 2006년에 발견한 HAMP의 한 종류로, 애벌레가 갉아 먹은 동부Cowpea 콩잎에서 찾았다.[23] 그리고 인셉틴의 수용체는 RLP로 밝혀졌고 INR 단백질이라는 이름을 얻게 되었다. HAMP와 INR에 의해 일어나는 식물체의 반응은 활성산소 증가, 칼슘 이온 증가, 그리고 항균물질 합성 등 식물이 편모 단백질을 인식했을 때 일어나는 PTI 반응과 유사하다.

나아가 초식동물에 의해 먹히는 과정을 식물이 어떻게 인식하는지도 알려지고 있다. 잎이 먹히는 순간, 세포 내 칼슘 이온의 양이 바뀌고, 이에 따라 세포막의 전위가 영향을 받는다. 지금껏 칼슘의 영향이 있다는 것만 알았다면, 2018년에는 칼슘이 세포 안으로 들어가게끔 하는 수용체가 발견되었다.[24] 특히 이 칼슘 수용체가 글루탐산 수용체Glutamate receptor 계열인 것이 알려지면서, 1983년의 광풍이 또 한 번 일어났다. 글루탐산 수용체는 동물에서 통증 수용체에 해당하기 때문이다. 이에 대해 주요 언론에서는 '식물도 통증을 느낀다!' 등의 자극적인 제목으로 독자들을 이끌었다.[25] 하지만 칼슘의 양 변화가 식물에 통증으로 여겨질 가능성은 낮다.

《식물의 정신세계》는 여전히 세계 곳곳에서 읽히고 있다. 하지만 최근에는 그와 유사한 또 다른 흐름이 등장했다. 바로 식물신경생물학이라는 새로운 분야다.[26] 식물이 동물과 마찬가지로 뇌, 신경 등이 있다고 주장한다. 특히나 뇌는 뿌리 끝 어딘가에 있다고 말한다.

하지만 '식물에 뇌가 있다'는 주장은 인간중심주의에 따른 오만이다. 인간에게는 뇌가 있고, 인간은 이 지구상에서 가장 똑똑한 생물이니, 식물도 똑똑하다면 뇌가 있지 않을까와 같은 생각인 셈이다. 하지만 꼭 뇌가 있어야만 할까? 인간의 것이라서 뇌가 중요하다고 생각하는 건 아닐까?

깨진 튤립과 바이러스

17세기 네덜란드에는 튤립 투기 광풍이 불었다. 1634년부터 1637년까지 튤립의 가격은 하늘 높은 줄 모르고 치솟았다. 그리고 1637년 어느 날, 폭락했다. 역사상 최초의 투기로 유명한 튤립 파동의 전말이다. 튤립 가격이 치솟게 된 건, '깨진 튤립broken tulip' 때문이었다.

튤립의 원산지는 터키인데, 이를 처음 네덜란드에 들여와 키운 사람은 원예학자 카롤루스 클루시우스Carolus Clusius다. 그가 일하던 레이던 대학 컬렉션에는 2가지 색이 동시에 나타나는 희귀한 튤립이 있었다. 단색인 일반 튤립과 달리 이 튤립들은 잎이 깨진 것처럼 두 색이 나타났다. 그중에서도 가장 유명한 튤립은 셈페르 아우구스투스Semper Augustus였다.

셈페르 아우구스투스는 그 아름다움만큼이나 얻기 어려운 꽃이었다. 이는 구근을 통해서만 형질을 전달할 수 있었다. 씨를 받아 키우면 밋밋한 단색 꽃을 피웠다. 사람들은 어떻게든 셈페르 아우구스투스를 피우기 위해 갖은 노력을 했다. 하지만 접붙이기를 통해 구근에서 구근으로 그 아름다움을 옮기는 것 외에 다른 방법은 찾을 수 없었다. 게다가 셈페르 아우구스투스는 무척 약했다. 오늘날 셈페르 아우구스투스는 그림 속에만 존재한다. 모두 죽어버렸기 때문이다.

1927년, 영국 과학자 도로시 케일리Dorothy Cayley는 셈페르 아우구스투스와 같은 '깨진 튤립'이 식물바이러스에 의한 것임을 발견했다. 이 바이러스는 TBV(Tulip Breaking Virus)라는 이름을 얻었다. 결국, 셈페르 아우구스투스의 아름다움은 병약함에서 비롯된 것이었다. 그리고 1993년에 발표된 논문에서 튤립 꽃잎 색을 바꿀 수 있는 바이러스 총 5종이 발견되었다.[1] 이들은 모두 포티바이러스Potyvirus 계열이었다.

그림 7-1 셈페르 아우구스투스.

셈페르 아우구스투스는 사라졌지만, 셈페르 아우구스투스처럼 2가지 색을 띠는 튤립은 여전히 농장에서 발견된다. 하지만 그 구근을 살 수는 없다. 일부 국가에서는 바이러스에 감염된 튤립 구근을 파는 것 자체가 불법이다. 그래서 TBV와 이를 옮기는 진딧물을 방제하는 여러 가지 방법이 개발되었다. 그중 최근에 가장 각광 받는 방법은 머신비전을 이용해 TBV에 감염된 튤립을 제거하는 방식이다.[2] 튤립 밭을 촬영하고, 색이 균일하지 않고 깨져 있는 튤립을 기계로 판별한 뒤 걸러내는 식이다. 시각적으로 판별할 수 있는 색 깨짐 현상은 대형화된 튤립 농장에서 바이러스를 검출하는 데 효과적이다.

그럼 이제 더이상 셈페르 아우구스투스 같은 2가지 색 튤립은 볼 수 없나? 그렇지 않다. 수십 년간의 육종 끝에 원예가들은 렘브란트 튤립(깨진 튤립의 다른 이름) 모사 종을 개발했다. 오늘날 렘브란트 튤립이라는 이름으로 팔리며, 바이러스에 감염된 것이 아니라 교배를 통해 만들어진 품종이다. 그렇지만 2가지 색이 또렷하게 보인다.

Tulipa gesneriana

백합과 | 산자고속 | 튤립

○ ○ ● 바이러스는 다른 생물과는 많은 측면에서 다르다. 일단 바이러스는 DNA 혹은 RNA 유전물질이 단백질 껍질에 둘러싸인 구조를 갖고 있다. 하지만 바이러스는 스스로 복제가 불가능하다. 숙주 밖에서는 오랜 기간 생존할 수도 없다. 대신 숙주세포의 생존 시스템을 차용해서 번식한다. 바이러스의 유전물질인 DNA 혹은 RNA를 세포에 삽입하고, 세포에 있는 유전자 등을 이용해 필요한 단백질을 합성한다. 이렇게 필요한 단백질을 숙주를 통해 합성하면서 번식한다. 이런 바이러스가 한때는 지구상 최초의 생물로 여겨지기도 했지만, 기생해야 할 숙주가 꼭 필요하다는 점 때문에 요즘에는 필요한 구성 성분만을 갖추고 모든 것을 잃어버린 진화의 산물로 여겨지고 있다.

바이러스의 숙주에는 식물도 당연히 포함되어 있다. 바이러스는 식물에 다양한 영향을 미치는데, 그중 하나가 앞서 살펴본 튤립의 '깨짐' 현상이다. 꽃뿐만 아니라, 잎이나 줄기 등에도 부분부분 색이 빠진 표현형을 보이거나, 잎의 일부분이 쭈글쭈글해지는 등, 식물체가 균일하지 않은 '모자이크' 현상을 흔히 보인다. 주로 진딧물 등을 매개로 바이러스가 숙주에서 숙주로 이동한다. 사실 바이러스 연구에서 식물의 역할은 매우 크다. 가장 먼저 식물에서 바이러스의 특성들이 관찰되기도 했고, 구조가 일찍 밝혀진 것도 식물바이러스였다.

19세기 말 네덜란드에서는 담배(*Nicotiana tabacum*)가 주요 작물로 재배되었다. 1876년 네덜란드 바헤닝언에는 농업학교가 세워졌고, 농화학을 전공한 아돌프 마이어**Adolf Mayer**가 3년 후 부임했다. 지역에 사는 농부들은 마이어를 찾아가 본인들이 키우던 담배에 생기는 이상한 증상을 설명했다. 새로 난 잎이 쭈글쭈글해지는 증상이었다. 마이어는 이를 담배모자이크'병'이라고 불렀다. 마이어가 이를 '병'이라고 한 이유는, 증상이 보이는 잎을 갈아서 그 즙을 바늘에 묻혀 건강한 잎에 찌르면 증상이 재현되었기 때문이었다. 하지만 당시는 로베르트 코흐가 여러 질병이 미생물에 의해서 일어난다는 것을 증명하던 때였다. 마이어도 당연히 담배모자이크병을 일으키는 미생물을 찾아봤지만, 성공하지 못했다.[3]

마르티누스 바이어링크Martinus Beijerinck는 마이어와 비슷한 시기에 부임한 식물학 강사였다. 그는 마이어와 함께 담배모자이크병을 분리하려 했지만 실패했다. 그래서 그는 1885년 델프트의 네덜란드 효모 알코올 공장에 미생물학자로 고용되어 레이던을 떠났다. 그곳에서 바이어링크는 콩과 식물이 질소를 고정하는 원리를 연구했다. 식물이 자라는 데 가장 중요한 원소는 질소다. 지구 공기의 80퍼센트는 질소로 이루어져 있지만, 이 질소는 지나치게 안정적이어서 물에 녹는 형태로 바꾸는 것이 어렵다. 하지만 일부 콩과 식물은 기체 중의 질소를 포획해서 질산이라는 물에 녹는 형태로 만들어 뿌리를 통해 흡수할 수 있다. 바이어링크는 이 과정이 콩과 식물에 공생하는 뿌리혹박테리아에 의해 일어나며, 식물과 미생물 간의 상호작용으로 질소고정이 이루어진다는 것을 발견했다.[3] 이렇게 담배모자이크병과는 먼 생활을 하던 그는, 마침내 1895년 델프트 폴리테크닉 대학 교수로 부임하면서 담배모자이크병을 일으키는 미생물을 다시 찾아 나섰다.

바이어링크는 담배모자이크병의 원인이 되는 '물질'에 대한 발표를 1898년 겨울 네덜란드 왕립학회에서 했다.[4] 그는 박테리아를 모두 걸러낼 수 있는 여과기를 이용해 실험한 내용을 다뤘다. 그는 이 '물질'이 미생물보다 작지만 미생물처럼 증식할 수 있다는 점을 강조했다. 무엇보다 이 '물질'은 살아 있는 담뱃잎에서만 증식할 수 있었고, 스스로 증식하지 못했다. 그는 이 '물질'을 '액체 상태의 증식할 수 있는 병원체(*contagium vivum fluidum*)'라고 불렀다.

바이어링크의 1898년 발표는 각국 언어로 번역되어 유럽 내로 퍼져 나갔다. 그 결과를 읽은 상트페테르부르크의 드미트리 이바노브스키Dimitrii Ivanovsky는 반박문을 보낸다.[5] 바이어링크의 결과가 본인이 이미 1892년에 발표한 내용이라는 것이었다. 이후 바이어링크는 이바노브스키의 논문 결과를 알지 못한 채로 썼다는 정정문을 보낸다. 하지만 이바노브스키는 1892년 논문에서 계속해서 '미생물'을 전제로 했다는 점에서, 바이어링크처럼 새로운 개념을 발견한 것은 아닌 듯 보인다. 그리고 그 이후로도 오랫동안 담배모자이크병의 실체는 밝혀지지 않았다.

마침내 1935년, 웬델 스탠리Wendell Stanley는 담배모자이크병을 일으키는 담배모자이크바이러스Tobacco Mosaic Virus, TMV를 화학적으로 정제하는 데 성공했다.[6] 그는 바이러스 단백질을 정제한 공로로 1946년 노벨 화학상을 수상한다. 여기까지 나온 스탠리와 담배모자이크바이러스의 이야기는 매우 유명하다. 하지만 그가 준비한 TMV 결정은 훗날 같은 분야 학자들의 비판에 직면했다. 그가 만든 것은 TMV

만으로 이루어진 순수 결정이 아니었다. 뿐만 아니라 그는 결정 성분을 단백질이라고 했지만, RNA도 포함되어 있다는 것이 알려졌다. 유전물질인 RNA가 있어야만 바이러스가 증식할 수 있기 때문에, 사실 단백질로만 이루어진 TMV의 구조는 껍데기만을 관찰한 것에 가까웠다. 영국의 구조생물학자 존 버널John D. Bernal의 연구팀은 스탠리의 실험을 반복하면서 위와 같은 내용을 발견하고 비판했다.[7] 하지만 그들의 반박 논문은 잘 알려져 있지 않다.

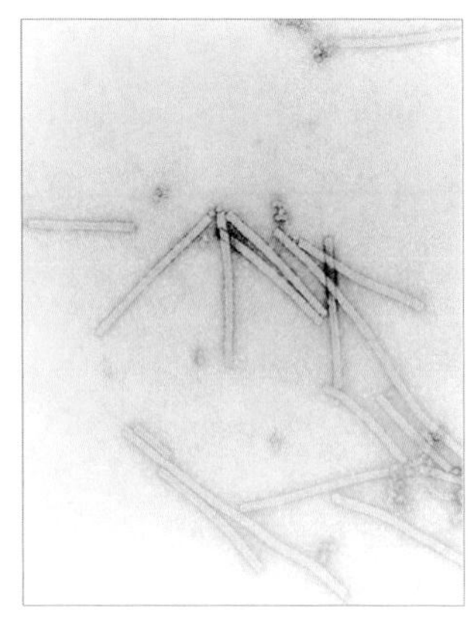

그림 7-2 전자현미경으로 촬영한 담배모자이크바이러스.

1953년, DNA 결정 구조를 처음 촬영한 것으로 유명한 로절린드 프랭클린이 버크벡 칼리지의 버널 연구팀에 들어왔다. 사실 로절린드 프랭클린, 모리스 윌킨스Maurice Wilkins, 제임스 왓슨과 프랜시스 크릭은 모두 DNA 연구뿐 아니라 TMV 연구를 함께하는 동료이기도 했다. 나선형 DNA를 연구하던 이들의 관심이 비슷하게 나선형인 TMV로 옮겨 간 것은 자연스러웠다. 프랭클린은 1955년과 1956년 연속으로 TMV 구조에 관한 논문을 발표했다.[8] TMV는 막대형으로 이루어진 나선형 바이러스로 RNA가 유전물질이었다.

바이러스로 결정을 만들던 연구가 꾸준히 이루어지던 사이, 식물이 바이러스에 대해 갖는 저항성에 관한 연구도 계속되고 있었다. 프랭클린 홈스Franklin Holmes는 웬델 스탠리가 있던 록펠러 연구소에서 그와 마찬가지로 TMV를 연구했다.[9] 다만 그는 TMV에 의해 담배가 일으키는 생리학적 현상들을 연구했다. 홈스는 처음으로 TMV에 의해 과민반응이 일어난다는 것을 발견하였으며, 잎에 분포하는 바이러스의 양을 측정할 수 있는 방법도 개발했다.

또한 TMV 감염에 의한 표현형을 보이지 않는 담배 종 니코시아나 글루티노사(*Nicotiana glutinosa*)를 찾았다. 니코시아나 글루티노사에서 TMV에 의해 과민반응을 일으키는 유전자는 N이라 불렸다. 홈스는 이 N 유전자를 작물로 쓰이는 담배에 도입시키는 데 성공한다.[10] 니코시아나 글루티노사와 담배를 교배하고, N 유전자를 제외한 나머지 니코시아나 글루티노사 유전자는 포함되지 않도록 여러 차례에 걸쳐 담배와 여교배하는 작업이다. 이렇게 작물의 근친 종 혹은 야생종을 교배하여 야생종에 있는 유전자를 작물에 도입하는 육종법은 여전히 많이 쓰이고 있다. 작물화 과정을 통해 잃어버린 유전적 다양성을 재도입하는 방식으로 각광 받고 있다. 하지만 최초로 교배를 한 이후, 여교배를 하는 과정이 너무 시간이 오래 걸린다는 단점이 있다. 홈스만 해도 니코시아나 글루티노사의 N 유전자를 담배에 옮기는 데 10년이 걸렸다. 무엇보다 아무리 여교배를 진행하여도 근연종의 유전자를 모두 제거할 방법이 없기 때문에, 기존의 작물과는 다른 유전적 특성을 가지게 될 수 있다.

1994년, 무작위로 DNA에 삽입되는 트랜스포존을 이용해 돌연변이를 만드는 트랜스포존 태깅 방식을 통해 N 유전자가 동정되었다.[11] N 유전자는 식물세포 안에서 병원체에서 유래한 이펙터를 인지하는 NLR이었다. N 유전자의 이펙터는 TMV 복제에 중요한 RNA 복제효소였다.[12] 그 외에도 감자바이러스 X Potato virus X, PVX의 겉면을 둘러싸는 외피단백질coat protein을 인지하는 감자의 NLR Rx1, Rx2 등도 알려져 있다. 바이러스는 숙주에 진입한 후, 숙주의 시스템을 이용해 단백질을 합성한다. 그러므로 세포 내에 있는 단백질을 인지하는 NLR이 바이러스 단백질을 인지하게 될 가능성이 높다. 초기에는 바이러스 단백질에 대한 식물 NLR의 반응은 다른 병원체의 이펙터에 의한 면역반응에 포함되지 않았다. 하지만 바이러스에 의해 일어나는 과민반응과 그 이전에 활성화되는 신호전달반응이 매우 유사하다.

한편, 식물세포 표면에서도 바이러스가 인지될 수 있다. 바이러스의 외피단백질 등은 식물세포 표면에서 세포 밖에 있는 물질을 인식하는 패턴인식수용체에 의해 인지된다. 2010년, 순무주름바이러스Turnip crinkle virus, TCV에 감염되면 패턴인식수용체인 BAK1 단백질과 BAK1과 같은 SERK 계열 유전자 BKK1(BAK1-LIKE 1) 단백질의 발현이 증가한다는 보고가 있었다.[13] 돌연변이 *bak1*과 *bkk1*에서는 바이러스 감염이 심하게 일어났으며, 바이러스도 빠르게 증폭했다. 이 논문은 바이러스 감염에 대한 PTI 반응을 처음으로 보고한 논문이었다.[14] 2016년에는 바이러스와 PTI에 관한 보다 직접적인 근거가 등장했다. 바로 RNA 바이러스 합성 과정에서 만들어지는 이중나선 RNA다. 식물은 바이러스가 만들어내는 이중 RNA를 바이러스를 인지하는 또 다른 방식으로 사용하기도 한다. RNA 바이러스는 유전물질을 RNA로 가지고 있기 때문에 RNA에서 RNA를 복제해야 한다.

이 과정에서 RNA 이중나선이 만들어진다. 스위스 바젤 대학의 만프레드 하인라인Manfred Heinlein 연구팀은 이 이중 RNA를 식물이 인지하여 PTI 반응을 활성화한다는 사실을 보였다.[15] 바이러스의 이중 RNA뿐 아니라, 합성 RNA와 이중 RNA 유사체까지 모두 PTI를 유도하는 것으로 나타났다. 이 RNA 유사체는 식물을 보호하는 기능도 가졌다. RNA 유사체를 처리한 후에 바이러스를 접종하면 감염이 거의 일어나지 않았다.

1920년대, 식물의 획득저항성에 관한 연구 결과가 여럿 발표되었다. 식물도 '바이러스 예방접종'이 가능하다는 내용이었다. 이를 바탕을 1933년, 케네스 체스터Kenneth Chester는 식물 역시 재감염에 대해 반응하는 면역 체계가 있다고 발표했다.[16] 이와 관련해 프랭크 로스의 실험은 이를 재현했지만, 중요한 차이점이 있었다. 프랭크 로스의 경우, 어떤 바이러스를 재접종하든 상관없이 병저항성 반응을 보였다. 하지만 실제로 백신을 투여한 것처럼, 최초로 접종한 바이러스에 대해서만 병저항성을 보이는 경우가 발표되고 있었다.[17]

데이비드 볼컴David Baulcombe은 1980년부터 케임브리지 식물육종연구소Plant Breeding Institute, PBI에서 일하기 시작했다. 식물육종연구소는 밀에서 병저항성 유전자를 발견한 비핀 경의 뜻을 이어 멘델의 유전법칙을 식물 종에서 재현할 뿐 아니라 이를 이용해 병저항성이나 상품성이 좋은 작물을 육종할 목적으로 세워진 연구소였다. '녹색혁명'의 대표 주자인 난쟁이밀을 육종해서 상품화했을 뿐 아니라, 현재 영국에서 가장 사랑받는 감자 마리스 파이퍼도 이 연구소에서 육종되었다.[18] 이곳에서 볼컴은 분자생물학자로서 밀에서 발현되는 녹말분해효소를 조절하는 기초연구를 하는 한편, 바이러스 저항성을 가진 식물을 개발하기 위한 연구도 함께 했다.[19]

1980년대 대처 정부가 들어섰다. 대처 정부는 신자유주의 정책에 맞춰 지나치게 많아진 정부 농업 연구소를 줄이려는 계획을 시작했다. 이에 따라 식물육종연구소는 점차 규모가 줄었고, 결국 사기업에 매각되었다. 1988년, 볼컴은 그해 새로 생긴 노리치의 세인스버리 연구소에 초대 연구원으로 임용되었다. 당시 트랜스포존 태깅을 연구하던 조너선 존스와 함께였다.

식물육종연구소에 있던 때 볼컴은 독특한 현상을 발견했다. 통상 모자이크병이라 불리는 바이러스병은 식물의 잎이 균일한 초록색을 띠지 않게 하고 '모자이크'처럼 하얀 부분들을 만들어낸다. 볼컴은 이 현상이 단백질로 번역되지 않지만 증폭되는 바이러스 RNA에 의해 일어나는 것임을 발견했다.[20] 하지만 당시에는 바이러스의 단백질이 면역반응에 중요하다는 패러다임이 지배하던 때였다. 그는 연구를 포기했다. 그리고 이는 훗날 그가 가장 후회하는 일이 되었다.

1990년대 초에 식물 RNA 바이러스의 RNA 중합효소를 식물에서 발현시키면 식물이 바이러스 저항성을 띤다는 연구 결과가 많이 발표되던 시기였다. 하지만 결과가 늘 좋지는 않았다. 특정한 경우에 바이러스가 더 잘 증폭되었기 때문이다. 그래서 볼컴의 연구팀은 감자바이러스 X에서 감염에 필요한 단백질을 돌연변이시킨 후 식물에서 발현시켰다. 감염에 필요한 단백질이 혹시 식물 내에서 감염 역할을 할까 하는 가설 때문이었다. 그리고 설명할 수 없는 현상을 마주하게 된다.

돌연변이 감자바이러스 X 단백질을 발현시킨 식물 중 일부는 예상했던 대로 바이러스에 저항성을 띠었다. 하지만 바이러스 저항성을 띠지 않고 오히려 더 감염에 취약해진 형질전환 식물도 있었다. 볼컴 팀은 각각의 식물에서 감자바이러스 X 단백질의 양을 비교해보았다. 그리고 바이러스 저항성과 감자바이러스 X 단백질의 양이 역비례 관계에 있는 것을 확인한다.[21] 바이러스 단백질이 저항성을 매개하는 것이라면, 많으면 많을수록 저항성이 커야 할 텐데, 왜 반대의 현상이 나타날까?

한편, 비슷한 현상을 마주한 연구팀이 또 있었다. 1990년 미국의 생명공학 회사 DNA 식물테크놀로지사였다. 이들은 피튜니아의 색을 더욱 선명한 보랏빛으로 만드는 연구를 진행하고 있었다. 꽃잎의 보라색은 안토시아닌에서 비롯된다. 연구팀은 안토시아닌 합성에 중요한 단계를 담당하는 칼콘합성효소chalcone synthase, CHS를 이용하면 될 것이라 가정했다. 피튜니아 유전체에 본래 있던 칼콘합성효소 외에 칼콘합성효소 유전자를 추가로 유전체에 삽입하면, 칼콘합성효소 유전자의 양이 몇 배가 되어 더 진한 보라색 피튜니아가 나올 것이라고 생각했다. 하지만 결과는 정반대였다. 보라색 피튜니아에 칼콘합성효소 유전자가 삽입된 후속 세대는 보랏빛을 전혀 띠지 않는 꽃부터 연구팀이 "코사크 춤"을 추는 무용가처럼 생겼다고 한 꽃잎 바깥쪽이 하얗게 되어 보라색을 잃는 꽃 등이 생긴 것이다.[22]

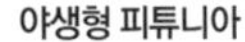

그림 7-3 짙은 보랏빛을 띠게 하기 위해 칼콘합성효소 유전자를 추가했지만, 오히려 하얗게 핀 피튜니아.

볼컴은 이 두 결과를 놓고 'RNA 침묵'이라는 가설을 생각해낸다. 과다 발현을 위해 삽입한 유전자가 모종의 이유로 삽입된 유전자와 유전체에 본래 있던 유전자의 전사RNA를 모두 침묵시킨다는 가설이었다.[23] 이에 관해 볼컴의 실험실에서 박사후연구원으로 있던 앤드루 해밀턴Andrew Hamilton은 1999년 논문을 한 편 발표한다.[24] 그는 21개에서 24개 염기로 이루어진 작은 RNA 조각이 RNA 침묵을 일으킨다고 발표했다. 이 작은 RNA는 siRNA(small interfering RNA)라고 불리게 되었다.

오늘날, 이 siRNA는 앞 장에서 살펴본 miRNA와 함께 그 합성과 작용 방식이 알려져 있다. RNA 바이러스의 경우 바이러스 유전체에 포함된 RNA-의존 RNA 복제효소(RdRP)를 이용해 복제하는 과정에서 이중 RNA가 생긴다. 이렇게 바이러스에 의해 생긴 이중 RNA는 RNA 절단효소에 의해 21~24개 염기 크기로 잘린다. 이후, 기존의 RNA 가닥이 아닌 새로 합성된 상보적인 RNA 가닥이 RNA 유도억압체RNA-induced silencing complex, RISC에 끼어 들어간다. 이때 이 RNA 가닥과 결합하고 있으면서 동시에 이 RNA와 상보적으로 결합하는 RNA를 절단하는 역할을 하는 단백질은 아르고노트Argonaute다. AGO1(Argonaute 1) 유전자는 애기장대에서 EMS 스크리닝 과정을 통해 찾아냈고, 돌연변이가 떡잎과 잎이 벌어지지 않고 얇게 자라나 '조개낙지(*Argonauta argo*)'를 연상케 한다 하여 1998년 발견 당시 아르고노트라는 이름을 얻었다.[25] RNA 가닥과 AGO 단백질이 포함

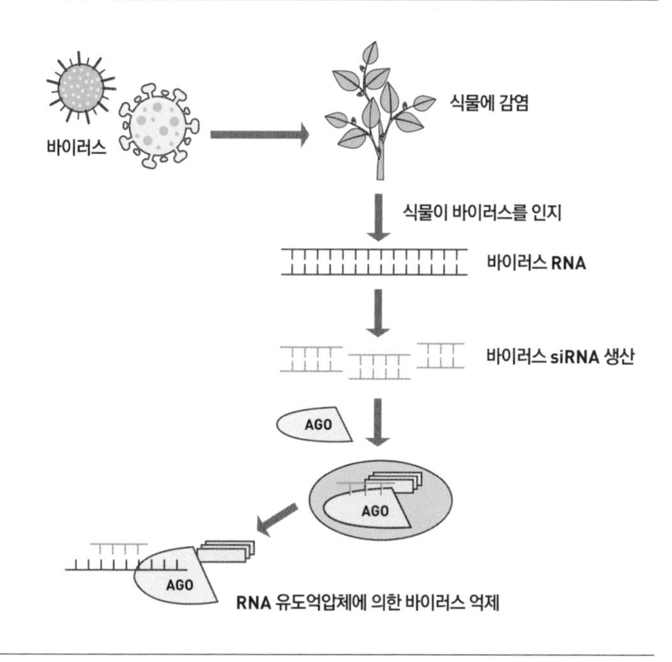

그림 7-4 바이러스를 억제하는 siRNA 원리. 식물에 침투한 바이러스의 이중 RNA는 외부 물질로 인식되어 특정 길이로 잘리고, AGO 단백질과 함께 결합해 생긴 RISC 복합체는 유사한 염기서열을 갖춘 RNA를 모두 분해한다.

된 RISC는 RNA 가닥과 상보적인 모든 전사 RNA를 잘라 분해할 수 있다. 피튜니아를 이용한 실험의 경우, 삽입된 유전자에서 발현되던 RNA와 본래 유전체에서 발현되던 RNA가 모두 분해되면서 하얀 꽃잎 부분이 나타나게 되었다.

이 원리를 이용한 실험 기법도 개발되었다. 바로 바이러스 유도 유전자 침묵법VIGS이다. 식물바이러스가 식물세포 내에서 이중 RNA를 합성하고, 이 이중 RNA가 RNA 유도억압체에 의해 인지되어 상보적인 다른 RNA를 모두 억제하는 효과를 이용했다. 1995년, 당시 캘리포니아에 있던 여러 생명공학 회사 중 바이오소스 테크놀로지사에서 발표한 연구 결과를 소개한다.[26]

연구팀은 식물바이러스가 식물 내에서 복제에 필요한 최소 단위를 포함한 플라스미드를 제작했다. 그리고 이 플라스미드에 엽록소 생합성에 중요한 유전자 피토엔 불포화화효소Phytoene desaturase, PDS 조각을 삽입했다. 1999년 들어 RNA 침묵에 필요한 최소 단위가 염기서열 21개인 것이 밝혀졌지만, 1995년에는 알려지지 않았기 때문에 연구팀은 PDS 유전자 전체의 상보적인 가닥을 삽입시켰다. 그리고 이 플라스미드를 가진 아그로박테리움을 형질전환하고 니코시아나 벤사미아나에 접종했다. 1~2주가 지나자, 접종된 담뱃잎은 PDS 전령 RNA가 효과적으로 분해되면서 하얗게 탈색됐다. 바이러스에 저항하는 식물의 방식을 역으로 이용해 식물 유전자를 연구할 수 있는 기법이 개발된 것이었다.

이 방식은 EMS를 이용한 돌연변이 선별 기법처럼 몇 세대에 걸쳐 식물을 키우거나, 돌연변이 유전자를 동정하기 위해 많은 식물을 키울 필요가 없다. 뿐만 아니라 접종 후 2주면 결과가 나왔다. 다른 기법에 비하면 무척 빨랐다. 무엇보다 식물이 자라는 과정에서 RNA가 점차 분해되므로 생존에 필수적인 유전자 연구에 용이했다. 생존에 꼭 필요한 유전자는 돌연변이가 다 자라기 전에 죽어버리기 때문에 연구가 어려웠다. 하지만 유전자 침묵 정도가 완전하지 않아 효과가 개체마다 일관되지 않은 경우가 있었다. 또 유전자 침묵이 끝까지 일어나지 않고 중간에 풀리기도 했다. 그렇게 되면 식물이 자라면서 유전자 침묵에 의한 표현형이 사라져버렸다.

마찬가지로 식물이 바이러스를 물리칠 수 있다 해서, 그 효과가 영원하지도 않았다. 바이러스도 식물의 전략을 우회할 방식을 갖고 있었다. 대서양 건너 미국에서는 제임스 캐링턴James Carrington이 식물바이러스를 연구하고 있었다. 그는 식물바이러스가 합성하는 단백질과 그 발현 조절에 관심이 많았다. 그의 팀은 담배식각바이러스Tobacco Etch Virus, TEV를 연구했다. 그의 팀은 1998년, P1/HC-Pro 유전자가 없는 담배식각바이러스 돌연변이는 식물에 병을 일으키지 못한다는 것을 보였다.[27] P1/HC-Pro는 대부분의 식물 RNA 바이러스에서 발견되었으나, 바이러스가 식물세포에 침투하거나 복제하는 데 필요한 필수 인자는 아니었다. 대신 이 P1/HC-Pro 단백질은 식물세포의 유전자 침묵 기작을 억제함으로써 바이러스가 식물 내에서 성공적으로 증식할 수 있게끔 했다.

그 후, 다른 식물바이러스에서 유사한 기능을 하는 단백질이 발견되었다. 그중 가장 유명한 유전자는 p19이다. 2003년, 볼컴의 팀에 있던 박사과정 학생 올리비에 부아네Olivier Voinnet는 식물바이러스가 식물의 RNA 침묵을 피해 가는 방식을 연구하기 위해 새로운 실험을 설계했다.[28] 그는 형광단백질을 발현하는 니코시아나 벤사미아나 형질전환체를 먼저 제작했다. 그 후, 형광단백질이 포함된 플라스미드를 갖는 아그로박테리움을 아랫잎에 접종했다. 이렇게 하면 형광단백질 RNA가 분해되면서 20일 뒤에는 형광단백질이 아예 나타나지 않는 개체가 생겼다. 이렇게 형광단백질이 유전자 침묵에 의해 억제된 식물의 윗잎에 여러 식물바이러스를 접종했다. 해당 바이러스가 유전자 침묵을 피할 수 있다면 형광단백질 신호가 다시 나타날 것이었다. 여러 식물바이러스를 이 방식으로 실험한 결과, 토마토덤불위축바이러스Tomato bushy stunt virus, TBSV의 p19이라는 단백질이 유전자 침묵 억제에 효과가 좋다는 것을 밝혔다.

이후, 그는 볼컴 팀에서 주로 사용하던 감자바이러스 X에서 p19이 발현되게끔 한 바이러스 균주를 제작하여 효과를 살펴보았다. 이 연구를 통해 부아네를 비롯한 볼컴 팀은 p19과 연구하고자 하는 단백질을 함께 발현하면, 그렇지 않을 때보다 연구하려는 단백질의 발현이 훨씬 증가한 것을 보였다. 이는 p19 유전자가 원하는 유전자의 발현을 높이는 데 유용함을 증명하는 실험이었다. 지금까지도 니코시아나 벤사미아나에서의 단백질 발현에는 p19이 자주 쓰인다.

하지만 2015년, 1,800회 넘게 인용된 이 논문은 철회되었다.[29] 논문에 참여한 저자 중 한 명이 논문의 내용에는 이상이 없음을 증명하였고, 볼컴의 팀을 통해 여전히 p19 DNA 및 균주를 얻을 수 있다. 아직도 p19은 많은 연구실에서 이용하며 그 효과는 여러 연구자들 사이에서 입증되었다. 그렇지만 p19의 결과를 최초로 발표한 논문은 철회되었다.

문제는 논문의 일부 데이터가 반복적으로 사용되어, 조작된 것으로 판명되었기 때문이었다. 그런데 2003년 논문의 경우에는, 주장하던 바가 틀린 것으로 판명 날 조작은 아니었다. 그리고 여러 연구자들이 이미 그 주장이 사실임을 재현 실험을 통해 증명했다. 하지만 최초의 논문이 무책임하게 조작을 통해 작성됨으로써, 이제는 연구자들이 인용할 논문이 사라져버렸다. 안타까운 일이다.

식물바이러스는 바이러스 연구 초기 상당히 많이 연구되었다. 담배모자이크바이러스는 처음으로 모양이 전자현미경을 통해 밝혀지기도 했다. 그 외에도 이중 RNA에 의한 유전자 억제 역시 식물바이러스를 통해 알려지게 됐다. 이처럼 초기 바이러스학과 식물병리학 연구를 이끌어 가던 식물바이러스 분야였지만, 바이러스 학자들이 숙주보다는 바이러스에 더욱 집중하면서 다른 식물병리학 분야로부터 고립된 감이 없지 않았다. 하지만 최근 들어, 병원성 세균 및 곰팡이류에 대응하는 PTI와 ETI 유전자들이 바이러스 인자의 인식에도 필요함이 속속 밝혀지고 있다. 이렇게 해서 식물이 바이러스에 저항하는 방식이 다른 병원성 미생물에 저항하는 방식과 연결되어가고 있다.

PART 04

식물과 환경

CHAPTER 01 가뭄

대학교에 입학해서 실험 수업에 들어갔다. 교과서에서 그림으로만 접했던 실험을 직접 하게 되었다. 결과는 대개 엉망진창이었고 1학년 신입생에게 매주 내야 하는 보고서는 고달픈 일이었다. 하지만 지금 생각해보면 '실험은 뜻대로 되지 않는 것'이라는 좋은 교훈을 얻은 시간이기도 했다.

대학원에 입학하니, 이제는 내가 1학년 일반생물학 과목의 실험 조교를 하게 되었다. 겨우 몇 년 전에 내가 있었던 그 자리에서 수업을 듣는 친구들을 가르치려니 난감했다. 기본적인 실험 도구를 본 적도 만져본 적도 없는 학생들이 있을 터였다. 내가 그랬으니까. 매주 다른 실험을 배워야 하는 단발성 수업의 한계 때문에 현미경이나 피펫 사용법을 가르쳐도 바쁜 신입생의 머릿속에 자리 잡히지는 않을 것 같았다. 그래도 실험 수업 때면 늘 반짝거리는 눈들이 있었다. 실험실 문을 나서면서 모든 걸

잊는다 해도 그 반짝거림이 남아 있다면 1학년 수업의 목적은 달성한 것이라고 생각했다.

1학기 일반생물학 실험 계획 중에는 잎을 현미경으로 관찰하는 시간이 있었다. 식물 잎 표피에 초점을 맞추고 잎에 있는 기공을 관찰해야 했다. 현미경 보는 것도 서툰 친구들에게 식물 잎을 보며 초점을 잡으라고 하는 건 어려운 일이었다. 초점을 잘 잡으라고 이야기하다, 직접 현미경 초점을 맞춰주기도 했다. 그럼에도 학생들은 여전히 헤맸다. 그러다 '죠리퐁 모양을 찾아봐요'라고 말하자, 여기저기에서 '아' 하는 탄식 소리와 '찾았어요!' 하는 목소리들이 들리기 시작했다.

Gossypium hirsutum

아욱과 | 목화속 | 목화

○ ○ ●

한국 사람 누가 봐도 기공은 죠리퐁 모양이다. 영국인들은 '허니퍼프Honey puff'라는 밀 시리얼을 떠올릴지도 모르겠다. 타원형의 세포 둘은 양 끝이 맞붙어 있는데, 두 세포 사이 공간이 벌어졌다 오므라들었다 하면서 식물 잎의 '입' 역할을 한다. 이산화탄소가 들어오고 산소와 수증기가 빠져나가는 공간이기 때문이다. 이산화탄소가 많이 들어오면 광합성을 더 많이 할 수 있어 좋을지 모르겠지만, 동시에 수증기가 너무 많이 빠져나갈 수도 있기 때문에 식물은 환경에 따라 기공을 열고 닫는 조절 기능이 발달하게 되었다.

잎의 기공을 처음 관찰한 사람은 마르첼로 말피기Marcello Malpighi로 알려져 있다.[1] 그는 잎 기공을 '구멍 같은 구조'라고 표현했다. 1812년 하인리히 링크Heinrich Link라는 브레슬라우의 식물학 교수가 처음 라틴어로 '입'을 뜻하는 '스토마stoma'를 기공의 명칭으로 제안했고, 1827년 스위스의 식물학자 오귀스탱 드캉돌Augustin de Candolle이 이 용어의 사용을 강조하면서 정식 명칭으로 자리 잡게 되었다.

1850년대부터는 기공의 열고 닫히는 움직임이 연구되었다. 찰스 다윈의 아들 프랜시스 다윈Francis Darwin은 기공에 대한 연구 결과를 1898년 영국왕립학회지에 보고했다.[2] 그는 일주기에 따른 기공 개폐를 관찰하기도 하고, 이산화탄소 농도가 기공 개폐에 미치는 영향을 논하기도 했다. 이산화탄소 농도가 높은 공기를 식물에 쏘이면 기공이 닫혔다. 특히 그는 온실에 있던 식물을 실험실로 옮기면 식물의 기공이 닫힌다는 것을 관찰했다. 하지만 온실에 있던 식물을 밀폐하여 실험실로 옮기면 기공이 열려 있었다. 이는 실험실의 건조한 공기 때문에, 기공을 통해 수분이 빠져나가는 것을 막기 위해 기공이 닫힌다는 의미였다.

한편 1950년대에는 오스카 히스Oscar Heath가 프랜시스 다윈의 실험을 재현했다. 프랜시스 다윈이 진행한 실험에서는 기공이 항상 더 많이 열렸는데, 히스는 이것이 다윈이 사용한 도구가 밀폐되어 있어 이산화탄소가 점점 줄어들기 때문이라고 예측했다. 그리고 일련의 실험을 통해 이산화탄소가 적으면 기공이 더 활짝 열리는 것을 증명했다. 이로써 기공을 통해 이산화탄소가 들어오지만, 수분은 빠져나간다는 사실이 정립되었다.

이런 관찰에 이르게 되자, 과학자들은 기공의 열고 닫힘을 조절할 수 있으면, 적은 물로도 잘 자라는 작물을 키울 수 있게 되지 않을까 상상하게 되었다. 이런 물질은 증산억제제antitranspirant라고 불렸고, 후보 물질 개발이 이루어졌다. 가장 먼저 시험된 것은 대부분 오늘날 식물호르몬이라 불리는 물질이었다. 아주 적은 양으로도 식물의 생장 및 생리 활성에 영향을 미치는 물질로, 옥신, 사이토키닌, 지베렐린 등이 포함되었다. 그러던 1969년에 앱시스산이 기공의 개폐를 조절함으로써 잘린 잎에서 증산작용을 억제한다는 것이 알려지게 되었다.[3] 이미 절단된 잎의 증산작용을 억제하는 물질이라는 점은, 화훼 농업에 희소식이었다. 앱시스산을 처리함으로써 절화의 보존 기간을 늘릴 수 있게 되었기 때문이다. 오늘날에는 앱시스산처럼 기공 개폐를 조절하는 물질보다는 절단된 부분에 얇은 막을 만들어 수분 증발을 억제하는 물질이 쓰이지만, 한동안 앱시스산이 애용되었다.

1968년 이름이 앱시스산으로 통일되기 전까지,[4] 사실 앱시신 II Abscisin II, 도민Dormin, 베타억제제Inhibitor β 등 다양한 이름으로 불렸다. 이는 한편으로 앱시스산이 식물 생장에 기여하는 바가 다양하다는 것을 시사하기도 했다.

1940년대 이전에만 해도 대부분의 과학자들은 식물 생장을 억제하는 물질의 존재에 대해 회의적이었다. 하지만 1940년대 중후반에 걸쳐 스톡홀름의 왕립약학연구소 식물학과의 토스텐 헴버그Torsten Hemberg는 감자 껍질에 있는 식물 생장 억제 물질을 종이크로마토그래피로 분리해낸다. 종이크로마토그래피는 혼합물을 순수한 물질로 분리하는 데 쓰이는 방법이다. 특히 겨울을 나는 동안 휴면을 하는 물푸레나무 눈bud에서도 이 물질이 발견되면서 휴면을 유도하는 '도민'이라는 이름을 얻게 되었다.[5]

영국에서 도민에 관한 연구가 한창일 때, 대서양 반대편인 미국에서는 탈리를 촉진하는 물질을 찾고 있었다. 목화를 많이 키우던 미국에서 가장 큰 골칫거리는 3분의 2에 해당하는 열매가 미처 익기 전에 떨어진다는 점이었다. 1950년대 해리 칸스Harry R. Carns는 떨어지는 목화 열매에서 분비되는 물질이 귀리 새싹의 생장을 억제한다는 사실을 발견했다.[6]

미국 농무부의 프레더릭 애디콧Frederick Addicott의 팀은 탈리가 진행되는 어린 목화(*Gossypium hirsutum*)에서 탈리를 촉진하는 물질을 정제해내려고 했다. 이들은 캘리포니아 섀프터시의 국립목화농장에서 키운 목화 열매 8만 5,000개, 무게로는 225킬로그램에 해당되는 목화로부터 탈리를 유도하는 물질을 순수하게 정제하는 데 성공했고 이를 앱시신 Ⅱ라고 명명했다. 225킬로그램에 달하는 목화로부터 이들이 얻어낸 순수한 앱시신 Ⅱ 결정의 양은 총 9밀리그램이었다.

한편 에너지 기업인 셸사의 사설 연구소인 밀스테드 효소화학 연구소에서 일하던 존 콘포스John Cornforth는 버즘나무sycamore의 휴면에 관여하는 도민과 앱시신 Ⅱ가 같은 물질이라는 사실을 밝혀낸다. 나아가 실험관 내에서 앱시스산을 합성하는 방법도 1965년에 발표한다. 애디콧 팀의 방식으로는 불가능했던 앱시스산의 화학적 연구가 콘포스 팀의 혁신으로 가능해졌다.

런던에서도 식물의 생장을 억제하는 물질에 관한 연구가 한창 진행되고 있었다. 역시 종이크로마토그래피를 통해 식물에서 분리해낸 베타억제제는 식물의 생장을 억제했다. 그리고 1967년, 존 콘포스와 같은 연구소 동료 배리 밀보로Barry Milborrow는 베타억제제가 앱시신 Ⅱ이자 도민이라는 연구 결과를 발표한다.[7] 여러 연구소에서 탈리를 촉진하고, 식물의 생장을 억제하고, 휴면을 촉진하는 물질이 사실은 동일한 물질이었다는 결론에 이른 것이다.

놀라운 발견이었지만, 동시에 여러 가지 이름으로 불리다 보니 진통이 따를 수밖에 없었다. 1967년, 목화를 연구했던 애디콧 팀과 칸스, 버즘나무를 연구했던 밀스테드 연구소의 콘포스와 밀보로를 비롯한 관련 연구자들은 오타와 학회에 모여 명칭에 대한 논의를 진행했다. 그 결과는 1968년 발표되었다.[8] 새로운 이름은 앱시스산Abscisic acid, 약자로는 ABA가 되었다.

1958년에 발굴된 토마토 *flacca* 돌연변이는 X선 처리로 인해 생긴 돌연변이로 유난히 가뭄에 취약했다.[9] 이는 증산작용이 다른 야생형 토마토에 비해 지나쳐서 생기는 현상이었다. 특히 *flacca* 돌연변이는 기공이 비정상적으로 열려 있는 경우가 많아서 증산작용이 억제되지 않았다. 1970년 이스라엘 과학자 도롯 임버Dort Imber와 모셰 탈Moshe Tal은 앱시스산이 기공을 닫음으로써 증산작용을 억제한다는 것을 보였다. 뿐만 아니라 *flacca* 돌연변이는 야생형보다 앱시스산의 양이 적어서 기공이 열려 있다는 것이 밝혀졌다. 앱시스산을 처리하면 *flacca* 돌연변이 표현형이 사라지고 더 이상 가뭄에 취약하지 않았다. 이는 앱시스산이 직접 기공의 개폐를 조절한다는 첫 근거였다.

앱시스산은 기공의 개폐를 어떻게 조절하는 것일까? 이를 이해하려면 기공을 이루는 공변세포guard cell의 구조를 이해해야만 한다. 기공은 공변세포 2개로 이루어져 있고, 이 두 세포는 양 끝이 맞닿아 있다. 세포에 물이 들어가면 세포가 부풀면서 두 공변세포 사이에 공간이 생기고, 물이 빠지면 반대로 두 공변세포가 모이면서 기공이 좁아진다. 공변세포에 물이 들고 나는 원리는 삼투압이다. 공변세포 안에 이온이 많으면 물이 세포 안에 들어차게 되고, 반대로 이온이 빠져나가면 물이 세포에서 빠져나간다. 여기에는 공변세포의 막에서 이온을 세포 안팎으로 수송하는 이온채널 단백질이 핵심 역할을 한다.

세포막에 자리하고 있는 이온채널 단백질은 세포 안팎으로 이온을 옮기며 전위차를 만든다. 특히 세포 안팎의 전위차는 신경세포가 신

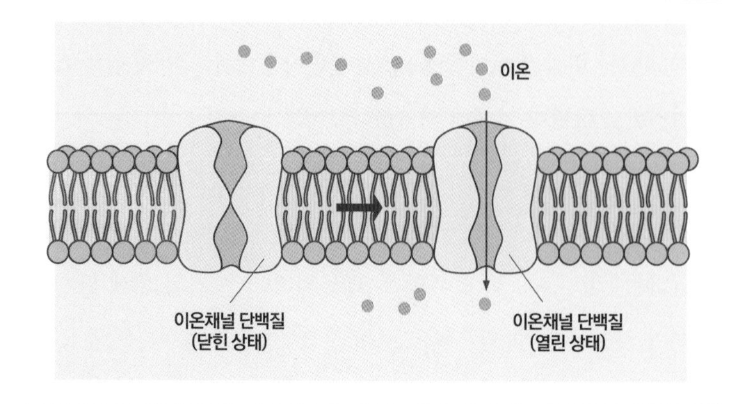

그림 1-1 이온채널은 세포막에 고정되어 있는 단백질로, 세포 한쪽의 이온을 다른 한쪽으로 수송하는 역할을 한다.

호를 전달하는 주요 방법이다. 이런 이온통로의 중요성은 에르빈 네어Erwin Neher와 베르트 자크만Bert Sakmann이 개발한 패치클램프 실험 기법을 통해 더욱 잘 알려지게 되었다. 이들은 패치클램프 실험을 개발한 공로로 1991년 노벨 생리의학상을 수상했다.

패치클램프 기법은 세포막에 있는 이온채널에 의한 전위차를 잴 수 있게 한다. 마이크로미터 단위의 작은 구멍이 있는 유리 막대를 세포에 부착해서 세포가 잠긴 용액에서 이온이 세포 안으로 들어오지 못하게 한다. 마이크로미터 단위의 작은 구멍은 막대에 부착된 세포막 안에 이온채널이 1개 정도로 제한되도록 한다. 유리 막대 안에는 전극이 있어서 세포에 변화를 주면 세포막에 생기는 전위차가 전극에 의해 기록된다. 이 방식을 통해 연구하는 이온채널이 이온을 밖으로 내보내는지, 안으로 들여보내는지 등을 알 수 있다.

에르빈 네어의 실험실에서 박사과정을 밟던 줄리언 슈뢰더Julian Schroeder도 패치클램프 기법을 이용한 연구를 하다 이를 식물에 적용해보기로 한다. 그리고 식물에서 최초로 칼륨통로의 존재를 밝혔다.[10] 특히 그는 공변세포 원형질체에 패치클램프 기법을 적용해 공변세포에 칼륨채널이 있다는 것을 밝혔다. 그리고 이후, 캘리포니아 주립대학 샌디에이고 캠퍼스에 자리 잡은 슈뢰더 팀은 공변세포에 존재하는 여러 가지 양이온채널을 찾아냈다.[11]

1980년대 이후, 애기장대가 각광 받기 시작하면서 슈뢰더의 팀은 난관에 봉착했다. 슈뢰더가 주로 사용했던 식물은 잠두, 혹은 누에콩(*Vicia faba*)이었다. 크기가 1미터까지 자라는 잠두의 잎은 큼지막해서 기공도, 공변세포도 그 크기가 컸다. 하지만 애기장대의 공변세포는 너무 작아서 패치클램프 기법을 사용하기가 어려웠다. 1980년대 후반에는 이미 마르틴 쿠어니프가 앱시스산에 반응하지 않는 *abi*(*aba-insensitive*) 돌연변이를 애기장대에서 찾은 상태였다.[12] 이 돌연변이의 공변세포에서 이온채널의 활성도를 측정하면 앱시스산이 기공 개폐에 어떤 영향을 미칠지 바로 알 수 있을 터였다. 결국 1997년, 슈뢰더 팀은 애기장대 공변세포 원형질체에 패치클램프 기법으로 전위차를 재는 데 성공한다.[13] 이들은 앱시스산 돌연변이 *abi1*과 *abi2*의 전위차를 재고, 이전에 잠두에서 찾은 두 종류의 이온채널이 애기장대에도 존재함을 밝혔다.

마르틴 쿠어니프가 찾은 *abi* 돌연변이 중 *abi1*과 *abi2*는 탈인산화 효소였다. 단백질에 인산기가 결합되면 그 성질이 바뀐다. 그래서 전사 및 번역을 거치지 않고도 빠르게 신호에 반응할 수 있게 된다. 인산화효소는 인산기를 결합하는 역할을 하고, 탈인산화효소는 반대로 단백질에 결합된 인산기를 떼어 내는 역할을 한다. ABI3 단백질은 전사인자였다. 그 이후로 전 세계 여러 팀에서 앱시스산 반응에 변화를 보이는 돌연변이를 찾아 나섰고, 금세 앱시스산 관련 유전자는 수백 개로 늘어났다.

그중 연구자들이 가장 궁금해했던 유전자는 앱시스산 수용체였다. 앱시스산 신호와 관련된 돌연변이가 여럿 발견되었지만, 앱시스산을 직접 인지하는 유전자는 오래도록 밝혀지지 않았다. 여러 조건에서 EMS 처리 및 X선 처리 등으로 돌연변이를 찾았지만, 그 가운데 앱시스산 수용체로 여길 만한 후보군은 없었다. 이에 생화학적으로 수용체를 분리하는 실험 기법들이 등장했다.[14] 앱시스산을 미끼로 삼아, 앱시스산과 결합하는 단백질을 찾는 방식이었다. 이 기법을 이용해 여러 유전자가 앱시스산 수용체 후보로 등장했다.

대표적인 논문은 2006년에 발표된 로버트 힐Robert Hill 팀의 것이었다.[15] 하지만 이 논문은 발표되고 2년 만에 철회되었다. 다른 연구팀이 실험을 재현하지 못했기 때문이다. 힐 팀이 발견한 단백질은 직접적으로 앱시스산과 결합하지 않았다. 뿐만 아니라 이후 논문에서의 계산도 틀린 것으로 판명되었다. 힐 팀과 유사한 방법으로 앱시스산에 결합하는 단백질을 찾은 다른 논문들도 논란에 휩싸였다.

철회된 힐 팀의 논문의 경우에는 한계가 있는 실험 기법을 사용했고, 그로부터 얻은 결과를 입증하는 과정에서도 그 실험 기법의 한계가 제대로 확인되지 못했다. 이렇게 당시의 기술로는 잘못된 결과를 얻는 경우가 있었다. 이럴 때 후대의 학자들에게 잘못된 정보가 전해지고 해당 분야의 발전을 저해할 수 있어, 논문이 철회되고는 한다. 실제로 2011년 철회된 2,000여 편 중 21.3퍼센트에 해당하는 논문이 오류로 인한 것이었다.[16]

2011년 철회된 나머지 논문을 살펴보면, 43퍼센트가 연구 부정 행위, 14.2퍼센트가 논문 복제, 9.8퍼센트가 표절이 이유였다.[16] 한 해 철회되는 논문의 66퍼센트가량이 연구 부정 때문이다 보니 논문 철회에 대해, 해당 연구자의 평판을 끌어내린다는 부정적인 인식이 도사리고 있다. 뿐만 아니라, 학술지를 출간하는 측에서도 논문 철회를 꺼려하며, 절차도 상당히 복잡하다. 하지만 앞서 살펴본 것처럼 논문과 연구는 시대의 한계에 갇혀 있을 수밖에 없다. 시간이 흐르면 새로운 기술이 개발되고, 그 기술은 자연에 관한 더 정확한 해답을 줄 수 있다. 논문 철회가 반드시 연구자의 부정에서 비롯되었다고만 볼 수 없는 것이다.

캘리포니아 주립대학의 리버사이드 캠퍼스에 자리를 잡은 션 커틀러Sean R. Cutler는 애기장대를 이용한 화학유전학을 시도하고 있었다.[17] 화학물질을 이용해서 생리 현상의 조절을 연구하는 화학유전학은 신약 후보 물질을 선별하는 데 주로 사용되었다. 커틀러의 팀은 앱시스산과 유사한 성질을 가진 화학물질 후보를 찾는 데 화학유전학을 응용했다. 앱시스산은 증산억제제 후보로 발견된 만큼 가뭄이 들 때 작물을 보호하는 기능을 가졌으나, 앱시스산을 작물에 뿌리려면 비용이 많이 드는 반면 빛에 잘 분해되어 장기간 효과를 보지 못했다. 커틀러 팀은 식물에서 앱시스산과 유사한 반응을 일으키는 화학물질을 찾으면 저비용 고효율의 새로운 증산억제제로 사용할 수 있으리라 믿었다.

이들이 찾은 앱시스산 작용제agonist는 파이라박틴pyrabactin이었다. 파이라박틴은 앱시스산이 일으키는 것과 거의 유사한 반응을 식물에서 일으켰다. 앱시스산과 마찬가지로 파이라박틴도 애기장대 씨의 발아를 억제했다. 앱시스산과 파이라박틴의 식물에 대한 반응이 거의 유사하기 때문에, 커틀러 팀은 파이라박틴을 이용해 앱시스산 수용체를 발견할 수 있을 것이라고 예상했다. EMS를 처리한 44만여 개 씨를 심고 파이라박틴을 처리한 뒤, 파이라박틴이 있는데도 발아가 되는 돌연변이 개체를 선별했다. 이렇게 찾은 돌연변이는 *pyr1*(*pyrabactin resistance 1*)이라고 불렀다. 하지만 예상과는 달리 *pyr1* 돌연변이는 앱시스산에 의한 반응에는 변화를 보이지 않았다.

다른 식물호르몬 수용체가 몇 개의 유전자로 이루어진 것과 달리 PYR1의 상동유전자는 애기장대에만 13개였다. 여러 개의 PYR1 상동유전자가 모두 앱시스산 수용체로서 기능한다면, 1개 유전자 돌연변이로는 앱시스산 반응에 변화가 있을 리가 없었다. 게다가 애기장대의 염색체는 5개이므로, 아무리 EMS를 많이 처리해도 13개 좌위에 돌연변이가 생기는 것은 불가능했다. 이 때문에 커틀러 팀은 EMS 처리를 이용한 돌연변이 제작 방식으로는 앱시스산 수용체를 찾는 게 불가능하다는 결론에 이르게 된다.

PYR1의 상동유전자들이 앱시스산 수용체일 것이라는 확신을 갖게 된 커틀러 팀은 PYR1과 염기서열이 유사하면서도, 식물 내에서 발현이 많이 되는 상동유전자 PYL1, PYL2, PYL4의 T-DNA 삽입 형질전환체를 종자은행에서 주문한다. 이들을 이용해 사중 돌연변이를 만들고 앱시스산 반응을 관찰할 예정이었다. 이 유전자들이 앱시스산 수용체가 맞다면, 앱시스산이 발견되고 50년 만에 그 수용체가 발견되는 최초의 순간을 커틀러 팀이 맞이하게 될 것이었다. 수용체 후보가 여럿 있었지만 몇몇 논문은 철회되고, 또 다른 논문의 내용도 의심받는 상황에서, 커틀러 팀의 연구는 크게 주목받을 터였다.

하지만 그만큼 경쟁도 치열했다. 수많은 팀들이 앱시스산 수용체 유전자를 찾으려 하고 있었다. 어쩌면, 커틀러 팀보다 앞서 나가는 이들이 있을지도 몰랐다. 그들이 먼저 논문을 내면 커틀러 팀은 하루아침에 닭 쫓던 개 지붕 쳐다보는 격이 될 것이었다. 어떻게 하면 좋을까?

점점 경쟁이 과열되는 과학계에서, 대부분 연구자들은 남들보다 빠르게 논문을 내는 게 해결책이라고 생각할 것이다. 하지만 커틀러는 다른 선택을 한다.[18] 커틀러는 애기장대 종자은행 사이트에서 같은 돌연변이를 주문한 연구소의 이메일 주소를 동의하에 구했다. 애기장대 종자은행의 형질전환체 데이터베이스는 공유를 위한 곳이었기에 가능한 일이었다. 같은 돌연변이를 주문했다는 것은 잠재적인 경쟁자일 수 있다는 뜻이었다. 커틀러는 이들에게 본인의 연구 내용을 미리 공개했다. 그리고 함께 연구하자고 제안했다. 커틀러는 총 5개 팀에

연락을 보냈고, 한 팀을 제외한 나머지 4개 팀에서 공동 연구를 흔쾌히 승낙했다. 그리고 커틀러 팀을 포함한 5개 팀이 한 편의 논문에 모두 공동 저자로 포함되었다. 커틀러의 제안을 거절했던 다른 한 팀의 논문은 커틀러와 공동 연구팀의 논문과 함께 나란히 게재되었다.[19]

커틀러의 팀은 제작한 *pyr1 pyl1 pyl2 pyl4* 사중 돌연변이를 공동 연구하기로 한 4개 팀에 보냈고, 각 팀에서는 독립적으로 이 네 유전자가 앱시스산 수용체일 가능성을 실험했다. 미리 연구 결과를 공개하고 함께함으로써 적이 될 수도 있었던 이들이 동료가 되었다. 게다가 다양한 방식으로 실험함으로써 가설의 타당성은 강화되었다.

같은 해 12월, 앱시스산 수용체의 단백질 구조가 5개 연구팀에서 각각 발표되었다.[20] 앱시스산 수용체의 단백질 구조 연구 결과 역시 여러 팀에서 공유함으로써 빠르게 진행되었고, 서로의 결과에 공동 저자로 등재되었다. 과학의 발견은 동시에 이루어지는 경우가 많다. 대다수가 가장 먼저 논문을 낸 팀이 모든 걸 가져가는 '승자 독식' 체제인데, 앱시스산 수용체를 발견하고 그 구조를 밝혀가는 과정에는 미리 정보를 공유하고 그럼으로써 공로를 나눠 갖는 모습을 볼 수 있다.

2009년과 2010년에 걸쳐 여러 연구팀에서 발표된 앱시스산 수용체 PYR/PYL/RCAR 단백질의 기작은 다음과 같다. 앱시스산이 없는 상태에서는 ABI1, ABI2 단백질과 같은 탈인산화효소는 SnRK2 단백질 인산화효소와 결합하여 인산화효소의 활성을 억제한다. PYR 단백질은 이중체dimer를 이루고 있다. 하지만 여기에 앱시스산의 농도가

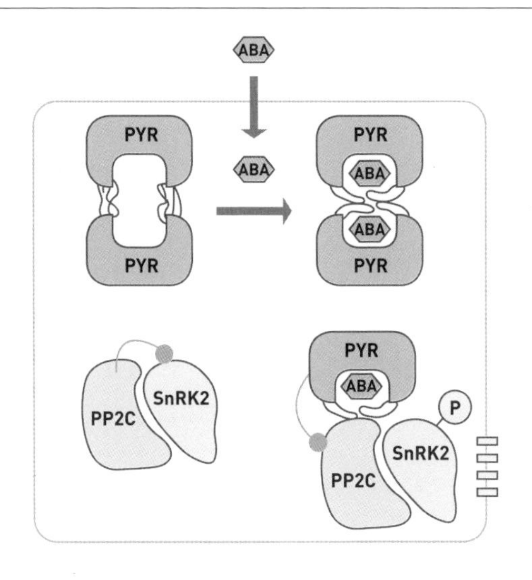

그림 1-2 앱시스산 수용체의 작용 방식. 앱시스산이 없을 때, 앱시스산 수용체 PYR 이중체는 탈인산화효소 PP2C와 인산화효소 SnRK2와 분리되어 있다. 앱시스산과 결합한 PYR은 단위체로 분리되면서 PP2C와 결합, 이로써 SnRK2의 인산화 작용(P)이 활성화된다.

증가하면, 앱시스산이 PYR 단백질과 결합하면서 PYR 단백질이 이중체에서 분리된다. 앱시스산에 의한 PYR의 이런 단백질 형태 변화는 ABI1 단백질 탈인산화효소와의 결합을 촉진한다. 그리고 그 결과, SnRK2 인산화효소는 ABI1 단백질 탈인산화효소의 억제에서 벗어나 활성화되면서 관련 하위 인자들이 인산화된다.

SnRK2 단백질 인산화효소가 앱시스산 반응에 관련 있음이 밝혀진 것은 2002년이었다. 프랑스의 제롬 기로다Jérôme Giraudat 팀은 애기장대 돌연변이에 물을 적게 주어도 기공이 완전히 닫히지 않는 *ost1*(*open stomata 1*) 돌연변이를 찾았다.[21] 증산작용이 일어나면 잎의 표면 온도가 내려간다. 그러므로 기공이 많이 열릴수록 잎의 온도가 낮다. 기로다 팀은 이 원리를 이용해 EMS 처리로 돌연변이를 유도한 후, 물을 주지 않은 상태에서 원적외선 촬영으로 온도를 측정해 잎의 온도가 낮은 돌연변이를 골라냈다. 물을 주지 않는 상태에서는 기공이 닫혀야 하지만, 기공 개폐 관련 유전자에 돌연변이가 생긴다면 기공이 닫히지 않고, 그로 인해 잎의 온도가 내려갈 것이기 때문이었다.

돌연변이 *ost1*은 앱시스산을 고농도로 처리해도 기공이 닫히지 않았다. 하지만 낮은 이산화탄소 농도에 기공이 열리는 반응이나 밤에 기공이 닫히는 반응은 정상이었다. OST1 유전자는 SnRK2.6으로 동정되었다.[22] 이 유전자는 이전에 잠두에서 발견된 AAPK(ABA-activated pro-tein kinase)와 유사했다. 앱시스산에 의한 반응 역시 비슷했다. OST1 단백질은 앱시스산이 있을 때 인산화효소 기능이 활성화되었다.

이 논문이 나온 같은 달, 일본의 가즈오 시노자키Kazuo Shinozaki 팀에서도 논문을 발표했다.[23] 똑같은 유전자인 OST1이 앱시스산에 의해 인산화가 활성화된다는 내용이었다. 기로다 팀이 논문을 투고했던 건 2002년 9월, 시노자키 팀이 논문을 투고한 건 2002년 10월이었다. 커틀러 팀에서 막으려 했던 일이 여기에서 일어난 것이다.

이후 2007년, OST1(SnRK2.6)과 비슷한 SnRK2.2와 SnRK2.3도 앱시스산 신호전달경로에 기능한다는 것이 밝혀졌다. 시노자키 팀은 2009년 *snrk2.6*과 *snrk2.2*, *snrk2.3*의 삼중 돌연변이로 실험한 연구 결과를 내놓았다.[24] 삼중 돌연변이는 앱시스산 반응이 거의 일어나지 않았다. 뿐만 아니라 이 세 인산화효소 모두 PP2C인 ABI1 단백질과 직접 결합하는 것도 보여주었다. ABI1 단백질은 SnRK2 단백질을 탈인산화하여 인산화효소로서의 기능을 불활성화시켰다. 2012년에는 SnRK2와 PP2C의 단백질 복합체 구조가 발표되었다.[25] 이 연구 결과는 SnRK2의 단백질 구조가 앱시스산이 결합된 앱시스산 수용체 단백질과 놀랍도록 비슷한 유사성molecular mimicry을 보인다고 주장했다. 즉, 앱시스산 수용체는 앱시스산과 결합함과 동시에 SnRK2 단백질과 경쟁하면서 PP2C 단백질에 결합하고 있는 SnRK2 단백질을 밀어내고 대신 결합한다. 그리고 이런 경쟁을 통해 SnRK2 단백질이 탈인산화효소의 억제에서 벗어나 활성화된다.

앱시스산 신호전달경로는 앱시스산 수용체-PP2C-SnRK2 단백질 복합체로 인해 활성화된 이후, ABI3 단백질 등의 전사인자를 통해 애기장대의 전사체를 대규모로 바꾼다. 이를 통해 앱시스산에 의해 조절되는 발아, 휴면 등의 현상이 영향을 받는다. 하지만 가뭄 스트레스에 의한 반응, 즉 기공 개폐는 전사인자에 의한 것보다 직접적인 변화가 일어난다. 이온채널이 열리기 때문이다.

2008년, 슈뢰더 팀과 일본의 고 이바Koh Iba 팀은 *slac1*(*slow anion channel associated 1*) 돌연변이에 대한 연구 결과를 나란히 발표했다.[26] 이바 팀은 저농도 이산화탄소에 의해 기공이 열리는 원리를 이용해, 저농도 이산화탄소에서 잎의 온도를 측정하는 방식으로 돌연변이를 선별했다. 슈뢰더 팀은 식물에 오존을 처리하면 기공이 닫히는 현상을 이용해서, 오존에 민감하게 반응하지 않는 돌연변이를 찾았다. 서로 다른 방법으로 찾았지만, 이들이 찾은 돌연변이는 모두 같은 음이온 채널이었다. SLAC1 단백질은 염소 이온과 질산 이온을 공변세포 밖으로 내보내는 역할을 했다. 뿐만 아니라 SLAC1 단백질은 OST1 단백질에 의해 직접 인산화되었고, 그것이 SLAC1 단백질을 활성화시켰다.[27]

앱시스산 수용체가 발견된 이후, 전사체 변화와 기공 개폐로 나타나는 앱시스산 하위 신호전달경로와 수용체 간의 연결 고리가 많이 발견되었다. 하지만 이 과정을 통해 더욱 많이 밝혀지고 있는 점은 앱시스산이 식물세포에서 언제 어디나 존재하지 않는다는 점이었다. 앱시스산은 그 기능이 강력한 만큼, 어떤 세포에서 얼마만큼 존재할지를 조절하는 것이 대단히 중요하다.

살아 있는 식물세포 내에 앱시스산이 얼마나 있는지 살아 있는 식물에서 바로 알 수 있다면 얼마나 좋을까? 스탠포드의 카네기 연구소 볼프 프로머Wolf Frommer 실험실의 알렉산더 존스Alexander Jones와 슈뢰더 팀의 라이너 바트Rainer Waadt가 각각 만든 바이오센서 ABACUS와 ABAleon은 둘 다 앱시스산 수용체 복합체로 형광공명에너지전달Fluorescence Resonance Energy Transfer, FRET 원리에 기반한다.[28]

FRET은 두 가지 서로 다른 형광단백질을 이용한다. 형광단백질은 여기광excitation light을 받으면 그 에너지를 이용해 여기광보다 살짝 낮은 파장의 빛을 방출하는 특성을 가진다. 형광단백질은 종류가 다양해서, 방출광의 파장도 다양하고 받아들이는 여기광의 파장도 다양하다. 그렇기 때문에 한 형광단백질의 방출광이 또 다른 형광단백질의 여기광이 될 수도 있다. 이렇게 되면 첫 번째 형광단백질의 여기광만 비추어도 다른 형광단백질의 방출광을 검출할 수 있게 된다. 단, 두 형광단백질이 매우 근접하게 존재해야 빛에너지가 한 형광단백질에서 다른 형광단백질로 전달 가능하다. 두 팀은 앱시스산에 의해 PYR/PYL/RCAR 단백질이 PP2C 탈인산화효소와 결합하는 원리를 이용해서 바이오센서를 개발했다.

앱시스산이라는 화학물질이 처음 발견된 건 수십 년 전이었다. 앱시스산의 분리, 그리고 그 이후에 앱시스산과 기공 개폐의 관계, 기공 개폐의 생화학적 기작 등은 모두 애기장대가 아닌 작물을 통해 이루어졌다. 1980년대 애기장대가 모델생물로 급부상하면서 앱시스산 관련 돌연변이가 많이 발굴되었다. 하지만 애기장대 이전에 다른 작물에서 발견된 생물학적 현상들과 앱시스산 관련 돌연변이를 일으키는 유전자 간의 상관관계가 연결되기까지는 시간이 더 필요했다.

2009년, 앱시스산 수용체가 발견될 수 있었던 것은 션 커틀러 팀에서 사용했던 화학유전학 방식 때문이었다. 애기장대 유전체에만 4개 유전자가 앱시스산 수용체 기능을 하고 있어서 유전자의 반복이 심했다. 애기장대를 이용한 돌연변이 유도법으로는 한계가 있었다. 그럼에도 커틀러 팀은 화학유전학을 애기장대에서 진행했기 때문에 게놈 정보를 이용해 애기장대에 있는 앱시스산 수용체의 상동유전자 일체를 파악할 수 있었고, 이를 바탕으로 사중 돌연변이를 만들어냈다. 그리고 이 재료를 여러 실험실과 나눠 가짐으로써 과학의 승자 독식 체제에 제동을 거는 한편, 실험의 재현성이라는 중요한 요소를 확득했다. 앱시스산 연구는 이제 살아 있는 식물체 내에서 앱시스산의 양이 어떻게 역동적으로 변하는지까지도 관찰하는 시기에 이르렀다.

이 장에서 주로 다룬 것은 가뭄에 따른 기공 개폐에 앱시스산이 미치는 영향이었다. 하지만 앱시스산은 발아 억제, 휴면 촉진 외에도 식물의 생장 및 발달에도 두루 영향을 미치는 식물호르몬이다. 여러 가지 생명현상을 동시에, 그리고 빠르게 조절하기 때문에 SnRK2 단백질이 인산화하는 기질에 대한 관심이 높다. 지금까지 SnRK2 단백질에 의해 인산화되는 기질에 관한 연구 논문이 두 편 출간되었지만,[29] 두 연구 사이에 겹치는 기질이 거의 없다. 재현이 가능한 더 많은 연구 결과들이 기다려지는 이유다.

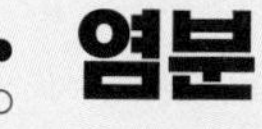

CHAPTER 02 염분

늦가을이 초겨울로 넘어가는 시기가 되면 김장철이 돌아온다. 요즘은 절인 배추를 직접 배송해주니 편한 세상이 됐지만, 택배 따위 없었던 어린 시절에는 김장철이면 배추랑 무, 파, 갓 등이 집 안 곳곳에 한가득 쌓여 있었다.

굵은소금을 배추 켜켜이 뿌려서 절이는 건 그리 힘들어 보이지 않았다. 하지만 다 절이고 난 배추를 씻어내는 건 어린아이의 눈에도 고생스럽게 비쳤다. 동생과 나의 역할은 배추 씻는 할머니와 엄마를 괴롭히지 않으며 할머니가 주시는 배추 '꼬갱이'를 얻어먹는 일이었다. '꼬갱이'는 배춧속의 노랗고 여린 잎을 뜻하는 강원도 사투리다. 김장이 끝나고 나면 남은 양념소를 싸 먹으려고 따로 모아두는 것을 동생과 나는 날름날름 먹어댔다. 달큼한 맛이 나면서도 소금기가 살짝 밴 배춧속은 시원하고 맛있었다. 많이 먹으면 배탈 난다고 혼났지만, 지금 생각해 보면 다른 이유가 있었던 건 아닐까 싶기도 하다.

20년쯤 지나 영국에서, 이제는 내가 김치를 담근다. 배추 파는 곳을 찾는 데만 1년이 걸렸다. 초록색 잎은 다 떼내고 연둣빛 잎만 간신히 남겨 비닐에 한 포기씩 담아 파는 배추로는 차마 김장할 생각은 할 수 없다. 소량으로 하다 보니 포기김치는 포기했고, 아이 먹을 물김치만 담근다. 천일염은 찾아볼 수도 없고, 굵은소금마저도 너무 비싸 식탁소금으로 배추를 절인다. 이러나저러나 결국에는 염화나트륨이다. 몇 시간이 지나면 물이 생긴다. 염분 탓에 배추 속에 있던 수분이 빠져나오는 것이다. 뚝 하고 부러지던 배추는 절이고 나면 질겨진다. 그러면 할머니와 엄마가 그랬듯 소금기를 잘 씻어내어 통에 담고 물을 붓고 익기를 기다린다.

Salicornia europaea

명아주과 | 퉁퉁마디속 | 함초

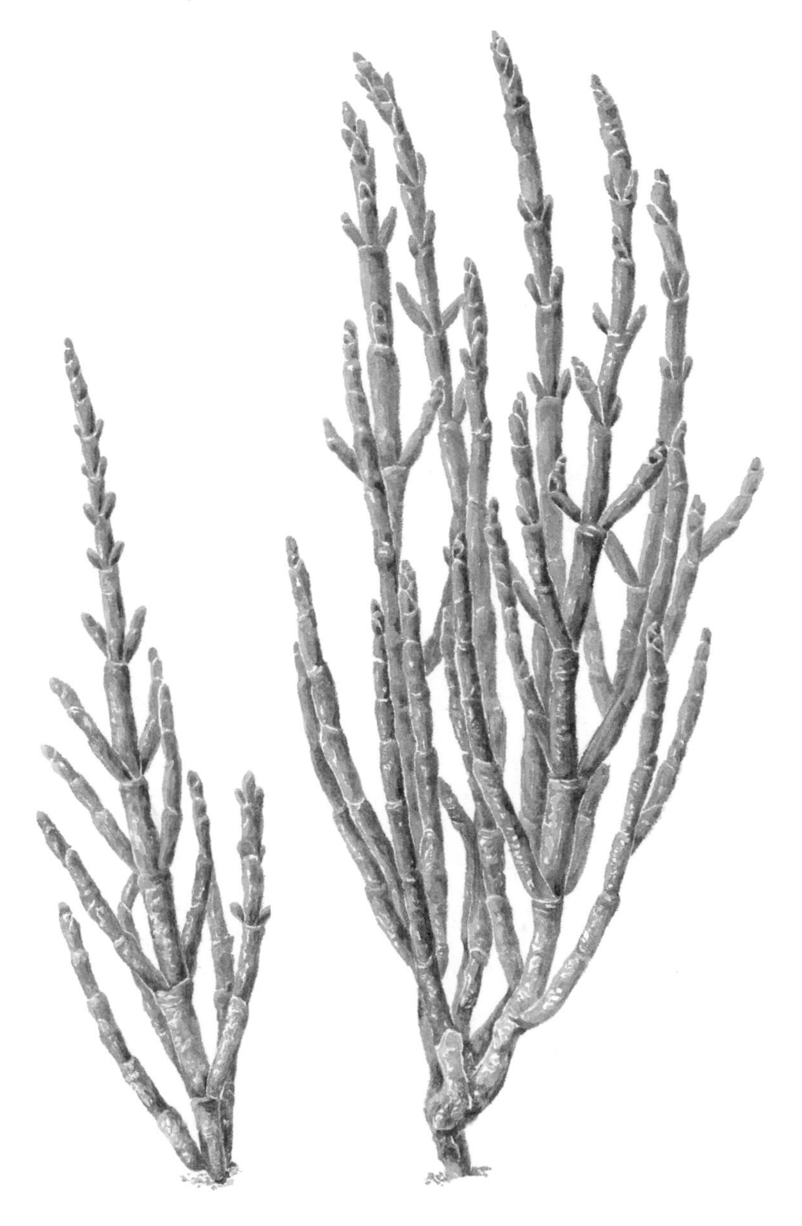

○ ○ ●

모든 생명이 그렇지만, 식물도 물이 없으면 살 수 없다. 살 수 없을 뿐 아니라, 물은 식물의 세포 형태를 유지하는 데 꼭 필요하다. 가뭄이 들 때 식물이 시드는 이유가 여기에 있다. 물이 줄어들면서 세포의 형태가 유지되지 않기 때문이다. 식물은 뿌리에서 흡수한 물을 기공에서 수증기의 형태로 배출한다. 기공을 통해 수증기가 빠져나가는 것은 물을 끌어 올리는 압력을 만들어 나무 꼭대기까지 물을 운반할 뿐 아니라 나무가 나무의 형태를 유지할 수 있는 원동력을 제공한다.

그런데 식물이 가뭄에 반응하는 것과 유사하게 반응하는 환경조건이 또 있다. 바로 염분이다. 바닷물을 마시며 살 수 없듯이, 대부분의 식물도 염분이 많은 물에서는 제대로 자랄 수 없다. 대부분의 식물인 이유는, 바닷가에서도 잘 자라는 염생식물halophyte이 있기 때문이다. 대표적인 예로 함초가 있다. 염생식물은 바닷가의 염분 많은 토양에서 오히려 더 잘 자란다.

염분이 바닷가에만 많은 것은 아니다. 물을 끌어와 농사를 짓는 관개농업 또한 땅의 염도를 높인다. 어떤 물이든 염분이 포함되어 있기 마련인데, 농작물을 키우면 식물은 물을 흡수하고 염분은 땅에 남겨 놓는다. 이런 과정이 수년간 지속되면 어느 순간 해당 경작지는 식물을 키울 수 없는 '짠' 땅이 되어버리고 만다. 오랫동안 농부들은 높은 염도에도 자랄 수 있는 작물을 육종하는 방식으로 생산량을 유지하고자 했지만, 역부족이었다. 높은 염분에도 잘 자라는 특성은 한두 개의 유전자로 결정되는 표현형이 아니기 때문이다.

염분은 식물에 세 가지 스트레스를 유발한다고 알려져 있다.[1] 첫 번째는 나트륨 이온 등이 식물세포에 쌓이면서 일으키는 독성으로 인한 스트레스다. 염소 이온보다는 나트륨 이온이 독성이 더 강하다. 두 번째는 염분으로 인해 삼투압이 역전되면서 세포에 물이 적게 유입되어 발생하는 스트레스다. 이 반응은 가뭄에 의한 스트레스와 유사하다. 그리고 세 번째는 이 두 스트레스에 의해 생기는 2차 스트레스로, 주로 활성산소Reactive Oxygen Species, ROS가 발생한다. 이온에 의한 독성에 대응할 뿐 아니라 삼투압도 유지해야 하기 때문에, 복합적인 유전자 기능이 작용한다고 예측할 수 있다.

그래서 학자들은 함초와 같은 염생식물로 눈을 돌렸다. 염생식물이 어떻게 염분이 많은 토양에서 자라는지 알 수 있다면, 보다 염분이 많은 흙에서도 잘 자라는 작물을 육종해낼 수 있을 것이라고 생각했다.

염생식물을 연구한 학자 중에는 영국 서섹스 대학의 티모시 플라워스Timothy J. Flowers가 있다. 식물생리학자인 플라워스는 소금의 양이 염생식물의 생장에 미치는 영향과 염분에 대한 염생식물의 반응을 연구했다.[2] 그는 늘 염생식물 연구의 중요성을 강조했다. 염분이 많은 토양에서 어떻게 자라는지 그 원리를 알아낼 수 있다면, 이를 작물에 적용할 수 있다는 주장이다.

염생식물이 높은 염분 농도에 어떻게 반응하는지 알려면, 먼저 소금에 대해 알아야 한다. 소금은 염화나트륨으로, 염소 이온(Cl^-)과 나트륨 이온(Na^+)이 이온결합을 이루고 있는 화학물질이다. 염생식물은 나트륨 이온을 잎 세포의 액포 안에 넣는 방식으로 세포 내 삼투압을 조절하고 이온에 의한 독성을 줄인다. 또한, 칼륨 이온이나 아미노산인 프롤린proline이나 글리신베타인glycinebetaine, 다른 유기용질 등을 합성하는 방식으로 액포 안의 나트륨 이온이 삼투압에 의해 액포에서 빠져나오지 못하도록 하기도 한다.

1970년대와 1980년대에 걸쳐 이런 생리학적인 현상들이 염생식물을 통해 대거 발견되었지만, 여전히 염분 스트레스에 식물이 반응하는 것을 연구하는 데는 한계가 있었다. 그래서 학자들은 염분 스트레스 혹은 가뭄 스트레스에 대해 식물이 반응하면서 합성하는 단백질에 관심을 돌리기 시작했다. 분자생물학의 발전 덕분에 가능한 발상의 전환이었다. 특정 조건에 있던 생물의 시료에서 갑자기 발현이 늘어난 유전자를 찾아내고, 그 유전자를 동정함으로써 유전자의 기능을 역추적하는 방식이었다.

그중 LEA(Late Embryogenesis Abundant) 단백질이 가장 먼저 발견되었다. 다양한 스트레스 반응에서도 발현이 증가하는 단백질이지만, 최초로 발견된 것은 배아 발생 후기에 있는 목화 종자에서였다. 배아 발생 후 씨앗의 수분이 없어지는 과정에서 대량 발현되는 단백질이었다. 하지만 오랫동안 LEA 단백질의 기능은 알려지지 않았다. 그도 그럴 것이, LEA 단백질에 기능을 유추할 만한 도메인을 찾을 수 없기 때문이었다. 유일한 단서는 LEA 단백질의 많은 부분이 친수성 아미노산으로 이루어졌다는 점이었다. 그리고 평소에는 세포 내에서 모양조차 잡히지 않는 IDP(Intrinsically Disordered Protein) 단백질이었다. 그렇지만 세포의 수분이 적어지면 단백질 모양이 잡혀갔다. 수분이 줄어들면 단백질의 친수성 아미노산이 물 분자와 이루던 결합이 줄어들기 때문에 단백질의 모양이 변화하게 된다.[3] 뿐만 아니라, 이 모양 변화와 함께 LEA 단백질이 물 분자보다는 다른 단백질과 결합하게 되어, 해당 단백질을 보호한다는 가설도 등장했다. LEA 단백질은 식물에서 처음 발견되었지만, 동물에서도 속속 발견되면서 연구가 활발히 진행 중이다.

LEA 단백질은 수분이 줄어드는 염분 스트레스나 가뭄 스트레스가 나타난 상태에서 식물의 상태가 악화되는 것을 막을 수 있다. 하지만 좀 더 능동적으로 염분 이온을 구획화하거나 세포 밖으로 배출하는 기능을 하지는 않았다. 학자들은 염분 스트레스를 인지하고 그 신호를 매개하는 유전자를 찾고 싶어 했다. 발현이 증가하는 단백질은 염분 스트레스 신호전달의 결과이지 원인이 아니었다. LEA 단백질의 상위 신호전달자를 찾으려고 하니 새로운 것 같았던 방법이 더 이상 유용한 방식이 아니게 되었다.

애기장대가 염분 스트레스 인자를 찾는 데 역할을 할 수 있을까? 염생식물을 연구하던 학자들은 회의적이었다. 애기장대는 염분 스트레스에 강한 식물이 아니기 때문에, 이 스트레스에 저항하는 기작이 없거나 그 효과가 매우 약할 것이라고 생각했다.

그런데 그렇지 않다고 생각한 학자가 있었다. 바로 폴 하세가와Paul M. Hasegawa다. 그는 BY2세포주를 수백 세대에 걸쳐 염분이 높은 배양액에서 키웠다.[4] BY2세포주는 담배 BY2(Bright Yellow-2) 품종의 싹에서 얻은 캘러스를 배양액에서 키운 것이다. 엽록체가 없고, 빠르게 자라며, 액체 상태로 배양이 가능하다는 장점이 있다. 하세가와는 이 실험을 통해 BY2세포주가 높은 농도의 염분에도 점차 적응해간다는 것을 보였다. 이는 담배세포주의 유전체 내에 염분 농도에 적응할 수 있는 요소가 있다는 것을 의미했다. 나아가 염생식물과 그렇지 않은 비염생식물glycophyte은 공통 조상으로부터 기원했고, 염생식물이 오히려 나중에 진화한 형태로, 비염생식물의 유전체 일부가 변형이 되면서 염분 스트레스에 저항성을 띠게 된다는 발표도 있었다.[5] 이 가설이 맞다면, 비염생식물에도 최소의 염분 스트레스 저항성 유전자들이 존재해야 했다.

폴 하세가와의 실험실에서 박사과정을 마친 주 젠캉Zhu Jian Kang은 비염생식물인 애기장대에서 염분 스트레스에 취약한 돌연변이를 찾아내고자 했다. 그는 1990년대 EMS 처리를 통해 낮은 염분 농도에도 생장이 저해되는 애기장대 돌연변이를 발굴했다.[6] 염분이 없는 배지에서 자라는 애기장대를 염분이 있는 배지에 옮겨 심고, 배지를 180도 뒤집어놓는다. 그러면 중력 방향에 따라 뿌리가 180도 꺾여 자라기 시작한다. 하지만 염분에 취약한 돌연변이는 뿌리의 생장 속도가 더뎌 꺾여 자라는 모습을 볼 수 없다. 이렇게 되면 생장 속도가 저하된 돌연변이를 빠르게 찾아낼 수 있다. 이런 방식으로 주 젠캉의 팀은 *sos(salt overly sensitive)* 돌연변이를 찾아냈다.[7] 이를 통해 그는 애기장대에도 염분 스트레스에 반응하는 기작이 존재하고, 그 분자 기작을 연구할 수 있음을 증명해냈다.

주 팀은 24만 개 애기장대 씨를 T-DNA 삽입, EMS 처리, 고속 중

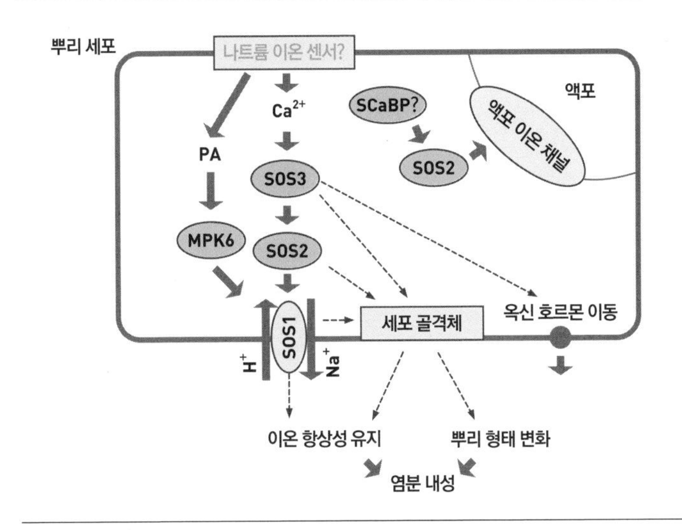

그림 2-1 염분이 많을 때 뿌리세포에서 일어나는 SOS 신호전달경로. 아직은 알려지지 않은 센서를 통해 소듐 이온이 인식되면, 세포 내 칼슘 이온에 변화가 생기고, 이것이 SOS3에 의해 인식된다. SOS3는 인산화효소인 SOS2를 활성화시키며, SOS2는 이온채널 단백질인 SOS1을 활성화하거나 액포의 이온 채널을 활성화한다. 그 외에도 세포골격계의 변화, 옥신 호르몬의 이동 변화도 수반된다.

성자 처리 등 다양한 방법을 이용해 돌연변이로 만들었고, 이 중 염분에 유달리 취약한 *sos* 돌연변이 40개를 찾아냈다. 이 40개 돌연변이는 5개 그룹으로 나뉘어서, 총 5개 유전자가 SOS 신호전달경로에 관여한다.[8] 그중 SOS1, SOS2, SOS3가 직접적으로 염분을 인식하는 신호전달경로에 관계되어 있다.

SOS1 단백질은 Na+/H+ 역수송체다. SOS1 단백질 세포막에서는 수소 이온은 액포 안으로 넣으면서 소듐 이온은 세포 밖으로 배출한다.[9] 수소 이온이 세포 안으로 유입되면서 생기는 농도 차는 전위차도 만드는데, 이 전위차를 소듐 이온을 배출함으로써 맞추는 것이다. 이는 식물세포의 이온 항상성ion homeostasis을 유지하는 데 꼭 필요하다. 돌연변이 *sos1*은 지금껏 발견된 염분 스트레스에 민감한 돌연변이 중 가장 취약한 것인데, 이 유전자가 없으면 염분 조절이 불가능하므로 어찌 보면 당연하다.

하지만 토양 내 소듐 이온 농도가 더욱 높아지게 되면, 식물 뿌리로 소듐 이온이 침투하기 시작한다. 그렇게 되면 SOS1 단백질은 식물 뿌리에 축적된 소듐 이온을 줄기 부분으로 배출하여 뿌리와 잎을 보호한다. 식물의 세포질 내에 소듐 이온 농도가 지나치게 높으면 세포가 제대로 기능할 수 없기 때문이다. 잎은 광합성을 하는 기관이기 때문에 보호되어야 하고, 뿌리는 토양의 물을 흡수하는 기관으로 그 기능을 유지하는 것이 중요하다. 그래서 SOS1 단백질은 소듐 이온을 줄기를 통해 광합성을 활발히 하지 않는 노화된 잎에 축적한다. SOS1의 전사량은 염분 스트레스에 따라 증가하며, 뿐만 아니라 SOS1을 많이 발현하는 애기장대 형질전환체는 야생형 대조군에 비해 식물체 내에 축적된 염분 농도가 적었다. 즉, 주변 흙의 염분이 높을 때 SOS1 단백질이 점점 많이 합성되면서 염분을 배출한다.

주 젠캉 팀에서 그다음으로 발견한 SOS2 단백질은 인산화효소다.[10] 그리고 거의 동시에 발견한 SOS3 단백질은 칼슘 이온에 결합할 수 있는 칼슘 수용체 단백질이다. 유전적으로 *sos2 sos3* 이중 돌연변이는 두 돌연변이의 표현형과 같아 같은 신호전달경로에 관여하는 것으로 예측됐다. 뿐만 아니라 SOS2 단백질이 SOS3 단백질과 직접 결합하는 것도 밝혀졌다. 간단하게 예상해본다면 SOS3 단백질이 칼슘 이온 농도 변화를 감지하여 SOS2 단백질에 결합해 활성화시키고, 활성화된 SOS2 단백질이 SOS1 단백질을 인산화시키면서 세포 내 염분을 줄인다는 가설을 세울 수 있다.

SOS1 단백질이 애기장대에서 발견된 유일한 Na+/H+ 역수송체는 아니다. 캘리포니아 주립대학교 데이비스 캠퍼스의 에두아르도 블룸발트Eduardo Blumwald 팀은 효모에 있는 Na+/H+ 역수송체 염기서열과의 유사도를 바탕으로 NHX1(Na/H exchanger) 유전자를 발굴했다.[11] 연구팀은 단백질을 과다 발현할 수 있도록 식물바이러스 프로모터에 의해 발현이 조절되는 NHX1 유전자 DNA를 재조합했다. 그리고 이를 아그로박테리움을 이용해서 애기장대 염색체에 삽입했다. 이렇게 NHX1 단백질이 언제나 과다하게 발현되는 애기장대 형질전환체를 제작했다.

연구팀은 이 NHX1 과다 발현 형질전환체에 소금물을 꾸준히 주었다. 함께 심은 대조군 애기장대는 시간이 지날수록 노랗게 시들면서 죽어갔다. 하지만 NHX1가 발현되는 애기장대 개체는 강과 바다가 만나는 하구에 있는 물의 염도(기수brackish water)에 해당하는 염분의 물을 주어도 살아 남았다. 기수는 거의 모든 작물의 생장을 억제하는 염도를 가졌다.[12] 나아가 연구팀은 애기장대 NHX1 유전자를 토마토와 유채에 도입해, NHX1 단백질의 과다 발현이 염분 스트레스에 미치는 영향도 연구했다. 토마토와 유채에서 모두, NHX1의 과다 발현은 염분이 높은 환경에서 생장을 도왔다.[13]

염분 스트레스와 같은 환경 스트레스에 대한 내성은 여러 개의 유전자가 동시에 작용하여 이루어지는 것으로 여겨져왔다. 그렇기 때문에 NHX1, 그리고 SOS1의 과다 발현만으로 염분 스트레스에 대한 내성이 높아진다는 것은 놀라운 결과였다. 물론 이 유전자의 추가 발현으로 사해에서도 살아남을 수 있는 식물이 생긴 것은 결코 아니었다. 하지만 이 유전자 과다 발현체에서 얻은 결과로 식물이 염분 스트레스에 대해 어떻게 내성을 얻는지를 이해할 수 있게 되었다.

NHX1 과다 발현 토마토 형질전환체를 연구하면서 연구팀은 한 가지 재미있는 결과를 밝혔다. 짠 물로 토마토를 키운다고 해서 토마토에 소금이 축적되지는 않는다는 것이다.[12] 잎에는 전체 중량의 1퍼센트까지 나트륨 이온이 축적되었지만, 열매에는 나트륨이 축적되지 않았다.

최근에는 염도가 높은 간척지 등에서 토마토를 수확하기도 한다. 간척지에서 키우기 때문에 이 지역에서 재배한 토마토에서는 짠맛이 난다고 여기는 경향이 있다. 하지만 앞서 연구 결과에서 살펴보았듯이, 이런 지역에서 토마토를 키운다고 해서 토마토에서 짠맛이 나지는 않는다. 오히려 염도가 높은 물을 흡수하면 염분 스트레스로 식물이 잘 자라지 못하고, 물이 세포로 잘 흡수되지 않아 당도와 향을 내는 각종 2차 대사물의 농도가 높아지면서 더 달고, 새콤하고 짭짤한 맛이 나는 토마토가 생기는 것이다. 결국 토마토가 물을 아껴 쓰게 만들어, 열매에 물이 덜 차서 맛이 싱거워지는 것을 막은 방법이다.

추위

아이가 즐겨 읽는 전래 동화 책 중에는《호랑이와 곶감》이 있다. 호랑이 이야기에도 그치지 않던 아이의 울음을 멈추게 만드는 건 곶감이었다. 동화책에는 곶감이 호랑이보다 훨씬 큰 초록색 괴물로 표현되었다. 곶감을 먹어본 적도, 아니 본 적도 없는 아이는 화려한 그림에 빠져 한동안 곶감이 무시무시한 괴물인 줄 알 것이다.

곶감 만들기는 아직 덜 익은 떫은 감을 따는 일에서 시작된다. 감을 따는 시기는 서리가 드는 상강 직전이다. 서리가 내린 후에 따면 감이 너무 물러지기 때문에 곶감 만들기에 적합하지 않다. 그렇게 딴 감을 일일이 깎아 줄로 매달아 밖에 내건다.

감을 따고 깎은 후에는 서리가 들어야 한다. 큰 온도 차에, 서리를 맞아야 더욱 맛있는 곶감이 되기 때문이다. 감이 얼었다 녹기를 반복하면서 수분이 증발해 쫄깃쫄깃한 식감을 자랑하는 곶감이 된다.

그런데 감나무에 달린 감은 서리가 들면 상하는데, 감나무에서 따 껍질까지 벗긴 감은 서리가 들면 곶감이 된다. 이 차이는 살아 있는 감이 추위에 대응하는 반응과 관련이 있다.

○ ○ ●

한국과 같은 온대 지방에 사는 식물은 사계절을 견뎌내야 한다. 사람들은 사계절의 다양함에 환호하지만, 식물에는 극한의 최고기온과 최저기온에 대비해야 한다는 의미다. 다행히 온도가 서서히 올라가고 또 서서히 내려가기 때문에 여름을, 혹은 겨울을 대비할 시간이 있다. 온도가 점점 낮아지는 가을을 나면서 식물은 저온 적응cold acclimation을 한다. 예를 들어 저온 적응을 한 보리는 그렇지 않은 보리보다 30도 이상 낮은 기온에서도 살아남을 수 있다.[1] 반대로 냉해에 의한 피해가 한겨울보다 가을에 심한 이유도 저온 적응을 미처 하지 못 한 식물이 서리를 맞게 되기 때문이다.

저온 적응의 조건은 영상의 온도를 우선 경험하는 것이다. 섭씨 0도에서 20도 사이 온도를 경험한 식물은 이후 기온이 영하가 되었을 때, 식물체 내의 물이 얼지 않고 살아남을 수 있다. 그래서 연구의 관점에서는 영상의 온도에서 일어나는 한해寒害, chilling stress와 영하의 온도에서 일어나는 냉해冷害, freezing stress를 구분한다. 이 두 스트레스가 식물에 미치는 영향이 다르기 때문이다.

우선 냉해는 얼음이 포함되기 때문에 이해하기가 쉽다. 얼음은 물보다 밀도가 낮다. 그 이야기는 결국, 동량의 물이 얼음으로 바뀌면 부피가 더 커진다는 의미다. 그러므로 세포 안에 있는 물이 얼면 세포막이 터질 가능성이 있다. 하지만 세포 안에 있는 물은 단백질 등으로 인해 어는점이 낮다. 세포 안에 있는 물보다는 식물체 세포와 세포 사이 공간인 아포플라스트apoplast의 물이 얼 가능성이 더 높다. 아포플라스트의 물이 얼고 나면 세포 밖의 삼투압이 낮아지면서 세포 안의 물이 밖으로 빠진다. 결국 냉해는 식물세포 안에 수분이 줄어드는 수분 부족 스트레스를 일으키게 된다. 이렇게 얼고 녹기를 반복하다 보면 세포 안의 물이 빠르게 빠져나올 수 있다. 서리를 맞은 곶감이 더 빨리 쫄깃쫄깃해지는 이유다.

하지만 물이 얼지 않는 영상의 기온이 식물세포에 미치는 영향은 조금 다르다. 가장 영향을 많이 받는 세포 부위는 바로 세포막이다. 인지질이중층으로 이루어진 세포막은 단단하지 않고 유동적이다. 그래서 세포막에 박혀 있는 이온채널과 같은 막단백질들은 한곳에 고정되어 있기보다는 인지질이중층막을 떠다닌다. 하지만 냉장고에 있는 버터가 단단하듯이 기온이 내려가면 인지질의 유동성도 적어진다. 이에 따라 세포막도 뻣뻣해진다. 세포막뿐만 아니라 세포 안에 있는 단백질, RNA 등도 유동성이 줄어들면서 서로 엉겨 붙을 가능성이 높아진다. 이렇게 되면 세포 내에서 제대로 된 기능을 할 수 없다.

식물의 저온 적응은 기온이 낮아지면서 세포막과 그 안에 구성 성분들이 뻣뻣해지는 현상을 인지하고 이를 줄이기 위해 대비책을 세우는 것처럼 보인다. 저온 적응을 할 수 있는 식물 종은 기온이 낮아짐에 따라 평소에는 발현되지 않던 다양한 유전자의 발현을 늘린다. 이들 유전자는 추위에만 반응한다는 특성에 따라 COR(Cold responsive)이라고 불리게 되었다.

저온에 대해 식물이 능동적으로 생리 활성을 바꿀 것이라는 가설은 1970년에 등장했다. 이어서 1985년에 이 가설을 시금치(*Spinacia oleracea*)에서 실험한 결과가 발표되었다.[2] 상온인 섭씨 20도에서 키우다가 시금치를 영하 6도의 환경으로 옮겨주면 시금치는 죽는다. 하지만 상온에서 키우던 시금치를 영상 5도 조건으로 옮기면, 머문 시간이 길어질수록 시금치가 죽는 최저 온도가 점점 낮아진다. 더 낮은 온도에서도 살 수 있게 된 것이다. 미네소타 대학의 로버트 브램블Robert Brambl 연구팀에서는 저온에서 키운 시금치에서 전령RNA를 추출해내서 저온에 의해 발현이 늘어나는 유전자를 분석했다. 추위에 의해 발현되는 유전자가 달라진다는 최초의 보고였다.

이어 1988년, 미시간 대학교의 마이클 토마쇼Michael Thomashow 팀은 저온 적응에 따른 유전자 발현 변화를 애기장대에서 관찰했다.[3] 모델 생물로 자리 잡기 시작한 랜즈버그와 콜롬비아 두 생태형accession을 비교했다. 섭씨 22~24도에서 자라던 애기장대를 4도에서 키운 후에는 키운 식물의 절반 정도가 죽는(LT50) 온도가 영하 3도에서 영하 6도까지 떨어지는 것을 관찰했다. 뿐만 아니라 섭씨 4도에서 키운 애기장대의 유전자 발현 변화도 비교했다. 그 결과 적어도 3개 이상의 단백질 발현이 추위 이후에 급격히 늘어났다. 그 뒤 여러 연구팀에서 이 COR 유전자의 특성 및 공통점을 분석하기 시작했다. 이 유전자들은 추위에 대한 식물 반응을 어떻게 바꾸는 것일까?

여러 연구팀이 추위에 적응하기 위해 필요하다고 밝힌 유전자 중에는 기능이 알려진 것도 있었지만, 그렇지 않은 유전자가 더 많았다. 그중 많은 이들의 주목을 받았던 유전자는 COR15 유전자와, 가뭄에 반응하는 것으로 이미 알려져 있던 LEA 유전자였다. 이 둘은 작고,

친수성을 띤다는 공통점을 지녔다. 달걀을 삶으면 투명한 흰자가 하얗게 변하듯이 단백질을 끓이면 대부분 불투명해지지만, 친수성이 높은 단백질은 끓여도 여전히 물에 용해되어 있어 용액이 투명하게 유지됐다.

처음에는 이 유전자들이 직접 냉해를 막는 역할을 할 것이라고 보는 이들이 많았다. 하지만 토마쇼 팀은 LEA 유전자들이 가뭄에도 발현된다는 사실을 통해, 이들의 기능이 아포플라스트의 물이 얼면서 세포 내부의 물이 부족해지는 것을 막는 간접적인 역할을 한다고 보았다.[4]

토마쇼 팀이 저온에 의해 발현이 증가한다고 밝힌 유전자 가운데 하나는 15킬로달톤 크기의 작은 단백질이었다. 이들은 단백질 분자량을 따서 COR15이라고 불렀다. COR15 단백질은 친수성 아미노산으로 대부분 이루어져 있고, 앞쪽에는 엽록체로 가는 표지펩티드 transit peptide로 예측되는 아미노산 서열이 존재했다. 실제로 표지펩티드가 절단된 보다 작은 크기의 COR15 단백질이 엽록체 스트로마 안에서 발견되었다.[5] 최근에는 COR15의 단백질 성질이 수분 부족에 따라 변하는 것이 알려지면서, 이 COR15 단백질의 역할이 LEA 단백질과 유사할 것이라고 여겨지고 있다.[6] COR15를 과다 발현하는 애기장대 형질전환체는 냉해에 약한 저항성을 보였지만 기대와는 달리 완전한 저항성을 보이지는 않았다. 오히려 영하 2~4도의 기온에서는 냉해에 대한 저항성이 더 취약했다. 이는 COR15가 냉해에 작용하는 유일한 유전자가 아니고, 유전자의 발현 변화뿐 아니라 다른 세포 내 변화도 냉해 저항성에 필요하다는 것을 의미했다.

2004년 토마쇼 팀은 저온 적응을 거친 식물과 그렇지 않은 식물의 대사체를 비교 분석했다. 대사체metabolome란 세포 내에 존재하는 대사물질을 총칭하는 말로, 보통 DNA, RNA, 단백질을 제외한 작은 크기의 유기물을 아우른다. 식물은 어느 생물보다 대사물을 많이 합성한다. 과일, 채소의 다양한 맛과 향뿐만 아니라 카페인이나 캡사이신처럼 독특한 맛 등이 모두 대사물에서 비롯된다. 저온 적응을 거친 식물은 포도당, 과당, 설탕 등의 당류 대사물과 프롤린 같은 아미노산 계열 대사물의 함량이 급격히 늘어나 있다.[7]

이렇게 대사물의 양을 빠르게 바꾸려면 이를 합성하는 효소의 발현도 급격하게 늘어나야 한다. 효소가 있어야 해당 대사물이 만들어지기 때문이다. 나아가 대사물은 다양한 단계, 즉 여러 효소를 거쳐 최종 대사물이 된다. 그러므로 대사물의 양이 바뀐다는 것은 수많은 유전자 발현이 순식간에 변해야 한다는 뜻이다. 그래서 저온 적응에 의한 유전자 발현 변화가 발견된 직후부터 전 세계 여러 팀에서는 이를 조절할 대표 전사인자를 찾고자 했다.

그리고 여느 발견이 그렇듯, 여러 팀에서 이루어진 결과들이 연달아 나왔다.[8] 가뭄에 대한 식물의 저항성을 연구하던 일본의 시노자키 부부 연구팀은 수분 부족과 추위, 그리고 높은 염분 함량에 의해 공통적으로 발현이 증가하는 유전자 RD29A를 발견했다.[9] 특이한 점은 RD29A가 수분 부족, 추위, 높은 염분 등에 의해서 발현이 증가하지만, 앱시스산에 의해서는 많이 증가하지 않는다는 점이었다. 가즈오 시노자키와 가즈코 야마구치-시노자키Kazuko Yamaguchi-Shinozaki 부부는 RD29A 유전자의 프로모터 부위에서 스트레스에 의한 발현 증가에 필요한 부위를 탐색했다. 이들은 프로모터를 작은 단위로 잘라 GUS(β-glucuronidase) 효소 단백질이 될 염기서열 부위를 이어 붙였다. 만일 RD29A 유전자의 프로모터가 가뭄, 추위, 염분 등의 상황에 의해 증가한다면 이 실험에서는 GUS 단백질의 양도 증가할 것이었다.

본래 RD29A가 아닌 GUS라는 대장균에서 유래한 유전자를 사용한 이유는 RD29A 자체의 효과를 배제하기 위해서였다. 뿐만 아니라 GUS 단백질은 효소로 X-Gluc이라는 기질을 분해하면서 푸른 색소를 내게 한다. 즉, GUS 단백질이 발현된 식물체에 X-Gluc을 처리하면 GUS 단백질의 효소 작용에 의해 식물이 파랗게 물든다. 그래서 GUS 단백질에 의한 식물의 색 변화는 프로모터에 의한 전사 조절 연구에 애용되는 실험 기법이다. 이들은 앱시스산에는 반응이 없고 가뭄, 추위, 염분 등 세포 내 수분이 부족해지는 조건에서만 해당 유전자의 발현을 늘릴 수 있는 프로모터의 특정 염기서열을 DRE(dehydration responsive element)라고 불렀다. 같은 해 토마쇼의 연구팀에서도 COR15를 이용해 프로모터 지역을 조사했지만, 이들이 찾은 염기서열은 시노자키 팀의 그것보다 훨씬 길어서 특이성이 떨어졌다. 하지만 이후 이 염기서열은 CCGAC라는 5개 염기서열이 가장 핵심적인 역할을 하는 것으로 널리 알려지게 되었다.[10]

토마쇼의 연구팀은 시노자키 팀의 연구 결과를 이용해 Y1H(Yeast 1 Hybrid) 실험을 진행했다. 효모에서 진행되는 이 실험은 해당 염기서열에 가장 잘 결합할 수 있는 단백질, 즉 전사인자를 찾는 방법이다. Y2H가 단백질과 단백질 간 결합을 찾는 실험이라면, Y1H는 단백질(대부분 전사인자)과 DNA 염기서열 간의 결합을 찾는다. 토마쇼 팀은 Y1H가 성공적으로 일어나는 상보DNA 조각에서 24킬로달톤 크기의 단백질로 합성되는 CDS 유전자를 찾고 이를 CBF1(C-repeat/DRE Binding Factor 1)이라고 이름 지었다.[11]

이어서 토마쇼 팀은 CBF1을 과다 발현하는 형질전환 애기장대를 제작하였다.[12] CBF1 과다 발현체는 정상적인 생장 온도에서도 CBF1뿐만 아니라, CBF1에 의해 조절되는 COR15 등의 유전자 발현도 늘어나 있었다. 그리고 저온 적응을 거치지 않고도 영하 5도에서도 살아 남았다. 영하 5도는 저온 적응을 한 야생형 애기장대는 살아남지만, 그렇지 않은 애기장대는 살 수 없는 온도다.

이어 CBF1뿐만 아니라 CBF1의 상동유전자로서 저온 적응에 주요한 역할을 하는 전사인자가 2개 더 밝혀졌다. CBF1이 토마쇼 팀에 의해 발표되고 1년 후, 시노자키 연구팀에서는 DREB1이라는 이름으로 염기서열이 유사한 DREB1a, DREB1b, DREB1c를 발표했다. 이들이 찾은 유전자 중 DREB1b가 CBF1과 일치했다. 같은 해 토마쇼 팀에서도 CBF2와 CBF3를 추가로 발표했다. CBF2는 DREB1a, CBF3는 DREB1c였다.

앞서 시노자키 팀은 1998년 DREB1 유전자 동정을 발표하면서 DREB1a의 과다 발현체를 제작한 결과를 함께 발표했는데, 야생형 대조군에 비해 생장이 현저하게 줄어들어 "난쟁이dwarf" 표현형을 보인다고 발표했다.[13] 그리고 이어 토마쇼 팀에서도 CBF3 과다 발현체는 생장이 저해되는 표현형을 보인다고 발표했다.[14] 추위에는 미리 대비할 수 있지만, 그로 인해 식물체의 크기가 작아졌다. 이렇게 스트레스에 대한 저항성은 늘지만, 그로 인해 생장에 손실을 입는 트레이드오프trade-off 현상은 흔히 일어난다. 광합성을 통해 합성해낸 에너지를 생장에 쏟느냐, 스트레스로부터 생존하는 데 쓰느냐 결정을 내리는 과정에서, 둘 다 정할 수는 없기 때문이다. 이 장에서 다루는 스트레스 외에도 병원균에 의한 저항성과 생장 사이의 균형에 관해서도 트레이드오프가 일어난다.

CBF1, CBF2, CBF3 단백질이 매우 유사한 아미노산 서열을 가졌기에, 이 세 유전자 사이에 기능이 얼마나 유사한지, 혹은 각각 특수한 기능을 가지고 있는지에 관한 연구가 많은 관심을 끌었다. 이러한 연구는 보통 이중 돌연변이, 혹은 삼중 돌연변이체를 교배를 통해 키워내고, 이 식물체의 표현형이나 유전자 발현 패턴 등을 관찰하는 방식으로 이루어진다. 하지만 CBF 연구에는 이런 유전학적인 연구를 불가능하게 하는 맹점이 도사리고 있었다. 이 세 유전자가 모두 같은 염색체에 나란히 존재했기 때문이다.

한 염색체 위에 나란히 존재하는 유전자는 재조합 과정에서 교차될 가능성이 매우 적다. 가령 *cbf1* 돌연변이와 *cbf2* 돌연변이를 수정해서 *cbf1 cbf2* 이중 돌연변이를 찾는다고 하자. 그렇다면 *cbf1* 돌연변이의 꽃가루를 *cbf2* 돌연변이 암술에 묻혀 *cbf1* 돌연변이 좌위와 *cbf2* 돌연변이 좌위를 하나씩 갖는 F1 씨앗을 얻게 된다. 이 두 유전자가 다른 염색체에 있다면 그다음은 쉽다. 애기장대가 가진 염색체 두 쌍 중 한 벌에 각각 *cbf1*과 *cbf2* 유전자가 있다. 애기장대는 자가수정을 하므로 꽃가루와 암술에서 각각 감수분열이 일어나고, 이 둘의 자가수정이 일어난다. 그러면 16분의 1의 확률로 *cbf1*과 *cbf2*를 모두 갖는 F2 자손이 나올 수 있다. 이들을 선별하여 키워낸 후 그다음 세대 F3 씨앗을 받으면 그 자손은 모두 *cbf1 cbf2* 이중 돌연변이가 된다.

하지만 이런 일이 두 유전자가 한 염색체 위에 나란히 있으면 일어날 가능성이 극히 적어진다. 두 좌위가 각각 다른 부모로부터 유전되어 교차가 일어나야만 한 염색체에 포함될 수 있기 때문이다. 물론 염색체 내에서도 유전자 사이의 거리가 멀수록 교차가 일어날 가능성이 높아져서 다중 돌연변이를 얻을 수도 있다. F2 세대를 무한히 많이 심고 선별하는 과정을 통해서 얻을 가능성이 있다. 교차는 무작위하게 일어나고 우연히 나란히 있는 두 유전자 좌위 사이에서 교차가 일어날 수도 있다. 하지만 3개의 유전자가 나란히 염색체에 붙어 있다면, 그 가능성은 불가능에 가까워진다.

이 불가능을 가능하게 할 실험 기법이 최근에 각광 받기 시작했다. 유전자 가위 기법이다.[15] 박테리아가 박테리오파지에 저항하는 면역 기작으로 진화된 Cas9(CRISPR-associated protein 9) 효소는 핵산내부가수분해효소endonuclease로, 박테리오파지에서 비롯된 크리스퍼CRISPR라는 특이한 DNA 염기서열을 자른다. 최근 이 크리스퍼 카스9(CRISPR/Cas9)을 이용한 실험 기법은 날로 발전하여, 오늘날에는 이 원리를 이용해 원하는 생물의 유전자를 제거하거나, 바꾸거나, 심지어 더할 수 있게 되었다.

식물에서의 크리스퍼 유전자 가위 기법은 특히 CBF와 같이 나란히 위치해 있는 유전자들을 한 번에 제거하는 것을 가능하게 했다. Cas9이 인식하고 자르게 될 DNA 염기서열을 CBF 유전자로 정하고, CRISPR 조각과 Cas9 효소를 애기장대에 삽입한다. 그러면 Cas9 효소에 의해 CBF 유전자가 잘리게 된다. 잘린 이후에는 DNA가 잘렸을 때 식물이 사용하는 DNA 복구DNA repair 기작을 통해 해당 부위 주변 DNA가 무작위하게 이어 붙으면서 원하는 유전자를 제거할 수 있다. 이 과정을 거치면 그다음 세대 식물 중에는 돌연변이 개체가 생긴다. 원하는 돌연변이를 가진 개체를 선별한 후에는 Cas9이 제거된 돌연변이 개체를 얻는 선별 과정을 따로 거친다. Cas9 효소가 식물체에 남아 있으면 계속해서 돌연변이가 일어날 것이기 때문이다. CRISPR DNA가 우연히 원하는 유전자 전체를 제거할 가능성은 있지만 낮다. 그러므로 이 기법 역시 어느 정도는 우연에 기대야 하지만, 삼중 돌연변이를 제작하는 것보다는 확률이 높다.

2016년 CBF 삼중 돌연변이 결과가 두 팀에 의해 발표되었다. 베이징의 양 슈화Yang Shuhua 팀은 *cbf3* T-DNA 돌연변이에 *cbf1*과 *cbf2*의 크리스퍼 돌연변이를, 상하이의 주 젠캉 팀은 세 유전자를 동시에 크리스퍼로 제거한 돌연변이를 만들어 발표했다. 같은 돌연변이지만 둘의 연구 결과는 살짝 다르다. 양 슈화 팀은 삼중 돌연변이가 식물체의 생장에 영향을 미치지 않고 냉해와 한해 모두에 취약해졌다고 발표했다.[16] 반면 주 젠캉의 팀은 삼중 돌연변이의 생장은 대조군에 비해 약간 저해되었고, 냉해에는 민감해졌지만, 한해에 대해서는 삼중 돌연변이가 미치는 영향이 미미하다고 발표했다.[17] 이들 중 어떤 결과가 더 진실에 가까울지 밝혀지는 데는 동료 연구자들의 재현 실험과 후속 연구가 필요할 것이다. 하지만 이들이 사용한 크리스퍼 유전자 가위 기법은 날로 인기가 높아지고 있으며, 최근에 주 젠캉 팀에서는 원하는 위치에 원하는 유전자를 삽입하는 기술까지 선보였다.[18] GMO에 관한 가장 큰 반대 이유가 유전자 삽입이 무작위로 일어난다는 것임을 감안할 때, 원하는 위치에 원하는 유전자만 삽입하는 크리스퍼 유전자 가위 기술은 막대한 파급력을 미칠 실험 결과라 할 수 있다.

한편, 토마쇼는 1999년 CBF에 의한 COR 유전자의 발현 증가를 총망라하는 종설 논문을 발표하면서, 중요한 개념 한 가지를 심어두었다.[19] 바로 ICE(Inducer of CBF expression)다. 직관적으로 알아볼 수 있는 뛰어난 작명인 ICE는 CBF 전사인자의 발현을 담당하는 인자다. 생명현상을 단백질과 그 외 세포 안 여러 물질 간의 상호작용으로 바라보기 시작하면, 맞닥뜨리게 되는 중요한 문제가 '어떤 인자가 가장 먼저인가'다. 가장 쉽게 떠올릴 수 있는 건 수정란의 발달 과정이다. 수정이 된 이후, 수정란은 유전자 발현에 빠르게 변화가 발생하고 세포분열이 급격하게 일어나면서 배아가 된다. 그렇다면 이때 수정란에서 유전자 발현을 시작하게 하는 건 어떤 유전자일까?

모든 신호전달 반응도 마찬가지다. 최초의 신호가 있고, 그 신호를 받아들이는 최초의 인자가 있다. 대부분은 유전자로 가정되며, 또 대부분 단백질의 형태로 기능을 할 것이다. 토마쇼의 생각도 그랬다. CBF의 발현을 늘릴 앞선 신호가 있을 것이라고 생각하고, 이를 'ICE' 라고 표현한 것이다.

ICE1은 2003년에 주 젠캉 팀이 발견했다. 주 팀은 CBF3 프로모터에 루시퍼레이즈luciferase 단백질을 달아 발현시킨 애기장대 형질전환체에 EMS를 처리한 후, 루시퍼레이즈 발광 신호가 사라진 돌연변이를 찾아 분석했다. 앞서 살펴본 GUS 단백질 실험과 마찬가지로 프로

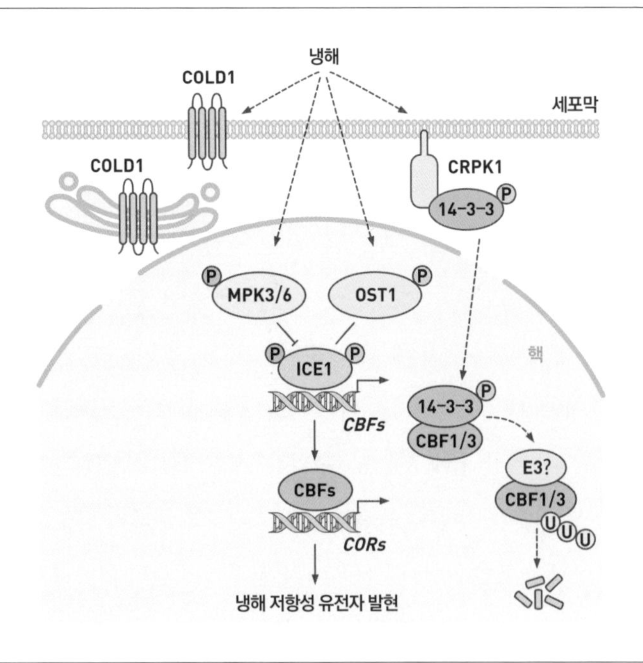

그림 3-1 냉해가 일어났을 때, 세포에서 일어나는 변화. 냉해를 입으면 이를 COLD1 단백질이 인식하고, 이후 세포핵 내 단백질의 인산화가 유도된다. 이 변화는 ICE1 단백질의 인산화 및 하위 유전자인 CBF 전사를 촉진하게 한다. 이 반응을 통해 냉해 저항성 유전자가 발현된다.

모터가 발현되는 조건을 찾기에 적합한 기법이다. 특히 탈색 과정을 거쳐야 하는 GUS 단백질과는 달리 루시퍼레이즈의 측정은 빠르고, 수치화도 할 수 있다는 장점이 있다. 주 팀은 이 돌연변이를 *ice1*이라 명명했다.[20]

하지만 ICE1은 최초의 신호가 아니었다. 2003년 ICE1이 발견된 후, ICE1의 조절 기작이 다방면으로 연구되었다.[21] 하지만 이들 모두 추위를 직접적으로 인지하는 센서의 역할을 하지 못했다. 추위 수용체는 2015년에야 벼에서 발견되었다. COLD1으로 이름 지어진 이 추위 수용체는 세포막에서 발현되는 막단백질로, 칼슘 이온채널과 유사한 구조를 가져 비슷한 역할을 할 것으로 유추된다.[22] 2021년 현재, 아직 후속 연구 결과가 발표되지는 않았다.

날씨는 어느 날 갑자기 추워지지 않는다. 서서히 달라지기 때문에 식물은 이를 이용해 추위에 대비할 수 있다. 하지만 지나치게 추워지면, 막의 유동성 등을 통해 추위를 인식하고, 대비하게 된다. 세포 밖의 공간에 있는 물이 얼기 시작하면, 식물은 얼음 때문이라기보다는 그로 인해 식물세포 안에서 물이 빠져나가기 때문에 피해를 입는다. 추위에 의해 식물이 입는 스트레스는 사실 가뭄이나 염분에 의한 스트레스와도 관련이 있다. 이처럼 스트레스 반응은 연결되어 있는 경우가 많고, 한 가지 스트레스에 필요한 유전자가 다른 스트레스 상황에도 필요한 때가 많다.

더위와 열

달걀을 삶는다. 투명한 액체는 물에 끓이면 흰자가 되고, 노른자 역시 단단해진다. 이 과정은 달걀 안의 단백질이 열에 의해 변성되면서 일어나는 현상이다. 아미노산이 길게 연결된 단백질은 아미노산이 하나하나 붙으면서 스스로, 혹은 다른 단백질의 도움을 받아 기능을 할 수 있는 모양이 잡히게 된다. 이때 소수성 아미노산은 주로 단백질 안쪽으로 들어가 노출되지 않는다. 하지만 여기에 열이 가해지면 단백질을 구성하는 아미노산이 그 에너지로 인해 본래 자리를 이탈할 가능성이 높아진다. 더 높은 열이 가해질수록 더 많은 에너지가 단백질에 전달된다. 그럴수록 단백질 안쪽의 소수성 아미노산이 노출되기 쉽다. 소수성 아미노산은 말 그대로 물을 싫어하기 때문에 물에 둘러싸이면 소수성을 띠는 다른 물질과 결합할 가능성이 높아진다. 열이 오랫동안 가해지면 서로 다른 단백질들이 소수성 아미노산을 매개로 엉기면서 삶은 달걀이 되는 것이다.

식물도 단백질로 가득하다. 사람들은 단백질 공급원으로 주로 육류나 달걀을 찾는다. 하지만 식물을 주로 섭취하는 초식동물들과 곤충들은 단백질 공급을 모두 식물로부터 받는다. 체내에서 합성할 수 없는 아미노산을 섭취를 통해서만 보충할 수 있는 인간과 달리, 식물은 스스로 단백질을 구성하는 20가지 아미노산을 모두 만들어낸다. 아무 도움 없이 햇빛을 연료 삼아 아미노산을 합성하고, 이를 단백질로 만든다. 그렇게 만들어내는 것은 대부분 광합성 단백질이다. 그중에서도 식물의 전체 질량의 50퍼센트를 차지하는 단백질은 루비스코다. 초식을 하는 동식물은 거의 대부분의 에너지원을 광합성에 꼭 필요한 루비스코로부터 얻는다.

그러니 식물이 열을 받으면 식물단백질도 변성이 될 것이다. 아스팔트에 올리면 달걀이 익어버릴 것 같은 한여름. 더위를 피할 수 없는 식물은 어떻게 그 열을 피할까?

Solanum lycopersicum

가지과 | 가지속 | 토마토

○ ○ ● 모든 게 익어버릴 듯한 뜨거운 온도가 아니라, 조금의 온도 증가도 인간과 같은 항온동물에는 큰 영향을 미친다. 식물도 마찬가지다. 약간의 온도 변화만으로도 세포 내 단백질이 큰 영향을 받을 수 있다. 그래서 주변 온도가 바뀌면 동식물은 능동적으로 그 온도에 의한 변화를 억제하고 항상성을 유지하기 위해 다양한 변화를 준다. 그중에는 늘 발현하던 유전자의 양을 줄이는 것도 있지만, 평소에는 거의 만들어내지 않던 유전자의 발현을 크게 늘리는 방법도 있다.

1960년대 초파리의 침샘에서 발견되는 다사염색체polytene chromosome를 연구하던 이탈리아 유전학자 페루치오 리토사Ferruccio Ritossa는 특이한 현상을 발견한다.[1] 초파리 애벌레의 배양 온도를 조금만 올려도, 침샘 염색체에서 관찰할 수 있는 부풀어 오르는 구간이 달라진다는 것이었다. 당시에도 이 부푼 구조는 급격하게 늘어난 RNA 합성 현상으로 여겨졌다. 온도가 올라감에 따라 염색체에 부풀어 오른 지역의 위치가 바뀐다는 것은, 온도 변화가 합성되는 RNA, 즉 유전자의 종류를 바꾼다는 것을 뜻했다.

배양 온도 증가에 따라 급격하게 발현이 늘어나는 유전자는 7개였다. 그중 하나는 크기가 70킬로달톤, 다른 하나는 83킬로달톤 정도였다. 이 크기에서 이름 HSP70(Heat shock protein 70)이 유래했다. HSP70은 인간이 동정한 최초의 유전자 가운데 하나다.[2] 이 HSP70 계열 유전자는 대장균부터 사람까지 모든 종에 보존되어 있다.

식물에도 당연히 HSP 유전자가 있다. 초파리와 마찬가지로 생장 온도가 조금 높아지면 HSP 유전자의 발현이 급격하게 증가한다. 하지만 모든 HSP 유전자의 발현이 열에 의해서만 늘어나지는 않는다. 열에 반응하지 않고, 스트레스가 없는 상황에서도 항상 발현되고 있는 HSP 유전자들도 있다. 일반적인 상황에서도 HSP가 필요하다는 뜻이다. HSP 유전자는 어떤 일을 하길래 평상시에도 발현이 높고, 열뿐만이 아니라 여러 다른 스트레스 상황에 의해서는 더 많이 발현이 될까?

크리스천 안핀슨Christian B. Anfinsen은 단백질이 입체구조를 갖추는 과정을 연구한 공로로 1973년 노벨상을 수상했다. 그가 연구했던 단백질은 리보핵산가수분해효소ribonuclease로, 단백질이 합성된 후 스스로 입체구조를 갖추었다. 그는 리보핵산가수분해효소를 대장균에서 합성한 뒤 정제 분리했다. 리보솜에서 합성되는 단백질은, 전령RNA의 순서에 따라 아미노산이 차례대로 연결되면서 만들어진다. 그리고 연결되는 아미노산의 순서에 따라 각각의 아미노산 특성에 의해 접히게 된다.

이렇게 접힌 단백질은 고농도의 요소urea를 이용해서 풀어낼 수 있다unfolding. 요소가 아미노산에 결합하면서 아미노산 간 결합을 약하게 만들기 때문이다. 하지만 이렇게 풀어진 단백질이 든 용액에서 요소의 함량을 서서히 줄이면 아미노산 간 결합이 다시 생긴다.[3] 안핀슨은 이 방식으로 리보핵산가수분해효소의 접힘을 관찰했다. 그리고 용액에서 천천히 요소가 제거되면서 효소의 접힘이 제대로 진행된다는 것을 밝혔다. 단백질 접힘에 관한 정보는 그 아미노산 서열에 있는 듯했다. 이 발견 이후, 많은 이들의 머릿속에 단백질은 '스스로 접힌다'는 인식이 자리 잡았다.

그림 4-1 크리스천 안핀슨.

하지만 안핀슨의 노벨상 수상과 동시에, 아미노산 간 결합만으로는 단백질이 스스로 접힐 수 없을 것이라는 의심이 확산되기 시작했다. 안핀슨이 실험한 리보핵산가수분해효소처럼 실험관 안에서 접혔다 풀렸다가 자연스럽게 이루어지는 단백질을 찾기가 어려웠다. 대부분의 단백질은 고농도 요소로 풀어낸 이후에 요소를 투석해 제거하면 하얀 침전물이 되어 시험관 아래 가라앉았다. 단백질 안에 들어 있는 아미노산이 각각 어떤 형태를 띨지 결정해야 한다면, 그 경우의 수가 무한대로 커진다는 레빈탈의 역설Levinthal's paradox도 단백질 접힘이 과연 저절로 일어나는 일인가라는 의구심을 보탰다.[4]

그리고 1980년대, HSP 유전자들의 기능에 관한 가설이 등장했다. '분자 샤페론' 가설은 HSP 유전자들이 미처 접히지 못한 단백질의 접힘을 돕는다는 가설이었다. 하지만 도움만 주고 최종 산물에는 남아 있지 않는다고 하여, '샤페론'이라는 이름이 권장되었다.[5] 본래는 미혼의 젊은 여성이 공공장소에 나갈 때 함께하는 보다 나이 든 여성을 뜻했지만, 최근에는 병원에서, 혹은 일반적으로 미성년자를 돕고 함께하는 사람의 의미를 갖는다. 돕는 사람이라는 뜻을 가지므로, HSP

유전자의 역할을 잘 표현하는 단어였다.

새로이 합성되는 단백질의 최소 10퍼센트가량이 HSP 유전자와 같은 샤페론을 필요로 한다. 한 예가 세포골격계 단백질이다. 세포골격계 단백질 튜불린과 액틴은 HSP60 유전자로 이루어지는 샤페로닌에 의해 접히며, 이 샤페로닌이 없이는 제대로 된 기능을 갖춘 튜불린과 액틴을 합성하는 것이 불가능하다.[6] 뿐만 아니라 최근에는 알츠하이머나 파킨슨병처럼 노화와 함께 진행되는 병의 경우에도 단백질 접힘에 이상이 생기며 증상이 심화된다는 것이 속속 밝혀지고 있다.[7]

하지만 단백질 접힘이 가장 많이 영향을 받는 조건은 아무래도 주변 온도가 올라갔을 때다. 주변의 온도가 올라가면 단백질 내의 결합을 이루고 있던 여러 비공유결합이 끊어지고 또 새롭게 생기면서 소수성 아미노산이 단백질 바깥으로 노출된다. 소수성 아미노산은 다른 소수성 아미노산과의 결합력이 강해서 소수성 아미노산끼리 결합하곤 한다. 이를 통해 서로 다른 단백질이 결합을 하게 되고, 이 결합이 점점 더 많은 단백질 사이에 일어나면서 여러 단백질이 뭉쳐진 덩어리aggregate가 생긴다.

HSP 단백질의 역할은 이런 잘못 접힌 단백질을 제대로 접거나, 더 이상 기능을 복구할 수 없이 잘못 접혀진 단백질에 유비퀴틴을 달아 단백질이 분해되도록 하는 것이다. 또 한편으로는, 갓 합성된 단백질이 제대로 접히도록 유도하는 역할도 한다. 그래서 HSP 유전자 발현이 정상 조건에서도, 그리고 온도가 올라가는 조건에서도 일어나야만 한다. 단백질은 언제든 '제대로' 접혀야 하니까 말이다.

오늘날, 여러 종류의 HSP 유전자들이 밝혀졌다. 보통 분자량으로 HSP 유전자를 분리하기 때문에, 공통적으로 HSP70, HSP90, HSP60, HSP100, 그리고 크기가 작은 small HSP 등으로 분류된다. 다른 단백질을 '돕는' 단백질인 만큼, 발현량이 많은 편이고 어디서나 잘 접히는 성질을 지녀, 그 단백질 구조가 많이 알려진 편이다. 크게 소수성 아미노산 잔기에 결합하여 열역학적으로 더 쉬운 결합을 이루는 것을 막는 계열의 HSP 단백질과, ATP 에너지를 이용해 보다 '적극적으로' 단백질의 접힘을 유도하는 계열의 HSP 단백질로 나뉜다.

HSP 단백질이 어떤 일을 하는지 아는 것은 매우 중요하지만, 보다 많은 사람들이 HSP 유전자 발현을 증가시키는 전사인자를 찾는 데 더 관심이 많았다. 이미 다른 동물에서 HSP 유전자의 프로모터 지역에 존재하는 공통 염기서열이 알려졌고, 이에 결합하는 HSF(Heat shock factor) 단백질 또한 알려져 있었다. 2000년, 애기장대 유전체 분석 결과와 함께 HSF 상동유전자를 찾았더니 애기장대에만 HSF 상동유전자가 20개가 넘는 것으로 나타났다.[7] 움직이지 못하는 만큼, 다양한 방식으로 HSP 유전자의 발현을 조절할 필요가 있기 때문이다.

HSF의 기능이 제대로 밝혀진 것은 2002년의 일이었다. 그리고 애기장대가 아니라, 열에 취약한 토마토에서 연구가 진행되었다. 다른 생물에서 HSF 유전자가 예측된 이후, 토마토에서도 여러 HSF 유전자가 예측되었다.[8] 그중 하나가 HSF1A이었다. 프랑크푸르트의 클라우스-디터 샤프Klaus-Dieter Scharf의 연구진은 토마토 HSF1A 유전자가 삽입된 개체를 조직배양을 이용해 얻어냈다. 이들은 먼저 HSF1A를 과다 발현할 수 있는 DNA 조각을 합성했다. 그 DNA 조각에는 항생제에 저항성을 갖게 하는 유전자도 포함되었다. 그리고 아그로박테리움이 DNA를 식물 염색체에 삽입하는 원리를 응용해 HSF1A 유전자와 항생제 저항성 유전자가 동시에 염색체에 끼어 들어가게 했다. 이들은 토마토 잎에서 캘러스를 유도한 후 아그로박테리움과 함께 배양해서 토마토 염색체에 DNA가 삽입되게 했다. 그 후, 아그로박테리움을 제거하고 캘러스를 키웠다.

어느 정도 캘러스가 안정화된 후에는, 스쿠그 팀에서 발견한 조직배양 원리에 따라 사이토키닌을 이용해 상층부를 유도하고, 이후에는 옥신을 이용해 뿌리가 발달하게 하여 온전한 토마토 개체를 키웠다. 이 세대를 T0 세대라고 한다. 그리고 이 개체를 항생제가 든 배지에 키워 카나마이신 저항성을 띤 식물체만 살린다. 아그로박테리움에 의해 주입된 DNA에 항생제 저항성 유전자와 HSF1A 유전자가 함께 들어 있기 때문에 항생제 저항성을 띠는 개체는 HSF1A 유전자도 과다 발현한다고 예상할 수 있다.

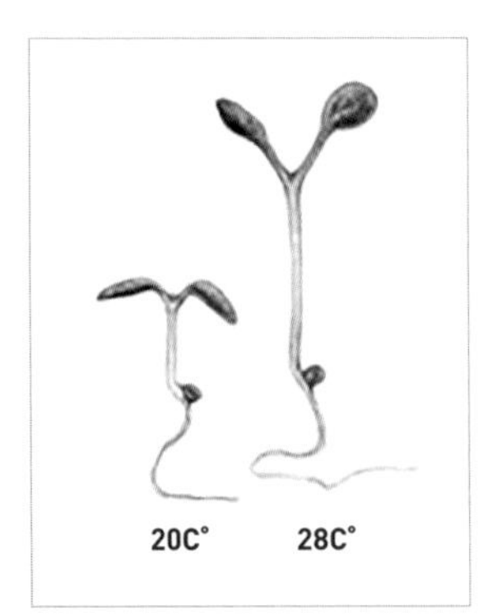

그림 4-2 온도에 따른 애기장대의 생장 차이.

이때 이들은 HSF1A 유전자가 전사되는 DNA 염기서열과, 그와 상보적이어서 유전자가 전사되지 않는 DNA 염기서열, 두 가지 DNA 조각을 모두 만들었다. 전사 가닥이 포함된 조각은 삽입되면 토마토에서 HSF1A의 발현을 증가시킬 것이었다. 하지만 상보적인 가닥이 포함된 조각은, 토마토에서 합성하는 전사 가닥과 결합해 이중 RNA를 만들어 siRNA가 될 터였다. 그렇게 되면 토마토의 HSF1A 발현을 훨씬 낮게 억제할 수 있다. 이렇게 제작된 두 가지 형질전환체는 예상했던 것처럼 더위에도 시들지 않고 자랐으며, 열매의 크기도 일반 토마토와 비슷하거나 조금 더 컸다.

열에 의해 잘못 접힌 단백질을 가장 먼저 인식하는 것은 HSP 단백질이다. 그러므로 HSP 단백질들이 제대로 접히지 못한 단백질에 결합하고 이것이 신호가 되어 HsfA 단백질 전사인자가 더 많은 HSP 유전자 전사를 유도한다는 것이 지금까지의 견해였다. 하지만 HSP는 HsfA 단백질 전사인자에 의해 전사가 늘어나는 것이지, HSP 단백질 자체는 열을 감지할 수 없다.[9]

그런데 2016년, 빛을 인지하는(4부 5장 참조) 광수용체 피토크롬이 빛과 온도를 동시에 감지할 수 있다는 내용의 논문이 발표되었다.[10] 실제로 주변 온도가 5도 정도 증가하면 애기장대는 줄기를 늘이면서 자라기 시작한다. 이렇게 줄기가 늘어나면서 자라는 것은 빛이 없는 그늘에서 자랄 때와 유사한 표현형이다. 이처럼 열이 식물의 형태발생에 영향을 미치는 것을 '열형태발생thermomorphogenesis'이라고 부른다.

햇빛을 받으면 따뜻한 열에너지도 함께 받는 게 당연한 것처럼, 식물도 빛과 열이라는 자극을 동시에 받아들이고 조절하는 방식으로 진화해왔다. 다음 장에서는 식물이 빛을 어떻게 받아들이고, 그에 맞춰 생장을 조절하는지 살펴보자.

CHAPTER 05 빛

영국의 겨울이 끝나가기 시작했다. 아이와 함께 출근하던 어느 날, 라디오로 기상예보가 흘러나온다. '오늘은 이것 저것 조금씩 다 경험해볼 수 있는 날씨가 되겠습니다. 해도 잠깐 나고, 비도 잠깐 오고, 안개도 깔릴 예정입니다.'

이곳에 온 첫해, 그게 무슨 의미인지 잘 몰랐다. 어떻게 하루아침에 사계절을 경험할 수 있겠는가? 날씨라는 게 그렇게 획획 바뀔 수는 없는 것 아닌가? 그런 생각은 나의 큰 착각이었다. 아이가 낮잠에 든 사이에 시작된 우박은 10분 만에 그치고, 아이가 일어날 때쯤 쨍하게 푸른 하늘이 펼쳐지곤 했다. 아무리 우박이 왔었다고 이야기를 해도, 아무도 나를 믿어주지 않았다.

겨울과 봄 사이가 되면, 1시간 간격으로 해가 떴다가, 구름이 꼈다가, 비가 왔다가, 혹은 우박이 내렸다가, 다시 해가 뜨기 일쑤였다. 일주일이 멀다 하고 무지개를 보던 때도 있었다. 한국에서는 귀한 무지개가, 이곳에서는 변덕스러운 날씨를 상징하는 것이 되어버리고 말았다.

움직일 수 있고, 옷을 걸쳐서 체온을 조절할 수 있는 사람에게 변덕스러운 날씨는 조금 고생스러울 뿐, 생사의 큰 문제가 되지는 않는다. 하지만 움직일 수 없는 식물에는 변덕스러운 날씨가 생사에 큰 영향을 끼칠 수 있다. 그중에서도 식물이 가장 민감하게 반응하는 것은 빛이다. 영국의 수시로 변하는 날씨 가운데서 햇빛이 갑자기 들었을 때, 광합성을 해두어야 한다. 1시간 뒤면 햇빛이 도로 사라질 수 있기 때문이다. 하지만 너무 센 햇빛 아래 오래 있으면 광합성 관련 단백질이 빛에너지에 의해 손상될 확률이 높아진다.

햇빛이 너무 센 것은 아닌지 판단하면서 구름이 햇빛을 가리기 전까지 최선을 다해 광합성을 해서 식량을 비축해두어야 한다. 식물은 그렇다면 빛을 어떻게 인지하고, 어떻게 반응할까?

Xanthium pensylvanicum

국화과 | 도꼬마리속 | 도꼬마리

○ ○ ●

멍하니 나무 밑에 누워서 하늘을 올려다보는 걸 좋아한다. 산들산들 바람에 흔들리는 잎 사이로 햇빛이 흔들린다. 날 비추는 빛은 따뜻함을 줄 뿐이지만, 내게 오기 전에 나뭇잎을 거치는 빛은 나뭇잎 안에서 포도당을 만드는 데 사용되어 지구의 온 생물에 에너지를 제공한다.

그렇기 때문에 식물에 신호는 매우 중요하다. 빛의 강도, 파장, 각도 등이 모두 식물에 의해 파악된다. 식물의 광수용체가 그 역할을 한다. 식물의 광수용체는 붉은빛을 받아들이는 피토크롬phytochrome, 푸른빛을 받아들이는 크립토크롬cryptochrome과 포토프로핀phototropin, 자외선을 받아들이는 UVR8 단백질 등이 있다. 빛을 받은 후 형태가 바뀌는 단백질이 대부분이다. 하지만 발견되기 전까지만 해도 빛을 받아 형태가 바뀌는 단백질이 존재할 것이라고 확신하는 과학자들은 많지 않았다.

이렇게 상상이라고 여겨지던 단백질이 실존한다는 것을 증명한 과정에는 많은 과학자들의 노력이 숨어 있다. 그리고 식물의 광수용체 피토크롬이 밝혀졌던 주요 발견은 미국 메릴랜드주 벨츠빌의 농무성 연구소에서 이루어졌다.[1] 그곳에서 일을 시작한 이븐 툴Eben H. Toole은 미국 농무성 종자검사연구소의 책임 연구원이었다.

그와 함께 일하던 루이스 플린트Lewis H. Flint는 1934년, 그간 발견한 내용을 논문에 발표했다.[2] 플린트는 상추의 휴면 및 상추가 발아하는 여러 조건을 연구 중이었다. 역설적이게도 판매되는 도중에 발아되지 않는 조건을 찾기 위해서였다. 그는 충분히 적신 수건 위에 놓여 있는 상추 종자에 빛을 쬐면 발아가 된다는 것을 밝혔다. 빛을 쬐지 않은 종자에서는 발아가 전혀 일어나지 않았지만, 강한 빛을 4초만 쬐어도 발아가 시작되는 것이다. 뿐만 아니라 그는 그 빛이 붉은 계열이어야 한다는 사실도 언급했다. 푸른 계열의 빛은 아무리 쬐어도 발아가 일어나지 않았다. 식물이 붉은빛을 인지할 수 있다는 중요한 근거였다.

1938년, 캘리포니아 공과대학의 교수였던 제임스 보너James Bonner는 연구원 칼 햄너Karl C. Hamner와 함께 잠시 시카고 대학에서 실험을 진행했다.[3] 이들은 밤낮의 길이를 식물이 인지하는 방식에 대한 중요한 힌트를 얻게 된 연구를 진행했다. 이들은 '광중단light break'을 발견했다. 사실, 이들 전에 많은 연구자들이 '광중단' 현상을 인지하고 있었다. 광주기성을 발견했던 가너와 앨러드도 이미 1933년에 한낮의 중간에 빛을 차단하는 것보다, 한밤에 아주 조금 빛을 쬐어주는 것이 개화를 촉진하는 데 더 효율적이라고 발표했다.[4] 하지만 그들은 이 현상의 중요성을 미처 몰랐다.

보너와 햄너는 대표적인 단일식물인 도꼬마리(*Xanthium pensylvanicum*)를 모델식물로 선택했다. 도꼬마리는 짧은 낮 길이를 한 번만 경험해도 꽃을 피워서, 낮의 길이가 개화에 미치는 영향을 연구하기 유리한 식물이었다. 이들의 본래 계획은 도꼬마리에서 플로리겐을 추출하는 것이었다. 하지만 2부 1장의 내용을 통해 예상할 수 있겠지만, 이 계획은 실패로 돌아갔다. 그러나 이들은 도꼬마리 연구를 통해 중요한 현상을 밝힌다. 식물의 개화에는 밤의 길이가 더 중요하다는 사실이었다. 이들은 밤에 1분만 빛을 비추어도 단일식물인 도꼬마리의 개화가 억제된다는 사실을 알아냈다.

플린트의 연구는 발아 조건이었던 것과 달리, 보너와 햄너의 연구는 개화가 주제였다. 한동안 많은 이들이 이 둘이 필요로 하는 빛의 조건은 다를 것이라고 예상했다. 1939년, 플린트의 상사인 이븐 툴이 벨츠빌로 옮기면서 새로운 채소 종자 연구팀이 설립되었고, 발아와 개화 모두 똑같은 광조건을 요구한다는 것을 밝혔다. 벨츠빌에서 광주기 연구의 책임연구원이었던 해리 보스윅Harry A. Borthwick과 툴은 발아 현상을 이용해 함께 연구를 이어갔다.

그리고 1952년, 흥미로운 실험 결과가 나왔다.[5] 공동 연구팀은 상추 씨를 심고 다양한 파장대의 빛을 쪼이면서 발아를 관찰했다. 상추 씨의 발아는 붉은빛(650나노미터 파장대)에서 가장 효율적으로 일어났지만, 근적외선(750나노미터 파장대)을 쪼이면 발아가 강하게 억제되었다. 무엇보다 흥미로운 사실은 마지막으로 쪼인 빛이 어떤 빛이었느냐에 따라 발아가 영향을 받는다는 점이었다. 연구팀은 붉은빛과 근적외선을 번갈아 비추면서 발아에 미치는 효과를 관찰했다. 그 결과 마지막으로 쬔 빛이 붉은빛일 때만 발아가 진행되었다.

이는 붉은빛과 근적외선을 모두 인지할 수 있고, 붉은빛에 의해 켜지고, 근적외선에 의해 꺼지는 기능을 갖는 광수용체가 식물에 있을 것이라는 가설로 이어졌다. 하지만 광수용체를 추출해내는 것은 쉬운 일이 아니었다. 일단 광수용체의 존재를 측정하는 것도 어려웠다. 다양한 종의 식물로 실험을 해본 끝에, 벨츠빌의 연구진들은 암상태에서 키운 식물을 분광광도계로 측정하면 이 광수용체를 측정할 수 있을 뿐만 아니라 붉은빛을 받아들인 상태와 근적외선을 받아들인 상태까지도 구분할 수 있음을 보였다.[6] 빛 아래서 키운 식물은 안토시아닌을 액포에 축적하게 되는데, 이 안토시아닌이 그동안 분광광도계 측정을 방해했던 것이다.

초창기 수용하는 빛의 파장대에 따라 P660, P750으로 구분되어 불렸던 이 미지의 광수용체는, 분광광도계로 그 존재가 확인된 후, 피토크롬이라는 제대로 된 이름을 얻었다. 오늘날, 붉은빛을 받아들인 피토크롬은 (붉은빛을 받음으로써 형태가 바뀌어서 근적외선을 받을 수 있다는 점에서) Pfr 단백질, 반대로 근적외선을 받아들인 피토크롬은 Pr 단백질이라 불린다. 받아들인 빛이 아니라, 받아들일 수 있게 된 빛을 이용한 작명이 다소 헷갈릴 수는 있으나, 광수용체를 연구하던 당시에는 흡광도를 이용해서 광수용체를 구분했다는 점을 떠올려본다면 근거가 있는 이름이다.

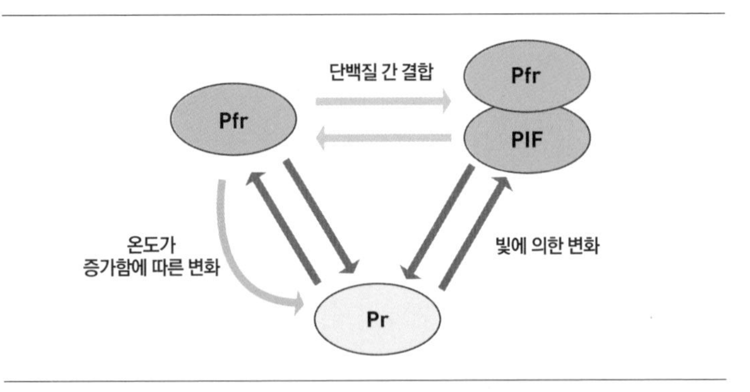

그림 5-1 붉은빛을 받은 Pr은, 근적외선을 받아 Pfr로 변하는데, 이 변화는 온도에 의해서도 일어날 수 있다. Pfr만이 전사인자 PIF와 결합할 수 있다.

식물은 식물체 내에 있는 Pr 단백질과 Pfr 단백질의 비율에 따라 빛의 질을 측정한다. 두 광수용체가 받아들일 수 있는 파장이 겹치지 않아서, 모든 광수용체가 둘 중 하나로 전환될 수밖에 없기 때문이다. 그리고 이 둘의 비율이 중요한 이유는 또 있다. 바로 빛을 가리는 경쟁 식물이 있는지를 판별할 기준이기 때문이다. 광합성을 하는 잎은 주로 붉은빛과 푸른빛을 흡수하므로, 그 아래로 도달하는 빛은 근적외선의 비율이 높다. 그러므로 어떤 식물이 빛을 받아들일 때, 근적외선의 비율이 더 높다면 그 식물 위에 또 다른 식물과 경쟁 관계에 놓인 것이다.

이에 반응해 아래쪽에 있는 식물은 생장 형태를 바꾼다. 줄기가 길게 자라면서 식물 지상부가 전반적으로 키가 커진다. 위쪽의 경쟁 식물보다 더 빨리 자라 햇빛에 다다르려는 전략이다. 이를 음지 회피shade avoidance 반응이라고 부른다. 그리고 이 Pr 단백질과 Pfr 단백질의 비율은 온도의 영향도 받는다. Pfr 단백질 상태의 피토크롬은 열에 의해 Pr 단백질로 전환될 수 있다. 피토크롬이 없는 돌연변이 *phyB*는 온도가 낮을 때도 높은 것 같은 형태를 보인다. 이는 광수용체인 피토크롬이 높은 온도를 인지하는 센서로 작용함을 의미한다.[7]

한편, 전반적인 빛의 세기가 너무 강해도 식물에 불리하다. 뜨거운 햇볕 아래 있으면 온도 조절도 안 되거니와, 빛의 세기가 너무 강하면 그 에너지로 인해 광합성 수용체의 기능에 과부하가 걸리는 경우도 있기 때문이다. 이를 광저해photoinhibition라 부른다. 특히 영향을 받는 단백질은 엽록체에서 빛을 받아들이는 광계 II다. 광계 II는 광합성의 명반응 과정 중 빛을 받아들이는 첫 수용체다. 그렇기 때문에 빛의 강도에 가장 민감하기도 하다. 지나치게 센 빛이 도달했을 때, 광계 Ⅱ는 기능을 멈춘다. 물론, 광합성을 하지 않을 수는 없기 때문에, 광저해를 최대한 줄이기 위해 광계 Ⅱ는 빛에 의한 손상으로부터 스스로 회복할 수 있는 기작을 갖추고 있다.

그럼에도, 너무 센 빛이 광계 Ⅱ에 도달하면 광저해는 피할 수 없다. 그렇기 때문에 식물은 세포 단위로, 혹은 식물 개체 단위로 센 빛을 회피하는 기작을 발달시켰다. 그중 육안으로 가장 쉽게 확인할 수 있는 것이 잎의 방향이다.[8] 햇빛이 쨍쨍 내리쬐는 날이면 키우던 식물의 잎이 아래로 축 처지는 것을 관찰할 수 있다. 간혹 너무 더워 물이 부족해서 그런 게 아닐까 생각할 수도 있지만, 이는 너무 센 빛을 피하기 위한 식물의 회피 반응이다.

또 다른 반응은 엽록체를 대피시키는 것이다.[9] 너무 강도가 센 빛이 세포에 도달하면, 평소 빛이 닿는 방향의 수직으로 위치해 있는 엽록체가 양 끝으로 옮겨 간다. 받아들이는 빛의 양을 줄이는 것이다. 이는 전체 가시광선만이 아니라, 파장이 짧은 푸른빛을 쪼여도 일어나는 현상이다. 받아들인 빛에너지를 열에너지로 전환하는 방식도 있다. 광계 주변에는 광수확색소복합체light-harvesting complex가 있는데, 여기에서 빛에너지를 모아 광계로 보내주는 역할을 한다. 하지만 빛의 세기가 너무 세고, 광계 Ⅱ의 단백질이 빛에 의해 손상되었을 때, 광수확색소복합체의 색소는 빛에너지를 광계에 전달하지 않고 열에너지로 소모해버린다.[10]

마지막 방식은 광호흡을 촉진하는 것이다. 광호흡은 애기장대와 같은 C3 식물에서 볼 수 있는 반응으로, 이산화탄소를 고정해야 하는 루비스코가 대신 산소를 고정하면서 일어나는 현상이다. 이 과정을 통해 이산화탄소를 고정하기는커녕, 산소 두 분자를 추가로 사용할 뿐 아니라, 외려 이산화탄소 한 분자를 더 내놓게 되므로, 광합성의 기준에서는 손해가 큰 반응이다. 하지만 빛이 너무 센 경우에는 오히려 광호흡이 식물을 보호하는 역할을 한다. 이를 입증하듯, 최근의 연구 결과 중에는 식물이 갑자기 빛을 받게 되면, 실제로 광호흡에 필요한 유전자의 발현을 늘린다는 보고가 있다.[11] 햇빛의 세기를 조절할 수는 없으니, 식물은 스스로의 형태나, 세포 내 유전자 발현을 바꿈으로써 시시각각 변하는 햇빛의 세기에 반응한다.

그렇다면 피토크롬은 어떻게 식물의 전체 유전자 발현에 영향을 미칠까? 피토크롬의 변화를 인지하는 전사인자가 있지 않을까? 그 전사인자는 바로 PIF 유전자다. 애기장대에는 여러 개의 PIF 유전자가 있으며, 모두 DNA에 결합해 전사를 촉진하는 전사인자다.[12] 이 PIF 전사인자는 Pfr 단백질과 결합하는데, 그중에서도 가장 먼저 발견된 것은 PIF3다.[13] Y2H를 통해 Pfr 단백질과 결합하는 것이 먼저 알려졌으며, 그 후 Pr 단백질이 아닌 Pfr 단백질과만 결합하는 것이 알려졌다. 하지만 PIF3 단백질을 비롯해, 가장 유사한 PIF1, PIF4, PIF5 단백질 등은 Pfr 단백질과 결합 후 유비퀴틴이 달려 분해됨으로써, 평소에는 빛에 의한 형태 형성을 억제하고 있다. 한편, *pif1*, *pif3*, *pif4*, *pif5*가 모두 돌연변이 된 *pifQ* 돌연변이는 앞서 살펴보았던 COP(constitutively photomorphogenic) 형태를 보인다. 즉, 어둠 속에서도 빛이 있는 것처럼 새싹이 활짝 열린다.

그늘에서는 식물이 줄기를 길게 늘이면서 자라는데, *pifQ* 돌연변이에서는 줄기가 덜 늘어난다. 평소 애기장대가 자라는 온도보다 조금 높은 온도(섭씨 27도)에서 키워도 그늘에서 키우는 것처럼 줄기가 늘어나지만, *pifQ* 돌연변이는 그 양상이 덜하다. 이는 온도가 높거나, 그늘에 있을 때 줄기가 길어진 애기장대 싹에서 *pifQ*의 발현이 증가하는 것과 일치하는 반응이다.

이렇게 PIF 단백질은 빛에 의한 반응뿐만 아니라 여러 식물호르몬, 그 외 열 등에도 반응하는 전사인자로 알려져 있다. 식물이 처한 환경에 대한 반응, 그리고 식물체 내의 호르몬 반응 등을 모두 통합하여 적절히 대응하게끔 하는 허브의 기능을 수행한다.

식물은 빛이 있어야만 살 수 있다. 그렇기 때문에 빛을 최대한 흡수하는 장치를 다수 갖추고 있다. 대표적인 예가 음지 회피 반응이다. 하지만 너무 센 빛은 오히려 식물에게 독이 된다. 그렇기 때문에 식물의 형태를 바꾸거나 광합성 방식을 바꿔 과도한 빛으로부터 스스로를 보호한다. 최근에는 빛 수용체가 온도도 감지하는 것이 알려지게 되었다. 그리고 식물의 빛 수용체는 전사인자인 PIF 단백질 전사인자를 조절해서 빛에 대응을 바꿔나간다.

CHAPTER 06 물

대학 새내기가 되어 농활을 갔다. 도시에서만 자란 내게 농활은 꼭 가고 싶은, 아니 꼭 가야만 할 것 같은 활동이었다. 첫날 딸기 비닐하우스 철거를 돕고는 방에 그대로 뻗었다. 파스를 챙겨 올걸, 서러워 울 뻔했다. 하지만 시간이 흐를수록 일이 점점 편해져갔다. 할 일이 별로 없던 어느 오후, 근처에 홀로 사는 할머니께서 일손이 필요하다며 우리를 부르셨다. 피를 뽑아야 한다고 하셨다. 텔레비전으로만 논을 봤던 나는, '피를 대체 왜 뽑나' 하는 궁금증이 가득했다.

돌피(*Echinochloa crus-galli*)는 논에 자라는 잡초다. 꽃이 나지 않은 상태에서는 벼와 구분하기가 힘들다. 벼와 피 모두 벼목Poales으로 같기 때문이다. 할머니께서는 구분하는 방법을 알려주셨다. 생김새로는 알 수가 없으니 멀찍이 서서 논을 바라볼 때 줄 맞춰 심기지 않은 게 피라고 하셨다. 실제로 뽑다 보니 피와 벼는 생김새만으로는 구분하기가 매우 어려웠다.

여기에는 인간의 몫도 있다. 사람들이 아주 오래전부터 벼를 키우고, 피는 골라냈기 때문에 벼와 비슷하게 생긴 피가 무사히 꽃이 필 때까지 살아남는 경우가 늘어났다. 오랜 기간 이 과정이 반복되면서 벼와 비슷하게 생긴 피로 진화한 것이다.

그렇지만 나는 피를 뽑는 내내 다른 게 궁금했다. 어떻게 벼는 물속에서 살 수 있지? 피는 또 어떻게 물속에서 살 수 있지? 식물은 산소 없이 살 수 없는 생물이고, 물속에 들어앉으면 당연히 산소가 안 통할 텐데… 어떻게 살아남을 뿐만 아니라 쑥쑥 자라고 꽃도 피고 이삭이 패지?

Echinochloa esculenta

벼과 | 벼속 | 피

○ ○ ● 도시에서 태어나 도시에서만 자란 나는 대학에 들어가 농활에 참가하고 나서야 논에 심은 벼를 직접 만져볼 수 있었다. 그때 이후로도 다시 논에 심은 벼를 직접 보지는 못했다. 식물학자라면서 벼도 안 만져봤다니, 아이러니가 아닐 수 없다. 오늘날 실험실에서 이루어지는 식물학은 애기장대와 같이 선택된 식물만을 깊이 파고들다 보니 생기는 부작용이다. 앞으로는, 더 많은 학자들이 야심 차게 새로운 식물 연구를 시작하게 될 것이다. 그리고 이미 벼는 주요 모델생물에 포함될 정도로 연구가 활발히 되고 있다.

내가 흔히 보았던 광경은 벼를 논에 키우는 것이었지만, 벼는 밭에서도 자랄 수 있다. 다만 밭에서 키울 때보다 논에서 키울 때 잡초가 적게 자라서 키우기가 조금 수월하다. 밭에서 자라는 잡초가 물을 댄 논에서는 자라지 못하기 때문이다. 그만큼 식물은 물에 잠기는 것을 좋아하지 않는다. 산소와 이산화탄소의 교환이 차단되기 때문이다. 벼도 마찬가지다. 논에 키운다고 해서, 물이 많은 조건에서 잘 살아남을 수 있는 것은 아니다. 홍수가 들이닥쳤을 때를 생각해보면 알 수 있다. 오랜 기간 물에 잠겨 있을수록 살아남을 확률이 줄어든다.

물에 잠겨 있는 식물은 어떤 피해를 입을까? 가장 큰 피해는 산소 부족이다. 식물은 기공을 통해 산소와 이산화탄소를 교환하는데, 물에 잠기면 이 교환 통로가 차단되어버린다. 따라서 물에 오랫동안 잠겨 있는 식물은 그에 대응하기 위해 통기조직aerenchyma을 발달시킨다.

하지만 깊은 물에서 자라는 벼는 크게 두 가지 반응으로 홍수를 이

겨낸다. 우선 휴지기quiescence를 택하는 품종이다. 이 품종은 수위가 올라가 식물이 물에 잠긴 뒤 10~14일까지 생장을 멈춘다. 에너지를 최대한 아끼면서 홍수가 끝날 때까지 버티는 것이다.[1]

한편, 반대로 도망가는 전략을 택하는 식물도 있다.[2] 이 품종은 수위가 올라가면 생장을 촉진해 잎이 항상 수면 위에 있게끔 하는 뜬벼floating rice다. 뜬벼는 홍수가 자주 나는 곳에서도, 사람 키를 훌쩍 넘는 아주 깊은 물에서도 살 수 있다. 그 이유는 하루에 최대 25센티미터까지 자라면서 수면 위로 올라가기 때문이다.

뜬벼 연구의 기틀을 잡은 것은 한스 켄데의 팀이었다.[3] 바로 1부 1

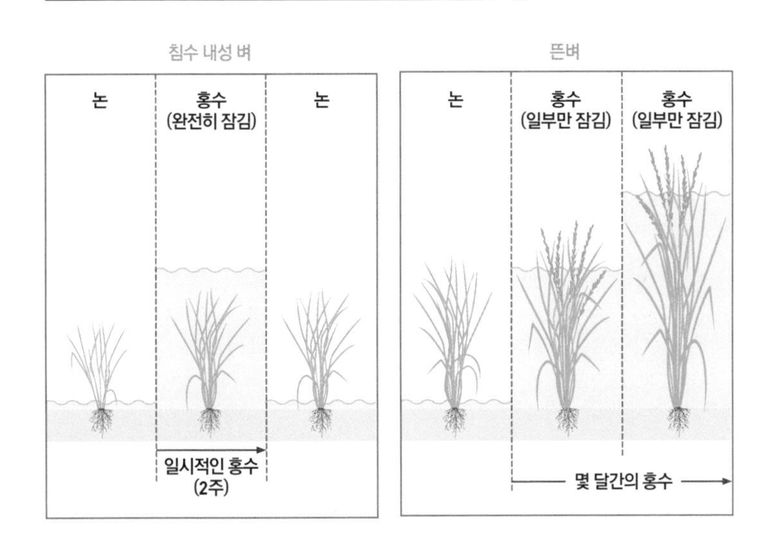

그림 6-1 침수 내성 벼는 일시적인 홍수 기간 동안 물에 잠겨 있는 전략을 취하는 반면, 뜬벼는 홍수가 나면 생장 속도를 늘려서 수면 위로 식물이 자란다.

장에서 에틸렌을 연구하여 처음으로 돌연변이를 찾은 팀이다. 켄데의 팀에서는 뜬벼의 줄기를 물에 담그기만 해도 생장이 촉진된다는 것을 1983년에 발표했다. 그리고 그 이후, 물에 잠긴 뜬벼가 어떻게 생장을 촉진하는지를 분석했다. 이 과정에서 에틸렌이 생장 촉진에 중요한 역할을 한다는 것을 밝혀냈다. 이는 매우 아이러니한 발견이었다. 애기장대에서는 에틸렌이 생장을 억제하기 때문이다. 모델식물로 선택된 애기장대와는 전혀 다른 반응이 벼에서 일어난다는 것은, 당연하지만 애기장대가 '완벽한' 모델식물일 수는 없다는 뜻이었다. 결국 이 연구는 애기장대에서 진행되지 못하고 벼에서만 할 수 있는 것이었다.

2009년, 뜬벼에서 에틸렌에 의해 줄기 생장을 촉진하는 인자 2개가 발견되었다.[4] 연구자들은 QTL 분석을 통해 찾은 이 두 유전자를 잠수할 때 쓰는 스노클에서 본떠 이름 지었다(SNORKEL1, SNORKEL2, SK1, SK2). 뜬벼 종에만 있는 이 유전자는 에틸렌에 의해 발현이 증가했다. 그리고 이 유전자는 지베렐린을 통해 줄기 생장을 유도하는 것처럼 보였다.

벼의 키는 역사적으로 매우 중요했다. 앞서 살펴봤던 키다리벼 '바카네'도 유명하지만, 그보다 더 중요했던 것은 난쟁이 벼인 'IR8'였다. 필리핀에 위치한 미작연구소에서 육종된 벼 IR8는 키가 작았다. 작아서 비바람에 잘 쓰러지지 않으면서도, 수확량이 많았다. 병원균이 합성하는 지베렐린에 의해 키가 크는 키다릿병에 걸린 벼에 비해, IR8와 그 후손들(통일벼도 포함된다)은 지베렐린 합성에 꼭 필요한 효소에 돌연변이가 일어나 키가 크지 않았다. 돌연변이가 일어난 유전자는 최초 발견 당시 *sd-1*(*semidwarf-1*)이라고 이름 지어졌고, 이후 지베렐린 합성효소라는 것이 알려지게 되었다. 지베렐린의 합성이 억제되기 때문에 키가 작은 벼가 된 것이다.

2018년, 드디어 SK1과 SK2 이외에 뜬벼에서 줄기 생장을 촉진하는 인자가 추가로 발견되었다.[5] 놀랍게도, 그 유전자는 1970년대 녹색혁명을 가능하게 했던 SD-1이었다. 녹색혁명을 일으킨 *sd-1* 돌연변이는 유전자의 효소 활성이 줄어 지베렐린의 양이 줄어들게 해서 키가 작은 벼가 되었다. 이와 달리 뜬벼를 많이 키우는 남아시아 등지에서는 SD-1의 또 다른 돌연변이가 선택되었다. 이 돌연변이는 효소 활성을 더 늘려서 줄기와 마디 사이에 있는 지베렐린의 양을 늘렸고, 그로 인해 줄기가 길어진 것이다. 이 유전자는 특히 에틸렌의 영향을 받아 발현량이 늘어났다. 식물이 물에 잠기고, 그로 인해 공기 교환이 막히면서 에틸렌이 줄기에 쌓이게 되었고, 그것이 남아시아에서 많이 발견되는 *sd-1* 돌연변이의 SD-1의 양을 늘리는 신호가 된 것이다.

2020년, 뜬벼에서 줄기 생장을 조절하는 인자 둘이 발견되었다.[6] 뜬벼에서만 발견되는 두 유전자는 지베렐린에 의한 줄기와 마디 사이 생장에 꼭 필요한 인자였다. 그중에서도 ACE1(Accelerator of internode elongation 1)은 지베렐린에 의해 양이 조절된다. 논에서 키우는 일반 벼에서는 ACE1이 지베렐린에 의해 양이 늘어나지 않았다.

또 다른 유전자는 DEC1(Decelerator of internode elongation 1)이었다. DEC1 유전자는 반대로 뜬벼에서만 지베렐린에 의해 발현량이 줄어들었다. DEC1 유전자 발현은 특히 세포분열이 일어나는 지역에서 줄어들었고, DEC1 유전자 발현이 줄어들면서 세포분열에 관련된 유전자의 발현은 증가되었다. 결국 ACE1은 줄기 사이의 절간분열조직intercalary meristem을 유지하여 세포분열을 지속시키는 역할을, 반대로 DEC1은 평소에는 줄기 생장을 억제하지만 물에 잠기는 조건에서는, 적어도 뜬벼에서는 발현량이 감소하면서 줄기 생장을 가능하게 한다. 그리고 이 둘 외에 이전에 발견된 SK1, SK2 유전자는 에틸렌에 의해 반응하고 이를 지베렐린 합성 유도로 연결시키는 역할을 한다.

벼는 홍수에 가장 취약한 작물 가운데 하나다. 그런데 홍수가 일어나기 쉬운 농지에 벼를 많이 심는다. 빠르게 일어나는 기후변화 역시 벼가 홍수에 더 자주 노출될 가능성을 높인다. 남아시아에서 자라는 뜬벼나 침수 내성 벼는 그런 의미에서 중요한 자원이 될 수 있다.

이산화탄소

1779년 네덜란드의 얀 잉엔하우스Jan Ingenhousz는 유리병 안에 식물이 든 화분과 쥐를 한 마리 넣고 실험을 진행했다. 그리고 빛이 있을 때는 유리병 안의 쥐가 살아 있지만 빛이 없을 때는 쥐가 죽는다는 사실을 발견했다. 그리고 분석을 통해 빛이 있을 때는 식물이 산소를 합성해서 쥐가 살고, 빛이 없을 때는 이산화탄소가 방출되어 쥐가 죽는다고 발표했다.

하지만 쥐를 죽일 수도 있는 이산화탄소는 식물의 식량이다. 이산화탄소 분자와 햇빛을 이용해서 포도당을 만들기 때문이다. 그러나 공기 중의 이산화탄소는 0.3퍼센트 정도로 매우 낮다. 그래서 이산화탄소의 양이 식물의 광합성 효율을 결정하는 원료가 된다. 게다가 이산화탄소를 처음으로 이용하는 광합성효소 루비스코는 산소와 결합하기도 한다. 산소의 대기 중 농도는 20퍼센트로, 이산화탄소보다 훨씬 높다. 이산화탄소를 따로 집중시키는 방법이 없다면, 루비스코는 이산화탄소보다는 산소와 결합할 확률이 높을 수 있다.

그래서 몇몇 식물은 다른 광합성 방식을 사용한다. 이들이 하는 광합성 과정은 이산화탄소와 탄소가 3개 있는 화합물이 결합하면서 탄소가 4개인 화합물이 만들어지기 때문에 C4 광합성이라고 부른다. 수수, 옥수수 등이 대표적인 C4 식물이다. 이와 달리 애기장대, 벼 등은 이산화탄소가 탄소가 2개인 화합물과 결합해서 탄소 3개짜리 화합물이 합성되기 때문에 C3 광합성이라고 부른다.

C4 광합성 식물은 이산화탄소로부터 만드는 첫 물질만 다른 것이 아니다. 광합성이 진행되는 공간도 다르다. C3 식물은 광합성의 모든 과정이 엽육세포에서 일어난다. 하지만 C4 광합성은 식물세포 안 두 곳으로 나뉘어 진행된다. 엽육세포에서는 이산화탄소를 포집한다. 그리고 이렇게 만들어진 C4 화합물이 관다발 옆의 유관속초세포로 옮겨지면서 다시 이산화탄소가 나오며 루비스코와 결합한다. 이렇게 루비스코 효소가 있는 근처에서 이산화탄소 농도를 높임으로써 광합성 효율을 높인다.

과학자들은 C4 광합성의 효율을 옥수수나 수수가 아닌 작물에 도입하고 싶었다. 그렇게 C4 벼C4 rice 프로젝트가 시작되었다.

Sorghum bicolor

벼과 | 수수새속 | 수수

○ ○ ●

이산화탄소는 식물에 없어서는 안 될 중요 요소다. 이산화탄소와 햇빛, 그리고 물을 이용해서 에너지원인 포도당을 만들기 때문이다. 이 포도당은 식물만 쓰는 게 아니고 식물을 섭취하는 모든 생명의 에너지원이다. 결국, 식물은 지구상에 사는 거의 모든 생물을 위한 에너지원을 이산화탄소와 햇빛, 물을 가지고 만드는 것이다.

이산화탄소와 햇빛, 물이 합쳐져 포도당이 만들어지는 과정을 광합성photosynthesis이라고 한다. 사람들은 흔히 햇빛을 쐬러 나가면서 '광합성을 한다'고 하지만, 엄밀한 의미의 광합성은 초록색 엽록체에서 일어나므로 초록색 사람이 아닌 이상 광합성을 할 수는 없다. 반대로 식물이 초록색인 이유는 엽록체가 있고, 엽록체에서 광합성을 하기 때문이다. 엽록체는 인간이 볼 수 있는 가시광선 영역 중에 붉은 계열과 푸른 계열 빛을 가장 많이 흡수하고, 그 사이의 가시광선 영역은 반사하는데, 그 빛이 바로 초록이다. 식물이 초록색인 데는 이유가 있다.

광합성은 명반응과 암반응, 두 가지 과정으로 나뉜다. 빛을 이용하는 명반응은 빛에너지를 화학에너지로 변환시키는 과정이고, 암반응은 이산화탄소를 이용해 변환된 화학에너지를 포도당에 저장하는 과정이다. 얀 잉엔하우스의 실험에서 빛이 있을 때 화분과 함께 유리병에 든 쥐가 살 수 있었던 이유는, 빛에너지가 화학에너지로 변하는 과정인 명반응에서 산소가 만들어졌기 때문이다. 명반응은 빛으로 물을 분해하는데, 물 분자의 산소는 산소 분자가 되고, 수소 분자는 화학에

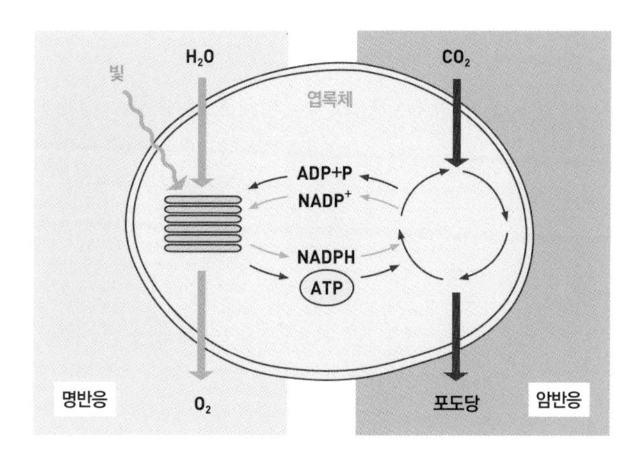

그림 7-1 광합성의 명반응과 암반응. 명반응은 빛 에너지를 이용해서 엽록체에서 물을 쪼개서 에너지를 얻는 과정으로, 산소가 부산물로 생성된다. 암반응은 명반응에서 합성된 에너지로 이산화탄소를 포도당으로 합성한다.

너지를 만드는 데 필요하다. 사실 식물에서 산소는 포도당을 만드는 과정에서 나가는 노폐물이나 마찬가지다. 하지만 사람을 비롯한 동물에는 포도당도 산소도 없어서는 안 되는 물질이다.

모든 화학작용이 그렇듯, 하나의 분자가 2개로 쪼개지는 과정은 큰 에너지를 낸다. 물 분자가 산소 분자와 수소 이온으로 분해되는 과정도 그렇다. 하지만 에너지가 분출되는 과정이 너무 짧아서 효율적으로 이 에너지를 잡아두지 않으면 금방 열에너지로 전환되어 사라지고 만다. 그래서 식물에는 이를 빠르게 화학에너지로 전환시키는 방법이 있다. 바로 산화적 인산화oxidative phosphorylation다.

생명의 에너지 단위는 ATP(adenosine triphosphate)다. 아데노신 염기

에 인산기가 3개 붙어 있는 ATP는 가수분해로 인산기 하나가 떨어져 나간 ADP(adenosine diphosphate)가 되고 그때 발생하는 에너지를 세포가 사용한다. 이런 ATP가 만들어지는 원리에 대해 피터 미첼 이전의

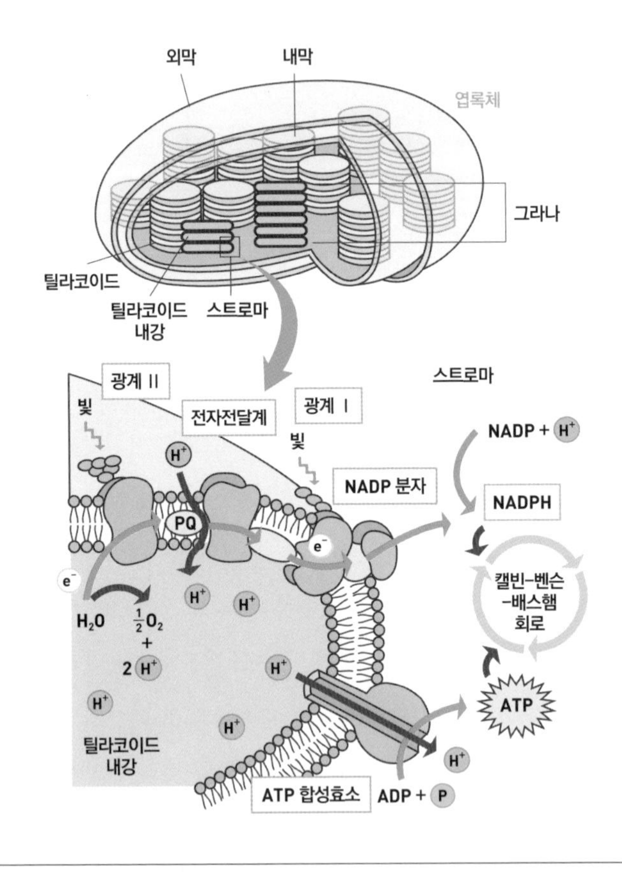

그림 7-2 엽록체에서 일어나는 산화적 인산화 과정. 엽록체 틸라코이드 내강에는 전자전달계 단백질이 있으며 광계에서 받은 빛이 전자전달계로 전해지면서 수소 이온의 농도 구배를 만든다. 그리고 이 농도 구배로 ATP 합성효소가 작동하며 ATP가 합성된다.

학자들은 ADP에 직접 인산기를 다는 방식으로 ATP가 만들어지는 기질 수준 인산화substrate level phosphorylation를 주장했다. 하지만 미첼은 1961년 발표한 논문을 통해 산화적 인산화에 의한 ATP 합성을 제안한다.[1]

산화적 인산화를 위해서는 준비물이 필요하다. 바로 세포막과 전자전달계, 그리고 ATP 합성효소다. 햇빛은 빛을 받아들이는 광계의 전자를 들뜨게 한다. 그러면 이 전자는 막에 박혀 있는 전자전달계에 전달된다. 전자전달계는 전자를 받아들여 그 에너지를 이용해서 수소 이온을 막 안쪽으로 보낸다. 엽록체에는 틸라코이드라는 막으로 둘러싸인 기관이 있고, 여기에 전자전달계와 ATP 합성효소가 있다.

수소 이온은 틸라코이드 안쪽에 쌓이면서 틸라코이드 안쪽과 바깥쪽 사이에는 수소 이온의 농도 차가 크게 생긴다. 이 수소 이온의 농도 차이가 ATP 합성효소에서 ATP가 만들어지는 데 이용된다. 틸라코이드 안쪽의 수소 이온이 ATP 합성효소를 통해 틸라코이드 밖으로 나가면서 그 에너지로 ATP가 생기기 때문이다. 이렇게 수소 이온의 산화 작용을 통해 ADP의 인산화가 이루어지기 때문에 이 과정을 산화적 인산화라고 부른다. 피터 미첼은 이 공로로 1978년 노벨 화학상을 수상했다.

산화적 인산화로 빛에너지를 ATP라는 화학에너지로 모은 후에는 본격적으로 이 에너지를 이산화탄소 '고정'에 사용할 수 있게 된다. 기체인 이산화탄소를 포도당에 끼워넣는 과정을 고정으로 표현한 것은 꽤나 적절해 보인다. 멜빈 캘빈Melvin Calvin은 이산화탄소 동위원소를 이용해 이산화탄소를 표지하고 이를 추적하는 실험을 진행했다. 그는 이를 '광합성에서 탄소의 여정'이라고 표현했다. 그의 실험실에서는 이 과정을 추적함으로써 이산화탄소가 포도당이 되기까지의 경로를 잘 포착했다. 이는 오늘날 캘빈회로로 알려져 있다.

하지만 이렇게 동위원소를 이용해 광합성 과정에서 이산화탄소를 추적하려고 했던 아이디어는 캘빈 고유의 것이 아니라 그와 함께하던 팀의 아이디어였다. 그래서 최근에는 캘빈회로 대신 발견을 같이 한 이들을 포함해 캘빈-벤슨-배스햄Calvin-Benson-Bassham, CBB 회로라고 부른다.

이 과정을 담당하는 가장 중요한 효소가 루비스코Rubisco (Ribulose-1, 5-bisphosphate carboxylase/oxygenase)다. 루비스코는 이산화탄소를 5탄당인 리불로오스ribulose에 고정하는 역할을 담당하는 효소이며, 이후 3탄당 두 분자가 만들어진다. 세상에서 가장 중요하지만, 가장 느리고, 그래서 세상에서 가장 많은 효소다. 식물세포에 포함된 단백질의 총 50퍼센트 정도를 차지할 만큼 많고, 초식동물이 얻는 단백질원의 대부분이 바로 여기에서 온다.

루비스코는 세상에서 가장 일을 천천히 하는 효소이기도 한데, 게다가 가끔 대상을 혼동하는 경우도 있다. 루비스코의 이름 카르복실화효소carboxylase 및 산소화효소oxygenase는 루비스코가 리불로오스에 이산화탄소뿐 아니라 산소 분자를 결합시킬 수도 있음을 의미한다. 그러면 광호흡photorespiration이 일어난다. 산소와 결합된 리불로오스는 더 이상 캘빈-벤슨-배스햄회로로 진행되지 못하고, 광호흡 경로를 거쳐 이산화탄소 한 분자를 내놓게 된다. 이산화탄소 한 분자를 소모해야 하는데, 오히려 산소 한 분자를 소모하고 이산화탄소도 한 분자 내놓는 것이다. 하지만 대기 중 이산화탄소 농도는 0.04퍼센트, 산소 농도는 20퍼센트다. 일반 대기 중에는 산소가 이산화탄소보다 훨씬 많은 것이다. 광호흡은 피할 수 없어 보인다.

그럼에도 광호흡이 일어나는 것을 획기적으로 막는 식물들이 있다. 기존의 식물은 이산화탄소 고정 이후 3탄당류가 만들어져서 C3 식물이라 불리지만, 이 독특한 식물은 C4 식물이라 불린다. 이산화탄소를 3탄당 분자에 고정시키면서 4탄당 산물이 합성되기 때문이다. 이런 차이뿐만 아니라 이산화탄소를 잠시 고정하는 식물세포와 이산화탄소가 루비스코에 의해 고정되는 식물세포를 분리하였다. 이렇게 이산화탄소를 수집하는 공간과 이산화탄소가 고정되는 공간이 분리되면서 광호흡의 발생을 막을 수 있다. 이러한 C4 식물의 효율성은 오래전부터 알려져왔다. 옥수수와 사탕수수, 그리고 수수가 대표적인 C4 식물이다. 이와 달리 벼와 같은 작물은 C3 식물이다.

그렇다면 C3 식물을 C4 식물로 바꾸면 광합성 효율이 올라가면서 식물이 더 잘 자라게 될까? 이 아이디어를 현실로 만들고자 노력하는 과학자들이 있다. 바로 C4 벼 프로젝트를 시작한 이들이다. C4 벼 프로젝트는 불가능에 가까워 보일 수도 있는데, C3에는 존재하지 않는 관련 효소를 발현시켜야 할 뿐 아니라, C3 식물의 세포 구조까지 바꿔야 하기 때문이다. 하지만 C4 광합성 방식은 진화상 한 번만 등장하지 않고, 서로 다른 종에서 수차례 등장했다. C3 광합성에서 C4

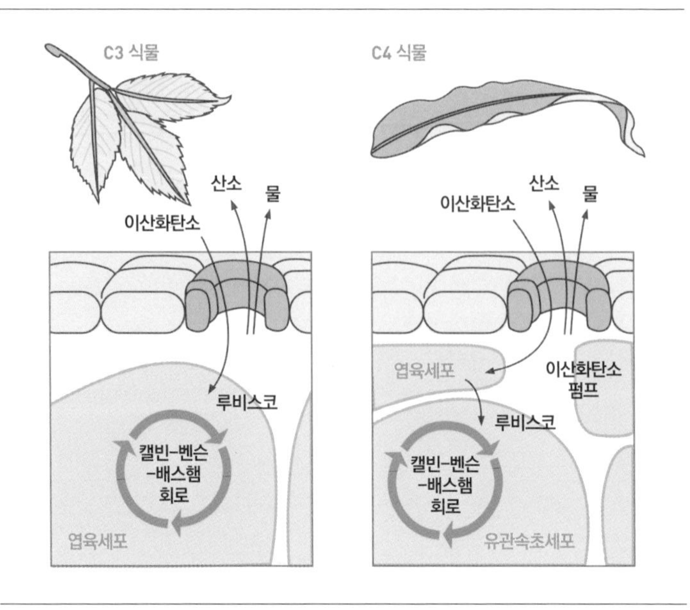

그림 7-3 C3 광합성과 C4 광합성의 차이.

광합성으로 전환되는 것이 그리 어려운 과정이 아님을 암시한다.

그렇게 해서 C4 벼 컨소시엄은 2008년에 시작되었다.[5] 목표는 말 그대로 C3 식물인 벼를 C4 식물로 탈바꿈하는 것이었다. 이를 위해 옥수수에 있는 C4 광합성에 필요한 유전자를 하나하나 벼로 옮기고자 했다. 초기에는 각각의 C4 광합성 유전자를 발현하는 형질전환체를 제작한 후, 이들을 교배하는 작업을 진행했다. 하지만 이렇게 하게 되면 너무나도 오랜 시간과 인력이 필요했다.

1980년에 시작된 DNA 재조합 기술은 꾸준히 발전해왔다. 새로운 DNA를 재조합하고 이를 생물에 도입하는 과정은 합성생물학synthetic biology의 시작이 되었다. 대표적인 예는 효모에서 인공 염색체를 만들거나[6] 박테리아의 인공 염색체를 만든 것이다.[7] 인공 염색체는 여러 개 유전자가 포함되기 때문에, C4 벼 프로젝트의 목표와도 흡사했다. 이렇게 합성생물학이 발전하면서 C4 벼 프로젝트도 탄력을 받았다. 여러 개의 C4 광합성 유전자가 포함되어 있는 DNA 조각을 만들 수 있게 되었고, 다양한 조합을 한 번에 실험하는 방법이 개발되면서 한 번에 여러 조합을 실험해볼 수 있게 된 것이다. 하지만 아직 C4 벼가 만들어졌다는 소식은 들리지 않는다.

다른 한편으로는 느림보 효소 루비스코를 변신시키려는 노력도 있다. 루비스코는 큰 단위체 RbcL 단백질 8개와 작은 단위체 RbcS 단백질이 합쳐져 만들어지는 거대한 단백질 복합체다. 여기에 루비스코는 엽록체 안에 있는 샤페론에 의해 접혀야 제대로 기능한다.[8] 그 외에도 제대로 기능을 할 수 있는 루비스코를 위해 필요한 유전자가 다수 발굴되었다. 그리고 마침내 2017년, 이 모든 지식을 기반으로 식물세포가 아닌 대장균에서 완전한 루비스코 복합체를 만드는 데 성공한다.[9] 이 발견이 중요한 이유는, 앞으로는 루비스코 및 관련 유전자의 돌연변이를 만든 후 대장균에서 실험할 수 있는 길이 열렸기 때문이다. 그동안 루비스코는 필수 유전자인 이유로 루비스코 돌연변이 식물은 살아남지 못해 연구에 어려움이 있었다.

그런데 산업혁명 이래 지구 대기 중 이산화탄소 농도가 올라가고 있는 현 상황에서라면, 식물의 광합성 효율은 어차피 점차 증가하지 않을까? 이산화탄소 농도가 증가하며 기후는 빠르게 변화하고 있지만, 이 변화는 어쩌면 식물에는 유리하지 않을까?

이는 아주 오래전부터 논쟁이 되었던 내용이었다. 1970년대 대기 중 이산화탄소 농도가 증가하고 있다는 것이 알려졌을 때부터, 식물학자들 사이에서는 이것이 식물의 생장에 미칠 영향을 예측하려는 시도가 있어왔다. 하지만 이 실험들은 밀폐된 공간 안에서 몇 개체의 식물을 두고 진행되어서, 실제 효과가 아니라는 반박이 이어졌다.

페이스 프로젝트Free-Air CO_2 Enrichment, FACE는 이산화탄소 변화에 따른 식물의 생장을 생태계 수준에서 관찰하기 위해 고안된 계획이다. 밀폐된 공간이 아닌 지름이 8~30미터 되는 야외에서 식물이 다양한 농도의 이산화탄소에서 자라게 된다. 2005년, 대규모 실험 결과가 발표되었다. 목본식물, 초본식물 등 다양한 식물의 광합성 효율이 증가했다. 그리고 작물의 수확량도 증가했다. 하지만 애초에 늘어난 이산화탄소 농도에 대해 기대했던 만큼의 증가량은 아니었다.

한편, 식물은 대기 중 이산화탄소 농도를 감지할 수 있고, 그에 맞춰 잎에 있는 기공의 밀도를 조절한다. 대체로 대기 중 이산화탄소 농도가 늘어날수록 단위면적당 기공 개수가 줄어든다. 2014년에는 이산화탄소와 물을 탄산수소 이온과 수소 이온으로 바꾸는 탄산무수화효소carbonic anhydrase가 식물의 이산화탄소 센서라는 내용이 발표되었다. 식물에서 다양한 이온채널을 연구했던 줄리언 슈뢰더 팀에서 내놓은 결과였다. 탄산무수화효소 유전자 *ca1 ca4* 이중 돌연변이는 이산화탄소 농도가 증가하면서 기공이 감소하는 현상이 보이지 않았다. 그리고 이는 기공 발달에 관련된 유전자의 발현 조절을 매개로 이루어진다.

이산화탄소 농도가 증가해서 잎의 기공 개수가 줄어들면, 잎의 온도가 올라가게 된다. 기공을 통해 일어나는 증산작용이 줄어들기 때문이다. 이산화탄소 농도가 올라가는 것이 식물에 당장에 좋은 효과를 낼 것이라고 섣불리 예단할 수 없는 이유다. 기후변화에 관한 모든 내용이 그렇지만, 동시에 수많은 변인들이 있기 때문에 어떤 효과가 절대적으로 좋거나 나쁘다고 말할 수 없다. 하지만 분명한 바는 미미하다고 느껴지는 이산화탄소 농도 증가나 미세하게 올라가는 온도가 전체 생태계에는 엄청난 효과를 초래할 수 있다는 것이다.

PART 05

애기장대가 만들어낸 변화

○ ○ ● 식물세포는 이 세상에 존재하는 다른 모든 세포들과 마찬가지로 DNA, RNA, 단백질 등으로 이루어졌다. 왓슨과 크릭이 발견한 중심이론에 따라 DNA에 저장된 정보가 RNA로, 그리고 RNA의 정보는 다시 단백질로 환산되어 세포의 기능에 필요한 역할을 한다. 늘 그런 것은 아니지만, 단백질이 될 부분을 암호화하는 DNA 부분이 유전자다.

유전자가 하는 일은 무궁무진하다. 세포를 지탱하는 골격계를 이루기도 하고, 이산화탄소를 고정하여 포도당을 만드는 일처럼 효소 기능을 가진 유전자들도 있다. 앞서 살펴본 것처럼, 중요한 조절 기능을 하는 호르몬 수용체, 혹은 잎이나 꽃으로 분화하게 될 세포의 운명을 결정하는 유전자 등도 있다. 그만큼 많은 유전자가 종마다 있다. 문제는 토마토의 유전자와 감자의 유전자가 조금씩 다르고, 민들레의 유전자가 라일락의 유전자와 또 다르다는 점이다. 유전자가 다양한 만큼, 세상에는 식물 종도 다양하다. 유전자의 다양성은 다양한 식물 종이 있게 된 원천이고 축복해 마땅할 일이지만, 유전자를 연구하는 학자들에게는 그 다양성이 마냥 반가울 수는 없다. 오히려 이런 유전자가 하는 일을 하나하나 살펴내려면, 기준점이 필요하다.

영국의 봄날, 길을 가다 보면 담벼락에 붙어 자라는 작은 잡초 애기장대를 볼 수 있다. 볍씨보다 조금 큰 꽃은 무리 지어 피지 않아 보잘것없고, 잎은 있으나 마나 보이지 않을 때가 더 많다. 꽃이 필 때가 되면 바닥에 깔린 잎 사이에서 삐죽 꽃대가 올라오는데, 스스로의 꽃대를 감당하지 못해 자라다 말고 쓰러지기 일쑤다. 먹을 수 있다고는 하지만, 실제로 먹는 사람을 본 적은 없다. 스스로 서 있지 못하는데 키만 크고, 먹을 수도 없고, 향내가 나지도 않는, 말 그대로 길가의 잡초다.

하지만 작은 만큼 조그만 실험실에서도 많이 키울 수 있다. 쓰러지려는 꽃대를 붙잡아주려면 일일이 지지대를 만들어 묶어야 하지만, 일단 꽃이 피고 씨가 맺히면 예상하지 못한 많은 양의 씨를 얻을 수 있다. 이렇게 많은 씨는 많은 양의 자원에서 매우 적은 수의 돌연변이를 찾아야 하는 연구에 적합하다. 돌연변이를 찾는 것은, 초기 재료의 양을 늘릴수록 확률이 올라가기 때문이다. 자가수정을 하기 때문에 유전적으로 동일한 개체를 유지하기가 수월하다. 하지만 절대적인 건 아니어서 타가수정을 할 수도 있다. 이 역시 장점이다.

생김새는 비록 볼품없어도, 수많은 장점을 지닌 애기장대는 우연한 기회에 식물학자의 표준 생물이 되었다. 여기에는 애기장대로 많은 초기 실험을 진행했던 프리드리히 라이바흐가 있고, 라이바흐가 수집한 종자를 보존하고 실험에 적합한 표준화를 진행했던 조지 레디가 있으며, 이를 적극적으로 퍼뜨린 크리스 서머빌, 쇼나 서머빌 부부, 엘리엇 마이어로위츠, 마르틴 쿠어니프 등이 있다. 여기에 2000년에는 식물 종으로는 최초로 게놈 시퀀싱 결과가 발표되었다. 이는 애기장대가 가진 유전적 자원이 공개되면서 더 많은 이들이 애기장대로 실험할 수 있는 길을 열었다. 이렇게 시작된 애기장대 그룹은 오늘날 그 수를 헤아리기 어려울 정도로 거대해졌다.

돌연변이를 찾기 쉬운 점도 애기장대 연구에 날개를 달아주었다. 간단히 EMS 용액에 담그는 것부터, 방사선을 쬐는 방식 등으로 다양한 돌연변이가 만들어졌다. 게다가 아그로박테리움이 T-DNA를 삽입하는 원리가 밝혀진 이후에는, 그 무작위성을 이용해 수없이 많은 T-DNA 돌연변이 형질전환체가 제작되었다. 하지만 가장 중요한 것은, 아무래도 이 모든 돌연변이를 보관하고 키우며 나눠줄 수 있는 종자은행의 설립이다. 미국과 영국, 그리고 일본에 각각 종자은행이 있다. 그 덕분에 애기장대 연구자는 인터넷 쇼핑을 하듯 간단히 원하는 애기장대 씨를 장바구니에 담고 결제를 하면 배달을 받을 수 있게 되었다.

이런 시스템을 갖추기까지 얼마나 많은 노력이 들어갔는지 생각해 볼 필요가 있다. 우선 모든 돌연변이가 어떤 유전자에 일어난 것인지 분석해야 하며, 분석한 후에는 유전자별로 어떤 돌연변이가 있고, 몇 가지나 있는지, 유전자의 어느 위치에 돌연변이가 일어났는가를 기록해야 한다. 이는 컴퓨터 서버상의 일일 뿐이다. 그 사이에 이 씨를 받아서 키우고, 보관하며, 원하는 이들에게 나눠줄 수 있도록 개체 수를 늘리는 과정이 항상 일어나야 한다. 장바구니 화면 너머에는 이렇게 많은 사람들의 노력이 담겨 있다. 그렇기 때문에 애기장대 데이터베이스인 TAIR의 유료화는 가슴 아픈 일이다. 모두가 함께 쓰던 데이터베이스를 이제는 더 이상 '모두'와 공유할 수 없기 때문이다.

전 세계 곳곳에서 자생하는 애기장대는 기후와 지리에 따른 진화 연구를 하기에도 적합하다. 유전체 분석 기술이 발전하고, 그에 필요한 비용이 적어진 것도 이런 연구를 가능하게 한 원동력이다. 그 결과, 최근 들어 각 지역에서 선별한 애기장대의 게놈을 모두 분석해서 지리적 차이를 유전자의 차이로 환산하여, 그 유전자의 효과를 분석하는 연구 결과가 많이 발표되고 있다. 이는 애기장대의 게놈 크기가 작고, 전 세계 곳곳에 퍼져 있는 잡초라 자라는 위치에 따라 표현형이 많이 다르고, 이미 유전체 분석이 완료되어 표준 유전체 서열이 잘 분석되어 있기에 가능한 일이다.

이처럼 애기장대라는 종의 장점과 과학기술의 발전은, 1990년대에서 2000년대에 걸쳐 애기장대 연구의 폭발적인 증가를 불러냈다. 애기장대 연구는 식물 발달 과정에서부터 환경 스트레스, 그리고 미생물과의 상호작용까지 그 주제도 크게 확장되었다. 식물에 관한 거의 모든 연구가 애기장대에서 이루어졌다고 해도 과언이 아니다. 그렇다면 이제 애기장대 연구는 모두 끝난 것일까? 앞으로의 애기장대 연구는 어떻게 될까?

2020년, 다국적애기장대운영위원회Multinational Arabidopsis Steering Committee, MASC에서는 연례 보고서를 발표했다.[1] MASC는 가장 규모가 큰 애기장대 학회인 ICAR(International Conference of Arabidopsis Research)을 여는 다국적 위원회다. 이들은 이 연례 보고서를 통해 최신 애기장대 연구 동향뿐 아니라, 앞으로의 연구 방향에 관한 논의도 다루었다.

가장 큰 흐름은 유전체, 전사체, 대사체 등의 대단위 연구라고 보았다. 애기장대 유전체 분석 이후, 흐름은 점차 전사체 분석, 그리고 다양한 자연 변이natural variation 분석으로 흘러갔다. 그리고 최근 5년 사이에는 이 흐름이 단백질체proteomics로 진화하는 중이다. 가장 최근에 나온 논문에서는 애기장대를 비롯한 여러 식물 종에 존재하는 단백질 복합체를 질량분석법을 이용해 모두 분석했다. 단백질은 단독으로 기능하지 않고, 여러 개의 단백질이 한데 모여 복합체를 이루어 기능을 수행한다는 점을 생각해볼 때, 이 논문은 세포 안에서 실제로 일을 하는 단백질의 구성을 살폈을 뿐 아니라 더 고차원적으로 단백질 복합체를 연구했다는 점에서 새로이 지평을 넓혔다고 볼 수 있다.

이와 함께 세포 단위 연구도 중요해지고 있다. 지금까지 대부분의 애기장대 연구는 식물체 전체에서 일어나는 변화를 관찰했다. 전사체, 단백체 연구 모두 대부분 식물체 전체의 분포를 분석했다. 하지만 잎의 표피세포와 뿌리골무 세포가 다르듯이, 각 세포 안에 있는 전사체 및 단백체의 분포도 다를 것이다. 각종 분석법의 민감도가 증가하면서, 세포 단위로 분석하는 것이 가능해지고 있다. 뿐만 아니라 기법의 민감도가 증가하면서 보다 정량적인 연구도 가능해졌다.

2020년 다국적애기장대운영위원회의 발표에 따르면, 2019년에도 식물에서 '최초'로 발견된 현상은 대부분 애기장대에서 나온 것들이었다. 논문 수는 비록 벼에 비해 적어졌다 해도 말이다. 자그마한 모델식물인 애기장대가 여전히 식물의 생명현상을 밝히는 선두 주자 역할을 하는 것이다. 아직은 모델식물로서 애기장대를 떠나보낼 준비가 되지 않은 듯하다.

애기장대 그 이후

애기장대 근연종 연구로는 지구상에 수없이 많은 식물들에 관해 이해할 수는 없다. 최근에는 애기장대 이외의 식물을 중점적으로 살펴보는 것이 점점 더 가능해지고 있다. 크게 2가지 이유가 있다. 하나는 유전체 분석 기술의 발전으로 인한 비용 감소다. 2000년대 초반, 애기장대뿐만 아니라 제브라피시, 효모, 사람 등의 유전체를 분석한 덕분에 유전체 분석 기술이 급격하게 발전하면서 실험에 필요한 비용이 줄었다. 그 결과, 더 많은 생물 종의 유전체를 분석할 수 있게 되었다. 이 책에 그림으로 등장한 대부분의 식물 유전체 분석이 완료되었다.

두 번째는, 앞서 잠깐 언급했던 크리스퍼 유전자 가위 기법이다. 애기장대의 경우 생애 주기도 짧고 식물도 작고, 형질전환이 쉽다. 하지만 작물의 경우에는 생애 주기도 애기장대보다 훨씬 길고, 식물도 커서 많은 수의 종자에 EMS를 이용해 돌연변이를 제작하는 것이 어렵다. 하지만 크리스퍼 유전자 가위는 이를 가능케 했다. 형질전환을 시킬 수 있는 종이라면 제거하려는 유전자 부위를 크리스퍼를 이용해 특이적으로 제거할 수 있게 되었기 때문이다. 마찬가지로 아그로박테리움을 이용한 DNA 삽입이 아니라 크리스퍼를 이용해 원하는 염색체 지역에 원하는 유전자를 삽입하는 방식knock-in도 아주 최근 5년 사이 점점 더 현실 가능해지고 있다. 이렇게 크리스퍼 유전자 가위를 이용해 원하는 유전자를 제거하고, 원하는 곳에 삽입하는 방식을 통해 더 많은 작물의 돌연변이 유전 연구가 수월해졌다.

그리하여 이 2가지 기술 발전 덕분으로, 점점 더 많은 모델식물들이 발굴되고 실험에 이용되고 있다. 작물로 오랫동안 연구되었던 벼, 토마토, 옥수수 등은 유전체 분석이 완료되면서 기존의 연구를 보완하면서도 그 저변을 확대했다. 작물이 아니어도, 많이 연구되었던 피튜니아, 금어초 등도 유전체 분석이 되면서 새로이 날개를 달았다.

하지만 그뿐이 아니었다. 새로운 모델식물이 등장하기 시작했다. 우선 육상식물의 진화를 연구하던 학자들은 육상식물로 진화하기 이전 단계의 종을 연구하기 시작했다. 대표적인 예가 우산이끼(*Marchantia polymorpha*)다. 우산이끼 게놈은 2017년에 분석이 끝났다.[4] 하지만 그 이전부터 조류algae와는 달리 육상에 처음으로 진출한 이끼에 관심을 가진 이가 많았다. 그래서 게놈 분석 이전에도 육상 진출의 미스터리를 풀려던 많은 학자들이 우산이끼류를 이용해 실험을 진행해왔다. 이를 통해 정단분열조직의 발달, 식물호르몬 옥신 신호전달경로의 유래 등이 밝혀졌다.

애기장대는 대표적인 쌍떡잎식물로 현화식물이다. 하지만 지구상에는 꽃이 피는 현화식물뿐 아니라 꽃이 피지 않는 겉씨식물(나자식물), 양치류 등도 있다. 이끼로 시작된 육상으로의 진출은 양치류, 그리고 겉씨식물의 진화 등을 통해 육상에 완전한 정착을 가능하게 했다. 대표적인 양치류로 물개구리밥의 한 종(*Azolla filiculoides*)과 생이가래의 한 종(*Salvinia cucullate*)의 유전체 분석은 2018년에 진행되었다.[5] 이들은 이끼로부터 진화했으며, 속씨식물과 겉씨식물에는 사라진 세대교번을 유지하고 있다. 이끼와 식물의 중간 단계로 식물이 현재 갖추고 있는 여러 생명현상들이 어떻게 진화해왔는지를 알려줄 것이다.

현화식물은 식물계의 대부분을 차지하고, 애기장대는 그중 십자화과에 속한다. 현화식물문은 여러 개의 과로 이루어져 있고, 같은 과에

속하는 식물이라 하더라도 제각각 독특한 특성을 갖는다. 한 예로 가지과에는 가지, 담배, 토마토, 감자 등이 속해 있다. 그뿐 아니라 현화식물은 크게 쌍떡잎식물과 외떡잎식물로 나뉜다. 현화식물문의 여러 종은 이렇게 다양하기 때문에 애기장대 연구만으로는 알 수 없는 것이 너무나 많다.

외떡잎식물 연구는 주로 벼, 보리, 밀, 옥수수 등의 작물 연구를 통해 진척이 이루어졌다. 옥수수를 제외한 이들은 모두 외떡잎식물의 사초과에 속한다. 이들은 쌍떡잎식물과는 달리 떡잎이 하나만 나고, 잎 내 생장이 시작되는 부분도 다르고, 많은 발달상의 특징이 다르다. 2002년 벼 유전체 분석을 시작으로,[6] 6배체로 유전체 분석이 까다로운 것으로 알려져 있던 밀도 유전체 분석이 2018년에 완료되었다.[7] 유전체 분석을 연구의 시작이라 이야기할 수는 없지만, 한 종이 어떤 재료를 이용해 환경에 적응하고 다양한 표현형을 나타내는지 알 수 있는 좋은 출발점이 된다.

모든 식물은 광합성을 통해 스스로 양분을 합성하지만, 딱 한 가지 합성할 수 없는 양분이 있다. 바로 질소다. 질소는 지구 대기의 80퍼센트를 차지할 정도로 풍부하지만, 기체 상태의 질소는 식물이 이용할 수 없다. 그래서 식물 중에는 땅속의 질소 기체를 질산의 형태로 고정시킬 수 있는 질소고정세균과 공생 관계를 이루어 사는 종들이 있다. 바로 콩과 식물이다. 과거 논밭에서 윤작을 할 당시에 콩과 식물이 꼭 들어가 있었던 이유도 바로 콩과 식물이 질소고정세균과 공생하는 관계를 이용해 흙에 질소 영양분이 더 풍부하게 있도록 하기 위함이었다. 1980년대 분자생물학의 태동과 함께 식물이 스스로 질소고정을 할 수 있게 만들려는 연구가 진행되었지만 실패했다. 하지만 콩과 식물이 어떻게 공생을 하는지에 관한 연구는 여전히 활발히 진행되고 있다. 대표적으로 연구되는 콩과 식물은 알팔파의 친척인 메디카고(*Medicago truncatula*), 그리고 벌노랑이(*Lotus japonicus*)다.

이외에도 지구상에는 식물 종이 무수히 많고 모두 나름의 독특한 특징을 가지고 있다. 인간이 이 모든 종을 연구하는 것은 불가능하다. 하지만 이제는 애기장대에 국한되지 않고 조금씩 연구하는 종을 확장해갈 수 있는 시기가 다가오고 있다.

나가며

○ ● ○

식물의 일생, 식물학자의 일상

나의 하루는 영하 196도 액체질소를 보온 통에 담는 것으로 시작된다. 모든 게 얼어붙는 영하 196도 액체질소에 준비해둔 식물 잎을 넣어 얼리고, 얼어붙은 잎을 막자사발에 가는 게 그날의 첫 실험이다. 식물학자라고 하면 사람들은 완두콩을 세는 멘델이나 식물을 관찰하는 린네Carl von Linné를 떠올릴지 모르겠다. 아마 나처럼 아침마다 '녹즙'을 만드는 이를 식물학자로 떠올릴 사람은 많지 않을 것이다.

하지만 지금까지 이 책을 통해 소개한 대부분의 발견이, 나와 비슷한 식물학자가 아침마다 잎을 막자사발로 갈거나, 뜨거운 물에 잎을 넣고 끓이거나, 잎을 잘게 조각내서 현미경으로 관찰하는 과정을 통해 이루어졌다. 현대 식물학은 표면에 드러나는 식물의 생리를 관찰하는 것에서 벗어나 세포에서 발생하는 현상을 다양한 방식으로 관찰하기에 이르렀다. 내가 매일 아침 '녹즙'을 만드는 이유도, 식물세포 안에서 일어나는 현상을 알아내기 위해서다.

지구상에 존재하는 다른 세포들과 마찬가지로 식물세포가 DNA, RNA, 단백질로 이루어졌다는 것은 따로 분류되던 식물학, 동물학, 미생물학을 한데 통합시키는 계기가 되었다. 단백질 수준에서 일어나는 현상을 연구하는 내 입장에서는, 세포를 깨서 단백질을 추출하고 나면, 이것이 식물에서 유래되었는지 아니면 다른 종에서 유래했는지는 더 이상 중요하지 않게 된다. 애기장대를 연구하지만, 그 너머 생물을 연구한다고 이야기할 수 있는 이유가 여기에 있다.

대학 학부를 졸업하고, 대학원에 진학하고, 그 후에는 박사후연구원을 해외에서 몇 년 보내다, 교수 임용에 지원한다. 독립된 연구실을 꾸려 하고 싶은 연구를 하는 것, 이것이 많은 이들이 꿈꿔왔고, 나도 꿈꾸던 인생의 방향이었다. 한 단계 한 단계 앞으로 나아가다 보면 언젠가는 나만의 연구를 할 수 있게 될 것이라는 믿음을 갖고 있었다. 마치 애기장대 씨를 심고, 키우고 꽃이 열리고 씨를 수확하는 것처럼 순리대로 이루어져야 한다는 믿음이 있었다.

하지만 앞서 걸어간 식물학자들의 길을 살펴보니, 이렇게 정석대로 착실히 과학자의 꿈을 밟아온 이들은 많지 않다. 오히려 이런 길을 걸어온 이들을 찾는 것이 더 어려웠다. 박사후연구원 시기를 벤처회사에서 경험한 이들이 있었고, 독립된 연구를 시작하고 하워드 휴스 의학연구소라는 자리에 올라섰음에도, 벤처회사로 떠나간 이들도 있었다. 그리고 세계대전이라는 큰 사건을 맞닥뜨려 역사의 흐름을 무시하지 않고 적극적으로 참여한 이들이 있었다. 전 세계가 코로나바이러스로 인한 팬데믹에 휘말려 있는 지금, 안온하게 식물을 지키고 바라보는 삶을 한번쯤 고민해보게 된다.

다른 한편으로는 아주 오랜 시간 동안 하나의 주제에 깊이 천착해오던 이들도 만날 수 있다. 10년은 기본이요, 30년쯤 연구한 이들도 많다. 3년 단위의 박사후연구원 계약, 마찬가지로 몇 년 단위의 연구비가 넘치는 이런 세상에서, 어떻게 꾸준히 같은 연구를 이어갈 수 있었는지 감탄하게 된다. 하지만 짧은 시간도 긴 시간도, 결국은 지금껏 내가 걸어온 길이 시작일 뿐이며, 지금의 길이 옳지 않아 보이더라도 결국에는 원하던 길로 갈 수 있게 될 거라는 희망을 갖게 한다. 이 책에 등장하는 여러 과학자들이 연구자가 되는 길이 하나가 아니라는 것을 보여주는 계기가 되면 좋겠다.

그리고 이 책에 등장하는 모든 연구 결과가 여러 명이 함께 얻은 것이라는 점도 꼭 강조하고 싶다. 대부분의 경우 논문의 교신 저자, 혹은 책임연구원의 이름만을 적었지만, 모든 실험은 팀을 이뤄야 하고, 그 경향은 날이 갈수록 강화되고 있다. 현대 과학은 규모가 점점 커지고 있고, 반대로 개인의 전문성은 세분화되어서 한 명이 이뤄낸 연구 결과는 큰 의미를 갖지 못한다. 함께해야 더 멀리 볼 수 있다.

《식물이라는 우주》는 식물의 생애에 걸쳐 일어나는 일을 식물학자들이 어떻게 연구해왔는가에 대한 것이다. 그리고 여기에서 과학 연구의 연속성을 확인할 수 있다. 책에서 언급한 대부분의 현상은 이미

19세기 무렵부터 관찰되었던 것이다. 그 후대 과학자들은 오래전에 관찰된 현상을 그들이 가진 최신의 과학으로 설명하고자 한다. 이 책에 등장하는 수많은 유전자들은 그 현상을 밝혀내려는 노력이다. 그리고 거기에는 19세기부터 지금까지, 식물학이 아닌 생물학의 역사도 담겨 있다. 본문에 잠깐씩 언급했던 멘델의 유전법칙과, DNA 구조 발견, DNA 재조합 기술 발견과 그로 촉발된 모라토리엄(전면 실험 중단), 유전체 분석, 그리고 빼놓을 수 없는 크리스퍼 유전자 가위 기술까지, 식물학은 생물학의 일원으로 생물학을 이끌기도 하고, 따라가기도 하면서 생물학의 흐름과 함께해왔다.

그래서 이 책을 통해 동시대를 사는 식물학자들이 어떻게 세포 안에서 일어나는 일을 이해하려고 하는지를 담아보고자 했다. 멘델의 시대에는 표현형을 나타내는 인자가 염색체 위의 어느 자리에 있는 DNA 염기서열로, 그리고 그 염기서열을 바탕으로 한 단백질로, 연구 대상이 점차 변해가는 과정에 주목했으면 좋겠다. 나아가 처음에는 하나였던 유전자가 점차 많아져서 생명현상에 기여하는 순서를 밝히고, 이제는 컴퓨터의 힘을 빌려야만 여러 유전자의 상관관계를 알 수 있게 되었다. 이 변화가 담은 생명의 복잡성에 대해서 한번쯤 생각해 볼 수 있는 기회가 되길 바란다.

미주 및 참고 문헌

○ ● ○

참고 문헌은 최대한 발견이 이루어진 원자료를 참고하고자 했다. 각 장을 설명하는 뼈대가 되는 종설논문은 따로 미리 설명해두었다. 그리고 미주로 원자료를 참고했으며 원자료를 접근할 수 없는 경우에는 인용된 종설논문 등을 밝혔다.

책머리에_ 식물이 하루하루를 살아가는 법

1 그레고어 멘델, 신현철 옮김, 《식물의 잡종에 관한 실험》, 지식을만드는지식, 2009.

2 30년이 넘도록 업적이 잊힌 멘델의 이야기는 일종의 신화가 되었다. 이렇게 해서 멘델은 '시대가 알아보지 못한 비운의 천재'라는 이미지를 얻게 되었고, 그 이미지는 여전히 유지되고 있다. 하지만 올비를 비롯해 캄포라키스와 같은 학자들은 멘델의 연구가 알려지지 않았다기보다는, 당시에는 유전과 잡종 형성을 별개의 현상으로 봤기 때문이라고 주장한다. 실제로 독일의 저명한 식물학자였던 카를 네겔리Karl Nägeli는 멘델로부터 직접 논문을 받았지만, 그의 이론에 동의하지 않았고 멘델의 논문을 인용하지 않았다. Kampourakis, K. (2013). Mendel and the Path to Genetics: Portraying Science as a Social Process. In *Science and Education* (Vol. 22, Issue 2).

3 이 셋 중 더프리스와 코렌스만이 멘델의 이론을 제대로 이해했다. 셋 중 가장 늦게 논문을 발표한 체르마크는 멘델의 이론에 등장하는 우성과 열성의 개념을 헷갈리는 등 이론에 대한 이해 부족으로 '재발견자'라는 명칭의 적합성에 대한 비판을 받았다. Monaghan, F. V., & Corcos, A. F. (1986). Tschermak : a non-discoverer of Mendellsm I . An historical note. *The Journal of Heredity, 77*(6), 468-469. Monaghan, F. V., & Corcos, A. F. (1987). Tschermak: a non-discoverer of mendelism. II. A critique. *The Journal of Heredity, 78*(3), 208-210.

4 Olby, R. C. (2000). Horticulture: the font for the baptism of genetics. *Nature Reviews Genetics*, *1*(1), 65-70.

5 Stamhuis, I. H. (2013). Why the Rediscoverer Ended up on the Sidelines: Hugo De Vries's Theory of Inheritance and the Mendelian Laws. *Science and Education*, *24*(1-2), 29-49.

6 Kampourakis, K. (2013). Mendel and the Path to Genetics: Portraying Science as a Social Process. In *Science and Education* (Vol. 22, Issue 2). Rheinberger, H. J. (2013). Re-discovering Mendel: The Case of Carl Correns. *Science and Education*, *24*(1-2), 51-60.

7 Hegreness, M., & Meselson, M. (2007). What did Sutton see?: Thirty years of confusion over the chromosomal basis of mendelism. *Genetics*, *176*(4), 1939-1944.

8 O'Connor, C. & Miko, I. (2008). Developing the chromosome theory. *Nature Education* 1(1):44.

9 Watson, J. D., & Crick, F. H. C. (1953). Molecular Structure of Nucleic Acids: A Structure for Deoxyribose Nucleic Acid. *Nature*, *171*(4356), 737-738.

10 분자생물학의 발전에 관해서는 다음의 책이 있다. 미셸 모랑쥬, 강광일, 이정희, 이병훈 옮김,《분자생물학》, 몸과마음, 2002. 싯다르타 무케르지, 이한음 옮김,《유전자의 내밀한 역사》, 까치, 2017.

11 바버라 매클린톡의 전기에 그 관찰 과정이 자세히 나온다. 이블린 폭스 켈러, 김재희 옮김,《생명의 느낌》, 양문, 2001. 나타니엘 C. 컴포트, 한국유전학회 옮김,《옥수수 밭의 처녀 맥클린토크》, 전파과학사, 2005.

12 McClintock, B. (1950). The origin and behavior of mutable loci in maize. *Proceedings of the National Academy of Sciences*, *36*(6), 344-355.

13 물리적 실체가 DNA라는 점에는 어느 정도 일치가 이루어졌으나, 어떤 기능을 할 수 있는 부분이 '유전자'가 될지는 여전히 논쟁 중이다. 그에 관해서는 다음 논문을 참조. Portin, P., & Wilkins, A. (2017). The Evolving Definition of the Term "Gene." *Genetics*, *205*(4), 1353 LP-1364.

14 Provart, N. J., Alonso, J., Assmann, S. M., Bergmann, D., Brady, S. M., Brkljacic, J., Browse, J., Chapple, C., Colot, V., Cutler, S., Dangl, J., Ehrhardt, D.,

Friesner, J. D., Frommer, W. B., Grotewold, E., Meyerowitz, E., Nemhauser, J., Nordborg, M., Pikaard, C., … Mccourt, P. (2016). 50 years of Arabidopsis research: Highlights and future directions. *New Phytologist, 209*(3), 921-944.

15 대학원 실험실에서는 이들을 담배라고 불렀다. 하지만 실제 담배라 불리는 종은 니코시아나 벤사미아나의 근연종인 니코시아나 타바쿰(*Nicotiana tabacum*)을 의미한다. Derevnina, L., Kamoun, S., & Wu, C. hang. (2019). Dude, where is my mutant? Nicotiana benthamiana meets forward genetics. *New Phytologist, 221*(2), 607-610.

16 Qiu, X., Wong, G., Audet, J., Bello, A., Fernando, L., Alimonti, J. B., Fausther-Bovendo, H., Wei, H., Aviles, J., Hiatt, E., Johnson, A., Morton, J., Swope, K., Bohorov, O., Bohorova, N., Goodman, C., Kim, D., Pauly, M. H., Velasco, J., … Kobinger, G. P. (2014). Reversion of advanced Ebola virus disease in nonhuman primates with ZMapp. *Nature, 514*(7520), 47-53.

17 Woodward, A. W., & Bartel, B. (2018). Biology in bloom: A primer on the *Arabidopsis thaliana* model system. *Genetics, 208*(4), 1337-1349.

PART 01. 식물의 발달

CHAPTER 01. 싹을 틔우다

대표 종설논문

Bewley, J. D. (1997). Seed germination and dormancy. *Plant Cell, 9*(7), 1055-1066.

Hedden, P., & Sponsel, V. (2015). A Century of Gibberellin Research. *Journal of Plant Growth Regulation, 34*(4), 740-760.

1 DNA와 RNA는 모두 염기, 인산, 당이 결합되어 있는 뉴클레오티드가 단위체다. 차이점이 있다면 DNA와 RNA를 이루는 당이 조금 다르고, DNA는 A,T,G,C 염기로 이루어진 데 반해 RNA는 A,U,G,C로 이루어졌다는 점이다. 또한 RNA의 종류는 한 가지가 아니다. 본문의 RNA는 사실 전령

RNA[messenger RNA]라고 부르며, 그 외에도 리보솜을 구성하는 RNA[ribosomal RNA], 리보솜으로 아미노산을 운반하는 RNA[transfer RNA], 그리고 신호 전달 기능을 갖는 작은 RNA[small RNA, miRNA, siRNA 등]도 있다.

2 Doebley, J. F., Gaut, B. S., & Smith, B. D. (2006). The Molecular Genetics of Crop Domestication. *Cell, 127*(7), 1309-1321.

3 이 실험은 1960년대 벼에서 진행한 실험 결과다. 하지만 이 실험만큼 일 단위로 자세하게 벼의 질량과 녹말의 양을 분석한 논문은 드물다. Murata, T., Akazawa, T., & Fukuchi, S. (1968). Enzymic Mechanism of Starch Breakdown in Germinating Rice Seeds I. An Analytical Study. *Plant Physiology, 43*(12), 1899-1905.

4 Muralikrishna, G., & Nirmala, M. (2005). Cereal α-amylases-An overview. *Carbohydrate Polymers, 60*(2), 163-173.

5 벼키다리병균에서 비롯되어 지베렐린이라 불렸고, 이를 연구했던 일본의 다카하시 팀과 맥밀런 팀은 개인적인 교류를 통해 발견 순서대로 지베렐린의 명칭을 GA(n)으로 붙이기 시작했다. 그러나 지베렐린 연구팀이 늘어나면서 1968년, 다음의 논문을 통해 지베렐린의 명칭을 통합할 것을 제안한다. MacMillan, J., & Takahashi, N. (1968). Proposed Procedure for the Allocation of Trivial Names to the Gibberellins. *Nature, 217*(5124), 170-171.

6 Takeshi, H. (1940) Biochemical studies on 'bakanae' fungus of the Rice. Part VI. Effect of gibberellin on the activity of amylase in germinated cereal grains. *Journal of the Agricultural Chemical Society of Japan*, 16, 531-538.

7 Hedden, P., & Sponsel, V. (2015). A Century of Gibberellin Research. *Journal of Plant Growth Regulation, 34*(4), 740-760에서 재인용. MacMillan, J., & Suter, P. J. (1958). The occurrence of gibberellin A1 in higher plants: Isolation from the seed of runner bean (Phaseolus multiflorus). *Naturwissenschaften, 45*(2), 46.

8 Paleg, L. G. (1960). Physiological Effects of Gibberellic Acid. II. On Starch Hydrolyzing Enzymes of Barley Endosperm. *Plant Physiology, 35*(6), 902 LP-906. Yomo, H. (1960). Studies on the amylase activating substance. IV. On the amylase activating action of gibberellin. Hakko Kyokaishi 18:600-602.

9 Varner, J. E., & Chandra, G. R. (1964). Hormonal Control of Enzyme Synthesis in Barley Endosperm. *Proceedings of the National Academy of Sciences, 52*(1), 100-106.

10 Skriver, K., Olsen, F. L., Rogers, J. C., & Mundy, J. (1991). Cis-acting DNA elements responsive to gibberellin and its antagonist abscisic acid. *Proceedings of the National Academy of Sciences of the United States of America, 88*(16), 7266-7270. Gubler, F., & Jacobsen, J. V. (1992). Gibberellin-responsive elements in the promoter of a barley high-pI α-amylase gene. *Plant Cell, 4*(11), 1435-1441.

11 Gubler, F., Kalla, R., Roberts, J. K., & Jacobsen, J. V. (1995). Gibberellin-Regulated Expression of a myb Gene in Barley Aleurone Cells: Evidence for Myb Transactivation of a High-pl a-Amylase Gene Promoter. *The Plant Cell, 7*(11), 1879.

12 Finkelstein, R. (2013). Abscisic Acid Synthesis and Response. *The Arabidopsis Book, 11*, e0166.

CHAPTER 02. 고개를 든 콩나물

대표 종설논문

Bakshi, A., Shemansky, J. M., Chang, C., & Binder, B. M. (2015). History of Research on the Plant Hormone Ethylene. *Journal of Plant Growth Regulation, 34*(4), 809-827.

Schaller, G. E., & Kieber, J. J. (2002). Ethylene. *The Arabidopsis Book, 2002*(1).

Somssich M. (2019). A short history of *Arabidopsis thaliana* (L.) Heynh. Columbia-0. *PeerJ Preprints* 7:e26931v5.

Endersby, J. (2009). *A Guinea Pig's History of Biology*. Harvard University Press, Cambridge, Massachusetts.

Leonelli, S. (2007). Growing Weed, Producing Knowledge An Epistemic History of *Arabidopsis thaliana*. *History and Philosophy of the Life Sciences, 29*(2), 193-223.

Meyerowitz, E. M. (2001). Prehistory and history of Arabidopsis research. *Plant*

Physiology, *125*(1), 15-19.

Somerville, C., & Koornneef, M. (2002). A fortunate choice: The history of Arabidopsis as a model plant. *Nature Reviews Genetics*, *3*(11), 883-889.

Woodward, A. W., & Bartel, B. (2018). Biology in bloom: A primer on the *Arabidopsis thaliana* model system. *Genetics*, *208*(4), 1337-1349.

1 Elmer, O. H. (1932). Growth inhibition of potato sprouts by the volatile products of apples. *Science*, *75*(1937), 193.

2 Gane, R. (1934). Production of Ethylene by Some Ripening Fruits. *Nature*, *134*(3400), 1008.

3 Bakshi, A., Shemansky, J. M., Chang, C., & Binder, B. M. (2015). History of Research on the Plant Hormone Ethylene. *Journal of Plant Growth Regulation*, *34*(4), 809-827.

4 Summary. The Nobel Prize in Physiology or Medicine 1998. NobelPrize.org. https://www.nobelprize.org/prizes/medicine/1998/press-release/.

5 Kende, H. (1998). Plant Biology and the Nobel Prize. *Science*, *282*(5389), 627-627.

6 다양한 모델생물 소개는 다음 책을 참고할 것. 김우재, 《선택된 자연》, 김영사, 2020.

7 Curtis, W. (1777). *Flora Londinensis. or, Plates and descriptions of such plants as grow wild in the environs of London*. W. Curtis and B. White, London.

8 Laibach, F. (1965). 60 Jahre Arabidopsis-Forschung, 1905-1965. *Arabidopsis Information Service 1S*, 16.

9 그의 1943년 논문 내용은, Meyerowitz, E. M. (2001). Prehistory and history of Arabidopsis research. *Plant Physiology* 125, 15-19에서 요약된 내용을 확인할 수 있다.

10 Somssich M. (2019). A short history of *Arabidopsis thaliana* (L.) Heynh. Columbia-0. *PeerJ Preprints* 7:e26931v5.

11 Röbbelen, G. (1964). Preface. *Arabidopsis Information Service 1*, 1.

12 Pennisi, E. (2000). Arabidopsis comes of age. *Science*, *290*(5489), 32-35.

13 Bleecker, A. B., Estelle, M. A., Somerville, C., & Kende, H. (1988). Insensitivity to ethylene conferred by a dominant mutation in *Arabidopsis thaliana*. *Science*, *241*(4869), 1086-1089.

14 EMS는 돌연변이 유발 물질로, DNA 염기 중 구아닌 염기에 특이적으로 작용한다. DNA 복제 시에 한쪽 DNA 가닥에 있는 구아닌 염기는 반대쪽 DNA 가닥에 시토신 염기와 짝을 이룬다. EMS는 구아닌 염기의 화학 구조를 바꿔(알킬화) DNA가 복제될 때, 반대쪽 DNA 가닥에 티민 염기가 자리하게 된다. 이렇게 한 염기의 돌연변이로 인해 코돈 서열이 바뀌어 본래와는 다른 아미노산이 결합하게 되거나, 새로운 정지 코돈이 생성되어 기존보다 길이가 짧은 단백질이 생성될 수 있다.

15 Guzmán, P., & Ecker, J. R. (1990). Exploiting the triple response of Arabidopsis to identify ethylene-related mutants. *The Plant Cell*, *2*(6), 513-523.

16 Kieber, J. J., Rothenberg, M., Roman, G., Feldmann, K. A., & Ecker, J. R. (1993). CTR1, a negative regulator of the ethylene response pathway in Arabidopsis, encodes a member of the Raf family of protein kinases. *Cell*, *72*(3), 427-441.

17 이형접합자일 때 나타나는 표현형을 기준으로 우성, 열성이라는 표현이 사용되고 있지만, 이 표현이 우성 표현형이 더 우월하다는 의미로 오해되는 경우가 있다. 이에 2017년, 일본 유전학회에서는 이형접합자일 때 표현형이 나타나는 유전자형을 현성, 그렇지 못한 경우를 잠성이라 부르기로 했다.

18 Roman, G., Lubarsky, B., Kieber, J. J., Rothenberg, M., & Ecker, J. R. (1995). Genetic analysis of ethylene signal transduction in *Arabidopsis thaliana*: five novel mutant loci integrated into a stress response pathway. *Genetics*, *139*(3), 1393-1409.

19 돌연변이는 한 가지만 발견되지 않는다. 분석 결과 같은 유전자의 돌연변이 여러 개가 발견될 수도 있다. 이 때문에 발견 순서대로 돌연변이에 숫자가 붙는다. 즉, *ctr1-5*는 발견한 *ctr1* 돌연변이 중 5번째, *etr1-3*는 *etr1* 돌연변이 중 3번째로 발견된 돌연변이를 뜻한다. 같은 유전자가 돌연변이화되어도 돌연변이의 영향이 달라서 표현형이 달라진다.

CHAPTER 03. 새싹과 빛

대표 종설논문

Lau, O. S., & Deng, X. W. (2012). The photomorphogenic repressors COP1 and DET1: 20 years later. *Trends in Plant Science, 17*(10), 584-593. https://doi.org/10.1016/j.tplants.2012.05.004.

Li, J., Li, G., Wang, H., & Wang Deng, X. (2011). Phytochrome Signaling Mechanisms. *The Arabidopsis Book, 9*, e0148. https://doi.org/10.1199/tab.0148.

1 Parks, B. M., & Spalding, E. P. (1999). Sequential and coordinated action of phytochromes A and B during Arabidopsis stem growth revealed by kinetic analysis. *Proceedings of the National Academy of Sciences of the United States of America, 96*(24), 14142-14146.

2 Rédei, G. P., & Li, S. L. (1969). Effects of x rays and ethyl methanesulfonate on the chlorophyll B locus in the soma and on the thiamine loci in the germline of Arabidopsis. *Genetics, 61*(2), 453-459.

3 Chory, J., Peto, C., Feinbaum, R., Pratt, L., & Ausubel, F. (1989). *Arabidopsis thaliana* mutant that develops as a light-grown plant in the absence of light. *Cell, 58*(5), 991-999.

4 Castle, L. A., & Meinke, D. W. (1994). A FUSCA gene of Arabidopsis encodes a novel protein essential for plant development. *Plant Cell, 6*(1), 25-41.

5 Freemont, P. S., Hanson, I. M., & Trowsdale, J. (1991). A novel cysteine-rich sequence motif. *Cell, 64*(3), 483-484.

6 McNellis, T. W., von Arnim, A. G., Araki, T., Komeda, Y., Miséra, S., & Deng, X. W. (1994). Genetic and molecular analysis of an allelic series of cop1 mutants suggests functional roles for the multiple protein domains. *The Plant Cell, 6*(4), 487 LP-500.

7 Ang, L. H., Chattopadhyay, S., Wei, N., Oyama, T., Okada, K., Batschauer, A., & Deng, X. W. (1998). Molecular interaction between COP1 and HY5 defines a regulatory switch for light control of Arabidopsis development. *Molecular Cell, 1*(2), 213-222.

8 Kamura, T., Koepp, D. M., Conrad, M. N., Skowyra, D., Moreland, R. J., Iliopoulos, O., Lane, W. S., Kaelin, W. G., Elledge, S. J., Conaway, R. C., Harper, J. W., & Conaway, J. W. (1999). Rbx1, a component of the VHL tumor suppressor complex and SCF ubiquitin ligase. *Science, 284*(5414), 657-661. Skowyra, D., Koepp, D. M., Kamura, T., Conrad, M. N., Conaway, R. C., Conaway, J. W., Elledge, S. J., & Harper, J. W. (1999). Reconstitution of G1 cyclin ubiquitination with complexes containing SCF(Grr1) and Rbx1. *Science, 284*(5414), 662-665.

9 Osterlund, M. T., Hardtke, C. S., Wei, N., & Deng, X. W. (2000). Targeted destabilization of HY5 during light-regulated development of Arabidopsis. *Nature, 405*(6785), 462-466.

10 Yanagawa, Y., Sullivan, J. A., Komatsu, S., Gusmaroli, G., Suzuki, G., Yin, J., Ishibashi, T., Saijo, Y., Rubio, V., Kimura, S., Wang, J., & Deng, X. W. (2004). Arabidopsis COP10 forms a complex with DDB1 and DET1 in vivo and enhances the activity of ubiquitin conjugating enzymes. *Genes and Development, 18*(17), 2172-2181.

CHAPTER 04. 생장이 시작되는 곳

대표 종설논문

Barton, M. K. (2010). Twenty years on: The inner workings of the shoot apical meristem, a developmental dynamo. *Developmental Biology, 341*(1), 95-113.

Kitagawa, M., & Jackson, D. (2019). Control of Meristem Size. *Annual Review of Plant Biology, 70*(1), 269-291.

1 Xu, X. M., Wang, J., Xuan, Z., Goldshmidt, A., Borrill, P. G. M., Hariharan, N., Kim, J. Y., & Jackson, D. (2011). Chaperonins facilitate KNOTTED1 cell-to-cell trafficking and stem cell function. *Science, 333*(6046), 1141-1144.

2 Pilkington, M. (1929). the Regeneration of the Stem Apex. *New Phytologist, 28*(1), 37-53.

3 메리 필킹턴에 관한 생애와 자료는 많이 찾아볼 수 없다. 오히려 그의 남편

로버트 스노의 생애를 통해 메리 필킹턴의 삶을 엿볼 수 있다. Clapham, A. R. (1970). George Robert Sabine Snow, 1897-1969. *Biographical Memoirs of Fellows of the Royal Society, 16*, 498-522. *St. Hugh's College, Oxford-Chronicle 1978-1979*, 46-47.

4 Bryan, A. A., & Sass, J. E. (1941). HERITABLE CHARACTES IN MAIZE: 51—"Knotted Leaf". *Journal of Heredity, 32*(10), 342-346.

5 Matsuoka, M., Ichikawa, H., Saito, A., Tada, Y., Fujimura, T., & Kano-Murakami, Y. (1993). Expression of a rice homeobox gene causes altered morphology of transgenic plants. *The Plant Cell, 5*(9), 1039 LP-1048.

6 Tamaoki, M., Kusaba, S., Kano-Murakami, Y., & Matsuoka, M. (1997). Ectopic Expression of a Tobacco Homeobox Gene, NTH15, Dramatically Alters Leaf Morphology and Hormone Levels in Transgenic Tobacco. *Plant and Cell Physiology, 38*(8), 917-927.

7 폴케 스쿠그의 생애에 관해서는 다음 논문을 참고했다. Armstrong, D. J. (2002). Folke K. Skoog: In Memory and Tribute. *Journal of Plant Growth Regulation, 21*(1), 3-16.

8 스쿠그의 팀이 이뤄낸 사이토키닌 발견 과정은 다음 논문에 잘 묘사되어 있다. Amasino, R. (2005). 1955: Kinetin arrives. The 50th anniversary of a new plant hormone. *Plant Physiology, 138*(3), 1177-1184.

9 Letham, D. S., & Miller, C. O. (1965). Identity of kinetin-like factors from zea mays. *Plant and Cell Physiology, 6*(2), 355-359.

10 Skoog, F., Strong, F. M., & Miller, C. O. (1965). Cytokinins. *Science, 148*(3669), 532 LP-533.

11 Ori, N., Juarez, M. T., Jackson, D., Yamaguchi, J., Banowetz, G. M., & Hake, S. (1999). Leaf Senescence Is Delayed in Tobacco Plants Expressing the Maize Homeobox Gene *knotted1* under the Control of a Senescence-Activated Promoter. *The Plant Cell, 11*(6), 1073 LP-1080.

12 Jasinski, S., Piazza, P., Craft, J., Hay, A., Woolley, L., Rieu, I., Phillips, A., Hedden, P., & Tsiantis, M. (2005). KNOX Action in Arabidopsis Is Mediated by Coordinate Regulation of Cytokinin and Gibberellin Activities. *Current*

Biology, *15*(17), 1560-1565. Yanai, O., Shani, E., Dolezal, K., Tarkowski, P., Sablowski, R., Sandberg, G., Samach, A., & Ori, N. (2005). Arabidopsis KNOXI Proteins Activate Cytokinin Biosynthesis. *Current Biology*, *15*(17), 1566-1571.

13 Lucas, W. J., Bouché-Pillon, S., Jackson, D. P., Nguyen, L., Baker, L., Ding, B., & Hake, S. (1995). Selective trafficking of KNOTTED1 homeodomain protein and its mRNA through plasmodesmata. *Science*, *270*(5244), 1980-1983.

14 Kim, J. Y., Yuan, Z., & Jackson, D. (2003). Developmental regulation and significance of KNOX protein trafficking in Arabidopsis. *Development*, *130*(18), 4351-4362.

15 Landrein, B., Kiss, A., Sassi, M., Chauvet, A., Das, P., Cortizo, M., Laufs, P., Takeda, S., Aida, M., Traas, J., Vernoux, T., Boudaoud, A., & Hamant, O. (2015). Mechanical stress contributes to the expression of the STM homeobox gene in Arabidopsis shoot meristems. *ELife*, *4*, 1-27.

16 아망의 팀이 논문을 보낸 〈이라이프〉 학술지는 논문 저자와 심사위원의 동의하에 심사 결과를 모두 공개하고 있다. 학술지의 심사는 보통 두세 명의 심사위원이 논문을 읽고 그에 대한 의견을 수용하여 논문을 수정하는 단계를 거친다. 이 과정에 대해 밀실에서 이루어지는 듯한 심사위원의 평가가 공정한 것인지 많은 논란이 있어왔다. 이에 〈이라이프〉를 비롯한 일부 학술지에서는 심사 결과를 공개하기 시작했다. 아망의 논문 역시 심사위원의 의견이 공개되어 있는데, 이를 통해 학계의 다른 학자들이 어떤 부분을 특히 비판하고 있는지를 확인할 수 있다. 이들이 언급한 가장 주요한 비판은, 물리적인 힘과 유전자 발현 변화가 직접적인 인과관계인지, 간접적인 결과인지를 증명되지 않았다는 점이었다. 아망 팀은 답변을 통해 물리적인 변화가 직접 STM 프로모터를 조절하지는 않지만, 정단분열조직의 물리적인 변화가 영향을 미칠 수 있음을 설득해냈고, 이를 증명할 실험을 추가함으로써 학술지에 이 논문이 출간되었다.

대표 종설논문

Barton, M. K. (2010). Twenty years on: The inner workings of the shoot apical meristem, a developmental dynamo. *Developmental Biology*, *341*(1), 95-113.

Kitagawa, M., & Jackson, D. (2019). Control of Meristem Size. *Annual Review of Plant Biology*, *70*(1), 269-291.

Somssich, M., Je, B. Il, Simon, R., & Jackson, D. (2016). CLAVATA-WUSCHEL signaling in the shoot meristem. *Development* (*Cambridge*), *143*(18), 3238-3248. https://doi.org/10.1242/dev.133645.

1 레디는 라이바흐의 컬렉션 중에서 랜즈버그에서 얻은 애기장대 씨를 키우고 선별 과정을 통해 세대가 거듭되어도 표현형이 변하지 않는 개체를 얻고자 했다. 이형접합자로 존재하는 유전자가 많은 경우에는 세대가 거듭되면서 여러 가지 표현형이 나타나는 경우가 있다. 이렇게 되면 돌연변이 연구를 할 때, 숨어 있던 이형접합자의 효과인지, 돌연변이가 생긴 것인지 알 수 없다. 그래서 레디는 랜즈버그 씨앗을 여러 세대에 걸쳐 키우면서 유전적 조성을 고정하려 한 것이다. 그런데 그중 한 개체가 다른 랜즈버그에 비해 작지만 튼튼하게 자라는 특징을 보였다. 그 덕분에 잘 쓰러지지 않아서, 레디는 이를 랜즈버그 이렉타Landsberg erecta라고 불렀다. 이 이름을 줄여서 Ler이라고 표현한다. Rédei, G. P. (1992). A heuristic glance at the past of *Arabidopsis* genetics. In *Methods in Arabidopsis Research*, pp. 1-15. WORLD SCIENTIFIC.

2 Interview with Maarten Koornneef. (2015). *Trends in Plant Science*, *20*(3), 135-136.

3 Koornneef, M., Van Eden, J., Hanhart, C. J., Stam, P., Braaksma, F. J., & Feenstra, W. J. (1983). Linkage map of *Arabidopsis thaliana*. *Journal of Heredity*, *74*(4), 265-272.

4 Clark, S. E., Running, M. P., & Meyerowitz, E. M. (1993). CLAVATA1, a regulator of meristem and flower development in Arabidopsis. *Development*, *119*(2), 397 LP-418. Clark, S. E., Williams, R. W., & Meyerowitz, E. M. (1997). The CLAVATA1 Gene Encodes a Putative Receptor Kinase That Controls

Shoot and Floral Meristem Size in Arabidopsis. *Cell*, *89*(4), 575-585.

5 Fletcher, J. C. (1999). Signaling of cell fate decisions by CLAVATA3 in Arabidopsis shoot meristems. *Science*, *283*(5409), 1911-1914.

6 Trotochaud, A. E., Jeong, S., & Clark, S. E. (2000). CLAVATA3, a multimeric ligand for the CLAVATA1 receptor-kinase. *Science*, *289*(5479), 613-617.

7 Nishihama, R., Jeong, S., DeYoung, B., & Clark, S. E. (2003). Retraction. *Science*, *300*(5624), 1370 LP-1370.

8 Kondo, T., Sawa, S., Kinoshita, A., Mizuno, S., Kakimoto, T., Fukuda, H., & Sakagami, Y. (2006). A Plant Peptide Encoded by CLV3 Identified by in Situ MALDI-TOF MS Analysis. *Science*, *313*(5788), 845 LP-848.

9 Ogawa, M., Shinohara, H., Sakagami, Y., & Matsubayashi, Y. (2008). Arabidopsis CLV3 Peptide Directly Binds CLV1 Ectodomain. *Science*, *319*(5861), 294 LP-294.

10 이렇게 CLV3-CLV1 짝을 찾으며 생장점을 유지하는 신호전달경로 규명이 완성된 것 같지만, 사실 그렇지 않다. CLV1은 수많은 LRR-RLK 계열 수용체 중 하나이며 LRR-RLK 수용체는 단독으로 작용하지 않고 다른 조수용체 co-receptor를 요구하는 경우가 많다(3부 1장 및 3장 참조). 쿠어니프가 CLV1과 함께 찾았던 CLV2 유전자는 인산화효소 도메인이 소실된 LRR-RLP 수용체로 한동안 CLV1의 조수용체로 예상되어 왔다. 하지만 CLV2는 인산화효소 도메인을 갖고 있는 또 다른 RLK CORYNE(CRN)과 복합체를 이루어 CLV3 펩타이드와 결합할 수 있다. 이 CLV2/CRN 복합체는 CLV1과는 독립적으로 CLV3를 인지한다. 뿐만 아니라 다른 LRR-RLK 계열 수용체가 CLV 수용체의 활성을 조절하기도 한다. 식물 생장에 꼭 필요한 신호전달경로인만큼 신호를 놓치지 않고 신호를 받은 후에는 세밀하게 조절할 수 있도록 다양한 유전 장치가 진화한 것이다. Somssich, M., Je, B. Il, Simon, R., & Jackson, D. (2016). CLAVATA-WUSCHEL signaling in the shoot meristem. *Development* (*Cambridge*), *143*(18), 3238-3248. https://doi.org/10.1242/dev.133645.

11 Laux, T., Mayer, K. F., Berger, J., & Jurgens, G. (1996). The WUSCHEL gene is required for shoot and floral meristem integrity in Arabidopsis. *Development*, *122*(1), 87 LP-96.

12 Lenhard, M., Jürgens, G., & Laux, T. (2002). The *WUSCHEL* and *SHOOT-MERISTEMLESS* genes fulfil complementary roles in *Arabidopsis* shoot meristem regulation. *Development*, *129*(13), 3195 LP-3206.

13 Schoof, H., Lenhard, M., Haecker, A., Mayer, K. F. X., Jürgens, G., & Laux, T. (2000). The Stem Cell Population of Arabidopsis Shoot Meristems Is Maintained by a Regulatory Loop between the CLAVATA and WUSCHEL Genes. *Cell*, *100*(6), 635-644.

14 Yadav, R. K., Perales, M., Gruel, J., Girke, T., Jönsson, H., & Venugopala Reddy, G. (2011). WUSCHEL protein movement mediates stem cell homeostasis in the Arabidopsis shoot apex. *Genes and Development*, *25*(19), 2025-2030.

CHAPTER 06. 지하 세계 생장점

대표 종설논문

Motte, H., Vanneste, S., & Beeckman, T. (2019). Molecular and Environmental Regulation of Root Development. *Annual Review of Plant Biology*, *70*(1), 465-488.

1 Shi, W., Wang, Y., Li, J., Zhang, H., & Ding, L. (2007). Investigation of ginsenosides in different parts and ages of Panax ginseng. *Food Chemistry*, *102*(3), 664-668.

2 Murthy, H. N., & Paek, K. Y. (2016). *Panax ginseng Adventitious Root Suspension Culture: Protocol for Biomass Production and Analysis of Ginsenosides by High Pressure Liquid Chromatography BT-Protocols for In Vitro Cultures and Secondary Metabolite Analysis of Aromatic and Medicinal Plants, Second Edition* (S. M. Jain (Ed.); pp. 125-139). Springer New York.

3 Dolan, L., Janmaat, K., Willemsen, V., Linstead, P., Poethig, S., Roberts, K., & Scheres, B. (1993). Cellular organisation of the *Arabidopsis thaliana* root. *Development*, *119*(1), 71-84.

4 Clowes, F. A. L. (1956). NUCLEIC ACIDS IN ROOT APICAL MERISTEMS OF ZEA. *New Phytologist*, *55*(1), 29-34.

5 Van Den Berg, C., Willemsen, V., Hendriks, G., Weisbeek, P., & Scheres, B. (1997). Short-range control of cell differentiation in the Arabidopsis root meristem. *Nature, 390*(6657), 287-289.

6 제넨테크에 관한 내용은 다음 책에서 참고하였다. 싯다르타 무케르지, 이한음 옮김, 《유전자의 내밀한 역사》, 까치, 2017.

7 Institute of Medicine (US) Committee on Resource Sharing in Biomedical Research; Berns, K. I., Bond E. C., Manning F. J., editors. *Resource Sharing in Biomedical Research*. Washington (DC): National Academies Press (US); 1996. 3, The Multinational Coordinated *Arabidopsis thaliana* Genome Research Project.

8 The Arabidopsis Genome Initiative (2000). Analysis of the genome sequence of the flowering plant *Arabidopsis thaliana*. *Nature, 408*(6814), 796-815. h.

9 Provart, N. J., Alonso, J., Assmann, S. M., Bergmann, D., Brady, S. M., Brkljacic, J., Browse, J., Chapple, C., Colot, V., Cutler, S., Dangl, J., Ehrhardt, D., Friesner, J. D., Frommer, W. B., Grotewold, E., Meyerowitz, E., Nemhauser, J., Nordborg, M., Pikaard, C., … Mccourt, P. (2016). 50 years of Arabidopsis research: Highlights and future directions. *New Phytologist, 209*(3), 921-944.

10 Rhee, S. Y., Beavis, W., Berardini, T. Z., Chen, G., Dixon, D., Doyle, A., Garcia-Hernandez, M., Huala, E., Lander, G., Montoya, M., Miller, N., Mueller, L. A., Mundodi, S., Reiser, L., Tacklind, J., Weems, D. C., Wu, Y., Xu, I., Yoo, D., … Zhang, P. (2003). The Arabidopsis Information Resource (TAIR): A model organism database providing a centralized, curated gateway to Arabidopsis biology, research materials and community. *Nucleic Acids Research, 31*(1), 224-228.

11 아그로박테리움의 DNA 전달 방식, 그리고 이를 바탕으로 현재 이용 중인 식물 형질전환 방식은 다음 논문을 참고. Hellens, R., Mullineaux, P., & Klee, H. (2000). A guide to Agrobacterium binary Ti vectors. *Trends in Plant Science, 5*(10), 446-451.

12 Feldmann, K. A., & David Marks, M. (1987). Agrobacterium-mediated transformation of germinating seeds of *Arabidopsis thaliana*: A non-tissue culture

approach. *Molecular and General Genetics MGG, 208*(1), 1-9.

13 Clough, S. J., & Bent, A. F. (1998). Floral dip: a simplified method for Agrobacterium-mediated transformation of *Arabidopsis thaliana*. *The Plant Journal, 16*(6), 735-743.

14 Alonso, J. M., Stepanova, A. N., Leisse, T. J., Kim, C. J., Chen, H., Shinn, P., Stevenson, D. K., Zimmerman, J., Barajas, P., Cheuk, R., Gadrinab, C., Heller, C., Jeske, A., Koesema, E., Meyers, C. C., Parker, H., Prednis, L., Ansari, Y., Choy, N., … Ecker, J. R. (2003). Genome-Wide Insertional Mutagenesis of *Arabidopsis thaliana*. *Science, 301*(5633), 653 LP-657. 현재는 에커 팀 외에도 다양한 실험실에서도 돌연변이 형질전환체를 만들면서 그 수가 총 32만 5,000개로 늘었다.

15 캘리포니아에 위치한 소크 연구소는 소아마비 백신을 개발한 조나스 소크 Jonas Salk가 세운 비영리 연구소다. 이곳에서는 신경생물학 연구를 비롯해 식물학 연구가 활발히 진행 중이다.

16 Haecker, A., Groß-Hardt, R., Geiges, B., Sarkar, A., Breuninger, H., Herrmann, M., & Laux, T. (2004). Expression dynamics of WOX genes mark cell fate decisions during early embryonic patterning in *Arabidopsis thaliana*. *Development, 131*(3), 657-668.

17 Bennett, T., van den Toorn, A., Willemsen, V., & Scheres, B. (2014). Precise control of plant stem cell activity through parallel regulatory inputs. *Development, 141*(21), 4055 LP-4064.

18 Nakajima, K., Sena, G., Nawy, T., & Benfey, P. N. (2001). Intercellular movement of the putative transcription factor SHR in root patterning. *Nature, 413*(6853), 307-311.

19 Welch, D., Hassan, H., Blilou, I., Immink, R., Heidstra, R., & Scheres, B. (2007). Arabidopsis JACKDAW and MAGPIE zinc finger proteins delimit asymmetric cell division and stabilize tissue boundaries by restricting SHORT-ROOT action. *Genes and Development, 21*(17), 2196-2204.

CHAPTER 07. 잎의 위아래

대표 종설논문

Kuhlemeier, C., & Timmermans, M. C. P. (2016). The Sussex signal: insights into leaf dorsiventrality. *Development, 143*(18), 3230 LP-3237. https://doi.org/10.1242/dev.131888.

1 Griffiths, A. G., Moraga, R., Tausen, M., Gupta, V., Bilton, T. P., Campbell, M. A., Ashby, R., Nagy, I., Khan, A., Larking, A., Anderson, C., Franzmayr, B., Hancock, K., Scott, A., Ellison, N. W., Cox, M. P., Asp, T., Mailund, T., Schierup, M. H., & Andersen, S. U. (2019). Breaking Free: The Genomics of Allopolyploidy-Facilitated Niche Expansion in White Clover. *The Plant Cell, 31*(7), 1466 LP-1487.

2 Song, I.-J., Kang, H.-G., Kang, J.-Y., Kim, H.-D., Bae, T.-W., Kang, S.-Y., Lim, P.-O., Adachi, T., & Lee, H.-Y. (2009). Breeding of four-leaf white clover (Trifolium repens L.) through 60Co gamma-ray irradiation. *Plant Biotechnology Reports, 3*(3), 191-197.

3 Sussex, I. (1998). THEMES IN PLANT DEVELOPMENT. *Annual Review of Plant Physiology and Plant Molecular Biology, 49*(1), xiii-xxii.

4 Kuhlemeier, C., & Timmermans, M. C. P. (2016). The Sussex signal: insights into leaf dorsiventrality. *Development, 143*(18), 3230-3237에 언급되어 있다. Sussex, I. M. (1951). Experiments on the Cause of Dorsiventrality in Leaves. *Nature, 167*(4251), 651-652.

5 Kuhlemeier, C., & Timmermans, M. C. P. (2016). The Sussex signal: insights into leaf dorsiventrality. *Development, 143*(18), 3230-3237에 그 내용이 언급되어 있다. Snow, R., & Snow, M. (1954). Experiments on the Cause of Dorsiventrality in Leaves. *Nature, 173*(4405), 644.

6 Reinhardt, D., Frenz, M., Mandel, T., & Kuhlemeier, C. (2005). Microsurgical and laser ablation analysis of leaf positioning and dorsoventral patterning in tomato. *Development, 132*(1), 15-26.

7 Waites, R., & Hudson, A. (1995). phantastica: a gene required for dorsoventral-

ity of leaves in Antirrhinum majus. *Development, 121*(7), 2143 LP-2154.
8 어윈 바우어의 1926년 논문은 독일어로 쓰여 있으며, 원문을 구하기 어렵다. Baur, E. (1926) Untersuchungen über Faktormutationen. I. *Antirrhinum majus* mut. phantastica, eine neue, dauernd zum dominanten Typ zurückmutierende rezessive Sippe. *Zeitschrift für Induktive Abstammungs-und Vererbungslehre* 41, 47-53.
9 McConnell, J. R., & Barton, M. K. (1998). Leaf polarity and meristem formation in Arabidopsis. *Development, 125*(15), 2935-2942.
10 Siegfried, K. R., Eshed, Y., Baum, S. F., Otsuga, D., Drews, G. N., & Bowman, J. L. (1999). Members of the YABBY gene family specify abaxial cell fate in Arabidopsis. *Development, 126*(18), 4117-4128.
11 Eshed, Y., Baum, S. F., & Bowman, J. L. (1999). Distinct Mechanisms Promote Polarity Establishment in Carpels of *Arabidopsis*. *Cell, 99*(2), 199-209. Kerstetter, R. A., Bollman, K., Taylor, R. A., Bomblies, K., & Poethig, R. S. (2001). KANADI regulates organ polarity in Arabidopsis. *Nature, 411*(6838), 706-709.
12 Hareven, D., Gutfinger, T., Parnis, A., Eshed, Y., & Lifschitz, E. (1996). The making of a compound leaf: Genetic manipulation of leaf architecture in tomato. *Cell, 84*(5), 735-744.

CHAPTER 08. 식물의 사춘기

대표 종설논문

Huijser, P., & Schmid, M. (2011). The control of developmental phase transitions in plants. *Development, 138*(19), 4117-4129.

1 Huijser, P., & Schmid, M. (2011). The control of developmental phase transitions in plants. *Development, 138*(19), 4117 LP-4129.
2 RNA 바이러스가 가진 역전사효소는 위스콘신 대학의 하워드 테민Howard Temin, 사토시 미즈타니Satoshi Mizutani 팀과 매사추세츠주 공과대학의 데이비드 볼티모어David Baltimore가 동시에 발견했다.

3 아주 오랜 시간 동안 학자들은 리보솜에 있는 단백질이 효소 역할을 할 것이라고 생각했다. 생명을 이루는 대부분의 효소는 단백질로 이루어져 있기 때문이다. 하지만 리보솜의 구조를 밝히면서, 효소 부분이 RNA라는 사실이 밝혀진 것이다. 이렇게 효소 기능을 가진 RNA를 리보자임ribozyme이라고 한다. Cech, T. R. (2000). The Ribosome Is a Ribozyme. *Science*, *289*(5481), 878-879.

4 Rhoades, M. W., Reinhart, B. J., Lim, L. P., Burge, C. B., Bartel, B., & Bartel, D. P. (2002). Prediction of plant microRNA targets. *Cell*, *110*(4), 513-520.

5 Cardon, G. H., Höhmann, S., Nettesheim, K., Saedler, H., & Huijser, P. (1997). Functional analysis of the *Arabidopsis thaliana* SBP-box gene SPL3: a novel gene involved in the floral transition. *The Plant Journal*, *12*(2), 367-377.

6 Schwab, R., Palatnik, J. F., Riester, M., Schommer, C., Schmid, M., & Weigel, D. (2005). Specific effects of microRNAs on the plant transcriptome. *Developmental Cell*, *8*(4), 517-527.

7 Weigel, D., Ahn, J. H., Blázquez, M. A., Borevitz, J. O., Christensen, S. K., Fankhauser, C., Ferrándiz, C., Kardailsky, I., Malancharuvil, E. J., Neff, M. M., Nguyen, J. T., Sato, S., Wang, Z.-Y., Xia, Y., Dixon, R. A., Harrison, M. J., Lamb, C. J., Yanofsky, M. F., & Chory, J. (2000). Activation Tagging in Arabidopsis. *Plant Physiology*, *122*(4), 1003 LP-1014.

8 Franco-Zorrilla, J. M., Valli, A., Todesco, M., Mateos, I., Puga, M. I., Rubio-Somoza, I., Leyva, A., Weigel, D., García, J. A., & Paz-Ares, J. (2007). Target mimicry provides a new mechanism for regulation of microRNA activity. *Nature Genetics*, *39*(8), 1033-1037.

9 Todesco, M., Rubio-Somoza, I., Paz-Ares, J., & Weigel, D. (2010). A collection of target mimics for comprehensive analysis of MicroRNA function in *Arabidopsis thaliana*. *PLoS Genetics*, *6*(7), 1-10.

10 Cheng, Z., Li, R. (2014). Chen Xuemei: A female scientist who blossoms out of interest. Peking University (PKU) News.

11 Chang, Z. (2009). The CUSBEA program: Twenty years after. *IUBMB Life*, 61(6), 555-565.

12 Jacobsen, S. E., Running, M. P., & Meyerowitz, E. M. (1999). Disruption of an

RNA helicase/RNAse III gene in Arabidopsis causes unregulated cell division in floral meristems. *Development, 126*(23), 5231 LP-5243.

13 Park, W., Li, J., Song, R., Messing, J., & Chen, X. (2002). CARPEL FACTORY, a Dicer homolog, and HEN1, a novel protein, act in microRNA metabolism in *Arabidopsis thaliana*. *Current Biology, 12*(17), 1484-1495.

14 Chen, X. (2004). A MicroRNA as a Translational Repressor of APETALA2 in Arabidopsis Flower Development. *Science, 303*(5666), 2022-2025.

15 Li, S., Liu, L., Zhuang, X., Yu, Y., Liu, X., Cui, X., Ji, L., Pan, Z., Cao, X., Mo, B., Zhang, F., Raikhel, N., Jiang, L., & Chen, X. (2013). MicroRNAs inhibit the translation of target mRNAs on the endoplasmic reticulum in arabidopsis. *Cell, 153*(3), 562-574.

PART 02. 후대를 준비하기

CHAPTER 01. 꽃을 피울 시간

대표 종설논문

Song, Y. H., Shim, J. S., Kinmonth-Schultz, H. A., & Imaizumi, T. (2015). Photoperiodic flowering: Time measurement mechanisms in leaves. *Annual Review of Plant Biology, 66*, 441-464.

Andrés, F., & Coupland, G. (2012). The genetic basis of flowering responses to seasonal cues. *Nature Reviews Genetics, 13*(9), 627-639.

1 앨러드의 생애는 다음을 참조. Gurney, A. B. (1964). Harry A. Allard, Naturalist: His Life and Work (1880-1963). *Bulletin of the Torrey Botanical Club, 91*(2), 151-164.

2 가너의 생애는 다음을 참조. Notes. (1945). *Plant Physiology, 20*(3), 464-466.

3 앨러드와 가너의 1920년 논문. Garner, W. W. and Allard, H. A. (1920). Agricultural United States Department of Agriculture and for the Association. *Journal of Agricultural Research, XVIII*(11), 553-606.

4 Kobayashi, Y., & Weigel, D. (2007). Move on up, it's time for change-Mobile signals controlling photoperiod-dependent flowering. *Genes and Development*, *21*(19), 2371-2384.

5 Bünning, E. (1977). Fifty Years of Research in the Wake of Wilhelm Pfeffer. *Annual Review of Plant Physiology*, *28*(1), 1-23.

6 지금은 식물이 붉은 파장의 빛을 인지하고 그로 인해 꽃 피우는 시기가 조절된다는 것이 알려져 있지만, 뷔닝이 실험하던 당시만 해도 이런 내용은 알려지지 않은 상태였다. 그래서 뷔닝과 스턴은 실험을 준비하는 과정에서 붉은빛을 켜두고 식물을 준비했고, 이것이 식물의 생체 시계를 초기화시켜서 잎이 가장 많이 접히는 시간이 바뀐 것이었다.

7 Hoshizaki, T., & Hamner, K. C. (1964). Circadian leaf movements: Persistence in bean plants grown in continuous high-intensity light. *Science*, *144*(3623), 1240-1241.

8 Bunning, E. (1964). Circadian Leaf Movements in Bean Plants: Earlier Reports. *Science*, *146*(3643), 551 LP-551.

9 마이클 고딘의 책 《사이언티픽 바벨》에는 라틴어로 시작된 과학의 언어가 어떻게 오늘날 영어가 되었는지 그 변천사를 다룬다. 특히 제2차 세계대전 이후, 화학 언어의 핵심이었던 독일어가 영어에 자리를 내주는 과정이 잘 담겨 있다. Gordin, M. D. (2017). *Scientific Babel: The Language of Science from the Fall of Latin to the Rise of English*. Profile Books Ltd.

10 Kobayashi, Y., & Weigel, D. (2007). Move on up, it's time for change-Mobile signals controlling photoperiod-dependent flowering. *Genes and Development*, *21*(19), 2371-2384.

11 Zeevaart, J. A. D. (2006). Florigen coming of age after 70 years. *Plant Cell*, *18*(8), 1783-1789.

12 Rédei, G. P. (1962). Supervital Mutants of Arabidopsis. *Genetics*, *47*(4), 443-460.

13 이 애기장대 돌연변이 표현형은 메릴랜드 매머드와 매우 유사했다. 하지만 조지 레디의 논문(1962)에는 앨러드와 가너의 논문(1920)이 인용되어 있지는 않다.

14 Koornneef, M., Hanhart, C. J., & van der Veen, J. H. (1991). A genetic and physiological analysis of late flowering mutants in *Arabidopsis thaliana*. *MGG Molecular & General Genetics*, *229*(1), 57–66.

15 An, H., Roussot, C., Suárez-López, P., Corbesier, L., Vincent, C., Piñeiro, M., Hepworth, S., Mouradov, A., Justin, S., Turnbull, C., & Coupland, G. (2004). CONSTANS acts in the phloem to regulate a systemic signal that induces photoperiodic flowering of Arabidopsis. *Development*, *131*(15), 3615–3626.

16 Lee, H., Suh, S. S., Park, E., Cho, E., Ahn, J. H., Kim, S. G., Lee, J. S., Kwon, Y. M., & Lee, I. (2000). The AGAMOUS-lIKE 20 MADS domain protein integrates floral inductive pathways in Arabidopsis. *Genes and Development*, *14*(18), 2366–2376. Samach, A., Onouchi, H., Gold, S. E., Ditta, G. S., Schwarz-Sommer, Z., Yanofsky, M. F., & Coupland, G. (2000). Distinct roles of constans target genes in reproductive development of Arabidopsis. *Science*, *288*(5471), 1613–1616.

17 Kardailsky, I., Shukla, V. K., Ahn, J. H., Dagenais, N., Christensen, S. K., Nguyen, J. T., Chory, J., Harrison, M. J., & Weigel, D. (1999). Activation tagging of the floral inducer FT. *Science*, *286*(5446), 1962–1965.

18 Kobayashi, Y., Kaya, H., Goto, K., Iwabuchi, M., & Araki, T. (1999). A pair of related genes with antagonistic roles in mediating flowering signals. *Science*, *286*(5446), 1960–1962.

19 Weigel, D., Ahn, J. H., Blázquez, M. A., Borevitz, J. O., Christensen, S. K., Fankhauser, C., Ferrándiz, C., Kardailsky, I., Malancharuvil, E. J., Neff, M. M., Nguyen, J. T., Sato, S., Wang, Z.-Y., Xia, Y., Dixon, R. A., Harrison, M. J., Lamb, C. J., Yanofsky, M. F., & Chory, J. (2000). Activation Tagging in Arabidopsis. *Plant Physiology*, *122*(4), 1003–1014.

20 Takada, S., & Goto, K. (2003). Terminal Flower2, an Arabidopsis Homolog of Heterochromatin Protein1, Counteracts the Activation of Flowering Locus T by Constans in the Vascular Tissues of Leaves to Regulate Flowering Time. *Plant Cell*, *15*(12), 2856–2865.

21 Huang, T., Böhlenius, H., Eriksson, S., Parcy, F., & Nilsson, O. (2005). The

mRNA of the Arabidopsis Gene FT Moves from Leaf to Shoot Apex and Induces Flowering. *Science*, *309*(5741), 1694-1696.

22 Böhlenius, H., Eriksson, S., Parcy, F., & Nilsson, O. (2007). Retraction. *Science*, *316*(5823), 367-367.

23 Corbesier, L., Vincent, C., Jang, S., Fornara, F., Fan, Q., Searle, I., Giakountis, A., Farrona, S., Gissot, L., Turnbull, C., & Coupland, G. (2007). FT protein movement contributes to long-distance signaling in floral induction of Arabidopsis. *Science*, *316*(5827), 1030-1033.

24 Jaeger, K. E., & Wigge, P. A. (2007). FT Protein Acts as a Long-Range Signal in Arabidopsis. *Current Biology*, *17*(12), 1050-1054. Mathieu, J., Warthmann, N., Küttner, F., & Schmid, M. (2007). Export of FT Protein from Phloem Companion Cells Is Sufficient for Floral Induction in Arabidopsis. *Current Biology*, *17*(12), 1055-1060.

25 Valverde, F., Mouradov, A., Soppe, W., Ravenscroft, D., Samach, A., & Coupland, G. (2004). Photoreceptor Regulation of CONSTANS Protein in Photoperiodic Flowering. *Science*, *303*(5660), 1003-1006.

26 Imaizumi, T., Tran, H. G., Swartz, T. E., Briggs, W. R., & Kay, S. A. (2003). FKF1 is essential for photoperiodic-specific light signalling in Arabidopsis. *Nature*, *426*(6964), 302-306.

27 Imaizumi, T., Schultz, T. F., Harmon, F. G., Ho, L. A., & Kay, S. A. (2005). Plant science: FKF1 F-box protein mediates cyclic degradation of a repressor of CONSTANS in Arabidopsis. *Science*, *309*(5732), 293-297. Lee, B. D., Kim, M. R., Kang, M. Y., Cha, J. Y., Han, S. H., Nawkar, G. M., Sakuraba, Y., Lee, S. Y., Imaizumi, T., McClung, C. R., Kim, W. Y., & Paek, N. C. (2017). The F-box protein FKF1 inhibits dimerization of COP1 in the control of photoperiodic flowering. *Nature Communications*, *8*(1), 1-10.

28 Kingsbury, N. (2009). *Hybrid: the History and Science of Plant Breeding*. University of Chicago Press.

CHAPTER 02. 겨울이 지나 봄이 오면

대표 종설논문

Kim, D.-H., & Sung, S. (2014). Genetic and Epigenetic Mechanisms Underlying Vernalization. *The Arabidopsis Book, 12*, e0171.

Whittaker, C., & Dean, C. (2017). The FLC locus: A platform for discoveries in epigenetics and adaptation. *Annual Review of Cell and Developmental Biology*, 33, 555-575.

1 Gitschier, J. (2013). How Cool Is That: An Interview with Caroline Dean. *PLoS Genetics, 9*(6).

2 제넨테크에 관한 내용은 다음 책에서 참고하였다. 싯다르타 무케르지 지음, 이한음 옮김, 《유전자의 내밀한 역사》, 까치, 2017.

3 어드밴스드 제네틱 사이언스사는 존 베드브룩John Bedbrook이 창립한 생명공학 벤처회사로, 식물에서 DNA 재조합을 실험하고, 이런 DNA 재조합 기술을 농업에 도입하려던 곳이었다. 이 회사는 'Frostban'이라는 유전자조작 미생물을 개발한 곳이다. 미생물은 물이 어는 데 필요한 빙정핵 역할을 한다. 'Frostban'은 빙정핵 역할을 하는 단백질이 사라진 유전자조작 미생물로, 이 미생물이 작물에 사는 다른 미생물에 대해 우위를 점하면서 작물의 냉해 피해를 줄인다. 'Frostban'은 1987년 야외 포작 실험이 실행되었으며, 이는 유전자조작 생물로 진행된 실험 중에 처음으로 실험실이 아닌 야외에서 진행된 것이었다. 하지만 유전자조작 생물에 반대하는 환경 단체 등의 사보타주로 인해, 포장 실험 식물이 뽑히는 등 난항을 겪었다. 결국, 상품으로 출하되지 못했다. Preliminary Results of Frostban Tests Indicate Success, Company Says. (1987.6.9.) AP News.

4 다음의 논문과 같이 광합성 유전자 연구를 진행했다. Dean, C., van den Elzen, P., Tamaki, S., Dunsmuir, P., & Bedbrook, J. (1985). Differential expression of the eight genes of the petunia ribulose bisphosphate carboxylase small subunit multi-gene family. *The EMBO Journal, 4*(12), 3055-3061.

5 Kolchinsky, E. I., Kutschera, U., Hossfeld, U., & Levit, G. S. (2017). Russia's new Lysenkoism. *Current Biology, 27*(19), R1042-R1047.

6 Koornneef, M., Hanhart, C. J., & van der Veen, J. H. (1991). A genetic and physiological analysis of late flowering mutants in *Arabidopsis thaliana*. *MGG Molecular & General Genetics*, *229*(1), 57-66.

7 Koornneef, M., Blankestijn-de Vries, H., Hanhart, C., Soppe, W., & Peeters, T. (1994). The phenotype of some late-flowering mutants is enhanced by a locus on chromosome 5 that is not effective in the Landsberg erecta wild-type. *The Plant Journal*, 6(6), 911-919.

8 Lee, L., Michaels, S.D., Masshardt, A.S., Amasino, R.M. (1994). The late-flowering phenotype of *FRIGIDA* and mutations in *LUMINIDEPENDENS* is suppressed in the Landsberg erecta strain of Arabidopsis. *The Plant Journal*, 6(6), 903-909.

9 라이바흐는 조지 레디에게 그가 가진 애기장대 아종 4가지를 전해주었다. 이는 렌즈버그Landsberg, 림부르흐Limburg, 이스트란트Estland, 그라츠Graz다. Rédei, G. P. (1992). A heuristic glance at the past of Arabidopsis genetics. In *Methods in Arabidopsis Research* (pp. 1-15). WORLD SCIENTIFIC.

10 Michaels, S. D., & Amasino, R. M. (1999). FLOWERING LOCUS C encodes a novel MADS domain protein that acts as a repressor of flowering. *Plant Cell*, *11*(5), 949-956.

11 Johanson, U., West, J., Lister, C., Michaels, S., Amasino, R., & Dean, C. (2000). Molecular analysis of FRIGIDA, a major determinant of natural variation in Arabidopsis flowering time. *Science*, *290*(5490), 344-347.

12 Choi, K., Kim, J., Hwang, H. J., Kim, S., Park, C., Kim, S. Y., & Lee, I. (2011). The FRIGIDA complex activates transcription of FLC, a strong flowering repressor in Arabidopsis, by recruiting chromatin modification factors. *Plant Cell*, *23*(1), 289-303.

13 Yamada, K., Lim, J., Dale, J. M., Chen, H., Shinn, P., Palm, C. J., Southwick, A. M., Wu, H. C., Kim, C., Nguyen, M., Pham, P., Cheuk, R., Karlin-Newmann, G., Liu, S. X., Lam, B., Sakano, H., Wu, T., Yu, G., Miranda, M., … Ecker, J. R. (2003). Empirical Analysis of Transcriptional Activity in the Arabidopsis Genome. *Science*, *302*(5646), 842 LP-846.

14 Rinn, J. L., Kertesz, M., Wang, J. K., Squazzo, S. L., Xu, X., Brugmann, S. A., Goodnough, L. H., Helms, J. A., Farnham, P. J., Segal, E., & Chang, H. Y. (2007). Functional Demarcation of Active and Silent Chromatin Domains in Human HOX Loci by Noncoding RNAs. *Cell, 129*(7), 1311-1323.

15 Swiezewski, S., Liu, F., Magusin, A., & Dean, C. (2009). Cold-induced silencing by long antisense transcripts of an Arabidopsis Polycomb target. *Nature, 462*(7274), 799-802.

16 Heo, J. B., & Sung, S. (2011). Vernalization-mediated epigenetic silencing by a long intronic noncoding RNA. *Science, 331*(6013), 76-79.

17 2개의 X 염색체 중 하나가 불활성화되는 과정에 대한 자세한 내용은 다음 논문 참조. Maxfield Boumil, R., & Lee, J. T. (2001). Forty years of decoding the silence in X-chromosome inactivation. *Human Molecular Genetics, 10*(20), 2225-2232.

18 Sung, S., & Amasino, R. M. (2004). Vernalization in *Arabidopsis thaliana* is mediated by the PHD finger protein VIN3. *Nature, 427*(6970), 159-164.

19 Heo, J. B., & Sung, S. (2011). Vernalization-mediated epigenetic silencing by a long intronic noncoding RNA. *Science, 331*(6013), 76-79.

20 Hyun, Y., Yun, H., Park, K., Ohr, H., Lee, O., Kim, D. H., Sung, S., & Choi, Y. (2013). The catalytic subunit of Arabidopsis DNA polymerase *α* ensures stable maintenance of histone modification. *Development* (Cambridge), *140*(1), 156-166.

21 Kolchinsky, E. I., Kutschera, U., Hossfeld, U., & Levit, G. S. (2017). Russia's new Lysenkoism. *Current Biology, 27*(19), R1042-R1047.

22 Crevillén, P., Yang, H., Cui, X., Greeff, C., Trick, M., Qiu, Q., Cao, X., & Dean, C. (2014). Epigenetic reprogramming that prevents transgenerational inheritance of the vernalized state. *Nature, 515*(7528), 587-590.

23 Koornneef, M., & Meinke, D. (2010). The development of Arabidopsis as a model plant. *Plant Journal, 61*(6), 909-921.

24 Lempe, J., Balasubramanian, S., Sureshkumar, S., Singh, A., Schmid, M., & Weigel, D. (2005). Diversity of flowering responses in wild *Arabidopsis thali-*

ana strains. *PLoS Genetics, 1*(1), 0109-0118. Li, P., Filiault, D., Box, M. S., Kerdaffrec, E., van Oosterhout, C., Wilczek, A. M., Schmitt, J., McMullan, M., Bergelson, J., Nordborg, M., & Dean, C. (2014). Multiple FLC haplotypes defined by independent cisregulatory variation underpin life history diversity in *Arabidopsis thaliana*. *Genes and Development, 28*(15), 1635-1640. Nordborg, M., & Bergelson, J. O. Y. (1999). The effect of seed and rosette cold treatment on germination and flowering time in some *Arabidopsis thaliana* (Brassicaceae) ecotypes. *American Journal of Botany, 86*(4), 470-475.

CHAPTER 03. 꽃 모양의 기본

대표 종설논문

Theißen, G., Melzer, R., & Ruümpler, F. (2016). MADS-domain transcription factors and the floral quartet model of flower development: Linking plant development and evolution. *Development* (*Cambridge*), *143*(18), 3259-3271.

Bowman, J. L., Smyth, D. R., & Meyerowitz, E. M. (2012). The ABC model of flower development: Then and now. *Development* (*Cambridge*), *139*(22), 4095-4098.

1 괴테의 《식물 변태론》은 1790년에 출간됐다. 필자가 참고한 번역본은 1863년에 번역된 그의 책을 루돌프 스타이너Rudolf Steiner의 서론과 합본해 출간한 2004년 판본이다. Goethe, J. W. V., Steiner, R. (2004). *Metamorphosis of Plants*. Biodynamic Farming & Gardening Association.

2 Bowman, J. L. (2013). My favourite flowering image. *Journal of Experimental Botany, 64*(18), 5779-5782.

3 Bowman, J. L., Smyth, D. R., & Meyerowitz, E. M. (1989). Genes directing flower development in Arabidopsis. *The Plant Cell, 1*(1), 37-52.

4 Bowman, J. L., Smyth, D. R., & Meyerowitz, E. M. (1991). Genetic interactions among floral homeotic genes of Arabidopsis. *Development, 112*(1), 1-20.

5 Schwarz-Sommer, Z., Huijser, P., Nacken, W., Saedler, H., & Sommer, H. (1990). Genetic control of flower development by homeotic genes in Antirrhi-

num majus. *Science, 250*(4983), 931-936.

6 Coen, E. S., & Meyerowitz, E. M. (1991). The war of the whorls: genetic interactions controlling flower development. *Nature, 353*(6339), 31-37. h.

7 Theißen, G. (2001). Development of floral organ identity: Stories from the MADS house. *Current Opinion in Plant Biology, 4*(1), 75-85.

8 Pelaz, S., Ditta, G. S., Baumann, E., Wisman, E., & Yanofsky, M. F. (2000). B and C floral organ identity functions require SEPALLATTA MADS-box genes. *Nature, 405*(6783), 200-203.

9 Bowman, J. L., Smyth, D. R., & Meyerowitz, E. M. (1991). Genetic interactions among floral homeotic genes of Arabidopsis. *Development, 112*(1), 1-20.

10 Ditta, G., Pinyopich, A., Robles, P., Pelaz, S., & Yanofsky, M. F. (2004). The SEP4 Gene of *Arabidopsis thaliana* Functions in Floral Organ and Meristem Identity. *Current Biology, 14*(21), 1935-1940.

11 Riechmann, J. L., Krizek, B. A., & Meyerowitz, E. M. (1996). Dimerization specificity of Arabidopsis MADS domain homeotic proteins APETALA1, APETALA3, PISTILLATA, and AGAMOUS. *Proceedings of the National Academy of Sciences of the United States of America, 93*(10), 4793-4798.

12 Egea-Cortines, M., Saedler, H., & Sommer, H. (1999). Ternary complex formation between the MADS-box proteins SQUAMOSA, DEFICIENS and GLOBOSA is involved in the control of floral architecture in Antirrhinum majus. *EMBO Journal, 18*(19), 5370-5379.

13 Theißen, G., Melzer, R., & Ruümpler, F. (2016). MADS-domain transcription factors and the floral quartet model of flower development: Linking plant development and evolution. *Development* (*Cambridge*), *143*(18), 3259-3271.

14 Waters, M. T., Tiley, A. M. M., Kramer, E. M., Meerow, A. W., Langdale, J. A., & Scotland, R. W. (2013). The corona of the daffodil Narcissus bulbocodium shares stamen-like identity and is distinct from the orthodox floral whorls. *Plant Journal, 74*(4), 615-625.

15 Zhang, G. Q., Liu, K. W., Li, Z., Lohaus, R., Hsiao, Y. Y., Niu, S. C., Wang, J. Y., Lin, Y. C., Xu, Q., Chen, L. J., Yoshida, K., Fujiwara, S., Wang, Z. W., Zhang, Y.

Q., Mitsuda, N., Wang, M., Liu, G. H., Pecoraro, L., Huang, H. X., ··· Liu, Z. J. (2017). The Apostasia genome and the evolution of orchids. *Nature*, *549*(7672), 379-383.

16 Liu, Z. J. (2015). The genome sequence of the orchid *Phalaenopsis equestris*. *Nature Genetics*, *47*(1), 65-72.

CHAPTER 04. 꽃가루의 여행

대표 종설논문

Dresselhaus, T., Sprunck, S., & Wessel, G. M. (2016). Fertilization mechanisms in flowering plants. *Current Biology*, *26*(3), R125-R139.

Fujii, S., Kubo, K. I., & Takayama, S. (2016). Non-self- and self-recognition models in plant self-incompatibility. *Nature Plants*, *2*(9).

1 Darwin, C. R. (1876). *The effects of cross and self fertilisation in the vegetable kingdom*. London: John Murray.

2 Dresselhaus, T., & Franklin-Tong, N. (2013). Male-female crosstalk during pollen germination, tube growth and guidance, and double fertilization. *Molecular Plant*, *6*(4), 1018-1036.

3 Palanivelu, R., Brass, L., Edlund, A. F., & Preuss, D. (2003). Pollen tube growth and guidance is regulated by POP2, an Arabidopsis gene that controls GABA levels. *Cell*, *114*(1), 47-59.

4 하지만 2015년, GABA의 영향을 받는 이온채널이 밝혀졌다. Ramesh, S. A., Tyerman, S. D., Xu, B., Bose, J., Kaur, S., Conn, V., Domingos, P., Ullah, S., Wege, S., Shabala, S., Feijó, J. A., Ryan, P. R., & Gilliham, M. (2015). GABA signalling modulates plant growth by directly regulating the activity of plant-specific anion transporters. *Nature Communications*, *6*(1), 7879.

5 김재호, 교수로 임용되는 성공 확률, 단 '3%', 〈교수신문〉, 2020. 11. 9.

6 Márton, M. L., Cordts, S., Broadhvest, J., & Dresselhaus, T. (2005). Micropylar pollen tube guidance by egg apparatus 1 of maize. *Science*, *307*(5709), 573-576.

7 Sankaranarayanan, S. (2018) Luminaries: Tetsuya Higashiyama. *ASPB News, 45*(2), 9-10.

8 Nitsch, J. P. (1949). Culture of fruits in vitro. *Science, 110*(2863), 499.

9 Higashiyama, T., Kuroiwa, H., Kawano, S., & Kuroiwa, T. (1998). Guidance in vitro of the pollen tube to the naked embryo sac of Torenia fournieri. *Plant Cell, 10*(12), 2019-2031.

10 Higashiyama, T., Yabe, S., Sasaki, N., Nishimura, Y., Miyagishima, S., Kuroiwa, H., & Kuroiwa, T. (2001). Pollen Tube Attraction by the Synergid Cell. *Science, 293*(5534), 1480 LP-1483.

11 Higashiyama, T., Inatsugi, R., Sakamoto, S., Sasaki, N., Mori, T., Kuroiwa, H., Nakada, T., Nozaki, H., Kuroiwa, T., & Nakano, A. (2006). Species preferentiality of the pollen tube attractant derived from the synergid cell of Torenia fournieri. *Plant Physiology, 142*(2), 481-491.

12 Okuda, S., Tsutsui, H., Shiina, K., Sprunck, S., Takeuchi, H., Yui, R., Kasahara, R. D., Hamamura, Y., Mizukami, A., Susaki, D., Kawano, N., Sakakibara, T., Namiki, S., Itoh, K., Otsuka, K., Matsuzaki, M., Nozaki, H., Kuroiwa, T., Nakano, A., … Higashiyama, T. (2009). Defensin-like polypeptide LUREs are pollen tube attractants secreted from synergid cells. *Nature, 458*(7236), 357-361.

13 Takeuchi, H., & Higashiyama, T. (2012). A Species-Specific Cluster of Defensin-Like Genes Encodes Diffusible Pollen Tube Attractants in Arabidopsis. *PLoS Biology, 10*(12).

14 Takeuchi, H., & Higashiyama, T. (2016). Tip-localized receptors control pollen tube growth and LURE sensing in Arabidopsis. *Nature, 531*(7593), 245-248.

15 Wang, T., Liang, L., Xue, Y., Jia, P. F., Chen, W., Zhang, M. X., Wang, Y. C., Li, H. J., & Yang, W. C. (2016). A receptor heteromer mediates the male perception of female attractants in plants. *Nature, 531*(7593), 241-244.

16 연구팀은 인산화효소인 RLK의 특성을 이용해 우성음성 돌연변이를 제작했다. 세포 밖에 위치해 있으며, 신호를 받는 도메인과 인산화 도메인으로 나뉘

어 있는 RLK는 세포 안의 인산화 도메인을 통해 신호를 전달한다. 그래서 인산화효소 부분이 망가진 돌연변이 RLK는 기능을 하지 못한다. 그리고 나아가 다른 정상적인 RLK와 짝을 이루어 다른 RLK의 기능마저도 막는다. 그렇기 때문에 돌연변이지만 이형접합자에서도 돌연변이의 효과가 나타나므로, 우성이지만 그 돌연변이의 결과는 음성이기 때문에 '우성음성 돌연변이dominant negative'라고 불린다.

17 Huck, N., Moore, J. M., Federer, M., & Grossniklaus, U. (2003). The Arabidopsis mutant feronia disrupts the female gametophytic control of pollen tube receptor. *Development, 130*(10), 2149-2159.

18 Rotman, N., Rozier, F., Boavida, L., Dumas, C., Berger, F., & Faure, J. E. (2003). Female control of male gamete delivery during fertilization in *Arabidopsis thaliana*. *Current Biology, 13*(5), 432-436.

19 Zhong, S., & Qu, L.-J. (2019). Peptide/receptor-like kinase-mediated signaling involved in male-female interactions. *Current Opinion in Plant Biology, 51*, 7-14.

20 율리 그로스니클라우스의 약력은 홈페이지에서 참조. https://botserv2.uzh.ch/home/members_moreDetails_cms.php?kunden_ID=00046.

21 Fujii, S., Kubo, K. I., & Takayama, S. (2016). Non-self- and self-recognition models in plant self-incompatibility. *Nature Plants, 2*(9).

22 Takayama, S., Shimosato, H., Shiba, H., Funato, M., Che, F.-S., Watanabe, M., Iwano, M., & Isogai, A. (2001). Direct ligand-receptor complex interaction controls Brassica self-incompatibility. *Nature, 413*(6855), 534-538.

23 Sijacic, P., Wang, X., Skirpan, A. L., Wang, Y., Dowd, P. E., McCubbin, A. G., Huang, S., & Kao, T. (2004). Identification of the pollen determinant of S-RNase-mediated self-incompatibility. *Nature, 429*(6989), 302-305.

CHAPTER 05. 세상에서 가장 신기한 일

대표 종설논문

Ten Hove, C. A., Lu, K. J., & Weijers, D. (2015). Building a plant: Cell fate specification in the early arabidopsis embryo. *Development* (*Cambridge*), *142*(3), 420-

430.

1 Kimble, J., Seidel, H. C. (2013). *C. elegans germline stem cells and their niche. StemBook(Internet)*. Cambridge (MA): Harvard Stem Cell Institute; 2008-.

2 Ten Hove, C. A., Lu, K. J., & Weijers, D. (2015). Building a plant: Cell fate specification in the early arabidopsis embryo. *Development (Cambridge)*, *142*(3), 420-430.

3 Faure, J. E., Rotman, N., Fortuné, P., & Dumas, C. (2002). Fertilization in *Arabidopsis thaliana* wild type: Developmental stages and time course. *Plant Journal*, *30*(4), 481-488.

4 Lukowitz, W., Roeder, A., Parmenter, D., & Somerville, C. (2004). A MAP-KK Kinase Gene Regulates Extra-Embryonic Cell Fate in Arabidopsis. Cell, 116(1), 109-119.

5 YDA의 기능은 접합체 길이에만 국한되지 않고 잎의 발달에도 기여한다. 돌연변이 *yda* 성체는 줄기가 길게 자라지 못하고 꽃은 모여 피며, 잎은 넓적해진다.

6 Bayer, M., Nawy, T., Giglione, C., Galli, M., Meinnel, T., & Lukowitz, W. (2009). Paternal control of embryonic patterning in *Arabidopsis thaliana*. *Science*, *323*(5920), 1485-1488.

7 Takada, S., Takada, N., & Yoshida, A. (2013). ATML1 promotes epidermal cell differentiation in Arabidopsis shoots. *Development (Cambridge)*, *140*(9), 1919-1923.

8 Jürgens, G. (2014). Gerd Jürgens. *Current Biology*, *24*(19), R944-R945.

9 Gerd Jürgens-from model fly to model plant: a high risk career. (2009). BioRegio STERN© BIOPRO Baden-Württemberg GmbH. https://www.gesundheitsindustrie-bw.de/en/article/news/gerd-juergens-from-model-fly-to-model-plant-a-high-risk-career.

10 Berleth, T., & Jurgens, G. (1993). The role of the monopteros gene in organising the basal body region of the Arabidopsis embryo. *Development*, *118*(2), 575-587.

11 Schlereth, A., Möller, B., Liu, W., Kientz, M., Flipse, J., Rademacher, E. H.,

Schmid, M., Jürgens, G., & Weijers, D. (2010). MONOPTEROS controls embryonic root initiation by regulating a mobile transcription factor. *Nature*, 464(7290), 913-916.

12 Yoshida, S., Barbier de Reuille, P., Lane, B., Bassel, G. W., Prusinkiewicz, P., Smith, R. S., & Weijers, D. (2014). Genetic Control of Plant Development by Overriding a Geometric Division Rule. *Developmental Cell*, *29*(1), 75-87.

13 Yoshida, S., van der Schuren, A., van Dop, M., van Galen, L., Saiga, S., Adibi, M., Möller, B., ten Hove, C. A., Marhavy, P., Smith, R., Friml, J., & Weijers, D. (2019). A SOSEKI-based coordinate system interprets global polarity cues in Arabidopsis. *Nature Plants*, *5*(2), 160-166.

14 van Dop, M., Fiedler, M., Mutte, S., de Keijzer, J., Olijslager, L., Albrecht, C., Liao, C. Y., Janson, M. E., Bienz, M., & Weijers, D. (2020). DIX Domain Polymerization Drives Assembly of Plant Cell Polarity Complexes. *Cell*, *180*(3), 427-439.e12.

15 단백질이 서로 뭉치게 되면 서로 엉기고, 그 농도가 일정 이상 넘어가면 물속에 기름방울처럼 떠다니게 된다. 이를 액체(상)-액체(상) 상분리liquid-liquid phase separation라고 부른다.

CHAPTER 06. 식물의 노화

대표 종설논문

Penfold, C. A., & Buchanan-Wollaston, V. (2014). Modelling transcriptional networks in leaf senescence. *Journal of Experimental Botany*, *65*(14), 3859-3873.

Woo, H. R., Kim, H. J., Lim, P. O., & Nam, H. G. (2019). Leaf Senescence: Systems and Dynamics Aspects. *Annual Review of Plant Biology*, *70*, 347-376.

1 Hensel, L. L., Grbić, V., Baumgarten, D. A., & Bleecker, A. B. (1993). Developmental and age-related processes that influence the longevity and senescence of photosynthetic tissues in Arabidopsis. *Plant Cell*, *5*(5), 553-564.

2 Yoshida, Y. (1962). Nuclear control of chloroplast activity inElodea leaf cells. *Protoplasma*, *54*(4), 476-492.

3 Lalonde, L., & Dhindsa, R. S. (1990). Altered protein synthesis during in situ oat leaf senescence. *Physiologia Plantarum, 80*(4), 619-623.

4 Hensel, L. L., Grbić, V., Baumgarten, D. A., & Bleecker, A. B. (1993). Developmental and age-related processes that influence the longevity and senescence of photosynthetic tissues in Arabidopsis. *Plant Cell, 5*(5).

5 Yoshida, S. (2003). Molecular regulation of leaf senescence. *Current Opinion in Plant Biology, 6*(1), 79-84.

6 Oh, S. A., Park, J. H., Lee, G. I., Pack, K. H., Park, S. K., & Nam, H. G. (1997). Identification of three genetic loci controlling leaf senescence in *Arabidopsis thaliana*. *Plant Journal, 12*(3), 527-535.

7 Olsen, A. N., Ernst, H. A., Leggio, L. Lo, & Skriver, K. (2005). NAC transcription factors: structurally distinct, functionally diverse. *Trends in Plant Science, 10*(2), 79-87.

8 He, X. J., Mu, R. L., Cao, W. H., Zhang, Z. G., Zhang, J. S., & Chen, S. Y. (2005). AtNAC2, a transcription factor downstream of ethylene and auxin signaling pathways, is involved in salt stress response and lateral root development. *Plant Journal, 44*(6), 903-916.

9 Alonso, J. M., Hirayama, T., Roman, G., Nourizadeh, S., & Ecker, J. R. (1999). EIN2, a bifunctional transducer of ethylene and stress responses in Arabidopsis. *Science, 284*(5423), 2148-2152.

10 전령RNA에 담긴 코돈 순서대로 아미노산이 결합하게 되면 앞쪽과 뒤쪽이 발생할 수밖에 없다. 생명을 이루는 20가지 아미노산은 잔기에 차이가 있지만 기본 골격은 똑같다. 한쪽은 아미노기($-NH_2$), 다른 한쪽은 카르복시기(-COOH)로 이루어져 있다. 리보솜에서 아미노산이 결합할 때는 앞선 아미노산의 카르복시기가 다음 아미노산의 아미노기와 결합하기 때문에 첫 아미노산은 아미노기가 남고, 마지막 아미노산은 카르복시기가 남게 된다. 통상 단백질의 앞쪽을 N-말단, 그리고 뒤쪽을 C-말단이라 부르는 것도 여기에서 유래했다.

11 Qiao, H., Shen, Z., Huang, S. S. C., Schmitz, R. J., Urich, M. A., Briggs, S. P., & Ecker, J. R. (2012). Processing and subcellular trafficking of ER-tethered

EIN2 control response to ethylene gas. *Science, 338*(6105), 390-393. Ju, C., Yoon, G. M., Shemansky, J. M., Lin, D. Y., Ying, Z. I., Chang, J., Garrett, W. M., Kessenbrock, M., Groth, G., Tucker, M. L., Cooper, B., Kieber, J. J., & Chang, C. (2012). CTR1 phosphorylates the central regulator EIN2 to control ethylene hormone signaling from the ER membrane to the nucleus in Arabidopsis. *Proceedings of the National Academy of Sciences of the United States of America, 109*(47), 19486-19491. Wen, X., Zhang, C., Ji, Y., Zhao, Q., He, W., An, F., Jiang, L., & Guo, H. (2012). Activation of ethylene signaling is mediated by nuclear translocation of the cleaved EIN2 carboxyl terminus. *Cell Research, 22*(11), 1613-1616.

12 Zwack, P. J., & Rashotte, A. M. (2013). Cytokinin inhibition of leaf senescence. *Plant Signaling & Behavior, 8*(7), e24737-e24737.

13 Hickman, R., Hill, C., Penfold, C. A., Breeze, E., Bowden, L., Moore, J. D., Zhang, P., Jackson, A., Cooke, E., Bewicke-Copley, F., Mead, A., Beynon, J., Wild, D. L., Denby, K. J., Ott, S., & Buchanan-Wollaston, V. (2013). A local regulatory network around three NAC transcription factors in stress responses and senescence in Arabidopsis leaves. *Plant Journal, 75*(1), 26-39.

14 Kim, H. J., Park, J. H., Kim, J., Kim, J. J., Hong, S., Kim, J., Kim, J. H., Woo, H. R., Hyeon, C., Lim, P. O., Nam, H. G., & Hwang, D. (2018). Time-evolving genetic networks reveal a nac troika that negatively regulates leaf senescence in arabidopsis. *Proceedings of the National Academy of Sciences of the United States of America, 115*(21), E4930-E4939.

15 Myburg, A. A., Grattapaglia, D., Tuskan, G. A., Hellsten, U., Hayes, R. D., Grimwood, J., Jenkins, J., Lindquist, E., Tice, H., Bauer, D., Goodstein, D. M., Dubchak, I., Poliakov, A., Mizrachi, E., Kullan, A. R. K., Hussey, S. G., Pinard, D., Van Der Merwe, K., Singh, P., ··· Schmutz, J. (2014). The genome of Eucalyptus grandis. *Nature, 510*(7505), 356-362.

16 Wang, L., Cui, J., Jin, B., Zhao, J., Xu, H., Lu, Z., Li, W., Li, X., Li, L., Liang, E., Rao, X., Wang, S., Fu, C., Cao, F., Dixon, R. A., & Lin, J. (2020). Multifeature analyses of vascular cambial cells reveal longevity mechanisms in old Ginkgo biloba trees. *Proceedings of the National Academy of Sciences of the United States of America, 117*(4), 2201-2210.

CHAPTER 07. 낙엽의 떠날 준비

대표 종설논문

Niederhuth, C. E., Cho, S. K., Seitz, K., & Walker, J. C. (2013). Letting go is never easy: Abscission and receptor-like protein kinases. *Journal of Integrative Plant Biology, 55*(12), 1251-1263.

1 Bleecker, A. B., & Patterson, S. E. (1997). Last exit: Senescence, abscission, and meristem arrest in arabidopsis. *Plant Cell, 9*(7), 1169-1179.

2 Patterson, S. E. (2001). Cutting loose. Abscission and dehiscence in Arabidopsis. *Plant Physiology, 126*(2), 494-500.

3 Ha, C. M., Kim, G. T., Kim, B. C., Jun, J. H., Soh, M. S., Ueno, Y., Machida, Y., Tsukaya, H., & Nam, H. G. (2003). The BLADE-ON-PETIOLE 1 gene controls leaf pattern formation through the modulation of meristematic activity in Arabidopsis. *Development, 130*(1), 161-172.

4 McKim, S. M., Stenvik, G. E., Butenko, M. A., Kristiansen, W., Cho, S. K., Hepworth, S. R., Aalen, R. B., & Haughn, G. W. (2008). The BLADE-ON-PETIOLE genes are essential for abscission zone formation in Arabidopsis. *Development, 135*(8), 1537-1546.

5 Moussu, S., & Santiago, J. (2019). Structural biology of cell surface receptor-ligand interactions. *Current Opinion in Plant Biology, 52*, 38-45.

6 Walker, J. C. (1993). Receptor like protein kinase genes of *Arabidopsis thaliana*. *The Plant Journal, 3*(3), 451-456

7 Jinn, T. L., Stone, J. M., & Walker, J. C. (2000). HAESA, an Arabidopsis leucine-rich repeat receptor kinase, controls floral organ abscission. *Genes and Development, 14*(1), 108-117.

8 Cho, S. K., Larue, C. T., Chevalier, D., Wang, H., Jinn, T.-L., Zhang, S., & Walker, J. C. (2008). Regulation of floral organ abscission in *Arabidopsis*

thaliana. *Proceedings of the National Academy of Sciences*, *105*(40), 15629 LP-15634.

9 Butenko, M. A., Patterson, S. E., Grini, P. E., Stenvik, G. E., Amundsen, S. S., Mandal, A., & Aalen, R. B. (2003). INFLORESCENCE DEFICIENT in ABSCISSION Controls Floral Organ Abscission in Arabidopsis and Identifies a Novel Family of Putative Ligands in Plants. *Plant Cell*, *15*(10), 2296-2307.

10 Meng, X., Zhou, J., Tang, J., Li, B., de Oliveira, M. V. V., Chai, J., He, P., & Shan, L. (2016). Ligand-Induced Receptor-like Kinase Complex Regulates Floral Organ Abscission in Arabidopsis. *Cell Reports*, *14*(6), 1330-1338.

11 Santiago, J., Brandt, B., Wildhagen, M., Hohmann, U., Hothorn, L. A., Butenko, M. A., & Hothorn, M. (2016). Mechanistic insight into a peptide hormone signaling complex mediating floral organ abscission. *ELife*, *5*(April 2016), 1-19.

12 2020년에는 인공지능을 기반으로 단백질 구조를 예측하는 알파폴드AlphaFold 프로그램이 발표되었다. 실험을 통해 직접 하나하나 확인을 해야 했던 과거와 달리, 단백질의 아미노산 서열을 바탕으로 구조를 예측할 수 있기 때문에 각광 받고 있다.

13 Liljegren, S. J., Leslie, M. E., Darnielle, L., Lewis, M. W., Taylor, S. M., Luo, R., Geldner, N., Chory, J., Randazzo, P. A., Yanofsky, M. F., & Ecker, J. R. (2009). Regulation of membrane trafficking and organ separation by the NEVERSHED ARF-GAP protein. *Development*, *136*(11), 1909-1918.

14 Leslie, M. E., Lewis, M. W., Youn, J. Y., Daniels, M. J., & Liljegren, S. J. (2010). The EVERSHED receptor-like kinase modulates floral organ shedding in Arabidopsis. *Development*, *137*(3), 467-476.

15 Gao, M., Wang, X., Wang, D., Xu, F., Ding, X., Zhang, Z., Bi, D., Cheng, Y. T., Chen, S., Li, X., & Zhang, Y. (2009). Regulation of Cell Death and Innate Immunity by Two Receptor-like Kinases in Arabidopsis. *Cell Host and Microbe*, *6*(1), 34-44.

16 Kim, J., Shiu, S. H., Thoma, S., Li, W. H., & Patterson, S. E. (2006). Patterns of expansion and expression divergence in the plant polygalacturonase gene family. *Genome Biology*, *7*(9).

17 Ogawa, M., Kay, P., Wilson, S., & Swain, S. M. (2009). Arabidopsis Dehiscence Zone Polygalacturonase1 (ADPG1), ADPG2, and Quartet2 are polygalacturonases required for cell separation during reproductive development in Arabidopsis. *Plant Cell, 21*(1), 216-233.

18 꽃가루는 정세포가 감수분열을 하고 난 후, 수분을 모두 잃은 독특한 세포다. 감수분열은 DNA 복제 후 염색체가 2번 분리되는 과정을 거치기 때문에, 감수분열 후에는 하나의 정세포에서 4개의 세포가 생기게 된다. 이 4개의 세포는 감수분열 직후에 떨어지지 않고 붙어 있으면서 테트라드를 형성하는데, 점차 수분을 잃고 펙틴이 분해되면서 4개의 서로 다른 꽃가루로 분리된다. Rhee, S. Y., & Somerville, C. R. (1998). Tetrad pollen formation in quartet mutants of *Arabidopsis thaliana* is associated with persistence of pectic polysaccharides of the pollen mother cell wall. *Plant Journal, 15*(1), 79-88.

19 Kim, J., Shiu, S. H., Thoma, S., Li, W. H., & Patterson, S. E. (2006). Patterns of expansion and expression divergence in the plant polygalacturonase gene family. *Genome Biology, 7*(9).

20 Lee, Y. K., Derbyshire, P., Knox, J. P., & Hvoslef-Eide, A. K. (2008). Sequential cell wall transformations in response to the induction of a pedicel abscission event in *Euphorbia pulcherrima* (poinsettia). *Plant Journal, 54*(6), 993-1003.

21 Lee, Y., Yoon, T. H., Lee, J., Jeon, S. Y., Lee, J. H., Lee, M. K., Chen, H., Yun, J., Oh, S. Y., Wen, X., Cho, H. K., Mang, H., & Kwak, J. M. (2018). A Lignin Molecular Brace Controls Precision Processing of Cell Walls Critical for Surface Integrity in Arabidopsis. *Cell, 173*(6), 1468-1480.e9.

22 Li, C., Zhou, A., & Sang, T. (2006). Rice domestication by reducing shattering. *Science, 311*(5769), 1936-1939.

PART 03. 병으로부터 자신을 지키는 법

CHAPTER 01. 병원균을 마주하다

대표 종설논문

Ahuja, I., Kissen, R., & Bones, A. M. (2012). Phytoalexins in defense against pathogens. *Trends in Plant Science, 17*(2), 73-90.

Hammerschmidt, R. (1999). Phytoalexins: What have we learned after 60 years? *Annual Review of Phytopathology, 37*(May), 285-306.

Boller, T., & Felix, G. (2009). A renaissance of elicitors: Perception of microbe-associated molecular patterns and danger signals by pattern-recognition receptors. *Annual Review of Plant Biology, 60*, 379-407.

Couto, D., & Zipfel, C. (2016). Regulation of pattern recognition receptor signalling in plants. *Nature Reviews Immunology, 16*(9), 537-552.

1 2011년에 지어진 제임스 허튼 연구소는 스코틀랜드의 지질학자 제임스 허튼 James Hutton의 이름을 딴 연구소다. 기존에 있던 토양학 연구소와 식물육종연구소가 합쳐지면서 새로운 이름을 얻게 되었다. 지속 가능한 토양 사용을 위한 농법 및 작물 육종에 힘쓰고 있으며, 작물 병저항성에 관한 연구도 진행 중이다. https://www.hutton.ac.uk/.

2 Baker, K. F. (1971). Fire blight of pome fruits: The genesis of the concept that bacteria can be pathogenic to plants. *Hilgardia, 40*(18), 603-633.

3 Matta, C. (2010). Spontaneous Generation and Disease Causation: Anton de Bary's Experiments with Phytophthora infestans and Late Blight of Potato. *Journal of the History of Biology, 43*(3), 459-491.

4 Becker, H. (1998). 100 Jahre Pflanzenschutzforschung (100 Years Research in Plant Protection). Parey Buchverlag Berlin.

5 Müller, K. O. (1958). Studies on Phytoalexins I. The Formation and the Immunological Significance of Phytoalexin Produced by *Phaseolus Vulgaris* in Response to Infections With *Sclerotinia Fructicola* and *Phytophthora Infestans*. *Australian Journal of Biological Sciences, 11*(3), 275-300.

6 Hammerschmidt, R. (1999). Phytoalexins: What have we learned after 60 years? *Annual Review of Phytopathology, 37*(May), 285-306.

7 Boller, T., & Felix, G. (2009). A renaissance of elicitors: Perception of microbe-associated molecular patterns and danger signals by pattern-recognition receptors. *Annual Review of Plant Biology, 60*, 379-407.

8 Hahn, M. G. (1996). Microbial elicitors and their receptors in plants. *Annual Review of Phytopathology, 34*(30), 387-412.

9 Nishimura, M. T., & Dangl, J. L. (2010). Arabidopsis and the plant immune system. *Plant Journal, 61*(6), 1053-1066.

10 Whalen, M. C., Innes, R. W., Bent, A. F., & Staskawicz, B. J. (1991). Identification of *Pseudomonas syringae* pathogens of Arabidopsis and a bacterial locus determining avirulence on both Arabidopsis and soybean. *The Plant Cell, 3*(1), 49 LP-59. Dong, X., Mindrinos, M., Davis, K. R., & Ausubel, F. M. (1991). Induction of Arabidopsis defense genes by virulent and avirulent *Pseudomonas syringae* strains and by a cloned avirulence gene. *Plant Cell*, 3(1), 61-72. Debener, T., Lehnackers, H., Arnold, M., & Dangl, J. L. (1991). Identification and molecular mapping of a single *Arabidopsis thaliana* locus determining resistance to a phytopathogenic *Pseudomonas syringae* isolate. *The Plant Journal, 1*(3), 289-302.

11 Koch, E., & Slusarenko, A. (1990). Arabidopsis is susceptible to infection by a downy mildew fungus. *Plant Cell, 2*(5), 437-445.

12 Adam, L., & Somerville, S. C. (1996). Genetic characterization of five powdery mildew disease resistance loci in *Arabidopsis thaliana*. *The Plant Journal, 9*(3), 341-356.

13 Felix, G., Duran, J. D., Volko, S., & Boller, T. (1999). Plants have a sensitive perception system for the most conserved domain of bacterial flagellin. *Plant Journal, 18*(3), 265-276.

14 Gómez-Gómez, L., Felix, G., & Boller, T. (1999). A single locus determines sensitivity to bacterial flagellin in *Arabidopsis thaliana*. *Plant Journal, 18*(3), 277-284.

15 Gómez-Gómez, L., & Boller, T. (2000). FLS2: An LRR receptor-like kinase involved in the perception of the bacterial elicitor flagellin in Arabidopsis. *Molecular Cell, 5*(6), 1003-1011.

16 Zipfel, C., Robatzek, S., Navarro, L., Oakeley, E. J., Jones, J. D. G., Felix, G., & Boller, T. (2004). Bacterial disease resistance in Arabidopsis through flagellin perception. *Nature, 428*(6984), 764-767.

17 Schlessinger, J. (2002). Ligand-induced, receptor-mediated dimerization and activation of EGF receptor. *Cell, 110*(6), 669-672.

18 Chinchilla, D., Zipfel, C., Robatzek, S., Kemmerling, B., Nürnberger, T., Jones, J. D. G., Felix, G., & Boller, T. (2007). A flagellin-induced complex of the receptor FLS2 and BAK1 initiates plant defence. *Nature, 448*(7152), 497-500. Heese, A., Hann, D. R., Gimenez-Ibanez, S., Jones, A. M. E., He, K., Li, J., Schroeder, J. I., Peck, S. C., & Rathjen, J. P. (2007). The receptor-like kinase SERK3/BAK1 is a central regulator of innate immunity in plants. *Proceedings of the National Academy of Sciences of the United States of America, 104*(29), 12217-12222.

19 Li, J., Wen, J., Lease, K. A., Doke, J. T., Tax, F. E., & Walker, J. C. (2002). BAK1, an Arabidopsis LRR receptor-like protein kinase, interacts with BRI1 and modulates brassinosteroid signaling. Cell, 110(2), 213-222. Nam, K. H., & Li, J. (2002). BRI1/BAK1, a receptor kinase pair mediating brassinosteroid signaling. *Cell, 110*(2), 203-212.

20 Mitchell, J. W., Mandava, N., Worley, J. F., Plimmer, J. R., & Smith, M. V. (1970). Brassins-a New Family of Plant Hormones from Rape Pollen. *Nature, 225*(5237), 1065-1066.

21 Grove, M. D., Spencer, G. F., Rohwedder, W. K., Mandava, N., Worley, J. F., Warthen, J. D., Steffens, G. L., Flippen-Anderson, J. L., & Cook, J. C. (1979). Brassinolide, a plant growth-promoting steroid isolated from *Brassica napus* pollen. *Nature, 281*(5728), 216-217.

22 Clouse, S. D., Langford, M., & McMorris, T. C. (1996). A Brassinosteroid-Insensitive Mutant in *Arabidopsis thaliana* Exhibits Multiple Defects in

Growth and Development. *Plant Physiology, 111*(3), 671-678.

23 Li, J., & Chory, J. (1997). A putative leucine-rich repeat receptor kinase involved in brassinosteroid signal transduction. *Cell, 90*(5), 929-938.

24 Sun, Y., Li, L., Macho, A. P., Han, Z., Hu, Z., Zipfel, C., Zhou, J.-M., & Chai, J. (2013). Structural Basis for flg22-Induced Activation of the Arabidopsis FLS2-BAK1 Immune Complex. *Science, 342*(6158), 624 LP-628.

25 Huffaker, A., Pearce, G., & Ryan, C. A. (2006). An endogenous peptide signal in Arabidopsis activates components of the innate immune response. *Proceedings of the National Academy of Sciences of the United States of America, 103*(26), 10098-10103. Yamaguchi, Y., Huffaker, A., Bryan, A. C., Tax, F. E., & Ryan, C. A. (2010). PEPR2 is a second receptor for the Pep1 and Pep2 peptides and contributes to defense responses in Arabidopsis. *Plant Cell, 22*(2), 508-522. Yamaguchi, Y., Pearce, G., & Ryan, C. A. (2006). The cell surface leucine-rich repeat receptor for AtPep1, an endogenous peptide elicitor in Arabidopsis, is functional in transgenic tobacco cells. *Proceedings of the National Academy of Sciences of the United States of America, 103*(26), 10104-10109. Krol, E., Mentzel, T., Chinchilla, D., Boller, T., Felix, G., Kemmerling, B., Postel, S., Arents, M., Jeworutzki, E., Al-Rasheid, K. A. S., Becker, D., & Hedrich, R. (2010). Perception of the Arabidopsis danger signal peptide 1 involves the pattern recognition receptor AtPEPR1 and its close homologue AtPEPR2. *Journal of Biological Chemistry, 285*(18), 13471-13479.

26 Veronese, P., Nakagami, H., Bluhm, B., AbuQamar, S., Chen, X., Salmeron, J., Dietrich, R. A., Hirt, H., & Mengiste, T. (2006). The membrane-anchored BOTRYTIS-INDUCED KINASE1 plays distinct roles in Arabidopsis resistance to necrotrophic and biotrophic pathogens. *Plant Cell, 18*(1), 257-273.

27 Lu, D., Wu, S., Gao, X., Zhang, Y., Shan, L., & He, P. (2010). A receptor-like cytoplasmic kinase, BIK1, associates with a flagellin receptor complex to initiate plant innate immunity. *Proceedings of the National Academy of Sciences of the United States of America, 107*(1), 496-501.

28 Nühse, T. S., Bottrill, A. R., Jones, A. M. E., & Peck, S. C. (2007). Quantitative

phosphoproteomic analysis of plasma membrane proteins reveals regulatory mechanisms of plant innate immune responses. *Plant Journal, 51*(5), 931-940.

29 Torres, M. A., Dangl, J. L., & Jones, J. D. G. (2002). Arabidopsis gp91phox homologues Atrbohd and Atrbohf are required for accumulation of reactive oxygen intermediates in the plant defense response. *Proceedings of the National Academy of Sciences of the United States of America, 99*(1), 517-522.

30 Li, L., Li, M., Yu, L., Zhou, Z., Liang, X., Liu, Z., Cai, G., Gao, L., Zhang, X., Wang, Y., Chen, S., & Zhou, J. M. (2014). The FLS2-associated kinase BIK1 directly phosphorylates the NADPH oxidase RbohD to control plant immunity. *Cell Host and Microbe, 15*(3), 329-338. Kadota, Y., Sklenar, J., Derbyshire, P., Stransfeld, L., Asai, S., Ntoukakis, V., Jones, J. D., Shirasu, K., Menke, F., Jones, A., & Zipfel, C. (2014). Direct Regulation of the NADPH Oxidase RBOHD by the PRR-Associated Kinase BIK1 during Plant Immunity. *Molecular Cell, 54*(1), 43-55.

CHAPTER 02. 병원균의 반격

대표 종설논문

Tampakaki, A. P., Skandalis, N., Gazi, A. D., Bastaki, M. N., Sarris, P. F., Charova, S. N., Kokkinidis, M., & Panopoulos, N. J. (2010). Playing the "harp": Evolution of our understanding of hrp/hrc Genes. *Annual Review of Phytopathology, 48*(73), 347-370.

Leach, J. E., & White, F. F. (1996). Bacterial avirulence genes. *Annual Review of Phytopathology, 34*, 153-179.

Büttner, D. (2016). Behind the lines-actions of bacterial type Ⅲ effector proteins in plant cells. *FEMS Microbiology Reviews, 40*(6), 894-937.

1 Karg, S. (2011). New research on the cultural history of the useful plant Linum usitatissimum L. (flax), a resource for food and textiles for 8,000 years. *Vegetation History and Archaeobotany, 20*(6), 507-508.

2 Lawrence, G. J., Dodds, P. N., & Ellis, J. G. (2007). Rust of flax and linseed caused by Melampsora lini. *Molecular Plant Pathology, 8*(4), 349-364.

3 그레고어 멘델, 신현철 옮김, 《식물의 잡종에 관한 실험》, 지식을만드는지식, 2009.

4 Engledow, F. L. (1950). Rowland Harry Biffen 1874-1949. *Obituary Notices of Fellows of the Royal Society, 7*(19), 9-25. 19세기 초 작물 육종에 관해서는 다음을 참조. Kingsbury, N. (2009). *Hybrid: The history and science of plant breeding*. The University of Chicago Press.

5 체르마크도 멘델의 유전법칙을 재발견한 학자로 소개하나, 그는 멘델의 유전법칙에 관한 이해가 다른 둘에 비해 부족했던 것으로 보인다.

6 Loegering, W. Q., & Ellingboe, A. H. (1987). H. H. Flor: Pioneer in Phytopathology. *Annual Review of Phytopathology, 25*(1), 59-66.

7 Flor, H. H. (1955). Host-parasite interaction in flax rust-its genetics and other implications. *Phytopathology 45*, 680-685.

8 "This suggests that for each gene that conditions reaction in the host there is a corresponding gene in the parasite that conditions pathogenicity. Each gene in either member of a host-parasite system may be identified only by its counterpart in the other member of the system." Flor, H. H. (1971). Current Status of the Gene-For-Gene Concept. *Annual Review of Phytopathology, 9*(1), 275-296.

9 Staskawicz, B. J., Dahlbeck, D., & Keen, N. T. (1984). Cloned avirulence gene of *Pseudomonas syringae* pv. *glycinea* determines race-specific incompatibility on *Glycine max* (L.) Merr. *Proceedings of the National Academy of Sciences of the United States of America, 81*(19), 6024-6028.

10 같은 *Pseudomonas syringae* pv. *glycinea*이지만, 여러 가지 콩 품종에 대해 보이는 병원성이 다르다. 이때, 서로 다른 숙주 품종에 대해 유사한 병원성을 보이는 슈도모나스를 한 변이주race 라고 부른다.

11 Berg, P., Baltimore, D., Boyer, H. W., Cohen, S. N., Davis, R. W., Hogness, D. S., Nathans, D., Roblin, R., Watson, J. D., Weissman, S., & Zinder, N. D. (1974). Potential Biohazards of Recombinant DNA Molecules. *Science, 185*(4148),

303 LP-303.

12 Berg, P. (2008). Asilomar 1975: DNA modification secured. *Nature, 455*(7211), 290-291. Berg, P., Baltimore, D., Brenner, S., Roblin, R. O., & Singer, M. F. (1975). Summary statement of the asilomar conference on recombinant DNA molecules. *Proceedings of the National Academy of Sciences of the United States of America, 72*(6), 1981-1984. Institute of Medicine (US) Committee to Study Decision Making; Hanna KE, editor. Biomedical Politics. Washington (DC): National Academies Press (US); 1991. Asilomar and Recombinant DNA: The End of the Beginning. Available from: https://www.ncbi.nlm.nih.gov/books/NBK234206/pdf/Bookshelf_NBK234206.pdf.

13 Lindgren, P. B., Peet, R. C., & Panopoulos, N. J. (1986). Gene cluster of *Pseudomonas syringae* pv. "*phaseolicola*" controls pathogenicity of bean plants and hypersensitivity of nonhost plants. *Journal of Bacteriology, 168*(2), 512-522.

14 Alfano, J. R., & Collmer, A. (2004). Type Ⅲ secretion system effector proteins: Double agents in bacterial disease and plant defense. *Annual Review of Phytopathology, 42*, 385-414.

15 Wei, Z. M., Laby, R. J., Zumoff, C. H., Bauer, D. W., He, S. Y., Collmer, A., & Beer, S. V. (1992). Harpin, elicitor of the hypersensitive response produced by the plant pathogen *Erwinia amylovora*. *Science, 257*(5066), 85 LP-88.

16 He, S. Y., Huang, H. C., & Collmer, A. (1993). *Pseudomonas syringae* pv. *syringae* harpinPss: A protein that is secreted via the hrp pathway and elicits the hypersensitive response in plants. *Cell, 73*(7), 1255-1266.

17 Huang, H. C., Sheng Yang He, Bauer, D. W., & Collmer, A. (1992). The *Pseudomonas syringae* pv. *syringae* 61 hrpH product, an envelope protein required for elicitation of the hypersensitive response in plants. *Journal of Bacteriology, 174*(21), 6878-6885. Huang, H.-C., Xiao, Y., Lin, R.-H., Lu, Y., Hutcheson, S.W., Collmer, A. (1993) Characterization of the *Pseudomonas syringae* pv. *syringae* 61 hrpJ and hrpI genes: homology of HrpI to a superfamily of proteins associated with protein translocation. *Molecular Plant-Microbe Interactions 6*(4), 515-520.

18 Bogdanove, A. J., Beer, S. V, Bonas, U., Boucher, C. A., Collmer, A., Coplin, D. L., Cornelis, G. R., Huang, H.-C., Hutcheson, S. W., Panopoulos, N. J., & Van Gijsegem, F. (1996). Unified nomenclature for broadly conserved hrp genes of phytopathogenic bacteria. *Molecular Microbiology, 20*(3), 681–683.

19 Jakobek, J. L., & Lindgren, P. B. (1993). Generalized induction of defense responses in bean is not correlated with the induction of the hypersensitive reaction. *Plant Cell, 5*(1), 49–56. Jakobek, J. L., Smith, J. A., & Lindgren, P. B. (1993). Suppression of bean defense responses by *Pseudomonas syringae*. *Plant Cell, 5*(1), 57–63.

20 Dong, X., Mindrinos, M., Davis, K. R., & Ausubel, F. M. (1991). Induction of Arabidopsis defense genes by virulent and avirulent *Pseudomonas syringae* strains and by a cloned avirulence gene. *Plant Cell,* 3(1), 61–72. Innes, R. W., Bent, A. F., Kunkel, B. N., Bisgrove, S. R., & Staskawicz, B. J. (1993). Molecular analysis of avirulence gene avrRpt2 and identification of a putative regulatory sequence common to all known *Pseudomonas syringae* avirulence genes. *Journal of Bacteriology, 175*(15), 4859–4869. Whalen, M. C., Innes, R. W., Bent, A. F., & Staskawicz, B. J. (1991). Identification of *Pseudomonas syringae* pathogens of Arabidopsis and a bacterial locus determining avirulence on both Arabidopsis and soybean. *The Plant Cell, 3*(1), 49 LP–59.

21 Chen, Z., Kloek, A. P., Boch, J., Katagiri, F., & Kunkel, B. N. (2000). The Pseudomonas syringae avrRpt2 gene product promotes pathogen virulence from inside plant cells. *Molecular Plant-Microbe Interactions, 13*(12), 1312–1321.

22 Zhang, J., Shao, F., Li, Y., Cui, H., Chen, L., Li, H., Zou, Y., Long, C., Lan, L., Chai, J., Chen, S., Tang, X., & Zhou, J. M. (2007). A *Pseudomonas syringae* Effector Inactivates MAPKs to Suppress PAMP-Induced Immunity in Plants. *Cell Host and Microbe, 1*(3), 175–185.

23 Redditt, T. J., Chung, E. H., Karimi, H. Z., Rodibaugh, N., Zhang, Y., Trinidad, J. C., Kim, J. H., Zhou, Q., Shen, M., Dangl, J. L., Mackey, D., & Innes, R. W. (2019). AvrRpm1 Functions as an ADP-Ribosyl Transferase to Modify NOI Domain-Containing Proteins, Including Arabidopsis and Soybean

RPM1-Interacting Protein4. *The Plant Cell, 31*(11), 2664-2681.

CHAPTER 03. 병원균에 대처하기

대표 종설논문

Kourelis, J., & Van Der Hoorn, R. A. L. (2018). Defended to the nines: 25 years of resistance gene cloning identifies nine mechanisms for R protein function. *Plant Cell, 30*(2), 285-299.

Cesari, S. (2018). Multiple strategies for pathogen perception by plant immune receptors. *New Phytologist, 219*(1), 17-24.

1 Derevnina, L., Kamoun, S., & Wu, C. hang. (2019). Dude, where is my mutant? *Nicotiana benthamiana* meets forward genetics. *New Phytologist, 221*(2), 607-610.

2 Qiu, X., Wong, G., Audet, J., Bello, A., Fernando, L., Alimonti, J. B., Fausther-Bovendo, H., Wei, H., Aviles, J., Hiatt, E., Johnson, A., Morton, J., Swope, K., Bohorov, O., Bohorova, N., Goodman, C., Kim, D., Pauly, M. H., Velasco, J., … Kobinger, G. P. (2014). Reversion of advanced Ebola virus disease in nonhuman primates with ZMapp. *Nature, 514*(7520), 47-53.

3 Martin, G. B., Brommonschenkel, S. H., Chunwongse, J., Frary, A., Ganal, M. W., Spivey, R., Wu, T., Earle, E. D., & Tanksley, S. D. (1993). Map-based cloning of a protein kinase gene conferring disease resistance in tomato. *Science, 262*(5138), 1432-1436.

4 바버라 매클린톡에 관해서는 다음의 책이 있다. 이블린 폭스 켈러, 김재희 옮김, 《생명의 느낌》, 양문, 2001. 나타니엘 C. 컴포트, 한국유전학회 옮김, 《옥수수 밭의 처녀 맥클린토크》, 전파과학사, 2005.

5 Jones, D. A., Thomas, C. M., Hammond-Kosack, K. E., Balint-Kurti, P. J., & Jones, J. D. (1994). Isolation of the tomato Cf-9 gene for resistance to *Cladosporium fulvum* by transposon tagging. *Science, 266*(5186), 789 LP-793.

6 Dinesh-Kumar, S. P., Whitham, S., Choi, D., Hehl, R., Corr, C., & Baker, B. (1995). Transposon tagging of tobacco mosaic virus resistance gene N: Its pos-

sible role in the TMV-N-mediated signal transduction pathway. *Proceedings of the National Academy of Sciences of the United States of America, 92*(10), 4175-4180.

7 Jones, J. D. G. (1996). Plant disease resistance genes: structure, function and evolution. *Current Opinion in Biotechnology, 7*(2), 155-160.

8 Jones, J. D. G., Vance, R. E., & Dangl, J. L. (2016). Intracellular innate immune surveillance devices in plants and animals. *Science, 354*(6316), aaf6395.

9 Ting, J. P. Y., Lovering, R. C., Alnemri, E. S., Bertin, J., Boss, J. M., Davis, B. K., Flavell, R. A., Girardin, S. E., Godzik, A., Harton, J. A., Hoffman, H. M., Hugot, J. P., Inohara, N., MacKenzie, A., Maltais, L. J., Nunez, G., Ogura, Y., Otten, L. A., Philpott, D., … Ward, P. A. (2008). The NLR Gene Family: A Standard Nomenclature. *Immunity*, 28(3), 285-287.

10 Ellis, J. G., Dodds, P. N., & Lawrence, G. J. (2008). Flax rust resistance gene specificity is based on direct resistance-avirulence protein interactions. *Annual Review of Phytopathology, 45*, 289-306.

11 해럴드 플로가 만든 Avr 유전자라는 개념은 유전학적으로 숙주의 R 유전자를 인식하는 유전자라는 개념이 강했다. 한편 Avr 유전자가 번역되어 숙주 세포 안으로 직접 들어가는 단백질에 대해서는 이펙터라는 용어를 더 자주 사용한다. 그래서 PTI에서 식물세포 밖의 병원균 물질을 패턴으로 표현하는 것에 대응하여 식물세포 안에서의 면역 반응은 Avr 유전자가 아닌 이펙터로 표현, ETI라고 불리게 되었다.

12 Kourelis, J., & Van Der Hoorn, R. A. L. (2018). Defended to the nines: 25 years of resistance gene cloning identifies nine mechanisms for R protein function. *Plant Cell, 30*(2), 285-299.

13 Mackey, D., Holt, B. F., Wiig, A., & Dangl, J. L. (2002). RIN4 interacts with *Pseudomonas syringae* type III effector molecules and is required for RPM1-mediated resistance in Arabidopsis. *Cell, 108*(6), 743-754.

14 Chung, E. H., Da Cunha, L., Wu, A. J., Gao, Z., Cherkis, K., Afzal, A. J., MacKey, D., & Dangl, J. L. (2011). Specific threonine phosphorylation of a host target by two unrelated type Ⅲ effectors activates a host innate immune

receptor in plants. *Cell Host and Microbe, 9*(2), 125-136. Liu, J., Elmore, J. M., Lin, Z. J. D., & Coaker, G. (2011). A receptor-like cytoplasmic kinase phosphorylates the host target RIN4, leading to the activation of a plant innate immune receptor. *Cell Host and Microbe, 9*(2), 137-146.

15 Redditt, T. J., Chung, E. H., Karimi, H. Z., Rodibaugh, N., Zhang, Y., Trinidad, J. C., Kim, J. H., Zhou, Q., Shen, M., Dangl, J. L., Mackey, D., & Innes, R. W. (2019). AvrRpm1 Functions as an ADP-Ribosyl Transferase to Modify NOI Domain-Containing Proteins, Including Arabidopsis and Soybean RPM1-Interacting Protein4. *The Plant Cell, 31*(11), 2664-2681.

16 Kim, H. S., Desveaux, D., Singer, A. U., Patel, P., Sondek, J., & Dangl, J. L. (2005). The *Pseudomonas syringae* effector AvrRpt2 cleaves its C-terminally acylated target, RIN4, from Arabidopsis membranes to block RPM1 activation. *Proceedings of the National Academy of Sciences of the United States of America, 102*(18), 6496-6501.

17 Mackey, D., Holt, B. F., Wiig, A., & Dangl, J. L. (2002). RIN4 interacts with *Pseudomonas syringae* type Ⅲ effector molecules and is required for RPM1-mediated resistance in Arabidopsis. *Cell, 108*(6), 743-754.

18 Lewis, J. D., Lee, A. H. Y., Hassan, J. A., Wana, J., Hurleya, B., Jhingree, J. R., Wang, P. W., Lo, T., Youn, J. Y., Guttman, D. S., & Desveaux, D. (2013). The Arabidopsis ZED1 pseudokinase is required for ZAR1-mediated immunity induced by the *Pseudomonas syringae* type Ⅲ effector HopZ1a. *Proceedings of the National Academy of Sciences of the United States of America, 110*(46), 18722-18727.

19 Feng, F., Yang, F., Rong, W., Wu, X., Zhang, J., Chen, S., He, C., & Zhou, J. M. (2012). A Xanthomonas uridine 5′-monophosphate transferase inhibits plant immune kinases. *Nature, 485*(7396), 114-118.

20 Wang, G., Roux, B., Feng, F., Guy, E., Li, L., Li, N., Zhang, X., Lautier, M., Jardinaud, M. F., Chabannes, M., Arlat, M., Chen, S., He, C., Noël, L. D., & Zhou, J. M. (2015). The Decoy Substrate of a Pathogen Effector and a Pseudokinase Specify Pathogen-Induced Modified-Self Recognition and Immunity in Plants. *Cell Host and Microbe, 18*(3), 285-295.

21 Kroj, T., Chanclud, E., Michel-Romiti, C., Grand, X., & Morel, J. B. (2016). Integration of decoy domains derived from protein targets of pathogen effectors into plant immune receptors is widespread. *New Phytologist, 210*(2), 618-626. Sarris, P. F., Cevik, V., Dagdas, G., Jones, J. D. G., & Krasileva, K. V. (2016). Comparative analysis of plant immune receptor architectures uncovers host proteins likely targeted by pathogens. *BMC Biology, 14*(1), 8.

22 Narusaka, M., Shirasu, K., Noutoshi, Y., Kubo, Y., Shiraishi, T., Iwabuchi, M., & Narusaka, Y. (2009). RRS1 and RPS4 provide a dual Resistance-gene system against fungal and bacterial pathogens. *Plant Journal, 60*(2), 218-226.

23 Le Roux, C., Huet, G., Jauneau, A., Camborde, L., Trémousaygue, D., Kraut, A., Zhou, B., Levaillant, M., Adachi, H., Yoshioka, H., Raffaele, S., Berthomé, R., Couté, Y., Parker, J. E., & Deslandes, L. (2015). A Receptor Pair with an Integrated Decoy Converts Pathogen Disabling of Transcription Factors to Immunity. *Cell, 161*(5), 1074-1088. Sarris, P. F., Duxbury, Z., Huh, S. U., Ma, Y., Segonzac, C., Sklenar, J., Derbyshire, P., Cevik, V., Rallapalli, G., Saucet, S. B., Wirthmueller, L., Menke, F. L. H., Sohn, K. H., & Jones, J. D. G. (2015). A Plant Immune Receptor Detects Pathogen Effectors that Target WRKY Transcription Factors. *Cell, 161*(5), 1089-1100.

24 Wang, J., Hu, M., Wang, J., Qi, J., Han, Z., Wang, G., Qi, Y., Wang, H.-W., Zhou, J.-M., & Chai, J. (2019). Reconstitution and structure of a plant NLR resistosome conferring immunity. *Science, 364*(6435), eaav5870. Wang, J., Wang, J., Hu, M., Wu, S., Qi, J., Wang, G., Han, Z., Qi, Y., Gao, N., Wang, H.-W., Zhou, J.-M., & Chai, J. (2019). Ligand-triggered allosteric ADP release primes a plant NLR complex. *Science, 364*(6435), eaav5868. Ma, S., Lapin, D., Liu, L., Sun, Y., Song, W., Zhang, X., Logemann, E., Yu, D., Wang, J., Jirschitzka, J., Han, Z., Schulze-Lefert, P., Parker, J. E., & Chai, J. (2020). Direct pathogen-induced assembly of an NLR immune receptor complex to form a holoenzyme. *Science, 370*(6521), eabe3069. Martin, R., Qi, T., Zhang, H., Liu, F., King, M., Toth, C., Nogales, E., & Staskawicz, B. J. (2020). Structure of the activated ROQ1 resistosome directly recognizing the pathogen effector XopQ. *Science, 370*(6521), eabd9993.

25 Horsefield, S., Burdett, H., Zhang, X., Manik, M. K., Shi, Y., Chen, J., Qi, T., Gilley, J., Lai, J. S., Rank, M. X., Casey, L. W., Gu, W., Ericsson, D. J., Foley, G., Hughes, R. O., Bosanac, T., Von Itzstein, M., Rathjen, J. P., Nanson, J. D., … Kobe, B. (2019). NAD+ cleavage activity by animal and plant TIR domains in cell death pathways. *Science, 365*(6455), 793-799. Wan, L., Essuman, K., Anderson, R. G., Sasaki, Y., Monteiro, F., Chung, E. H., Nishimura, E. O., DiAntonio, A., Milbrandt, J., Dangl, J. L., & Nishimura, M. T. (2019). TIR domains of plant immune receptors are NAD+-cleaving enzymes that promote cell death. *Science, 365*(6455), 799-803.

26 Essuman, K., Summers, D. W., Sasaki, Y., Mao, X., Yim, A. K. Y., DiAntonio, A., & Milbrandt, J. (2018). TIR Domain Proteins Are an Ancient Family of NAD+-Consuming Enzymes. *Current Biology, 28*(3), 421-430.e4.

27 Parker, J. E., Holub, E. B., Frost, L. N., Falk, A., Gunn, N. D., & Daniels, M. J. (1996). Characterization of eds1, a mutation in Arabidopsis suppressing resistance to *Peronospora parasitica* specified by several different RPP genes. *Plant Cell, 8*(11), 2033-2046.

28 Falk, A., Feys, B. J., Frost, L. N., Jones, J. D. G., Daniels, M. J., & Parker, J. E. (1999). EDS1, an essential component of R gene-mediated disease resistance in Arabidopsis has homology to eukaryotic lipases. *Proceedings of the National Academy of Sciences of the United States of America, 96*(6), 3292-3297.

29 Lapin, D., Kovacova, V., Sun, X., Dongus, J. A., Bhandari, D., Von Born, P., Bautor, J., Guarneri, N., Rzemieniewski, J., Stuttmann, J., Beyer, A., & Parker, J. E. (2019). A coevolved EDS1-SAG101-NRG1 module mediates cell death signaling by TIR-domain immune receptors. *Plant Cell, 31*(10), 2430-2455.

CHAPTER 04. 식물이 병에 걸리면

1 Jones, J. D. G., & Dangl, J. L. (2006). The plant immune system. *Nature, 444*(7117), 323-329.

2 Viegas, J. (2018). Profile of Jonathan D. G. Jones. *Proceedings of the National Academy of Sciences, 115*(41), 10191 LP-10194.

3 Couto, D., & Zipfel, C. (2016). Regulation of pattern recognition receptor signalling in plants. *Nature Reviews Immunology, 16*(9), 537-552.

4 Bozkurt, T. O., & Kamoun, S. (2020). The plant-pathogen haustorial interface at a glance. *Journal of Cell Science, 133*(5).

5 Cesari, S. (2018). Multiple strategies for pathogen perception by plant immune receptors. *New Phytologist, 219*(1).

6 Cook, D. E., Mesarich, C. H., & Thomma, B. P. H. J. (2015). Understanding Plant Immunity as a Surveillance System to Detect Invasion. *Annual Review of Phytopathology, 53*, 541-563.

7 Cui, H., Tsuda, K., & Parker, J. E. (2015). Effector-triggered immunity: From pathogen perception to robust defense. *Annual Review of Plant Biology, 66*, 487-511.

8 van der Burgh, A. M., & Joosten, M. H. A. J. (2019). Plant Immunity: Thinking Outside and Inside the Box. *Trends in Plant Science, 24*(7), 587-601.

9 Postma, J., Liebrand, T. W. H., Bi, G., Evrard, A., Bye, R. R., Mbengue, M., Kuhn, H., Joosten, M. H. A. J., & Robatzek, S. (2016). Avr4 promotes Cf-4 receptor-like protein association with the BAK1/SERK3 receptor-like kinase to initiate receptor endocytosis and plant immunity. *New Phytologist, 210*(2), 627-642.

10 Sohn, K. H., Segonzac, C., Rallapalli, G., Sarris, P. F., Woo, J. Y., Williams, S. J., Newman, T. E., Paek, K. H., Kobe, B., & Jones, J. D. G. (2014). The Nuclear Immune Receptor RPS4 Is Required for RRS1SLH1-Dependent Constitutive Defense Activation in *Arabidopsis thaliana*. *PLOS Genetics, 10*(10), e1004655.

11 Zuo, J., Niu, Q. W., & Chua, N. H. (2000). An estrogen receptor-based transactivator XVE mediates highly inducible gene expression in transgenic plants. *Plant Journal, 24*(2), 265-273.

12 Aoyama, T., & Chua, N.-H. (1997). A glucocorticoid-mediated transcriptional

induction system in transgenic plants. *The Plant Journal, 11*(3), 605-612.

13 Ngou, B. P. M., Ahn, H.-K., Ding, P., Redkar, A., Brown, H., Ma, Y., Youles, M., Tomlinson, L., & Jones, J. D. G. (2020). Estradiol-inducible AvrRps4 expression reveals distinct properties of TIR-NLR-mediated effector-triggered immunity. *Journal of Experimental Botany, 71*(6), 2186-2197.

14 Ngou, B. P. M., Ahn, H.-K., Ding, P., & Jones, J. D. G. (2020). Mutual Potentiation of Plant Immunity by Cell-surface and Intracellular Receptors. *BioRxiv,* 2020.04.10.034173. https://doi.org/10.1101/2020.04.10.034173. Ngou, B. P. M., Ahn, H.-K., Ding, P., & Jones, J. D. G. (2021). Mutual potentiation of plant immunity by cell-surface and intracellular receptors. *Nature.* https://doi.org/10.1038/s41586-021-03315-7.

15 Yuan, M., Jiang, Z., Bi, G., Nomura, K., Liu, M., Wang, Y., Cai, B., Zhou, J.-M., He, S. Y., & Xin, X.-F. (2021). Pattern-recognition receptors are required for NLR-mediated plant immunity. *Nature.* https://doi.org/10.1038/s41586-021-03316-6.

16 Lee, H. A., Lee, H. Y., Seo, E., Lee, J., Kim, S. B., Oh, S., Choi, E., Choi, E., Lee, S. E., & Choi, D. (2017). Current understandings of plant nonhost resistance. *Molecular Plant-Microbe Interactions, 30*(1), 5-15.

17 Hammerschmidt, R. (1999). Phytoalexins: What have we learned after 60 years? *Annual Review of Phytopathology, 37*(May), 285-306.

18 Ökmen, B., Etalo, D. W., Joosten, M. H. A. J., Bouwmeester, H. J., de Vos, R. C. H., Collemare, J., & de Wit, P. J. G. M. (2013). Detoxification of α-tomatine by *Cladosporium fulvum* is required for full virulence on tomato. *New Phytologist, 198*(4), 1203-1214.

19 Lee, H. A., Lee, H. Y., Seo, E., Lee, J., Kim, S. B., Oh, S., Choi, E., Choi, E., Lee, S. E., & Choi, D. (2017). Current understandings of plant nonhost resistance. *Molecular Plant-Microbe Interactions, 30*(1), 5-15.

20 Lee, H. A., Kim, S. Y., Oh, S. K., Yeom, S. I., Kim, S. B., Kim, M. S., Kamoun, S., & Choi, D. (2014). Multiple recognition of RXLR effectors is associated with nonhost resistance of pepper against Phytophthora infestans. *New Phytologist,*

203(3), 926-938.

21 Halpin, C. (2005). Gene stacking in transgenic plants-the challenge for 21st century plant biotechnology. *Plant Biotechnology Journal*, *3*(2), 141-155.

CHAPTER 05. 식물의 획득저항성

대표 종설논문

Zhang, Y., & Li, X. (2019). Salicylic acid: biosynthesis, perception, and contributions to plant immunity. *Current Opinion in Plant Biology*, *50*, 29-36.

Ding, P., & Ding, Y. (2020). Stories of Salicylic Acid: A Plant Defense Hormone. *Trends in Plant Science*, *25*(6), 549-565.

1 Jeffreys, D. (2004). *Aspirin: The story of a wonder drug*. Bloomsbury Publishing, London. 한국어판은 《아스피린의 역사》(다이어무이드 제프리스, 김승욱 옮김, 동아일보사, 2007)로 출간되었다.

2 Raskin, I., Ehmann, A., Melander, W. R., & Meeuse, B. J. D. (1987). Salicylic acid: A natural inducer of heat production in Arum lilies. *Science*, *237*(4822), 1601-1602.

3 다음에서 재인용. Raskin, I. (1992). Role of salicylic acid in plants. *Annual Review of Plant Physiology and Plant Molecular Biology*, *43*(1), 439-463.

4 Raskin, I. (1992). Role of salicylic acid in plants. *Annual Review of Plant Physiology and Plant Molecular Biology*, *43*(1), 439-463.

5 Ross, A. F. (1961). Systemic acquired resistance induced by localized virus infections in plants. *Virology*, *14*(3), 340-358.

6 Raskin, I. (1992). Role of salicylic acid in plants. *Annual Review of Plant Physiology and Plant Molecular Biology*, *43*(1), 439-463.

7 White, R. F. (1983). The effects of aspirin and polyacrylic acid on pathogenesis-related protein induction and localised and systemic tobacco mosaic virus infection. *Netherlands Journal of Plant Pathology*, *89*(6), 321

8 Malamy, J., Carr, J. P., Klessig, D. F., & Raskin, I. (1990). Salicylic acid: A likely endogenous signal in the resistance response of tobacco to viral infection.

Science, 250(4983), 1002-1004. Métraux, J. P., Signer, H., Ryals, J., Ward, E., Wyss-Benz, M., Gaudin, J., Raschdorf, K., Schmid, E., Blum, W., & Inverardi, B. (1990). Increase in Salicylic Acid at the Onset of Systemic Acquired Resistance in Cucumber. *Science, 250*(4983), 1004 LP-1006.

9 Malamy, J., Carr, J. P., Klessig, D. F., & Raskin, I. (1990). Salicylic acid: A likely endogenous signal in the resistance response of tobacco to viral infection. *Science, 250*(4983), 1002-1004.

10 Klessig, D. F., Choi, H. W., & Dempsey, D. A. (2018). Systemic acquired resistance and salicylic acid: Past, present, and future. *Molecular Plant-Microbe Interactions, 31*(9), 871-888.

11 Viegas, J. (2015). Profile of Xinnian Dong. *Proceedings of the National Academy of Sciences of the United States of America, 112*(36), 11144-11145.

12 Cao H., Bowling, S. A., Gordon, A. S., & Dong, X. (1994). Characterization of an Arabidopsis mutant that is nonresponsive to inducers of systemic acquired resistance. *Plant Cell, 6*(11), 1583-1592.

13 Cao, H., Glazebrook, J., Clarke, J. D., Volko, S., & Dong, X. (1997). The Arabidopsis NPR1 gene that controls systemic acquired resistance encodes a novel protein containing ankyrin repeats. *Cell, 88*(1), 57-63.

14 Zhang, Y., Fan, W., Kinkema, M., Li, X., & Dong, X. (1999). Interaction of NPR1 with basic leucine zipper protein transcription factors that bind sequences required for salicylic acid induction of the PR-1 gene. *Proceedings of the National Academy of Sciences of the United States of America, 96*(11), 6523-6528. Després, C., DeLong, C., Glaze, S., Liu, E., & Fobert, P. R. (2000). The Arabidopsis NPR1/NIM1 protein enhances the DNA binding activity of a subgroup of the TGA family of bZIP transcription factors. *Plant Cell, 12*(2), 279-290. Zhou, J. M., Trifa, Y., Silva, H., Pontier, D., Lam, E., Shah, J., & Klessig, D. F. (2000). NPR1 differentially interacts with members of the TGA/OBF family of transcription factors that bind an element of the PR-1 gene required for induction by salicylic acid. *Molecular Plant-Microbe Interactions, 13*(2), 191-202.

15 Zhang, Y., Tessaro, M. J., Lassner, M., & Li, X. (2003). Knockout Analysis of Arabidopsis Transcription Factors TGA2, TGA5, and TGA6 Reveals Their Redundant and Essential Roles in Systemic Acquired Resistance. *Plant Cell, 15*(11), 2647-2653.

16 Mou, Z., Fan, W., & Dong, X. (2003). Inducers of plant systemic acquired resistance Regulate NPR1 function through redox changes. *Cell, 113*(7), 935-944.

17 이황화 결합은 2개의 시스테인cysteine 아미노산이 황 분자끼리 결합하는 것이다. 시스테인 아미노산은 설프하이드릴기(-SH)를 갖는데, 설프하이드릴기가 산화(수소를 잃는 과정)되면서 서로 다른 시스테인이 결합을 하게 된다. 시스테인 잔기가 산화되는 과정을 겪기 때문에, 수용액의 산화환원 상태에 따라 결합이 생기기도 하고 사라지기도 한다.

18 Fu, Z. Q., Yan, S., Saleh, A., Wang, W., Ruble, J., Oka, N., Mohan, R., Spoel, S. H., Tada, Y., Zheng, N., & Dong, X. (2012). NPR3 and NPR4 are receptors for the immune signal salicylic acid in plants. *Nature, 486*(7402), 228-232.

19 Ding, Y., Sun, T., Ao, K., Peng, Y., Zhang, Y., Li, X., & Zhang, Y. (2018). Opposite Roles of Salicylic Acid Receptors NPR1 and NPR3/NPR4 in Transcriptional Regulation of Plant Immunity. *Cell, 173*(6), 1454-1467.e10.

20 Gaffney, T., Friedrich, L., Vernooij, B., Negrotto, D., Nye, G., Uknes, S., Ward, E., Kessmann, H., & Ryals, J. (1993). Requirement of salicylic acid for the induction of systemic acquired resistance. *Science, 261*(5122), 754-756.

21 Vernooij, B., Friedrich, L., Morse, A., Reist, R., Kolditz-Jawhar, R., Ward, E., Uknes, S., Kessmann, H., & Ryals, J. (1994). Salicylic Acid Is Not the Translocated Signal Responsible for Inducing Systemic Acquired Resistance but Is Required in Signal Transduction. *The Plant Cell, 6*(7), 959 LP-965.

22 Chen, Y. C., Holmes, E. C., Rajniak, J., Kim, J. G., Tang, S., Fischer, C. R., Mudgett, M. B., & Sattely, E. S. (2018). N-hydroxy-pipecolic acid is a mobile metabolite that induces systemic disease resistance in Arabidopsis. *Proceedings of the National Academy of Sciences of the United States of America*, *115*(21), E4920-E4929. Hartmann, M., Zeier, T., Bernsdorff, F., Reichel-Deland, V.,

Kim, D., Hohmann, M., Scholten, N., Schuck, S., Bräutigam, A., Hölzel, T., Ganter, C., & Zeier, J. (2018). Flavin Monooxygenase-Generated N-Hydroxy-pipecolic Acid Is a Critical Element of Plant Systemic Immunity. *Cell, 173*(2), 456-469.e16.

23 Bartsch, M., Gobbato, E., Bednarek, P., Debey, S., Schultze, J. L., Bautor, J., & Parker, J. E. (2006). Salicylic acid-independent ENHANCED DISEASE SUSCEPTIBILITY1 signaling in Arabidopsis immunity and cell death is regulated by the monooxygenase FMO1 and the Nudix hydrolase NUDT7. *Plant Cell, 18*(4), 1038-1051. Koch, M., Vorwerk, S., Masur, C., Sharifi-Sirchi, G., Olivieri, N., & Schlaich, N. L. (2006). A role for a flavin-containing mono-oxygenase in resistance against microbial pathogens in Arabidopsis. *Plant Journal, 47*(4), 629-639. Mishina, T. E., & Zeier, J. (2006). The Arabidopsis flavin-dependent monooxygenase FMO1 is an essential component of biologically induced systemic acquired resistance. *Plant Physiology, 141*(4), 1666-1675.

CHAPTER 06. 대화하는 나무?

대표 종설논문

Erb, M. (2018). Volatiles as inducers and suppressors of plant defense and immunity-origins, specificity, perception and signaling. *Current Opinion in Plant Biology, 44*, 117-121.

Turlings, T. C. J., & Erb, M. (2018). Tritrophic Interactions Mediated by Herbivore-Induced Plant Volatiles: Mechanisms, Ecological Relevance, and Application Potential. *Annual Review of Entomology, 63*, 433-452.

Erb, M., & Reymond, P. (2019). Molecular Interactions between Plants and Insect Herbivores. *Annual Review of Plant Biology, 70*, 527-557.

1 Rhoades, D. F. (1983). Responses of Alder and Willow to Attack by Tent Caterpillars and Webworms: Evidence for Pheromonal Sensitivity of Willows. In *Plant Resistance to Insects* (Vol. 208, pp. 4-55). American Chemical Society.

2 Baldwin, I. T., & Schultz, J. C. (1983). Rapid changes in tree leaf chemistry induced by damage: Evidence for communication between plants. *Science, 221*(4607), 277-279.

3 Letters. (1983.6.7.). When Trees Talk. *The New York Times*.

4 Galston, A. (1974) The Unscientific Method. *Natural History 83*(3), 18-24.

5 Fowler, S. V, & Lawton, J. H. (1985). Rapidly Induced Defenses and Talking Trees: The Devil's Advocate Position. *The American Naturalist, 126*(2), 181-195.

6 Farmer, E. E., & Ryan, C. A. (1990). Interplant communication: Airborne methyl jasmonate induces synthesis of proteinase inhibitors in plant leaves. *Proceedings of the National Academy of Sciences of the United States of America, 87*(19), 7713-7716.

7 Farmer, E. E., Johnson, R. R., & Ryan, C. A. (1992). Regulation of expression of proteinase inhibitor genes by methyl jasmonate and jasmonic acid. *Plant Physiology, 98*(3), 995-1002.

8 Wasternack, C. (2007). Jasmonates: An Update on Biosynthesis, Signal Transduction and Action in Plant Stress Response, Growth and Development. *Annals of Botany, 100*(4), 681-697.

9 Vick, B. A., & Zimmerman, D. C. (1984). Biosynthesis of Jasmonic Acid by Several Plant Species. *Plant Physiology, 75*(2), 458-461.

10 Farmer, E. E., Johnson, R. R., & Ryan, C. A. (1992). Regulation of expression of proteinase inhibitor genes by methyl jasmonate and jasmonic acid. *Plant Physiology, 98*(3), 995-1002.

11 Feys, B. J. F., Benedetti, C. E., Penfold, C. N., & Turner, J. G. (1994). Arabidopsis mutants selected for resistance to the phytotoxin coronatine are male sterile, insensitive to methyl jasmonate, and resistant to a bacterial pathogen. *Plant Cell, 6*(5), 751-759.

12 Xie, D. X., Feys, B. F., James, S., Nieto-Rostro, M., & Turner, J. G. (1998). COI1: An Arabidopsis gene required for jasmonate-regulated defense and fertility. *Science, 280*(5366), 1091-1094.

13 Boter, M., Ruíz-Rivero, O., Abdeen, A., & Prat, S. (2004). Conserved MYC transcription factors play a key role in jasmonate signaling both in tomato and Arabidopsis. *Genes and Development, 18*(13), 1577-1591.

14 Lorenzo, O., Chico, J. M., Sánchez-Serrano, J. J., & Solano, R. (2004). *JASMONATE-INSENSITIVE1* Encodes a MYC Transcription Factor Essential to Discriminate between Different Jasmonate-Regulated Defense Responses in Arabidopsis. *The Plant Cell, 16*(7), 1938 LP-1950.

15 Thines, B., Katsir, L., Melotto, M., Niu, Y., Mandaokar, A., Liu, G., Nomura, K., He, S. Y., Howe, G. A., & Browse, J. (2007). JAZ repressor proteins are targets of the SCF^{COI1} complex during jasmonate signalling. *Nature, 448*(7154), 661-665.

16 Chini, A., Fonseca, S., Fernández, G., Adie, B., Chico, J. M., Lorenzo, O., García-Casado, G., López-Vidriero, I., Lozano, F. M., Ponce, M. R., Micol, J. L., & Solano, R. (2007). The JAZ family of repressors is the missing link in jasmonate signalling. *Nature, 448*(7154), 666-671.

17 Baldwin, I. T., Halitschke, R., Paschold, A., Von Dahl, C. C., & Preston, C. A. (2006). Volatile signaling in plant-plant interactions: "Talking trees" in the genomics era. *Science, 311*(5762), 812-815.

18 Turlings, T. C. J., Tumlinson, J. H., & Lewis, W. J. (1990). Exploitation of herbivore-induced plant odors by host-seeking parasitic wasps. *Science, 250*(4985), 1251-1253.

19 Turlings, T. C. J., & Erb, M. (2018). Tritrophic Interactions Mediated by Herbivore-Induced Plant Volatiles: Mechanisms, Ecological Relevance, and Application Potential. *Annual Review of Entomology, 63*, 433-452.

20 Abbott, A. (2010). Plant biology: Growth industry. *Nature, 468*, 886-888.

21 Baldwin, I. T. (1998). Jasmonate-induced responses are costly but benefit plants under attack in native populations. *Proceedings of the National Academy of Sciences of the United States of America, 95*(14), 8113-8118.

22 Steinbrenner, A. D., Muñoz-Amatriaín, M., Chaparro, A. F., Aguilar-Venegas, J. M., Lo, S., Okuda, S., Glauser, G., Dongiovanni, J., Shi, D., Hall, M.,

Crubaugh, D., Holton, N., Zipfel, C., Abagyan, R., Turlings, T. C. J., Close, T. J., Huffaker, A., & Schmelz, E. A. (2020). A receptor-like protein mediates plant immune responses to herbivore-associated molecular patterns. *Proceedings of the National Academy of Sciences, 117*(49), 31510 LP-31518.

23 Schmelz, E. A., Carroll, M. J., LeClere, S., Phipps, S. M., Meredith, J., Chourey, P. S., Alborn, H. T., & Teal, P. E. A. (2006). Fragments of ATP synthase mediate plant perception of insect attack. *Proceedings of the National Academy of Sciences of the United States of America, 103*(23), 8894-8899.

24 Toyota, M., Spencer, D., Sawai-Toyota, S., Jiaqi, W., Zhang, T., Koo, A. J., Howe, G. A., & Gilroy, S. (2018). Glutamate triggers long-distance, calcium-based plant defense signaling. *Science, 361*(6407), 1112 LP-1115.

25 Pettit, H. (2018.9.14.). Plants can 'feel' you picking them! Video shows that leaves fire off pain signals to warn their neighbours of danger when attacked. *Mail Online*.

26 Brenner, E. D., Stahlberg, R., Mancuso, S., Vivanco, J., Baluška, F., & Van Volkenburgh, E. (2006). Plant neurobiology: an integrated view of plant signaling. *Trends in Plant Science, 11*(8), 413-419. Alpi, A., Amrhein, N., Bertl, A., Blatt, M. R., Blumwald, E., Cervone, F., Dainty, J., De Michelis, M. I., Epstein, E., Galston, A. W., Goldsmith, M. H. M., Hawes, C., Hell, R., Hetherington, A., Hofte, H., Juergens, G., Leaver, C. J., Moroni, A., Murphy, A., … Wagner, R. (2007). Plant neurobiology: no brain, no gain? *Trends in Plant Science, 12*(4), 135-136.

CHAPTER 07. 깨진 튤립과 바이러스

대표 종설논문

Mandadi, K. K., & Scholthof, K. B. G. (2013). Plant immune responses against viruses: How does a virus cause disease? *Plant Cell, 25*(5), 1489-1505.

Culver, J. N., & Padmanabhan, M. S. (2008). Virus-induced disease: Altering host physiology one interaction at a time. *Annual Review of Phytopathology, 45*, 221-243.

1 Dekker, E. L., Derks, A. F. L. M., Asjes, C. J., Lemmers, M. E. C., Bol, J. F., & Langeveld, S. A. (1993). Characterization of Potyviruses from Tulip and Lily which Cause Flower-Breaking. *Journal of General Virology*, *74*(5), 881-887.

2 Polder, G., van der Heijden, G. W. A. M., van Doorn, J., & Baltissen, T. A. H. M. C. (2014). Automatic detection of tulip breaking virus (TBV) in tulip fields using machine vision. *Biosystems Engineering*, *117*, 35-42.

3 Bos, L. (1999). Beijerinck's work on tobacco mosaic virus: Historical context and legacy. *Philosophical Transactions of the Royal Society B: Biological Sciences, 354*(1383), 675-685.

4 Beijerinck, M. W. (1898). Beijerinck, M. W. 1898. Concerning a *contagium vivum fluidum* as cause of the spot disease of tobacco leaves. American Phytopathological Society, St. Paul, MN. *Phytopathological Classics*, *7*.

5 Bos, L. (1999). Beijerinck's work on tobacco mosaic virus: Historical context and legacy. *Philosophical Transactions of the Royal Society B: Biological Sciences*, *354*(1383), 675-685.

6 Stanley, W. M. (1935). Isolation of a crystalline protein possessing the properties of Tobacco-Mosaic Virus. *Science*, *81*(2113), 644 LP-645.

7 Creager, A. N. H., & Morgan, G. J. (2008). After the double helix Rosalind Franklin's research on tobacco mosaic virus. *Isis*, *99*(2), 239-272.

8 Creager, A. N. H., & Morgan, G. J. (2008). After the double helix Rosalind Franklin's research on tobacco mosaic virus. *Isis*, *99*(2), 239 - 272.에서 재인용.

9 Scholthof, K.-B. G. (2016). Spicing Up the N Gene: F. O. Holmes and Tobacco mosaic virus Resistance in Capsicum and Nicotiana Plants. *Phytopathology*, *107*(2), 148-157.

10 Holmes, F. O. (1937). Genes affecting response of *Nicotiana tabacum* hybrids to Tobacco-Mosaic Virus. *Science*, *85*(2195), 104 LP-105.

11 Dinesh-Kumar, S. P., Whitham, S., Choi, D., Hehl, R., Corr, C., & Baker, B. (1995). Transposon tagging of tobacco mosaic virus resistance gene N: Its possible role in the TMV-N-mediated signal transduction pathway. *Proceedings of the National Academy of Sciences of the United States of America*, *92*(10),

4175-4180.

12 Les Erickson, F., Holzberg, S., Calderon-Urrea, A., Handley, V., Axtell, M., Corr, C., & Baker, B. (1999). The helicase domain of the TMV replicase proteins induces the N-mediated defence response in tobacco. *The Plant Journal, 18*(1), 67-75.

13 Yang, H., Gou, X., He, K., Xi, D., Du, J., Lin, H., & Li, J. (2010). BAK1 and BKK1 in *Arabidopsis thaliana* confer reduced susceptibility to turnip crinkle virus. *European Journal of Plant Pathology, 127*(1), 149-156.

14 Julie KØrner, C., Klauser, D., Niehl, A., Domínguez-Ferreras, A., Chinchilla, D., Boller, T., Heinlein, M., & Hann, D. R. (2013). The immunity regulator BAK1 contributes to resistance against diverse RNA viruses. *Molecular Plant-Microbe Interactions, 26*(11), 1271-1280.

15 Niehl, A., Wyrsch, I., Boller, T., & Heinlein, M. (2016). Double-stranded RNAs induce a pattern-triggered immune signaling pathway in plants. *New Phytologist, 211*(3), 1008-1019.

16 다음에 언급되어 있다. Klessig, D. F., Choi, H. W., & Dempsey, D. A. (2018). Systemic acquired resistance and salicylic acid: Past, present, and future. *Molecular Plant-Microbe Interactions, 31*(9), 871-888.

17 Baulcombe, D. (2004). RNA silencing in plants. *Nature, 431*(7006), 356 – 363.

18 Baulcombe, D. (2007). David Baulcombe. *Current Biology, 17*(3), R73-R74.

19 Huttly, A. K., & Baulcombe, D. C. (1989). A wheat α-Amy2 promoter is regulated by gibberellin in transformed oat aleurone protoplasts. *The EMBO Journal, 8*(7), 1907-1913.

20 Baulcombe, D. C. (1996). Mechanisms of pathogen-derived resistance to viruses in transgenic plants. *Plant Cell, 8*(10), 1833-1844.

21 Longstaff, M., Brigneti, G., Boccard, F., Chapman, S., & Baulcombe, D. (1993). Extreme resistance to potato virus X infection in plants expressing a modified component of the putative viral replicase. *EMBO Journal, 12*(2), 379-386.

22 Napoli, C., Lemieux, C., & Jorgensen, R. (1990). Introduction of a chimeric chalcone synthase gene into petunia results in reversible co-suppression of

homologous genes in trans. *Plant Cell, 2*(4), 279-289.

23 Ratcliff, F., Harrison, B. D., & Baulcombe, D. C. (1997). A similarity between viral defense and gene silencing in plants. *Science, 276*(5318), 1558-1560.

24 Hamilton, A. J., & Baulcombe, D. C. (1999). A species of small antisense RNA in posttranscriptional gene silencing in plants. *Science, 286*(5441), 950-952.

25 Bohmert, K., Camus, I., Bellini, C., Bouchez, D., Caboche, M., & Benning, C. (1998). AGO1 defines a novel locus of Arabidopsis controlling leaf development. *The EMBO Journal, 17*(1), 170-180.

26 Kumagai, M. H., Donson, J., Della-Cioppa, G., Harvey, D., Hanley, K., & Grill, L. K. (1995). Cytoplasmic inhibition of carotenoid biosynthesis with virus-derived RNA. *Proceedings of the National Academy of Sciences of the United States of America, 92*(5), 1679-1683.

27 Kasschau, K. D., & Carrington, J. C. (1998). A counterdefensive strategy of plant viruses: Suppression of posttranscriptional gene silencing. *Cell, 95*(4), 461-470.

28 Voinnet, O., Rivas, S., Mestre, P., & Baulcombe, D. (2003). Retracted: An enhanced transient expression system in plants based on suppression of gene silencing by the p19 protein of tomato bushy stunt virus. *The Plant Journal, 33*(5), 949-956.

29 Retraction: 'An enhanced transient expression system in plants based on suppression of gene silencing by the p19 protein of tomato bushy stunt virus.' (2015). *The Plant Journal, 84*(4), 846.

PART 04. 식물과 환경

CHAPTER 01. 가뭄

대표 종설논문

Cutler, S. R., Rodriguez, P. L., Finkelstein, R. R., & Abrams, S. R. (2010). Abscisic acid: Emergence of a core signaling network. In *Annual Review of Plant Biology*

(Vol. 61).

Finkelstein, R. (2013). Abscisic Acid Synthesis and Response. *The Arabidopsis Book*, *11*, e0166.

1 Meidner, H. (1986). Historical Sketches 13. *Journal of Experimental Botany*, *37*(1), 135-137.

2 Darwin, F. (1898). Ⅸ. Observations on stomata. *Philosophical Transactions of the Royal Society of London. Series B, Containing Papers of a Biological Character*, *190*, 531-621.

3 Mittelheuser, C. J., & Van Steveninck, R. F. M. (1969). Stomatal Closure and Inhibition of Transpiration induced by (RS)-Abscisic Acid. *Nature*, *221*(5177), 281-282.

4 Addicott, F. T., Lyon, J. L., Ohkuma, K., Thiessen, W. E., Carns, H. R., Smith, O. E., Cornforth, J. W., Milborrow, B. V., Ryback, G., & Wareing, P. F. (1968). Abscisic acid: A new name for Abscisin Ⅱ (Dormin). *Science*, *159*(3822), 1493.

5 Cornforth, J. W., Milborrow, B. V, Ryback, G., & Wareing, P. F. (1965). Chemistry and Physiology of 'Dormins' In Sycamore: Identity of Sycamore 'Dormin' with Abscisin Ⅱ. *Nature*, *205*(4978), 1269-1270.

6 Liu, W.-C., & Carns, H. R. (1961). Isolation of Abscisin, an Abscission Accelerating Substance. *Science*, *134*(3476), 384 LP-385.

7 Milborrow, B. V. (1967). The identification of (+)-abscisin Ⅱ (+)-dormin in plants and measurement of its concentrations. *Planta*, *76*(2), 93-113.

8 Addicott, F. T., Lyon, J. L., Ohkuma, K., Thiessen, W. E., Carns, H. R., Smith, O. E., Cornforth, J. W., Milborrow, B. V., Ryback, G., & Wareing, P. F. (1968). Abscisic acid: A new name for Abscisin Ⅱ (Dormin). *Science*, *159*(3822), 1493.

9 Tal, M. (1966). Abnormal Stomatal Behavior in Wilty Mutants of Tomato. *Plant Physiology*, *41*(8), 1387-1391. Imber, D., & Tal, M. (1970). Phenotypic reversion of flacca, a wilty mutant of tomato, by abscisic acid. *Science*, *169*(3945), 592-593.

10 Schroeder, J. I., Hedrich, R., & Fernandez, J. M. (1984). Potassium-selective

single channels in guard cell protoplasts of Vicia faba. *Nature*, *312*(5992), 361-362.

11 Schroeder, J. I., & Keller, B. U. (1992). Two types of anion channel currents in guard cells with distinct voltage regulation. *Proceedings of the National Academy of Sciences of the United States of America*, *89*(11), 5025-5029.

12 Koornneef, M., Reuling, G., & Karssen, C. M. (1984). The isolation and characterization of abscisic acid-insensitive mutants of *Arabidopsis thaliana*. *Physiologia Plantarum*, *61*(3), 377-383.

13 Pei, Z. M., Kuchitsu, K., Ward, J. M., Schwarz, M., & Schroeder, J. I. (1997). Differential abscisic acid regulation of guard cell slow anion channels in Arabidopsis wild-type and *abi1* and *abi2* mutants. *Plant Cell*, *9*(3), 409-423.

14 Cutler, S. R., Rodriguez, P. L., Finkelstein, R. R., & Abrams, S. R. (2010). Abscisic acid: Emergence of a core signaling network. In *Annual Review of Plant Biology* (Vol. 61).

15 Razem, F. A., Luo, M., Liu, J. H., Abrams, S. R., & Hill, R. D. (2004). Purification and Characterization of a Barley Aleurone Abscisic Acid-binding Protein. *Journal of Biological Chemistry*, *279*(11), 9922-9929. Razem, F. A., Luo, M., Liu, J.-H., Abrams, S. R., & Hill, R. D. (2010). Withdrawal: Purification and characterization of a barley aleurone abscisic acid-binding protein. *Journal of Biological Chemistry*, *285*(6), 4264.

16 Fang, F. C., Steen, R. G., & Casadevall, A. (2012). Misconduct accounts for the majority of retracted scientific publications. *Proceedings of the National Academy of Sciences*, *109*(42), 17028 LP-17033.

17 션 커틀러 실험실 홈페이지(http://www.thecutlerlab.org/).

18 Pittalwala, I. (2009). Synthetic Chemical Offers Solution for Crops Facing Drought. *UCR Today*.

19 Ma, Y., Szostkiewicz, I., Korte, A., Moes, D., Yang, Y., Christmann, A., & Grill, E. (2009). Regulators of PP2C Phosphatase Activity Function as Abscisic Acid Sensors. *Science*, *324*(5930), 1064 LP-1068. Park, S. Y., Fung, P., Nishimura, N., Jensen, D. R., Fujii, H., Zhao, Y., Lumba, S., Santiago, J., Ro-

drigues, A., Chow, T. F. F., Alfred, S. E., Bonetta, D., Finkelstein, R., Provart, N. J., Desveaux, D., Rodriguez, P. L., McCourt, P., Zhu, J. K., Schroeder, J. I., ··· Cutler, S. R. (2009). Abscisic acid inhibits type 2C protein phosphatases via the PYR/PYL family of START proteins. *Science, 324*(5930), 1068-1071.

20 Melcher, K., Ng, L. M., Zhou, X. E., Soon, F. F., Xu, Y., Suino-Powell, K. M., Park, S. Y., Weiner, J. J., Fujii, H., Chinnusamy, V., Kovach, A., Li, J., Wang, Y., Li, J., Peterson, F. C., Jensen, D. R., Yong, E. L., Volkman, B. F., Cutler, S. R., ··· Xu, H. E. (2009). A gate-latch-lock mechanism for hormone signalling by abscisic acid receptors. *Nature, 462*(7273), 602-608. Santiago, J., Dupeux, F., Round, A., Antoni, R., Park, S. Y., Jamin, M., Cutler, S. R., Rodriguez, P. L., & Márquez, J. A. (2009). The abscisic acid receptor PYR1 in complex with abscisic acid. *Nature, 462*(7273), 665-668. Miyazono, K. I., Miyakawa, T., Sawano, Y., Kubota, K., Kang, H. J., Asano, A., Miyauchi, Y., Takahashi, M., Zhi, Y., Fujita, Y., Yoshida, T., Kodaira, K. S., Yamaguchi-Shinozaki, K., & Tanokura, M. (2009). Structural basis of abscisic acid signalling. *Nature, 462*(7273), 609-614. Nishimura, N., Hitomi, K., Arvai, A. S., Rambo, R. P., Hitomi, C., Cutler, S. R., Schroeder, J. I., & Getzoff, E. D. (2009). Structural Mechanism of Abscisic Acid Binding and Signaling by Dimeric PYR1. *Science, 326*(5958), 1373 LP-1379. Yin, P., Fan, H., Hao, Q., Yuan, X., Wu, D., Pang, Y., Yan, C., Li, W., Wang, J., & Yan, N. (2009). Structural insights into the mechanism of abscisic acid signaling by PYL proteins. *Nature Structural and Molecular Biology, 16*(12), 1230-1236.

21 Mustilli, A. C., Merlot, S., Vavasseur, A., Fenzi, F., & Giraudat, J. (2002). Arabidopsis OST1 protein kinase mediates the regulation of stomatal aperture by abscisic acid and acts upstream of reactive oxygen species production. *Plant Cell, 14*(12), 3089-3099.

22 Nakashima, K., Fujita, Y., Kanamori, N., Katagiri, T., Umezawa, T., Kidokoro, S., Maruyama, K., Yoshida, T., Ishiyama, K., Kobayashi, M., Shinozaki, K., & Yamaguchi-Shinozaki, K. (2009). Three arabidopsis SnRK2 protein kinases, SRK2D/SnRK2.2, SRK2E/SnRK2.6/OST1 and SRK2I/SnRK2.3, involved

in ABA signaling are essential for the control of seed development and dormancy. *Plant and Cell Physiology, 50*(7), 1345-1363.

23 Yoshida, R., Hobo, T., Ichimura, K., Mizoguchi, T., Takahashi, F., Aronso, J., Ecker, J. R., & Shinozaki, K. (2002). ABA-activated SnRK2 protein kinase is required for dehydration stress signaling in Arabidopsis. *Plant and Cell Physiology, 43*(12), 1473-1483.

24 Nakashima, K., Fujita, Y., Kanamori, N., Katagiri, T., Umezawa, T., Kidokoro, S., Maruyama, K., Yoshida, T., Ishiyama, K., Kobayashi, M., Shinozaki, K., & Yamaguchi-Shinozaki, K. (2009). Three arabidopsis SnRK2 protein kinases, SRK2D/SnRK2.2, SRK2E/SnRK2.6/OST1 and SRK2I/SnRK2.3, involved in ABA signaling are essential for the control of seed development and dormancy. *Plant and Cell Physiology, 50*(7), 1345-1363.

25 Soon, F. F., Ng, L. M., Zhou, X. E., West, G. M., Kovach, A., Tan, M. H. E., Suino-Powell, K. M., He, Y., Xu, Y., Chalmers, M. J., Brunzelle, J. S., Zhang, H., Yang, H., Jiang, H., Li, J., Yong, E. L., Cutler, S., Zhu, J. K., Griffin, P. R., … Xu, H. E. (2012). Molecular mimicry regulates ABA signaling by SnRK2 kinases and PP2C phosphatases. *Science, 335*(6064), 85-88.

26 Vahisalu, T., Kollist, H., Wang, Y. F., Nishimura, N., Chan, W. Y., Valerio, G., Lamminmäki, A., Brosché, M., Moldau, H., Desikan, R., Schroeder, J. I., & Kangasjärvi, J. (2008). SLAC1 is required for plant guard cell S-type anion channel function in stomatal signalling. *Nature, 452*(7186), 487-491. Negi, J., Matsuda, O., Nagasawa, T., Oba, Y., Takahashi, H., Kawai-Yamada, M., Uchimiya, H., Hashimoto, M., & Iba, K. (2008). CO2 regulator SLAC1 and its homologues are essential for anion homeostasis in plant cells. Nature, 452(7186), 483-486.

27 Brandt, B., Brodsky, D. E., Xue, S., Negi, J., Iba, K., Kangasjärvi, J., Ghassemian, M., Stephan, A. B., Hu, H., & Schroeder, J. I. (2012). Reconstitution of abscisic acid activation of SLAC1 anion channel by CPK6 and OST1 kinases and branched ABI1 PP2C phosphatase action. *Proceedings of the National Academy of Sciences of the United States of America, 109*(26), 10593-10598.

28 Jones, A. M., Danielson, J. Å., ManojKumar, S. N., Lanquar, V., Grossmann, G., & Frommer, W. B. (2014). Abscisic acid dynamics in roots detected with genetically encoded FRET sensors. *ELife*, *3*, 1-30. Waadt, R., Hitomi, K., Nishimura, N., Hitomi, C., Adams, S. R., Getzoff, E. D., & Schroeder, J. I. (2014). FRET-based reporters for the direct visualization of abscisic acid concentration changes and distribution in Arabidopsis. *ELife*, *2014*(3), 1-28. Waadt, R., Köster, P., Andrés, Z., Waadt, C., Bradamante, G., Lampou, K., Kudla, J., & Schumacher, K. (2020). Dual-reporting transcriptionally linked genetically encoded fluorescent indicators resolve the spatiotemporal coordination of cytosolic abscisic acid and second messenger dynamics in arabidopsis. *Plant Cell*, *32*(8), 2582-2601.

29 Umezawa, T., Sugiyama, N., Takahashi, F., Anderson, J. C., Ishihama, Y., Peck, S. C., & Shinozaki, K. (2013). Genetics and Phosphoproteomics Reveal a Protein Phosphorylation Network in the Abscisic Acid Signaling Pathway in *Arabidopsis thaliana*. *Science Signaling*, *6*(270), rs8 LP-rs8. Wang, P., Xue, L., Batelli, G., Lee, S., Hou, Y.-J., Van Oosten, M. J., Zhang, H., Tao, W. A., & Zhu, J.-K. (2013). Quantitative phosphoproteomics identifies SnRK2 protein kinase substrates and reveals the effectors of abscisic acid action. *Proceedings of the National Academy of Sciences*, *110*(27), 11205 LP-11210.

CHAPTER 02. 염분

대표 종설논문

Lamers, J., Der Meer, T. Van, & Testerink, C. (2020). How plants sense and respond to stressful environments. *Plant Physiology*, *182*(4), 1624-1635.

Munns, R., & Tester, M. (2008). Mechanisms of salinity tolerance. *Annual Review of Plant Biology*, *59*, 651-681.

Van Zelm, E., Zhang, Y., & Testerink, C. (2020). Salt Tolerance Mechanisms of Plants. *Annual Review of Plant Biology*, *71*, 403-433.

1 Munns, R., & Tester, M. (2008). Mechanisms of salinity tolerance. *Annual Re-*

view of Plant Biology, 59, 651-681

2 Flowers, T. J., & Colmer, T. D. (2008). Salinity tolerance in halophytes. *New Phytologist, 179*(4), 945-963.

3 Hand, S. C., Menze, M. A., Toner, M., Boswell, L., & Moore, D. (2011). LEA proteins during water stress: Not just for plants anymore. *Annual Review of Physiology*, 73, 115-134. Olvera-Carrillo, Y., Reyes, J. L., & Covarrubias, A. A. (2011). Late embryogenesis abundant proteins: Versatile players in the plant adaptation to water limiting environments. *Plant Signaling and Behavior, 6*(4), 586-589.

4 Binzel, M. L., Hasegawa, P. M., Handa, A. K., & Bressan, R. A. (1985). Adaptation of Tobacco Cells to NaCl. *Plant Physiology, 79*(1), 118 LP-125.

5 Cheeseman, J. M. (2015). The evolution of halophytes, glycophytes and crops, and its implications for food security under saline conditions. *New Phytologist, 206*(2), 557-570.

6 Wu, S. J., Ding, L., & Zhu, J. K. (1996). SOS1, a genetic locus essential for salt tolerance and potassium acquisition. *Plant Cell, 8*(4), 617-627.

7 Zhu, J. K., Liu, J., & Xiong, L. (1998). Genetic analysis of salt tolerance in arabidopsis: Evidence for a critical role of potassium nutrition. *Plant Cell, 10*(7), 1181-1191.

8 Wu, S. J., Ding, L., & Zhu, J. K. (1996). SOS1, a genetic locus essential for salt tolerance and potassium acquisition. *Plant Cell, 8*(4), 617-627. Zhu, J. K., Liu, J., & Xiong, L. (1998). Genetic analysis of salt tolerance in arabidopsis: Evidence for a critical role of potassium nutrition. *Plant Cell, 10*(7), 1181-1191.

9 Shi, H., Ishitani, M., Kim, C., & Zhu, J. K. (2000). The *Arabidopsis thaliana* salt tolerance gene SOS1 encodes a putative Na+/H+ antiporter. *Proceedings of the National Academy of Sciences of the United States of America, 97*(12), 6896-6901.

10 Halfter, U., Ishitani, M., & Zhu, J. K. (2000). The Arabidopsis SOS2 protein kinase physically interacts with and is activated by the calcium-binding pro-

tein SOS3. *Proceedings of the National Academy of Sciences of the United States of America, 97*(7), 3735-3740.

11 Apse, M. P., Aharon, G. S., Snedden, W. A., & Blumwald, E. (1999). Salt tolerance conferred by overexpression of a vacuolar Na+/H+ antiport in Arabidopsis. *Science, 285*(5431), 1256-1258.

12 Zhang, H. X. &, Blumwald, E., & Blumwald, E. (2001). Transgenic salt-tolerant tomato plants accumulate salt in foliage but not in fruit. *Nature Biotechnology, 19*(August), 765-768.

13 Zhang, H. X., Hodson, J. N., Williams, J. P., & Blumwald, E. (2001). Engineering salt-tolerant Brassica plants: Characterization of yield and seed oil quality in transgenic plants with increased vacuolar sodium accumulation. *Proceedings of the National Academy of Sciences of the United States of America, 98*(22), 12832-12836.

CHAPTER 03. 추위

대표 종설논문

Shi, Y., Ding, Y., & Yang, S. (2018). Molecular Regulation of CBF Signaling in Cold Acclimation. *Trends in Plant Science, 23*(7), 623-637.

Thomashow, M. F. (1999). Plant cold acclimation: Freezing tolerance genes and regulatory mechanisms. *Annual Review of Plant Biology, 50*, 571-599.

1 Thomashow, M. F. (1999). Plant cold acclimation: Freezing tolerance genes and regulatory mechanisms. *Annual Review of Plant Biology, 50*(13), 571-599.

2 Guy, C. L., Niemi, K. J., & Brambl, R. (1985). Altered gene expression during cold acclimation of spinach. *Proceedings of the National Academy of Sciences of the United States of America, 82*(11), 3673-3677.

3 Gilmour, S. J., Hajela, R. K., & Thomashow, M. F. (1988). Cold Acclimation in *Arabidopsis thaliana* . *Plant Physiology, 87*(3), 745-750.

4 Thomashow, M. F. (1999). Plant cold acclimation: Freezing tolerance genes and regulatory mechanisms. *Annual Review of Plant Biology, 50*(13), 571-599.

5 Lin, C., & Thomashow, M. F. (1992). DNA sequence analysis of a complementary DNA for cold-regulated Arabidopsis Gene cor15 and characterization of the COR15 polypeptide. *Plant Physiology, 99*(2), 519-525.

6 Thalhammer, A., Bryant, G., Sulpice, R., & Hincha, D. K. (2014). Disordered Cold Regulated15 Proteins Protect Chloroplast Membranes during Freezing through Binding and Folding, But Do Not Stabilize Chloroplast Enzymes in Vivo. *Plant Physiology, 166*(1), 190 LP-201.

7 Cook, D., Fowler, S., Fiehn, O., & Thomashow, M. F. (2004). A prominent role for the CBF cold response pathway in configuring the low-temperature metabolome of Arabidopsis. *Proceedings of the National Academy of Sciences of the United States of America, 101*(42), 15243-15248.

8 시노자키 팀에서 발견한 RD29A, RD29B는 팔바E. T. Palva 팀에서 발견한 LTI78, LTI65와 같은 유전자였다. Nordin, K., Vahala, T., & Palva, E. T. (1993). Differential expression of two related, low-temperature-induced genes in Arabi*dopsis thaliana* (L.) Heynh. *Plant Molecular Biology, 21*(4), 641-653.

9 Yamaguchi-Shinozaki, K., & Shinozaki, K. (1993). Arabidopsis DNA encoding two desiccation-responsive rd29 genes. *Plant Physiology, 101*(3), 1119-1120.

10 Yamaguchi-Shinozaki, K., & Shinozaki, K. (1994). A novel cis-acting element in an Arabidopsis gene is involved in responsiveness to drought, low-temperature, or high-salt stress. *Plant Cell, 6*(2), 251-264.

11 Stockinger, E. J., Gilmour, S. J., & Thomashow, M. F. (1997). *Arabidopsis thaliana* CBF1 encodes an AP2 domain-containing transcriptional activator that binds to the C-repeat/DRE, a cis-acting DNA regulatory element that stimulates transcription in response to low temperature and water deficit. *Proceedings of the National Academy of Sciences of the United States of America, 94*(3), 1035-1040.

12 Jaglo-Ottosen, K. R., Gilmour, S. J., Zarka, D. G., Schabenberger, O., & Thomashow, M. F. (1998). Arabidopsis CBF1 overexpression induces COR genes and enhances freezing tolerance. *Science, 280*(5360), 104-106.

13 Shinwari, Z. K., Nakashima, K., Miura, S., Kasuga, M., Seki, M., Yamagu-

chi-Shinozaki, K., & Shinozaki, K. (1998). An Arabidopsis gene family encoding DRE/CRT binding proteins involved in low-temperature-responsive gene expression. *Biochemical and Biophysical Research Communications, 250*(1), 161-170.

14 Gilmour, S. J., Sebolt, A. M., Salazar, M. P., Everard, J. D., & Thomashow, M. F. (2000). Overexpression of the arabidopsis CBF3 transcriptional activator mimics multiple biochemical changes associated with cold acclimation. *Plant Physiology, 124*(4), 1854-1865.

15 유전자 가위에 관한 내용은 다음 책에서 상세한 내용을 살필 수 있다. 김홍표, 《김홍표의 크리스퍼 혁명》, 동아시아, 2017.

16 Jia, Y., Ding, Y., Shi, Y., Zhang, X., Gong, Z., & Yang, S. (2016). The cbfs triple mutants reveal the essential functions of CBFs in cold acclimation and allow the definition of CBF regulons in Arabidopsis. *The New Phytologist, 212*(2), 345-353.

17 Zhao, C., Zhang, Z., Xie, S., Si, T., Li, Y., & Zhu, J. K. (2016). Mutational evidence for the critical role of CBF transcription factors in cold acclimation in Arabidopsis. *Plant Physiology, 171*(4), 2744-2759.

18 Dong, O. X., Yu, S., Jain, R., Zhang, N., Duong, P. Q., Butler, C., Li, Y., Lipzen, A., Martin, J. A., Barry, K. W., Schmutz, J., Tian, L., & Ronald, P. C. (2020). Marker-free carotenoid-enriched rice generated through targeted gene insertion using CRISPR-Cas9. *Nature Communications, 11*(1), 1178.

19 Thomashow, M. F. (1999). Plant cold acclimation: Freezing tolerance genes and regulatory mechanisms. *Annual Review of Plant Biology, 50*(13), 571-599.

20 Chinnusamy, V., Ohta, M., Kanrar, S., Lee, B. ha, Hong, X., Agarwal, M., & Zhu, J. K. (2003). ICE1: A regulator of cold-induced transcriptome and freezing tolerance in arabidopsis. *Genes and Development, 17*(8), 1043-1054.

21 Shi, Y., Ding, Y., & Yang, S. (2018). Molecular Regulation of CBF Signaling in Cold Acclimation. *Trends in Plant Science, 23*(7), 623-637.

22 Ma, Y., Dai, X., Xu, Y., Luo, W., Zheng, X., Zeng, D., Pan, Y., Lin, X., Liu, H., Zhang, D., Xiao, J., Guo, X., Xu, S., Niu, Y., Jin, J., Zhang, H., Xu, X., Li,

L., Wang, W., ··· Chong, K. (2015). COLD1 confers chilling tolerance in rice. *Cell, 160*(6), 1209-1221.

CHAPTER 04. 더위와 열

대표 종설논문

Mittler, R., Finka, A., & Goloubinoff, P. (2012). How do plants feel the heat? *Trends in Biochemical Sciences, 37*(3), 118-125.

von Koskull-Döring, P., Scharf, K. D., & Nover, L. (2007). The diversity of plant heat stress transcription factors. *Trends in Plant Science, 12*(10), 452-457.

Casal, J. J., & Balasubramanian, S. (2019). Thermomorphogenesis. *Annual Review of Plant Biology, 70*(1), 321-346.

1 De Maio, A., Gabriella Santoro, M., Tanguay, R. M., & Hightower, L. E. (2012). Ferruccio Ritossa's scientific legacy 50 years after his discovery of the heat shock response: A new view of biology, a new society, and a new journal. *Cell Stress and Chaperones, 17*(2), 139-143.

2 De Maio et al. (2012)에서 재인용. Tissiéres, A., Mitchell, H. K., & Tracy, U. M. (1974). Protein synthesis in salivary glands of Drosophila melanogaster: Relation to chromosome puffs. *Journal of Molecular Biology, 84*(3), 389-398.

3 Anfinsen, C. B. (1973). Principles that Govern the Folding of Protein Chains. *Science, 181*(4096), 223 LP-230.

4 Zwanzig, R., Szabo, A., & Bagchi, B. (1992). Levinthal's paradox. *Proceedings of the National Academy of Sciences, 89*(1), 20 LP-22.

5 Ellis, J. (1988). Proteins as molecular chaperones. *Nature, 328*(6129), 378-379.

6 Ursic, D., Sedbrook, J. C., Himmel, K. L., & Culbertson, M. R. (1994). The essential yeast Tcp1 protein affects actin and microtubules. *Molecular Biology of the Cell, 5*(10), 1065-1080.

7 Kim, Y. E., Hipp, M. S., Bracher, A., Hayer-Hartl, M., & Ulrich Hartl, F. (2013). Molecular Chaperone Functions in Protein Folding and Proteostasis. *Annual Review of Biochemistry, 82*(1), 323-355.

8 Mishra, S. K., Tripp, J., Winkelhaus, S., Tschiersch, B., Theres, K., Nover, L., & Scharf, K. D. (2002). In the complex family of heat stress transcription factors, HsfA1 has a unique role as master regulator of thermotolerance in tomato. *Genes and Development, 16*(12), 1555-1567.

9 Mittler, R., Finka, A., & Goloubinoff, P. (2012). How do plants feel the heat? *Trends in Biochemical Sciences, 37*(3), 118-125.

10 Jung, J. H., Domijan, M., Klose, C., Biswas, S., Ezer, D., Gao, M., Khattak, A. K., Box, M. S., Charoensawan, V., Cortijo, S., Kumar, M., Grant, A., Locke, J. C. W., Schäfer, E., Jaeger, K. E., & Wigge, P. A. (2016). Phytochromes function as thermosensors in Arabidopsis. Science, 354(6314), 886-889. Legris, M., Klose, C., Burgie, E. S., Rojas, C. C. R., Neme, M., Hiltbrunner, A., Wigge, P. A., Schäfer, E., Vierstra, R. D., & Casal, J. J. (2016). Phytochrome B integrates light and temperature signals in Arabidopsis. Science, 354(6314), 897 LP-900.

CHAPTER 05. 빛

대표 종설논문

Casal, J. J., & Balasubramanian, S. (2019). Thermomorphogenesis. *Annual Review of Plant Biology, 70*(1), 321-346.

Bae, G., & Choi, G. (2008). Decoding of light signals by plant phytochromes and their interacting proteins. *Annual Review of Plant Biology, 59*, 281-311.

1 Sage, L. C. (1992) Pigment of the Imagination: A History of Phytochrome Research. Academic Press.

2 Flint, L. H. (1934). Light in relation to dormancy and germination in lettuse seed. *Science, 80*(2063), 38 LP-40.

3 Sage, L. C. (1992). *Pigment of the Imagination: A History of Phytochrome Research*. Academic Press. Chapter 4.

4 Garner, W. W. (1933). Comparative Responses of Long-Day and Short-Day Plants to Relative Length of Day and Night. *Plant Physiology, 8*(3), 347-356.

5 Borthwick, H. A., Hendricks, S. B., Parker, M. W., Toole, E. H., & Toole, V. K.

(1952). A Reversible Photoreaction Controlling Seed Germination. *Proceedings of the National Academy of Sciences, 38*(8), 662-666.

6 Sage, L. C. (1992). *Pigment of the Imagination: A History of Phytochrome Research*. Academic Press. Chapter 9.

7 Jung, J. H., Domijan, M., Klose, C., Biswas, S., Ezer, D., Gao, M., Khattak, A. K., Box, M. S., Charoensawan, V., Cortijo, S., Kumar, M., Grant, A., Locke, J. C. W., Schäfer, E., Jaeger, K. E., & Wigge, P. A. (2016). Phytochromes function as thermosensors in Arabidopsis. *Science, 354*(6314), 886-889. Legris, M., Klose, C., Burgie, E. S., Rojas, C. C. R., Neme, M., Hiltbrunner, A., Wigge, P. A., Schäfer, E., Vierstra, R. D., & Casal, J. J. (2016). Phytochrome B integrates light and temperature signals in Arabidopsis. *Science, 354*(6314), 897 LP-900.

8 Szymańska, R., Ślesak, I., Orzechowska, A., & Kruk, J. (2017). Physiological and biochemical responses to high light and temperature stress in plants. *Environmental and Experimental Botany, 139*, 165-177. Koller, D. (1990). Light-driven leaf movements. *Plant, Cell & Environment, 13*(7), 615-632.

9 Banaś, A. K., Aggarwal, C., Łabuz, J., Sztatelman, O., & Gabryś, H. (2012). Blue light signalling in chloroplast movements. *Journal of Experimental Botany, 63*(4), 1559-1574.

10 Verhoeven, A. S., Demmig-Adams, B., & Adams III, W. W. (1997). Enhanced Employment of the Xanthophyll Cycle and Thermal Energy Dissipation in Spinach Exposed to High Light and N Stress. *Plant Physiology, 113*(3), 817-824.

11 Laxa, M., & Fromm, S. (2018). Co-expression and regulation of photorespiratory genes in *Arabidopsis thaliana*: A bioinformatic approach. *Current Plant Biology, 14*, 2-18.

12 Bae, G., & Choi, G. (2008). Decoding of light signals by plant phytochromes and their interacting proteins. *Annual Review of Plant Biology, 59*, 281-311.

13 Ni, M., Tepperman, J. M., & Quail, P. H. (1998). PIF3, a Phytochrome-Interacting Factor Necessary for Normal Photoinduced Signal Transduction, Is a Novel Basic Helix-Loop-Helix Protein. *Cell, 95*(5), 657-667.

CHAPTER 06. 물

대표 종설논문

Sasidharan, R., Hartman, S., Liu, Z., Martopawiro, S., Sajeev, N., Van Veen, H., Yeung, E., & Voesenek, L. A. C. J. (2018). Signal dynamics and interactions during flooding stress. *Plant Physiology*, 176(2), 1106–1117.

Voesenek, L. A. C. J., & Bailey-Serres, J. (2015). Flood adaptive traits and processes: An overview. *New Phytologist*, 206(1), 57–73.

1 Hattori, Y., Nagai, K., & Ashikari, M. (2011). Rice growth adapting to deepwater. *Current Opinion in Plant Biology*, *14*(1), 100-105

2 Hattori, Y., Nagai, K., & Ashikari, M. (2011). Rice growth adapting to deepwater. *Current Opinion in Plant Biology*, *14*(1), 100-105에서 인용. Catling, D. (1992). Rice in Deepwater. London: Macmillan Press.

3 Kende, H., Van Knaap, E. Der, & Cho, H. T. (1998). Deepwater rice: A model plant to study stem elongation. *Plant Physiology*, *118*(4), 1105-1110.

4 Hattori, Y., Nagai, K., Furukawa, S., Song, X. J., Kawano, R., Sakakibara, H., Wu, J., Matsumoto, T., Yoshimura, A., Kitano, H., Matsuoka, M., Mori, H., & Ashikari, M. (2009). The ethylene response factors SNORKEL1 and SNORKEL2 allow rice to adapt to deep water. *Nature*, *460*(7258), 1026-1030.

5 Kuroha, T., Nagai, K., Gamuyao, R., Wang, D. R., Furuta, T., Nakamori, M., Kitaoka, T., Adachi, K., Minami, A., Mori, Y., Mashiguchi, K., Seto, Y., Yamaguchi, S., Kojima, M., Sakakibara, H., Wu, J., Ebana, K., Mitsuda, N., Ohme-Takagi, M., … Ashikari, M. (2018). Ethylene-gibberellin signaling underlies adaptation of rice to periodic flooding. *Science*, *361*(6398), 181-186.

6 Nagai, K., Mori, Y., Ishikawa, S., Furuta, T., Gamuyao, R., Niimi, Y., Hobo, T., Fukuda, M., Kojima, M., Takebayashi, Y., Fukushima, A., Himuro, Y., Kobayashi, M., Ackley, W., Hisano, H., Sato, K., Yoshida, A., Wu, J., Sakakibara, H., … Ashikari, M. (2020). Antagonistic regulation of the gibberellic acid response during stem growth in rice. In *Nature* (Vol. 584, Issue 7819). Springer

US.

CHAPTER 07. 이산화탄소

대표 종설논문

Sage, R. F. (2016). A portrait of the C4 photosynthetic family on the 50th anniversary of its discovery: Species number, evolutionary lineages, and Hall of Fame. *Journal of Experimental Botany*, *67*(14), 4039-4056.

1 ATP를 합성하는 산화적 인산화는 엽록체에서만 일어나지 않는다. 세포호흡을 통해 ATP 생산을 담당하는 미토콘드리아라는 세포소기관에서도 일어난다. 산화적 인산화에 대한 자세한 과정만이 아니라, 미토콘드리아에서 일어나는 다양한 일에 관해서는 다음의 책이 있다. 닉 레인, 김정은 옮김, 《미토콘드리아: 박테리아에서 인간으로, 진화의 숨은 지배자》, 뿌리와이파리, 2009.
2 Calvin, M. (1962). The Path of Carbon in Photosynthesis. *Angewandte Chemie International Edition in English*, *1*(2), 65-75.
3 Seaborg, G. T., & Benson, A. A. (2008). Melvin Calvin. 8 April 1911-8 January 1997. *Biographical Memoirs of Fellows of the Royal Society*, *54*, 59-70.
4 Sage, R. F. (2016). A portrait of the C4 photosynthetic family on the 50th anniversary of its discovery: Species number, evolutionary lineages, and Hall of Fame. *Journal of Experimental Botany*, *67*(14), 4039-4056.
5 C4 광합성을 하는 벼라는 아이디어는 2008년 이전부터 있었으나, 기술적 한계로 가능하지 않을 것이라는 의견이 많았다. 하지만 2008년, 빌 앤드 멜린다 게이츠 재단의 연구비 지원으로 프로젝트가 시작되었다. C4 벼 프로젝트 홈페이지 참조(https://c4rice.com/the-project-2/our-history/).
6 Zahn, L. M., & Riddihough, G. (2017). Building on nature's design. *Science*, *355*(6329), 1038 LP-1039.
7 Hutchison, C. A., Chuang, R.-Y., Noskov, V. N., Assad-Garcia, N., Deerinck, T. J., Ellisman, M. H., Gill, J., Kannan, K., Karas, B. J., Ma, L., Pelletier, J. F., Qi, Z.-Q., Richter, R. A., Strychalski, E. A., Sun, L., Suzuki, Y., Tsvetanova, B., Wise, K. S., Smith, H. O., … Venter, J. C. (2016). Design and synthesis of a

minimal bacterial genome. *Science, 351*(6280), aad6253.

8 Bracher, A., Whitney, S. M., Hartl, F. U., & Hayer-Hartl, M. (2017). Biogenesis and Metabolic Maintenance of Rubisco. *Annual Review of Plant Biology, 68*(1), 29-60.

9 Aigner, H., Wilson, R. H., Bracher, A., Calisse, L., Bhat, J. Y., Hartl, F. U., & Hayer-Hartl, M. (2017). Plant RuBisCo assembly in *E. coli* with five chloroplast chaperones including BSD2. *Science, 358*(6368), 1272 LP-1278.

10 Taub, D. (2010). Effects of Rising Atmospheric Concentrations of Carbon Dioxide on Plants. *Nature Education Knowledge* 3(10):21.

11 Leakey, A. D. B., Ainsworth, E. A., Bernacchi, C. J., Rogers, A., Long, S. P., & Ort, D. R. (2009). Elevated CO_2 effects on plant carbon, nitrogen, and water relations: Six important lessons from FACE. *Journal of Experimental Botany, 60*(10), 2859-2876.

12 Engineer, C. B., Ghassemian, M., Anderson, J. C., Peck, S. C., Hu, H., & Schroeder, J. I. (2014). Carbonic anhydrases, EPF2 and a novel protease mediate CO_2 control of stomatal development. Nature, 513(7517), 246-250.

PART 05. 애기장대가 만들어낸 변화

1 Parry, G., Provart, N. J., Brady, S. M., Uzilday, B., Adams, K., Araújo, W., Aubourg, S., Baginsky, S., Bakker, E., Bärenfaller, K., Batley, J., Beale, M., Beilstein, M., Belkhadir, Y., Mendel, G., Berardini, T., Bergelson, J., Blanco-Herrera, F., Brady, S., … Von Gillhaussen, P. (2020). Current status of the multinational Arabidopsis community. *Plant Direct, 4*(7), 1-9.

2 McWhite, C. D., Papoulas, O., Drew, K., Cox, R. M., June, V., Dong, O. X., Kwon, T., Wan, C., Salmi, M. L., Roux, S. J., Browning, K. S., Chen, Z. J., Ronald, P. C., & Marcotte, E. M. (2020). A Pan-plant Protein Complex Map Reveals Deep Conservation and Novel Assemblies. *Cell, 181*(2), 460-474.e14.

3 Dong, O. X., Yu, S., Jain, R., Zhang, N., Duong, P. Q., Butler, C., Li, Y.,

Lipzen, A., Martin, J. A., Barry, K. W., Schmutz, J., Tian, L., & Ronald, P. C. (2020). Marker-free carotenoid-enriched rice generated through targeted gene insertion using CRISPR-Cas9. *Nature Communications, 11*(1), 1178.

4 Bowman, J. L., Kohchi, T., Yamato, K. T., Jenkins, J., Shu, S., Ishizaki, K., Yamaoka, S., Nishihama, R., Nakamura, Y., Berger, F., Adam, C., Aki, S. S., Althoff, F., Araki, T., Arteaga-Vazquez, M. A., Balasubrmanian, S., Barry, K., Bauer, D., Boehm, C. R., … Schmutz, J. (2017). Insights into Land Plant Evolution Garnered from the Marchantia polymorpha Genome. *Cell, 171*(2), 287-304.e15.

5 Li, F. W., Brouwer, P., Carretero-Paulet, L., Cheng, S., De Vries, J., Delaux, P. M., Eily, A., Koppers, N., Kuo, L. Y., Li, Z., Simenc, M., Small, I., Wafula, E., Angarita, S., Barker, M. S., Bräutigam, A., Depamphilis, C., Gould, S., Hosmani, P. S., … Pryer, K. M. (2018). Fern genomes elucidate land plant evolution and cyanobacterial symbioses. *Nature Plants, 4*(7), 460-472.

6 Goff, S. A., Ricke, D., Lan, T.-H., Presting, G., Wang, R., Dunn, M., Glazebrook, J., Sessions, A., Oeller, P., Varma, H., Hadley, D., Hutchison, D., Martin, C., Katagiri, F., Lange, B. M., Moughamer, T., Xia, Y., Budworth, P., Zhong, J., … Briggs, S. (2002). A Draft Sequence of the Rice Genome (*Oryza sativa* L. ssp. *japonica*). *Science, 296*(5565), 92 LP-100. Yu, J., Hu, S., Wang, J., Wong, G. K.-S., Li, S., Liu, B., Deng, Y., Dai, L., Zhou, Y., Zhang, X., Cao, M., Liu, J., Sun, J., Tang, J., Chen, Y., Huang, X., Lin, W., Ye, C., Tong, W., … Yang, H. (2002). A Draft Sequence of the Rice Genome (*Oryza sativa* L. ssp. *indica*). *Science, 296*(5565), 79 LP-92.

7 The International Wheat Genome Sequencing Consortium (IWGSC). Appels, R., Eversole, K., Stein, N., Feuillet, C., Keller, B., Rogers, J., Pozniak, C. J., Choulet, F., Distelfeld, A., Poland, J., Ronen, G., Sharpe, A. G., Barad, O., Baruch, K., Keeble-Gagnère, G., Mascher, M., Ben-Zvi, G., Josselin, A.-A., … Wang, L. (2018). Shifting the limits in wheat research and breeding using a fully annotated reference genome. *Science, 361*(6403), eaar7191.

그림 출처

○ ● ○

PART 01. 식물의 발달

그림 1-1 Silva , A. T., Ribone, P. A., Chan, R. L., Ligterink, W., Hilhorst , H. W. M., (2016). A Predictive Coexpression Network Identifies Novel Genes Controlling the Seed-to-Seedling Phase Transition in *Arabidopsis thaliana*, *Plant Physiology*, *170*(4), 2218-2231.

그림 1-4 Holdsworth, M., Kurup, S., McKibbin, R. (1999). Molecular and genetic mechanisms regulating the transition from embryo development to germination. *Trends in Plant Science*, *4*(7), 275-280.

그림 2-2 Curtis, W. (1777). *Flora Londinensis*, *2*.

그림 2-3 Curtis, W. (1777). *Flora Londinensis*, *1*.

그림 2-4 Stepnitz, K. (1988). *Science*, *241*(4869).

그림 3-1 Li, J., Li, G., Wang, H., Deng, X. W. (2011). Phytochrome Signaling Mechanisms. *The Arabidopsis Book*, *9*. E0148.

그림 4-2 https://plantandmicrobiology.berkeley.edu/profile/hake.

그림 7-3 Bowman, J. L., Eshed, Y., Baum, S. F. (2002). Establishment of polarity in angiosperm lateral organs. *Trends in Genetics*, *18*(3). 134-141.

PART 02. 후대를 준비하기

그림 1-1 Bowman, J. L. (2013). My favourite flowering image. *Journal of Experimental Botany*, *64*(18), 5779-5782.

그림 7-3 Cho, S. K., Larue, C. T., Chevalier, D., Wang, H., Jinn, T. L., Zhang, S., Walker, J. C. (2008). Regulation of floral organ abscission in *Arabidopsis thaliana*, *Proceedings of the National Academy of Sciences*, *105*(40).

15629-15634.

PART 04. 식물과 환경

그림 4-2 Quint, M., Delker, C., Franklin, K. A., Wigge, P. A., Philip A., Halliday, K. J. & van Zanten, M. (2016). Molecular and genetic control of plant thermomorphogenesis. *Nature Plants*, *2*(15190).

그림 6-1 Hattori, Y., Nagai, K., & Ashikari, M. (2011). Rice growth adapting to deepwater. *Current Opinion in Plant Biology*, *14*(1), 100-105.

○ 일부 저작권자와 연락이 닿지 않은 경우, 확인되는 대로 절차를 밟고 별도의 허가를 받도록 하겠습니다.

식물이라는 우주

초판 1쇄 발행일 2021년 3월 25일
초판 3쇄 발행일 2023년 9월 15일

지은이 안희경

발행인 윤호권
사업총괄 정유한

편집 김예지 **디자인** 양혜민
발행처 ㈜시공사 **주소** 서울시 성동구 상원1길 22, 6-8층(우편번호 04779)
대표전화 02-3486-6877 **팩스(주문)** 02-585-1755
홈페이지 www.sigongsa.com / www.sigongjunior.com

ISBN 979-11-6579-496-5 03480

*시공사는 시공간을 넘는 무한한 콘텐츠 세상을 만듭니다.
*시공사는 더 나은 내일을 함께 만들 여러분의 소중한 의견을 기다립니다.
*잘못 만들어진 책은 구입하신 곳에서 바꾸어 드립니다.